21世纪本科院校土木建筑类创新型应用人才培养规划教材

基 础 工 程

主 编 曹 云
副主编 孟云梅 贾彩虹

北京大学出版社
PEKING UNIVERSITY PRESS

内 容 简 介

本书系统阐述了基础工程的基本理论和实用设计方法，同时也介绍了较多国内外基础工程的新技术、新工艺、新经验。全书主要内容包括绪论、地基基础的设计原则、浅基础、连续基础、桩基础、基坑工程、地基处理、特殊土地基、地基基础抗震。本书在编写过程中，参照了最新《建筑地基基础设计规范》（GB 50007—2011）、《建筑桩基技术规范》（JGJ 94—2008）等相关规范规程。

本书考虑了教学和工程设计的实用性要求，并按教学大纲编写。全书内容简明扼要，重点突出。为了便于读者掌握本书所叙述的基本理论，本书每章开篇提出教学目标和教学要求，引导思路，书中还列举了大量的典型例题，章末还有小结和习题。

本书可作为大学本科土木工程专业的专业课教材，也可供土木工程技术人员参考。

图书在版编目(CIP)数据

基础工程/曹云主编. —北京：北京大学出版社，2012.12
（21世纪本科院校土木建筑类创新型应用人才培养规划教材）
ISBN 978-7-301-21656-9

Ⅰ. ①基… Ⅱ. ①曹… Ⅲ. ①地基—基础(工程)—高等学校—教材 Ⅳ. ①TU47

中国版本图书馆 CIP 数据核字(2012)第 281863 号

书　　　名：基础工程
著作责任者：曹　云　主编
策 划 编 辑：卢　东　王红樱
责 任 编 辑：伍大维
标 准 书 号：ISBN 978-7-301-21656-9/TU·0294
出 版 发 行：北京大学出版社
地　　　址：北京市海淀区成府路 205 号　100871
网　　　址：http://www.pup.cn　新浪官方微博：@北京大学出版社
电 子 信 箱：pup_6@163.com
电　　　话：邮购部 010-62752015　发行部 010-62750672　编辑部 010-62750667
印 刷 者：北京虎彩文化传播有限公司
经 销 者：新华书店
　　　　　　787 毫米×1092 毫米　16 开本　22.5 印张　530 千字
　　　　　　2012 年 12 月第 1 版　2021 年 12 月第 6 次印刷
定　　　价：43.00 元

前　　言

　　基础工程涉及范围广泛，包括工程地质学、土力学、地基基础的设计与施工等很多方面。加之我国幅员辽阔、地理条件和土质差别很大，使得基础工程这门工程技术更加复杂。考虑到这些特点，本书编写时力求尽量多地搜集各方面的资料，较系统地介绍基础工程方面的基本理论、实用设计方法和施工要点。另外，随着我国现代化建设的需要以及科学的发展和技术进步，在基础工程领域取得了许多新的成就，在设计和施工领域也涌现出许多新概念、新方法、新技术。本书力图考虑学科发展的新水平，反映基础工程的成熟成果与观点。此外，本书编者依据最新《建筑地基基础设计规范》(GB 50007—2011)、《建筑桩基技术规范》(JGJ 94—2008)、《建筑地基处理技术规范》(JGJ 79—2002)、《建筑基坑支护技术规程》(JGJ 120—2012)等相关规范规程，根据多年的教学实践和设计施工方面的经验，按照教学大纲的要求，本着"讲清基本概念、讲透基本计算、教好基本构造、方便教学和自学"的原则编写。

　　本书编写充分考虑了本科阶段的教学要求，着重讲解基本原理和基本方法，既不包罗万象，也不拘泥于细节，力求深入浅出，与相关工程技术规范的精神保持一致，取材方面以建筑工程为主，同时兼顾水利、交通、铁道等方面的基础工程问题。

　　本书由南京工程学院建筑工程学院编写，具体分工如下：绪论、第 1 章、第 2 章、第 3 章、第 8 章由曹云负责编写；第 4 章、第 5 章由贾彩虹负责编写；第 6 章、第 7 章由孟云梅负责编写。全书由曹云担任主编，负责统稿。

　　由于编者水平有限，本书难免存在不足和疏漏之处，敬请各位读者批评指正。

编者

2012 年 10 月

目　　录

绪　论

1. 基础工程的研究内容

任何建筑物都建造在一定的地层（土层或岩层）上，因此，建筑物的全部荷载都由它下面的地层来承担。通常把直接承受建筑物荷载影响的地层称为地基；建筑物向地基传递荷载的下部结构称为基础。地基基础是保证建筑物安全和满足使用要求的关键之一。

太沙基(Terzaghi)曾指出："土力学是一门实用的科学，是土木工程的一个分支，它主要研究土的工程性状以解决工程问题。"这一论述阐明了学科的性质是实用科学，是土木工程的分支，同时也指出了土力学和基础工程的任务。20 世纪 70 年代后，国际会议把 Soil Mechanics & Foundation Engineering 改为 Geotechnique。因此，可以这样理解：土力学是学科的理论基础，作为工程载体研究岩土的特性及其应力应变、强度、渗流的基本规律；基础工程则为在岩土地基上进行工程的技术问题，两者互为理论与应用的整体。对于某一建筑结构而言，在岩土地层上的工程为上部结构工程，而基础工程则为下部结构工程。英语称之为 "Foundation Engineering"，其意义是指包括地基及基础在内的下部结构工程。"基础工程"就是研究下部结构物与岩土相互作用共同承担上部结构物所产生的各种变形与稳定问题。

一般说来，基础可分为两类：通常把埋置深度不大（小于或相当于基础底面宽度，一般认为小于 5m）的基础称为浅基础；对于浅层土质不良，需要利用深处良好地层，采用专门的施工方法和机具建造的基础称为深基础。当上部结构荷载和自重不大，地基未加处理就可满足设计要求的称为天然地基；如果地基软弱，其承载力不能满足设计要求，需对其进行加固处理（例如采用换土垫层、深层密实、排水固结、化学加固、加筋土技术等方法进行处理），则称为人工地基。

基础工程是研究基础或包含基础的地下结构设计与施工的一门科学，也称为基础工程学。基础工程既是结构工程中的一部分，又是独立的地基基础工程。基础设计与施工也就是地基基础设计与施工。其设计必须满足三个基本条件：①作用于地基上的荷载效应（基底压应力）不得超过地基容许承载力或地基承载力特征值，保证建筑物不因地基承载力不足造成整体破坏或影响正常使用，具有足够防止整体破坏的安全储备；②基础沉降不得超过地基变形容许值，保证建筑物不因地基变形而损坏或影响其正常使用；③挡土墙、边坡以及地基基础保证具有足够防止失稳破坏的安全储备。荷载作用下，地基、基础和上部结构三部分彼此联系、相互制约。设计时应根据地质勘察资料，综合考虑地基-基础-上部结构的相互作用与施工条件，进行经济技术比较，选取安全可靠、经济合理、技术先进和施工简便的地基基础方案。

基础工程勘察、设计和施工质量的好坏将直接影响建筑物的安危、经济和正常使用。基础工程施工常在地下或水下进行，往往需挡土、挡水，施工难度大，在一般高层建筑中，其造价约占总造价的 25％，工期约占总工期的 25％～30％。若需采用深基础或人工地基，其造价和工期所占比例将更大。此外，基础工程为隐蔽工程，一旦失事，损失巨大，补救十分困难，因此其在土木工程中具有十分重要的作用。

随着大型、重型、高层建筑和大跨径桥梁等的日益增多，在基础工程设计与施工方面积累了不少成功的经验和工程典范，如广州白云宾馆(图0.1)，主楼建筑总高度114.05m，平面尺寸为18m×70m，共33层，总重近$1×10^6$kN，建筑于一丘陵地带，上部系残积、坡积的覆盖土，土层呈褐色或红褐色，可塑粉质黏土，总厚度变化为10～27.75m之间，其下埋藏着第三纪砂岩与砾岩的交互成层土，基岩起伏面较大，考虑到土层的倾斜分布并考虑抗震的要求，基础采用287根直径1m的灌柱桩，桩嵌入基岩0.5～1.0m，最长桩17.25m，单桩荷载试验容许承载力为4500kN，建成时沉降量仅为4mm，目前建筑物使用情况良好。

然而，也有不少失败的教训。例如1913年建造的加拿大特朗斯康谷仓(图0.2)，由65个圆柱形筒仓组成，高31m，宽23.5m，采用了筏板基础，因事先不了解基底下有厚达16m的软黏土层，建成后储存谷物时，基底压力(320kPa)超出地基极限承载力，使谷仓西侧突然陷入土中8.8m，东侧抬高1.5m，仓身整体倾斜26°53′，地基发生整体滑动而丧失稳定性。因谷仓整体性很强，筒仓完好无损。事后在筒仓下增设70多个支承于基岩上的混凝土墩，用388个50t的千斤顶将其逐步纠正，但标高比原来降低了4m。

图0.1　广州白云宾馆

图0.2　加拿大特朗斯康谷仓的地基破坏情况

世界著名的意大利比萨斜塔(图0.3)，1173年动工，高54.5m，中间经历过建至24m时，因为塔出现倾斜而停工近百年的情况，后于1370年竣工。分析倾斜原因，主要是因为地基持力层为粉砂，下面为粉土和黏土层，压缩土层分布不均匀，强度较低，加上塔基的基础深度不够，塔身用重达$1.42×10^4$t的白色大理石砌筑，从而导致比萨斜塔逐步向南倾斜，塔顶离开垂直线的水平距离曾达5.27m。从1902年起，世界上曾多次发起拯救比萨斜塔的国际运动，如进行原因调查、提出地基处理方案等。1990年该塔被封闭，2001年12月15日重新向游人开放。经过11年的拯救维修比萨斜塔被扳"正"0.44m，目前还倾斜4.5m，基本恢复到18世纪末的水平。

墨西哥市艺术宫(图0.4)于1904年落成，至今已有100多年的历史。当地表层为人工填土与砂夹卵石硬壳层，厚度为5m，其下为超高压缩性淤泥，天然孔隙比高达7～12，天然含水量高达150％～600％，为世界罕见的软弱土，层厚达25m。因此，这座艺术宫建成后严重下沉，沉降量竟高达4m，临近的公路下沉2m，公路路面至艺术宫门前高差达2m。参观者需步下9级台阶，才能从公路进入艺术宫。过大的沉降造成室内外连接困难和交通不便，内外网管道修理工程量增加。这是地基沉降最严重的典型实例。

图 0.3　比萨斜塔　　　　　　　　图 0.4　墨西哥市艺术宫

上海工业展览馆（图 0.5）位于上海市延安东路北侧，中央大厅为框架结构，采用箱形基础，两翼展览馆采用条形基础。箱基顶面至中央大厅顶部塔尖的高度为 93.63m，基础埋深为 7.27m。地基为高压缩性淤泥质黏土。展览馆于 1954 年开工，当年年底实测地基平均沉降量为 60cm。1957 年中央大厅四周的沉降量最大处达到 146.55cm。1979 年 9 月中央大厅的平均沉降量达到 160cm。由于沉降差过大，导致中央大厅与两翼展览馆连接，室内外连接的水、暖、电管道断裂，严重影响展览馆的正常使用。分析发现，虽然根据有关规范和现场载荷试验确定了地基承载力，但没有进行变形计算，仅仅保证了强度要求而忽略了变形要求。这是一个典型的变形过大而影响正常使用的工程实例。

图 0.5　上海工业展览馆

武汉市汉口建设大道的一处 18 层高楼，1995 年 1 月开始兴建，采用夯扩桩基。同年 9 月 15 日 18 层封顶，12 月 2 日深夜至次日凌晨突然发生过量整体倾斜，由西南倾向东北。主要原因是工程桩端未进入坚实持力层，加上桩身周围软土对桩侧向约束极小，另外一些断桩接桩质量不能保证，从而导致桩基整体失稳，并无法补救，不得不于 12 月 26 日将整幢危楼控制爆破拆除，损失巨大。

大量事故充分表明，基础工程必须慎重对待。只有深入地了解地基情况，掌握勘察资料，经过精心设计与施工，才能保证基础工程经济合理，安全可靠。

2. 基础工程学科发展概况

基础工程学是一门古老的工程技术和年轻的应用科学。远在古代人类就创造了自己的地基基础工艺。如我国都江堰水利工程、举世闻名的万里长城、隋朝南北大运河、黄河大堤以及许许多多遍及全国各地的宏伟壮丽的宫殿寺院、魏然挺立的高塔等，都因地基牢固，虽经历了无数次强震强风仍安然无恙。例如，1300 多年前隋代工匠李春主持修建的赵州安济石拱桥（图 0.6），不仅建筑结构独特，防洪能力强，而且在地基基础的处理上也非常合理。该桥桥台坐落在两岸较浅的密实粗砂土层上，沉降很小，充分利用了天然地基的承载力。在地基加固方面，我国古代也已有广泛运用，如秦代修筑驰道时采用的"隐以金椎"（《汉书》）路基压实方法；至今常用的石灰桩，灰土、瓦渣垫层和水撼砂垫层等古老的传统地基处理方法。我国木桩基础更是源远流长。如在钱塘江南岸发现的河姆渡文化遗址中，7000年前打入沼泽地的木桩世所罕见；《水经注》记载的今山西汾水上建成的三十墩柱木柱梁桥（公元前532年），以及秦代的渭桥（《三辅黄图》）等也都为木桩基础；再如郑州隋朝超化寺打入淤泥的塔基木桩（《法苑珠林》）、杭州湾五代大海塘工程木桩等都是我国古代桩基技术应用的典范。由于当时生产力发展水平所限，所以未能提炼成系统的科学理论。

图 0.6　赵州安济石拱桥

作为本学科理论基础的土力学始于18世纪兴起工业革命的欧洲。大规模的城市建设和水利、铁路的兴建面临着许多与土相关的问题，促进了土力学理论的产生和发展。1773年，法国库仑（Coulomb）根据试验提出了著名的砂土抗剪强度公式，创立了计算挡土墙土压力的滑楔理论。1869年，英国朗肯（Rankine）从另一途径提出了挡土墙的土压力理论，有力地促进了土体强度理论的发展。此外，1885年，法国布辛奈斯克（Boussinesq）提出弹性半空间表面作用竖向集中力的应力和变形的理论解答；1922年，瑞典费兰纽斯（Fellenius）提出土坡稳定分析法等。这些古典的理论和方法，至今仍不失其理论意义和实用价值。

通过许多学者的不懈努力和经验积累，1925年，美国太沙基（Terzaghi）在归纳发展已有成就的基础上，出版了第一本土力学专著，较系统完整地论述了土力学与基础工程的基本理论和方法，促进了该学科的高速发展。1936年国际土力学与基础工程学会成立，并举行了第一次国际学术会议，从此土力学与基础工程作为一门独立的现代科学而取得不断进展。许多国家和地区也都定期地开展各类学术活动，交流和总结本学科新的研究成果和实践经验，出版各类土力学与基础工程刊物，有力地推动了本学科的发展。

新中国成立后，大规模的社会主义经济事业的飞跃发展，也促进了我国基础工程学科的迅速发展。我国在各种桥梁、水利及建筑工程中成功地处理了许多大型和复杂的基础工程，取得了辉煌的成就。例如，利用电化学加固处理的中国历史博物馆地基，解决了施工工期短、质量要求高的困难；长江上建成的十余座长江大桥（武汉、南京等地）及其他巨大工程中，采用管柱基础、气筒浮运沉井、组合式沉井、各种结构类型的单壁和双壁钢围堰及大直径扩底墩等一系列深基础和深水基础，成功地解决了水深流急、地质复杂的基础工程问题；上海钢铁总厂以及全国许许多多高层建筑的建成，都为土力学与基础工程的理论和实践积累了丰富的经验；而三峡工程和小浪底工程的基础处理，将我国基础工程的设计、施工、检测提高到一个新的水平。自 1962 年以来，我国先后召开了十一届全国土力学与基础工程会议，并建立了许多地基基础研究机构、施工队伍和土工实验室，培养了大批地基基础专业人才。不少学者对基础工程的理论和实践作出了重大贡献，受到了国际岩土界的重视。

近年来，我国在工程地质勘察、室内及现场土工试验、地基处理、新设备、新材料、新工艺的研究和应用方面，取得了很大的进展。例如，静力和动力触探仪、现场孔隙水压力仪、测斜仪、土体内部和建筑结构内部以及界面上的应力应变传感器等新的试验仪器日益增多，且开始采用近代物理技术测定土的物理性质等。在地基处理方面，深层搅拌、高压旋喷、真空预压、强夯以及各种土工合成材料等在土建、水利、桥隧、道路、港口、海洋等有关工程中得到了广泛应用，并取得了较好的经济技术效果。随着电子技术及各种数值计算方法对各学科的逐步渗透，土力学与基础工程的各个领域都发生了深刻的变化，许多复杂的工程问题得到了相应的解决，试验技术也日益提高。在大量理论研究与实践经验积累的基础上，有关基础工程的各种设计与施工规范或规程等也相继问世并日臻完善，为我国基础工程设计与施工做到技术先进、经济合理、安全适用、确保质量提供了充分的理论与实践依据。我们相信，随着我国社会主义建设的向前发展，对基础工程要求的日益提高，我国土力学与基础工程学科，也必将得到新的更大的发展。

3. 本课程的特点和学习要求

本课程是土木工程专业的一门主干课程，是专门研究建造在岩土地层上的建筑物基础及有关结构物的设计与建造技术的工程学科，是岩土工程学的重要组成部分。本课程建立在土力学的基础之上，涉及工程地质学、土力学、弹性力学、塑性力学、动力学、结构设计和施工等学科领域。它的内容广泛，综合性、理论性和实践性很强，学习时应该突出重点，兼顾全面。

本课程的工作特点是根据建筑物对基础功能的特殊要求，首先通过勘探、试验、原位测试等，了解岩土地层的工程性质，然后结合工程实际，运用土力学及工程结构的基本原理，分析岩土地层与基础工程结构物的相互作用及其变形与稳定的规律，做出合理的基础工程方案和建造技术措施，确保建筑物的安全与稳定。原则上，是以工程要求和勘探试验为依据，以岩土与基础共同作用以及变形与稳定分析为核心，以优化基础方案与建筑技术为灵魂，以解决工程问题确保建筑物安全与稳定为目的。

我国地域辽阔，由于自然地理环境的不同，分布着各种各样的土类。某些土类作为地基(如湿陷性黄土、软土、膨胀土、红黏土、冻土以及山区地基等)具有其特殊性质而必须针对其特性采取适当的工程措施。因此，地基基础问题具有明显的区域性特征。此外，天然地层的性质和分布也因地而异，且在较小范围内可能变化很大。故基础工程的设计，除需要丰富的理论知识外，还需要有较多的工程实践知识，并通过勘察和测试取得可靠的有关土层分布及其物理力学性质指标的资料。因此，学习时应注意理论联系实际，通过各个教学环节，紧密结合工程实践，提高理论认识，增强处理地基基础问题的能力。

基础工程的设计和施工必须遵循法定的规范、规程，而不同行业又有不同的专门规范，且各行业间不尽平衡。作为土木工程专业，涉及住建部、交通部、铁道部等部门，国标也尚未完全统一，故本课程所涉及的规范、规程比较多。因此，建议在课堂上讲授和理论学习阶段以学科知识体系为主，弄清基础工程设计和施工中的主要内容和基本方法；而在课程设计中，根据不同专业方向，使用各自的行业规范，进行具体工程的设计实践训练。

本课程与材料力学、结构力学、弹性理论、建筑材料、建筑结构及工程地质等有着密切的关系，本书在涉及这些学科的有关内容时仅引述其结论，要求理解其意义及应用条件，而不把注意力放在公式的推导上。此外，基础工程几乎找不到完全相同的实例，在处理基础工程问题时，必须运用本课程的基本原理，深入调查研究，针对不同情况进行具体分析。因此，在学习时必须注意理论联系实际，才能提高分析问题和解决问题的能力。

习　　题

思考题

(1) 简述地基和基础的概念。

(2) 简述浅基础和深基础、天然地基和人工地基的概念。

(3) 简述基础工程学科的发展历史。

(4) 试述基础工程的课程特点和学习要求。

第1章
地基基础的设计原则

教学目标

主要讲述基础工程的设计目的和任务、地基基础设计原则、地基类型、基础类型以及地基基础与上部结构共同工作。通过本章的学习，应达到以下目标：

(1) 掌握基础工程设计的目的、任务、设计原则和基本规定；

(2) 熟悉常见地基类型及其特点；

(3) 熟悉各种类型的浅基础与深基础及其适用范围；

(4) 了解地基-基础-上部结构共同工作的概念。

教学要求

知识要点	能力要求	相关知识
地基基础设计原则	(1) 掌握基础工程设计的目的和任务 (2) 掌握两种极限状态设计原则 (3) 掌握地基基础设计的内容和步骤 (4) 掌握地基基础设计原则和基本规定	(1) 安全等级 (2) 结构效应分析 (3) 承载能力极限状态 (4) 正常使用极限状态 (5) 地基基础设计步骤 (6) 地基基础设计等级 (7) 地基基础设计基本规定
地基类型	(1) 熟悉土质地基 (2) 熟悉岩石地基 (3) 熟悉特殊土地基 (4) 熟悉人工地基	(1) 碎石土、砂土、粉土、黏性土地基 (2) 岩石地基 (3) 湿陷性黄土地基 (4) 膨胀土地基 (5) 冻土地基 (6) 红黏土地基 (7) 人工地基 (8) 复合地基
基础类型	(1) 熟悉无筋扩展基础 (2) 熟悉钢筋混凝土扩展基础 (3) 熟悉联合基础 (4) 熟悉柱下条形基础 (5) 熟悉柱下交叉条形基础 (6) 了解筏形基础 (7) 了解箱形基础 (8) 熟悉桩基础 (9) 了解沉井和沉箱基础 (10) 了解地下连续墙深基础	(1) 无筋扩展基础 (2) 墙下钢筋混凝土条形基础 (3) 柱下钢筋混凝土独立基础 (4) 联合基础 (5) 柱下条形基础 (6) 柱下交叉条形基础 (7) 筏形基础 (8) 箱形基础 (9) 桩基础 (10) 沉井和沉箱基础 (11) 地下连续墙深基础
地基、基础与上部结构共同工作	(1) 了解地基与基础的相互作用 (2) 熟悉文克勒地基模型 (3) 熟悉弹性半空间地基模型 (4) 熟悉有限压缩层地基模型	(1) 地基与基础的相互作用 (2) 文克尔地基模型 (3) 弹性半空间地基模型 (4) 有限压缩层地基模型

基本概念

基础、天然地基、人工地基、浅基础、深基础、地基模型。

引例

"万丈高楼平地起"，地基与基础是建筑物的根基，同属于地下隐蔽工程，它的勘察、设计和施工质量，直接关系着建筑物的安危。进行地基基础设计时，必须根据建筑物的用途和设计等级、建筑布置和上部结构类型，充分考虑建筑物场地和地基岩土条件，结合施工条件以及工期、造价等各方面的要求，合理选择地基基础方案。地基基础的设计原则是根据设计基本规定对地基承载力、沉降变形、稳定性进行计算，以满足相关规定。支承建筑物的地基分为天然地基和经过人工处理的人工地基；基础一般按埋置深度分为浅基础与深基础，基础选型应保证其沉降变形、传力路线与上部结构相适应，并经过两种以上基础形式比选后确定。

一般的基础设计可以采用常规设计法，如柱下条形基础和独立基础，因为便于施工、工期短、造价低，如能满足地基的强度和变形要求，宜优先选用。而对于复杂的或大型的基础，应该考虑地基-基础-上部结构共同工作，在三者相互作用分析中，选择合理的地基模型是最为重要的。

1.1 概　　述

基础是连接工业与民用建筑上部结构或桥梁墩台与地基之间的过渡结构。它的作用是将上部结构承受的各种荷载安全传递至地基，并使地基在建筑物允许的沉降变形值内正常工作，从而保证建筑物的正常使用。因此，基础工程的设计必须根据上部结构传力体系的特点、建筑物对地下空间使用功能的要求、地基土质的物理力学性质，结合施工设备能力，考虑经济造价等各方面要求，合理选择地基基础设计方案。

进行基础工程设计时，应将地基、基础视为一个整体，在基础底面处满足变形协调条件及静力平衡条件(基础底面的压力分布与地基反力大小相等，方向相反)。作为支撑建筑物的地基如为天然状态则为天然地基，若经过人工处理则为人工地基。基础一般按埋置深度分为浅基础与深基础。荷载相对传至浅部受力层，采用普通基坑开挖和敞坑排水施工方法的浅埋基础称为浅基础，如砖混结构的墙下条形基础、柱下独立基础、柱下条形基础、十字交叉基础、筏形基础以及高层结构的箱形基础等。采用较复杂的施工方法，埋置于深层地基中的基础称为深基础，如桩基础、沉井基础、地下连续墙深基础等。本章将介绍各种地基类型、基础类型及基础工程设计的有关基本原则。

1.1.1　基础工程设计的目的

土木工程结构设计时，应根据结构破坏可能产生的后果(危及人的生命，造成经济损失，产生社会影响等)的严重性，采用不同的安全等级。建筑工程结构的安全等级见表1-1；公路工程结构的安全等级见表1-2；基坑侧壁的安全等级见表1-3。

表 1-1 建筑工程结构的安全等级

安全等级	破坏后果	建筑物类型
一级	很严重	重要的建筑
二级	严重	一般的建筑
三级	不严重	次要的建筑

注：① 对特殊的建筑物其安全等级应根据具体情况另行确定。

② 地基基础设计等级应按抗震要求设计安全等级，尚应符合有关规范规定。

表 1-2 公路工程结构的设计安全等级

安全等级	路面结构	桥涵结构
一级	高速公路路面	特大桥、重要大桥
二级	一级公路路面	大桥、中桥、重要小桥
三级	二级公路路面	小桥、涵洞

注：有特殊要求的公路工程结构，其安全等级可根据具体情况另行规定。

表 1-3 基坑侧壁的安全等级

安全等级	破坏后果
一级	支护结构破坏，土体失稳或过大变形对基坑周边环境及地下工程结构施工影响很严重
二级	一般
三级	不严重

注：有特殊要求的建筑基坑侧壁安全等级可根据具体情况另行确定。

同时，在设计规定的期限内，结构或结构构件只需进行正常的维护（不需大修）即可按其预定目的使用。此期限为结构的设计使用年限，见表 1-4。

表 1-4 设计使用年限分类

类别	设计使用年限(年)	举例
1	1～5	临时性结构
2	25	易于替换的结构构件
3	50	普通房屋和构筑物
4	100	纪念性建筑和特别重要的建筑结构

当根据具体的地基基础设计等级，设计使用年限分类时，首先应根据结构在施工和使用中的环境条件和影响，区分下列 3 种设计状况。

1. 持久状况

在结构使用过程中一定出现，持续期很长的状况，如结构自重、车辆荷载。持续期一般与设计使用年限为同一数量级。

2. 短暂状况

在结构施工和使用过程中出现概率较大，而与设计使用年限相比，持续期很短的状况，如施工和维修等。

3. 偶然状况

在结构使用过程中出现概率很小，且持续期很短的状况，如火灾、爆炸、撞击等。

对这3种设计状况，工程结构均应按承载能力极限状态设计。对持久状况，尚应按正常使用极限状态设计；对短暂状况，可根据需要按正常使用极限状态设计；对偶然状况，可不按正常使用极限状态设计。

1.1.2 基础工程设计的任务

对于不同的设计状况，可采用不同的结构体系，并对该体系进行结构效应分析。结构效应分析是基础工程设计的主要任务。首先是基础结构作用效应分析，确定由于地基反力和上部结构荷载作用在基础结构上的作用效应，即基础结构内力：弯矩、剪力、轴力等。其次应根据拟定的基础截面进行基础结构抗力及其他性能的分析，确定基础结构截面的承受能力及其性能。当按承载能力极限状态设计时，根据材料和基础结构对作用的反应，可采用线性、非线性或塑性理论计算。当按正常使用极限状态设计时，可采用线性理论计算；必要时，可采用非线性理论计算。其计算的结果均应小于基础材料的抵抗能力。例如轴压基础，基础内部的压应力应小于基础材料的轴心抗压强度。

有关地基承载力的计算、地基变形的计算、地基基础稳定性的计算，按照两种极限状态的分析，详见后续章节。

1.2 设计原则

1.2.1 概率极限设计法与极限状态设计原则

目前正在发展的极限状态设计法，从结构的可靠度指标（或失效概率）来度量结构的可靠度，并且建立了结构可靠度与结构极限状态方程关系，这种设计方法就是以概率论为基础的极限状态设计法，简称概率极限状态设计法。该方法一般要已知基本变量的统计特性，然后根据预先规定的可靠度指标求出所需的结构构件抗力平均值，并选择截面。该方法能比较充分地考虑各有关影响因素的客观变异性，使所设计的结构比较符合预期的可靠度要求，并且在不同结构之间设计可靠度具有相对可比性。例如原子能反应堆的压力容器、海上采油平台等。但对一般常见的结构使用这种方法设计工作量很大。其中有些参数由于统计资料不足，在一定程度上还要凭经验确定。

整个结构或结构构件超过某一特定状态就不能满足设计规定的某一功能要求，此特定状态应称为该功能的极限状态。极限状态分为下列两类。

（1）承载能力极限状态。这种极限状态对应于结构或结构构件达到最大承载能力或不适于继续承载的变形或变位。当基础结构出现下列状态之一时，应认为超过了承载能力极限状态。

① 整个结构或结构的一部分作为刚体失去平衡（如倾覆等）。

② 结构构件或连接因超过材料强度而破坏（包括疲劳破坏），或因过度塑性变形而不适于继续承载。

③ 结构转变为机动体系。

④ 结构或结构构件丧失稳定（如压屈等）。

⑤ 地基丧失承载能力而破坏（如失稳等）。

（2）正常使用极限状态。这种极限状态对应于结构或结构构件达到正常使用或耐久性能的某项规定限值。当结构、结构构件或地基基础出现下列状态之一时，应认为超过了正常使用极限状态。

① 影响正常使用或外观的变形。

② 影响正常使用或耐久性能的局部破坏（包括裂缝）。

③ 影响正常使用的振动。

④ 影响正常使用的其他特定状态。

由以上的建筑功能要求，长期荷载作用下地基变形对上部结构的影响程度，地基基础设计和计算应满足以下设计原则。

① 各级建筑物均应进行地基承载力计算，防止地基土体剪切破坏，对于经常受水平荷载作用的高层建筑、高耸结构和挡土墙，以及建造在斜坡上的建筑物，尚应验算稳定性。

② 应根据前述基本规定进行必要的地基变形计算，控制地基的变形计算值不超过建筑物的地基变形特征允许值，以免影响建筑物的使用和外观。

③ 基础结构的尺寸、构造和材料应满足建筑物长期荷载作用下的强度、刚度和耐久性的要求。同时也应满足上述两项原则的要求。另外力求灾害荷载作用（地震、风载等）时，经济损失最小。

1.2.2　地基基础设计

1. 地基基础设计的内容和步骤

任何建筑物都必须有可靠的地基和基础。建筑物的全部重量（包括各种荷载）最终将通过基础传给地基，所以，地基基础设计是建筑物设计工作中的一项重要内容。

地基基础的设计不能离开地基条件孤立地进行，故称为地基基础设计。设计的首要任务是保证建筑物的安全和正常使用，这就需要从地基和基础两方面来考虑。就地基方面来说，要具有足够的稳定性和不发生过量的变形。如地基一旦发生强度破坏，其后果十分严重，有时甚至是灾害性的，因此，在设计中要充分掌握拟建场地的工程地质条件和地基勘察资料，必须保证地基有足够的强度安全储备。如果地基发生过量的变形，将导致建筑物的开裂或倾斜，削弱建筑物的坚固性或影响其正常使用，因而必须限制基础的不均匀沉降量。另外，基础的总沉降量也应当有所限制，因为建筑物的下沉改变了它与室外地面、邻近设施（如工艺管道、下水道、道路等）之间原有的合理标高关系。而且，大多数情况下，即使地基是比较均匀的，由于各部位荷载不一或基础尺寸及形状的不同，总会有不均匀沉降发生。总沉降量大，意味着可能出现的不均匀沉降量也大，从这点来看，也应当限制总沉降量。就基础本身来说，则要有足够的强度、刚度和耐久性。不言而喻，基础如果发生结构破坏，势必危及整个建筑物的安全。而且基础是设置于地下的隐蔽工程，一旦发生事故，既无法事前警觉，也很难事后补救，所以设计中更要给予高度的重视。

地基基础设计的内容和步骤，在保证建筑物的安全和正常使用的前提下，可以用图 1.1 表示。

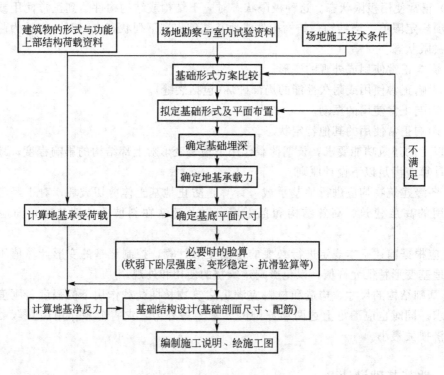

图 1.1　地基基础设计步骤

2. 对地基计算的要求

根据地基复杂程度、建筑物规模和功能特征以及由于地基问题可能造成的建筑物破坏或影响正常使用的程度，《建筑地基基础设计规范》（GB 50007—2011）（以下简称《地基规范》）将地基基础设计分为三个等级，见表 1-5。

表 1-5　地基基础设计等级

设计等级	建筑和地基类型
甲级	重要的工业与民用建筑物 30 层以上的高层建筑 体型复杂，层数相差超过 10 层的高低层连成一体建筑物 大面积的多层地下建筑物（如地下车库、商场、运动场等） 对地基变形有特殊要求的建筑物 复杂地质条件下的坡上建筑物（包括高边坡） 对原有工程影响较大的新建建筑物 场地和地基条件复杂的一般建筑物 位于复杂地质条件及软土地区的二层及二层以上地下室的基坑工程 开挖深度大于 15m 的基坑工程 周边环境条件复杂、环境保护要求高的基坑工程
乙级	除甲级、丙级以外的工业与民用建筑物 除甲级、丙级以外的基坑工程
丙级	场地和地基条件简单、荷载分布均匀的七层及七层以下民用建筑及一般工业建筑，次要的轻型建筑物 非软土地区且场地地质条件简单、基坑周边环境条件简单、环境保护要求不高且开挖深度小于 5.0m 的基坑工程

根据建筑物地基基础设计等级及长期荷载作用下地基变形对上部结构的影响程度，地基基础设计应符合下列规定。

（1）所有建筑物的地基计算均应满足承载力计算的有关规定。

（2）设计等级为甲、乙级的建筑物，均应按地基变形设计（即应验算地基变形）。

（3）表 1-6 范围内设计等级为丙级的建筑物可不做变形验算，如有下列情况之一时，仍应做变形验算：

表 1-6　可不作地基变形验算的设计等级为丙级的建筑物范围

地基主要受力层情况			$80 \leqslant f_{ak} < 100$	$100 \leqslant f_{ak} < 130$	$130 \leqslant f_{ak} < 160$	$160 \leqslant f_{ak} < 200$	$200 \leqslant f_{ak} < 300$
	地基承载力特征值 f_{ak} (kPa)						
	各土层坡度（%）		$\leqslant 5$	$\leqslant 10$	$\leqslant 10$	$\leqslant 10$	$\leqslant 10$
建筑类型	砌体承重结构、框架结构（层数）		$\leqslant 5$	$\leqslant 5$	$\leqslant 6$	$\leqslant 6$	$\leqslant 7$
	单层排架结构(6m柱距)	单跨 吊车额定起重量(t)	10~15	15~20	20~30	30~50	50~100
		单跨 厂房跨度(m)	$\leqslant 18$	$\leqslant 24$	$\leqslant 30$	$\leqslant 30$	$\leqslant 30$
		多跨 吊车额定起重量(t)	5~10	10~15	15~20	20~30	30~75
		多跨 厂房跨度(m)	$\leqslant 18$	$\leqslant 24$	$\leqslant 30$	$\leqslant 30$	$\leqslant 30$

（续）

建筑类型	烟囱	高度(m)	≤40	≤50		≤75	≤100
	水塔	高度(m)	≤20	≤30		≤30	≤30
		容积(m³)	50～100	100～200	200～300	300～500	500～1000

注：① 地基主要受力层系指条形基础底面下深度为 $3b$（b 为基础底面宽度），独立基础下为 $1.5b$，且厚度均不小于 5m 的范围（二层以下一般的民用建筑除外）。

② 地基主要受力层中如有承载力特征值小于 130kPa 的土层时，表中砌体承重结构的设计，应符合《地基规范》第 7 章的有关要求。

③ 表中砌体承重结构和框架结构均指民用建筑，对于工业建筑可按厂房高度、荷载情况折合成与其相当的民用建筑层数。

④ 表中吊车额定起重量、烟囱高度和水塔容积的数值系指最大值。

① 地基承载力特征值小于 130kPa，且体型复杂的建筑。

② 在基础上及其附近有地面堆载或相邻基础荷载差异较大，可能引起地基产生过大的不均匀沉降时。

③ 软弱地基上的建筑物存在偏心荷载时。

④ 相邻建筑距离近，可能发生倾斜时。

⑤ 地基内有厚度较大或厚薄不均的填土，其自重固结未完成时。

（4）对经常受水平荷载作用的高层建筑、高耸结构和挡土墙等，以及建造在斜坡上或边坡附近的建筑物和构筑物，尚应验算其稳定性。

（5）基坑工程应进行稳定性验算。

（6）建筑地下室或地下构筑物存在上浮问题时，尚应进行抗浮验算。

3. 关于荷载取值的规定

地基基础设计时，所采用的荷载效应最不利组合与相应的抗力限值应按下列规定采用。

（1）按地基承载力确定基础底面积及埋深或按单桩承载力确定桩数时，传至基础或承台底面上的作用效应应按正常使用极限状态下作用的标准组合；相应的抗力应采用地基承载力特征值或单桩承载力特征值。

（2）计算地基变形时，传至基础底面上的荷载效应应按正常使用极限状态下作用的准永久组合，不应计入风荷载和地震作用；相应的限值应为地基变形允许值。

（3）计算挡土墙、地基或滑坡稳定以及基础抗浮稳定时，作用效应应按承载能力极限状态下作用的基本组合，但其荷载分项系数为 1.0。

（4）在确定基础或桩基承台高度、支挡结构截面、计算基础或支挡结构内力、确定配筋和验算材料强度时，上部结构传来的作用效应和相应的基底反力、挡土墙土压力以及滑坡推力，应按承载能力极限状态下作用的基本组合，采用相应的分项系数；当需要验算基础裂缝宽度时，应按正常使用极限状态下状态的标准组合。

（5）基础设计安全等级、结构设计使用年限、结构重要性系数应按有关规范的规定采用，但结构重要性系数 γ_0 不应小于 1.0。

从以上规定可以知道，基础工程设计时必须对地基的承载力、变形及地基基础的稳定性进行验算。

基础内力计算是根据基础顶面作用的荷载与基础底面地基的反力作为外荷载，运用静力学、结构力学的方法进行求解。荷载组合要考虑多种荷载同时作用在基础顶面，又要按承载力极限状态和正常使用状态分别进行组合，并取各自的最不利组合进行设计计算。一般荷载效应组合的规定如下。

正常使用极限状态下，标准组合的效应设计值 S_k 应按下式确定：

$$S_k = S_{Gk} + S_{Q1k} + \psi_{c2} S_{Q2k} + \cdots + \psi_{cn} S_{Qnk} \qquad (1-1)$$

式中　S_{Gk}——永久作用标准值 G_k 的效应；

　　　S_{Qik}——第 i 个可变作用标准值 Q_{ik} 的效应；

　　　ψ_{ci}——第 i 个可变作用 Q_i 的组合值系数，按现行《建筑结构荷载规范》（GB 50009—2012）（以下简称《荷载规范》）的规定取值。

准永久组合的效应设计值 S_k 应按下式确定：

$$S_k = S_{Gk} + \psi_{q1} S_{Q1k} + \psi_{q2} S_{Q2k} + \cdots + \psi_{qn} S_{Qnk} \qquad (1-2)$$

式中　ψ_{qi}——第 i 个可变作用的准永久值系数，按现行《荷载规范》的规定取值。

承载能力极限状态下，由可变作用控制的基本组合的效应设计值 S_d，应按下式确定：

$$S_d = \gamma_G S_{Gk} + \gamma_{Q1} S_{Q1k} + \gamma_{Q2} S_{Q2k} + \cdots + \gamma_{Qn} S_{Qnk} \qquad (1-3)$$

式中　γ_G——永久作用的分项系数，按现行《荷载规范》的规定取值；

　　　γ_{Qi}——第 i 个可变作用的分项系数，按现行《荷载规范》的规定取值。

对由永久作用控制的基本组合，也可采用简化规则，基本组合的效应设计值 S_d 可按下式确定：

$$S_d = 1.35 S_k \qquad (1-4)$$

式中　S_d——标准组合的作用效应设计值。

基础顶面作用的荷载，来源于上部结构的力学解答，是框架柱、排架柱的柱端轴力、剪力、弯矩值，或墙体底部的轴力数值。这些数值的取值应根据最不利条件选取。例如偏心受压柱的柱端内力值有四种组合：

(1) $+M_{max}$ 及相应的 N、V。

(2) $-M_{max}$ 及相应的 N、V。

(3) N_{max} 及相应的 M、V。

(4) N_{min} 及相应的 M、V。

以上四种状况均可以传递至基础与地基土层，因此在计算基础底面尺寸时应以恒载（即永久荷载）为主，用第三种情况求解，而第一、二种情况也会发生，必须应用这两种情况求解基底最大压力值，验算基础底面尺寸是否满足。当计算基础沉降变形时不应计入风荷载和地震作用，其计算值小于地基变形的允许值。

1.3　地　基　类　型

1.3.1　天然地基

1. 土质地基

在漫长的地质年代中，岩石经历风化、剥蚀、搬运、沉积生成土。按地质年代划分为

"第四纪沉积物"，根据成因的类型分为残积物、坡积物、洪积物、平原河谷冲积物（河床、河漫滩、阶地）、山区河谷冲积物（较前者沉积物质粗，大多为砂料所充填的卵石、圆砾）等。粗大的土粒是岩石经物理风化作用形成的碎屑，或是岩石中未产生化学变化的矿物颗粒，如石英和长石等；而细小土料主要是化学风化作用形成的次生矿物和生成过程中混入的有机物质。粗大土粒其形状呈块状或粒状，而细小土粒其形状主要呈片状。土按颗粒级配或塑性指数可划分为碎石土、砂土、粉土和黏性土。碎石土和砂土的划分应符合表1-7、表1-8的规定。

表1-7　碎石土的分类

土的名称	颗粒形状	粒组含量
漂石	圆形及亚圆形为主	粒径大于200mm的颗粒含量超过全重50%
块石	棱角形为主	
卵石	圆形及亚圆形为主	粒径大于20mm的颗粒含量超过全重50%
碎石	棱角形为主	
圆砾	圆形及亚圆形为主	粒径大于2mm的颗粒含量超过全重50%
角砾	棱角形为主	

注：分类时应根据粒组含量栏从上到下以最先符合者确定。

表1-8　砂土的分类

土的名称	粒组含量
砾砂	粒径大于2mm的颗粒含量占全重25%～50%
粗砂	粒径大于0.5mm的颗粒含量超过全重50%
中砂	粒径大于0.25mm的颗粒含量超过全重50%
细砂	粒径大于0.075mm的颗粒含量超过全重85%
粉砂	粒径大于0.075mm的颗粒含量超过全重50%

注：分类时应根据粒组含量栏从上到下以最先符合者确定。

粒径大于0.075mm的颗粒不超过全部质量50%，且塑性指数等于或小于10的土，应定为粉土。

黏性土当塑性指数大于10，且小于或等于17时，应定为粉质黏土；当塑性指数大于17时，应定为黏土。土质地基一般是指成层岩石以外的各类土，在不同行业的规范中其名称与具体划分的标准略有不同，基本分为碎石土、砂土、粉土和黏性土几大类。

地基与我们称为土的材料组成成分相同，不同点是前者为承受荷载的那部分土体，而后者是对地壳组成部分除岩层、海洋外的统称。由于地基是承受荷载的土体，因而在基础底面传给土层的外荷作用下将在土体内部产生压应力、切应力与相应的变形。根据布辛奈斯克解答可以得到基础底面中心点下土体的竖向压应力沿深度的衰减曲线，当在某一深度处外荷引起的竖向压应力值等于$0.1\sigma_{cz}$（σ_{cz}为该深度处土体的自重应力）时，基本将这一深度定为三维半无限空间土体中地基土体应力影响深度的下限值，也可从变形计算中压缩层厚度的概念确定其下限值（即在该值以下的土层产生的变形忽略不计）。地基土层的范围确定后，并且构筑物通过基础传给土层的外荷已知，地基土层的沉降变形即可求得。根据构筑物的具体要求可计算施工阶段的固结沉降、使用阶段的最终沉降，其数值均应在允许范围内。

土质地基承受建筑物荷载时，土体内部剪应力(也称切应力)逐渐增大，其数值不得超过土体的抗剪强度，并由此确定了地基土体的承载力。该地基承载力是决定基础底面尺寸的控制因素。其确定方法在土力学有关章节详述。

土质地基处于地壳的表层，施工方便，基础工程造价较经济，是房屋建筑，中、小型桥梁，涵洞，水库，水坝等构筑物基础经常选用的持力层。

2. 岩石地基

当岩层距地表很近，或高层建筑、大型桥梁、水库水坝荷载通过基础底面传给土质地基，地基土体承载力、变形验算不能满足相关规范要求时，则必须选择岩石地基。例如我国南京长江大桥的桥墩基础、三峡水库大坝的坝基基础等均坐落于岩石地基上。

岩石根据其成因不同，分为岩浆岩、沉积岩、变质岩。它们具有足够的抗压强度，颗粒间有较强的连接，除全风化、强风化岩石外均属于连续介质。它较土粒堆积而成的多孔介质的力学性能优越许多。硬质岩石的饱和单轴极限抗压强度可高达 60MPa 以上，软质岩石的数值也在 5MPa 不等。其数量级与土质地基的单位(kPa)相比，可认为扩大 10 倍以上，当岩层埋深浅，施工方便时，它应是首选的天然地基持力层。而建筑物荷载在岩层中引起的压应力、剪应力分布的深度范围内，往往不是一种单一的岩石，而是由若干种不同强度的岩石组成。同时由于地质构造运动引起地壳岩石变形和变位，形成岩层中有多个不同方向的软弱结构面，或有断层存在。长期风化作用(昼夜、季节温差，大气及地下水中的侵蚀性化学成分的渗浸等)使岩体受风化程度加深，导致岩层的承载能力降低，变形量增大。根据风化程度岩石分为未风化、微风化、中等风化、强风化、全风化。不同的风化等级对应不同的承载能力。实际工程中岩体中产生的剪应力没有达到岩体的抗剪强度时，由于岩体中存在一些纵横交错的结构面，在剪应力作用下该软弱结构面产生错动，使得岩石的抗剪强度降低，导致岩体的承载能力降低。所以当岩体中存在延展较大的各类结构面特别是倾角较陡的结构面时，岩体的承载能力可能受该结构面的控制。

城市地下铁道的修建及公路、铁路中隧道的建设，大部分是在岩石地基中形成地下洞室。洞室的洞壁与洞顶的岩层组成地下洞室围岩。一般情况下，在查明岩体结构特征和岩层中应力条件的基础上，根据岩体的强度和变形特点就可以判别围岩的稳定性。其稳定性与地下洞室某一洞段内比较发育的，强度最弱的结构面状态有关(包括张开度、充填物、起伏粗糙和延伸长度等情况)。目前，国际、国内的有关规范均以围岩的强度应力比(抗压强度与压应力比)、岩体完整程度、结构面状态、地下水和主要结构面产状五项因素评定围岩的稳定性，同时采用围岩的强度应力比对稳定性进行分级。围岩强度与压应力比是反映围岩应力大小与围岩强度相对关系的定量指标。表 1-9 列出了国内外关于围岩强度与压应力比值的分级资料，一般可采用该指标控制各类围岩的变形破坏特性。表中Ⅱ类以上为围岩中不允许出现塑性挤出变形，Ⅲ类为围岩允许局部出现塑性变形。因此围岩强度应力比数值，Ⅰ类围岩要求 >4，Ⅱ类围岩要求 >3，Ⅲ类围岩要求 >2，Ⅳ类围岩要求 >1，否则要降低围岩类别。

表 1-9　国内外关于围岩强度应力比值分级资料

法国隧道 工程协会 （AFTE）	强度应力比	>4		4~2	<2
	应力状态等级 及围岩稳定	初始应力状态弱， 围岩充分稳定		初始应力状态中等， 岩壁会产生破坏	初始应力状态强， 围岩强度不足以 保证围岩稳定
日本吉船惠	强度应力比	>4		4~2	<2
	地压特征	不产生塑性地压		有时产生塑性地压	多产生塑性地压
日本新奥法设计 施工指南	强度应力比	>6	6~4	4~2	<2
	围岩类别	$Ⅲ_N$（E类岩）	$Ⅱ_N$（D、E类岩）	$Ⅰ_N$（D、E类岩）	$Ⅰ_S Ⅰ_I$（D、E类岩）
国家标准《锚杆喷射 混凝土支护技术规范》 （GB 50086—2001）	强度应力比	—	—	>2	>1
	围岩类别	—	—	Ⅲ	Ⅳ
总参《坑道工程 围岩分类》	强度应力比	—	—	>2	>1
	围岩类别	—	—	Ⅲ	Ⅳ
西南交通大学 徐文焕建议	强度应力比	>4		>3	>2	>1
	围岩类别	Ⅰ		Ⅱ	Ⅲ	Ⅳ

3. 特殊土地基

我国地域辽阔，工程地质条件复杂。在不同的区域由于气候条件、地形条件、季风作用在成壤过程中形成具有独特物理力学性质的区域土概称为特殊土。我国特殊土地基通常有湿限性黄土地基、膨胀土地基、冻土地基、红黏土地基等。

1）湿限性黄土地基

湿限性黄土是指在一定压力下受水浸湿，土结构迅速破坏，并发生显著附加下沉的黄土。湿限性黄土主要为马兰黄土和黄土状土。前者属于晚更新世 Q_3 黄土；后者属于全新世纪 Q_4 黄土。在一定压力和充分浸水条件下，下沉到稳定为止的变形量称为总湿陷量。在地基计算中，当建筑物地基的压缩变形、湿陷变形或强度不满足设计要求时，应针对不同土质条件和使用要求，在地基压缩层内采取处理措施。高度大于 60m 或 14 层及 14 层以上体型复杂的高层建筑、高度大于 100m 的高耸结构、高度大于 50m 的构筑物、对不均匀沉降有严格限制的甲类建筑，应消除地基的全部湿陷量。高度不大于 60m 的高层建筑、高度为 50~100m 的高耸结构、高度为 30~50m 的构筑物、地基受水浸湿可能性较小的重要建筑等乙类建筑，应控制未处理土层的湿陷量不大于 20cm。对于一般构筑物，应控制未处理土层的湿陷量不大于 30cm。选择地基处理的方法，应根据建筑物的类别、湿限性黄土的特性、施工条件和当地材料，并经综合技术经济比较来确定，从而避免湿陷变形给建筑物的正常使用带来危害。在湿限性黄土地基上设计基础的底面积尺寸时，其承载力的确定应遵守相关的规定。

2）膨胀土地基

土中黏粒成分主要由亲水性矿物组成，同时具有显著地吸水膨胀和失水收缩两种变形特性的黏性土称为膨胀土。在一定压力下，浸水膨胀稳定后，土样增加的高度与原高度之比称为膨胀率。由于膨胀率的不同，在基底压力作用时，膨胀变形数值不同。反之，气温升高，水分蒸发引起的收缩变形数值也不相同。但基础某点的最大膨胀上升量与最大收缩下沉量之和应小于或等于建筑物地基容许变形值。如不满足，应采取地基处理措施。因而在膨胀土地区进行工程建设，必须根据膨胀土的特性和工程要求，综合考虑气候特点、地形地貌条件、土中水分的变化情况等因素，因地制宜，采取相应的设计计算与治理措施。

3）冻土地基

含有冰的土（岩）称为冻土。冻结状态持续两年或两年以上的土（岩）称为多年冻土。地表层冬季冻结，夏季全部融化的土称为季节冻土。冻土中易溶盐的含量超过规定的限值时称盐渍化冻土。冻土由土颗粒、冰、未冻水、气体四相组成。低温冻土作为建筑物或构筑物基础的地基时，强度高、变形小，甚至可以看成是不可压缩的。高温冻土在外荷作用下表现出明显的塑性，在设计时，不仅要进行强度计算，还必须考虑按变形进行验算。

利用多年冻土作地基时（例如青藏公路、铁路与沿线的房屋和构筑物），由于土在冻结与融化两种不同状态下，其力学性质、强度指标、变形特点与构造的热稳定性等相差悬殊，当从一种状态过渡到另一种状态时，一般情况下将发生强度由大到小，变形由小到大的突变。因此在施工、设计中要特别注意建筑物周围的环境生态平衡，保护覆盖植被，避免地温升高，减少冻土地基的融沉量。

在季节冻土地区的地基，一个年度周期内经历未动土—冻结土的两种状态，因此，季节冻土地区的地基基础设计，首先应满足非冻土地基中有关规范的规定，即在长期荷载作用下，地基变形值在允许数值范围内，在最不利荷载作用下地基不发生失稳。然后根据有关冻土地基规范的规定计算冻结状态引起的冻胀力大小和对基础工程的危害程度。同时应对冻胀力作用下基础的稳定性进行验算。冻土地基的最大特点是土的工程性质与土温息息相关，土温又与气温相关，两者的数值不相等。这是因为气温升高或降低产生的热辐射能，首先被土中水发生相变（水变成冰或反之）而消耗，其次土中的其他组成成分吸热或放热导致土体温度改变。当地温降低时，土中水由液态转为固态引起体积膨胀，弱结合水的水分迁移加大了膨胀数值，这种向上膨胀的趋势给地基中的基础增加了非冻土中不存在的向上冻胀力。地温升高时，土中冰转为液态水，体积收缩，土的刚度减弱，会引起很大的沉降变形，产生非冻土中不存在的融沉现象。当融沉产生不均匀变形时，会引起道路开裂、边坡滑移、房屋倾斜、基础失稳，有关这方面的计算参见相关书籍。

4）红黏土地基

红黏土为碳酸盐岩系的岩石经红土化作用（岩石在长期的化学风化作用下的成土过程）形成的高塑性黏土，其液限一般大于 50；经再搬运后仍保留红黏土的基本特征，液限大于45 的土应为次生红黏土。它的天然含水量几乎与塑限相等，但液性指数较小，说明红黏土以含结合水为主。红黏土的含水量虽高，但土体一般为硬塑或坚硬状态，具有较高的强度和较低的压缩性。颜色呈褐红、棕红、紫红及黄褐色。

红黏土是原岩化学风化剥蚀后的产物，因此其分布厚度主要受地形与下卧基岩面的起伏程度控制。地形平坦，下卧基岩起伏小，则厚度变化不大，反之，在小范围内厚度变化较大，而引起地基不均匀沉降。勘察阶段应查清岩面起伏状况，并进行必要的处理。

1.3.2 人工地基

土质地基中含水量大于液限，孔隙比 $e \geqslant 1.5$ 或 $1.0 \leqslant e < 1.5$ 的新近沉积黏性土为淤

泥、淤泥质黏土、淤泥质粉质黏土、淤泥混砂、泥炭及泥炭质土。这类土具有强度低、压缩性高、透水性差、流变性明显和灵敏度高等特点，普遍承载能力较低。它们大部分是海河、黄河、长江、珠江等江河入海地区的主要地层。以上这类土都称之为软黏土。当建筑物荷载在基础底部产生的基底压力大于软黏土层的承载能力或基础的沉降变形数据超过建筑物正常使用的允许值时，土质地基必须通过置换、夯实、挤密、排水、胶结、加筋和化学处理等方法对软土地基进行处理与加固，使其性能得以改善，以满足承载能力或沉降的要求，此时地基称为人工地基。

在软土地基或松散地基(回填土、杂填土、松软砂)中设置由散体材料(土、砂、碎石)等或弱胶结材料(石灰土、水泥土等)构成的加固桩柱体(也称增强体)，与桩间土一起共同承受外荷载，这类由两种不同强度的介质组成的人工地基，称为复合地基。复合地基中的桩柱体与桩基础的桩不同。前者是人工地基的组成部分，起加固地基的作用，桩柱体与土协调变形，共同受力，两者是彼此不可分割的整体。后者将结构荷载传递给深部地基土层，桩可单独承受外荷载，且由刚度大的材料组成，与承台或上部结构作刚性连接。桩柱体通过排水、挤土或原位搅拌等方式，使一部分地基土被置换为或转变成具有较高强度和刚度的增强体，这种作用称为置换作用。在成桩过程中，砂石桩的排水作用，石灰桩的膨胀吸水作用，对桩间土形成侧向挤压作用而使土质得以改善，这种作用称之为挤密作用。

人工地基一般是在基础工程施工以前，根据地基土的类别、加固深度、上部结构要求、周围环境条件、材料来源、施工工期、施工技术与设备条件进行地基处理方案选择、设计，力求达到方法先进、经济合理的目的。

1.4 基础类型

1.4.1 浅基础

1. 扩展基础

对上部结构而言，基础应是可靠的支座，对下部地基而言，基础所传递的荷载效应应满足地基承载力和变形的要求，这就有必要在墙柱下设置水平截面扩大的基础，即扩展式基础。扩展基础通常指墙下条形基础和柱下单独基础；扩展基础又可分为无筋扩展基础(刚性基础)和钢筋混凝土扩展基础(柔性基础)。

1) 无筋扩展基础

无筋扩展基础是指由砖、毛石、混凝土或毛石混凝土、灰土和三合土等材料组成的无需配置钢筋的墙下条形基础或柱下独立基础，如图 1.2 所示。无筋基础的材料都具有较好的抗压性能，但抗拉、抗剪强度都不高，为了使基础内产生的拉应力和剪力不超过相应的材料强度设计值，设计时需要加大基础的高度。因此，这种基础几乎不发生挠曲变形，故习惯上把无筋基础称为刚性基础。无筋扩展基础适用于多层民用建筑和轻型厂房。

毛石基础是用未经人工加工的石材和砂浆砌筑而成。其优点是能就地取材、价格低，缺点是施工劳动强度大。另外，在毛石基础设计中，基底一般不设混凝土垫层，这是由于在搬运毛石过程中，极易破坏垫层的缘故。

三合土基础是用石灰、砂、碎砖或碎石三合一材料铺设、压密而成。其体积比一般按 1∶2∶4～1∶3∶6 配制，经加入适量水拌和后，均匀铺入基槽，每层虚铺 200mm，再压实至150mm，铺至一定高度后再在其上砌砖大放脚。三合土基础常用于我国南方地区地下水位较低的四层及四层以下的民用建筑工程中。

灰土基础是用石灰和黏性土混合材料铺设、压密而成。石灰以块状为宜，经熟化 1～2 天后过 5mm 筛立即使用；土料用塑性指数较低的粉土和黏性土，土料颗粒应过筛，粒径不得大于 15mm。石灰和土料体积比常用 3∶7 或 2∶8 的比例配制，经加入适量水拌匀，分层夯实。灰土基础宜在比较干燥的土层中使用，多用于我国华北和西北地区。

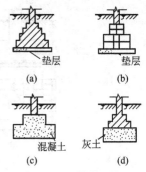

图 1.2 无筋扩展基础
(a) 砖基础；(b) 毛石基础；
(c) 混凝土或毛石基础；
(d) 灰土或三合土基础

混凝土和毛石混凝土基础的强度、耐久性与抗冻性都优于砖石基础，因此，当荷载较大或位于地下水位以下时，可考虑选用混凝土基础。混凝土基础水泥用量大，造价稍高，当基础体积较大时，可设计成毛石混凝土基础。毛石混凝土基础是在浇灌混凝土过程中，掺入少于基础体积 30% 的毛石，以节约水泥用量。由于其施工质量控制较困难，使用并不广泛。

2) 钢筋混凝土扩展基础

钢筋混凝土扩展基础常简称为扩展基础，是指墙下钢筋混凝土条形基础和柱下钢筋混凝土独立基础。这类基础的抗弯和抗剪性能良好，可在竖向荷载较大、地基承载力不高以及承受水平力和力矩荷载等情况下使用。与无筋基础相比，其基础高度较小，因此更适宜在基础埋置深度较小时使用。

(1) 墙下钢筋混凝土条形基础。墙下钢筋混凝土条形基础的构造如图 1.3 所示。一般情况下可采用无肋的墙基础，如地基不均匀，为了增强基础的整体性和抗弯能力，可以采用有肋的墙基础 [图 1.3(b)]，肋部配置足够的纵向钢筋和箍筋，以承受由不均匀沉降引起的弯曲应力。

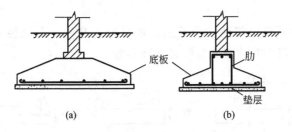

图 1.3 墙下钢筋混凝土条形基础
(a) 无肋式；(b) 有肋式

(2) 柱下钢筋混凝土独立基础。柱下钢筋混凝土独立基础的构造如图 1.4 所示。现浇柱的独立基础可做成锥形或阶梯形；预制柱则采用杯口基础。杯口基础常用于装配式单层工业厂房。

某工程柱下独立基础如图 1.5 所示。

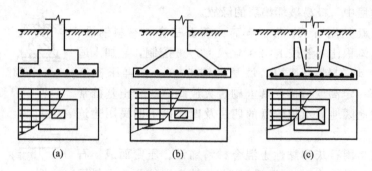

图 1.4　柱下钢筋混凝土独立基础
（a）阶梯形基础；（b）锥形基础；（c）杯口基础

图 1.5　某工程柱下独立基础

砖基础、毛石基础和钢筋混凝土基础在施工前常在基坑底面敷设强度等级为 C10 的混凝土垫层，其厚度一般为 100mm。垫层的作用在于保护坑底土体不被人为扰动和雨水浸泡，同时改善基础的施工条件。

2. 联合基础

联合基础主要指同列相邻两柱公共的钢筋混凝土基础，即双柱联合基础如图 1.6 所示。但其设计原则，可供其他形式的联合基础参考。

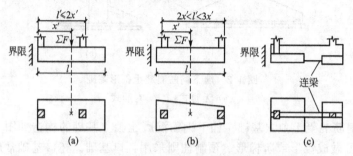

图 1.6　典型的双柱联合基础
（a）矩形联合基础；（b）梯形基础；（c）连梁式基础

某工程双柱联合基础如图1.7所示。

图1.7 某工程双柱联合基础

在为相邻两柱分别配置独立基础时，常因其中一柱靠近建筑界线、或因两柱间距较小，而出现基底面积不足或荷载偏心过大等情况，此时可考虑采用联合基础。联合基础也可用于调整相邻两柱的沉降差，或防止两者之间的相向倾斜等。

3. 柱下条形基础

当地基较为软弱、柱荷载或地基压缩性分布不均匀，以至于采用扩展基础可能产生较大的不均匀沉降时，常将同一方向（或同一轴线）上若干柱子的基础连成一体而形成柱下条形基础，如图1.8所示。这种基础的抗弯刚度较大，因而具有调整不均匀沉降的能力，并能将所承受的集中柱荷载较均匀地分布到整个基底面积上。柱下条形基础是常用于软弱地基上框架或排架结构的一种基础形式。

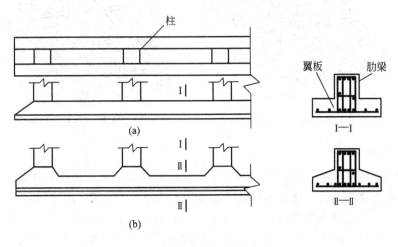

图1.8 柱下条形基础
（a）等截面的；（b）柱位处加腋的

某工程柱下条形基础如图1.9所示。

图 1.9　某工程柱下条形基础

4. 柱下交叉条形基础

如果地基软弱且在两个方向分布不均，需要基础在两方向都具有一定的刚度来调整不均匀沉降，则可在柱网下沿纵横两向分别设置钢筋混凝土条形基础，从而形成柱下交叉条形基础，如图 1.10 所示。

如果单向条形基础的底面积已能满足地基承载力的要求，则为了减少基础之间的沉降差，可在另一方向加设连梁，组成如图 1.11 所示的连梁式交叉条形某础。为了使基础受力明确，连梁不宜着地。这样，交叉条形基础的设计就可按单向条形基础来考虑。连梁的配置通常是带经验性的，但需要有一定的承载力和刚度，否则作用不大。

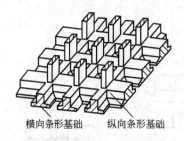

横向条形基础　　纵向条形基础

图 1.10　柱下交叉条形基础

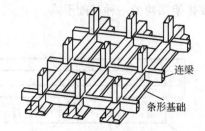

连梁

条形基础

图 1.11　连梁式交叉条形基础

5. 筏形基础

当柱下交叉条形基础底面积占建筑物平面面积的比例较大，或者建筑物在使用上有要求时，可以在建筑物的柱、墙下方做成一块满堂的基础，即筏形（片筏）基础。筏形基础由于其底面积大，故可减小基底压力，同时也可提高地基土的承载力，并能更有效地增强基础的整体性，调整不均匀沉降。此外，筏形基础还具有前述各类基础所不完全具备的良好功能，例如：能跨越地下浅层小洞穴和局部软弱层；提供比较宽敞的地下使用空间；作为地下室、水池、油库等的防渗底板；增强建筑物的整体抗震性能；满足自动化程度较高的工艺设备对不允许有差异沉降的要求，以及工艺连续作业和设备重新布置的要求等。

但是，当地基有显著的软硬不均情况，例如地基中岩石与软土同时出现时，应首先对地基进行处理，单纯依靠筏形基础来解决这类问题是不经济的，甚至是不可行的。筏形基础的板面与板底均配置有受力钢筋，因此经济指标较高。

按所支承的上部结构类型分，有用于砌体承重结构的墙下筏形基础和用于框架、剪力墙结构的柱下筏形基础。前者是一块厚度约 $200\sim300mm$ 的钢筋混凝土平板，埋深较浅，适用于具有硬壳持力层（包括人工处理形成的）、比较均匀的软弱地基上的六层及六层以下承重横墙较密的民用建筑。

柱下筏形基础分为平板式和梁板式两种类型，如图 1.12 所示。平板式筏板基础的厚度不应小于 $400mm$，一般为 $0.5\sim2.5m$。其特点是施工方便、建造快，但混凝土用量大。建于新加坡的杜那士大厦（Tunas Building）是高 96.62m、29 层的钢筋混凝土框架-剪力墙体系，其基础即为厚 2.44m 的平板式筏形基础。当柱荷载较大时，可将柱位下板厚局部加大或设柱墩 ［图 1.12(a)］，以防止基础发生冲切破坏。若柱距较大，为了减小板厚，可在柱轴两个方向设置肋梁，形成梁板式筏形基础 ［图 1.12(b)］。

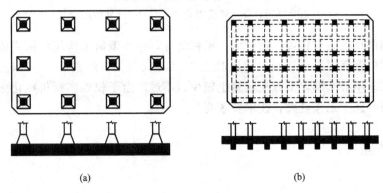

图 1.12　柱下筏形基础

（a）平板式；（b）梁板式

6. 箱形基础

箱形基础是由钢筋混凝土的底板、顶板、外墙和内隔墙组成的具有一定高度的整体空间结构，如图 1.13 所示，适用于软弱地基上的高层、重型或对不均匀沉降有严格要求的建筑物。与筏形基础相比，箱形基础具有更大的抗弯刚度，只能产生大致均匀的沉降或整体倾斜，从而基本上消除了因地基变形而使建筑物开裂的可能性。箱形基础埋深较大，基础中空，从而使开挖卸去的土重部分抵偿了上部结构传来的荷载（补偿效应），因此，与一般实体基础相比，它能显著减小基底压力、降低基础沉降量。此外，箱形基础的抗震性能较好。

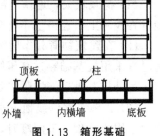

图 1.13　箱形基础

高层建筑的箱基往往与地下室结合考虑，其地下空间可作人防、设备间、库房、商店以及污水处理等。冷藏库和高温炉体下的箱形基础有隔断热传导的作用，以防地基土产生冻胀或干缩。但由于内墙分隔，箱形地下室的用途不如筏形基础地下室广泛，例如不能用做地下停车场等。

箱基的钢筋水泥用量很大，工期长，造价高，施工技术比较复杂，在进行深基坑开挖时，还需考虑降低地下水位、坑壁支护及对周边环境的影响等问题。因此，箱形基础的采用与否，应在与其他可能的地基基础方案作技术经济比较之后再确定。

7. 壳体基础

为了发挥混凝土抗压性能好的特性，可以将基础的形式做成壳体。常见的壳体基础形式有三种，即正圆锥壳、M 形组合壳和内球外锥组合壳，如图 1.14 所示。壳体基础可用作柱基础和筒形构筑物(如烟囱、水塔、料仓、中小型高炉等)的基础。

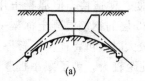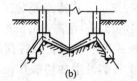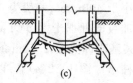

(a)　　　　　　　　　　(b)　　　　　　　　　　(c)

图 1.14　壳体基础的结构形式

(a) 正圆锥壳；(b) M 形组合壳；(c) 内球外锥组合壳

壳体基础的优点是材料省、造价低。根据统计，中小型筒形构筑物的壳体基础，可比一般梁、板式的钢筋混凝土基础少用混凝土 30%～50%，节约钢筋 30%以上。此外，一般情况下施工时不必支模，土方挖运量也较少。不过，由于较难实行机械化施工，因此施工工期长，同时施工工作量大，技术要求高。

1.4.2　深基础

1. 桩基础

桩基础是将上部结构荷载通过桩穿过较弱土层传递给下部坚硬土层的基础形式。它由若干根桩和承台两个部分组成。桩是全部或部分埋入地基土中的钢筋混凝土(或其他材料)柱体。承台是框架柱下或桥墩、桥台下的锚固端，从而使上部结构荷载可以向下传递；它又将全部桩顶箍住，将上部结构荷载传递给各桩使其共同承受外力。它多用于以下情况。

(1) 荷载较大，地基上部土层软弱，适宜的地基持力层位置较深，采用浅基础或人工地基在技术上、经济上不合理。

(2) 在建筑物荷载作用下，地基沉降计算结果超过有关规定或建筑物对不均匀沉降敏感时，采用桩基础穿过高压缩土层，将荷载传到较坚实土层，减小地基沉降并使沉降较均匀。另外桩基础还能增强建筑物的整体抗震能力。

(3) 当施工水位或地下水位较高，河道冲刷较大，河道不稳定或冲刷深度不易计算准确而采用浅基础施工困难时，多采用桩基础。

桩基础按承台位置可分为高承台桩基础和低承台桩基础(图 1.15)；按受力条件可分为端承型桩、摩擦型桩；按施工条件可分为预制桩(图 1.16)、灌注桩；按挤土效应可分为大量挤土桩、小量挤土桩和非挤土桩。当高层建筑荷载较大，箱形基础、筏形基础不能满足沉降变形、承载能力要求时，往往采用桩箱基础、桩筏基础的形式。对于桩箱基础，宜将桩布置于墙下；对于带梁(肋)桩筏基础，宜将桩布置于梁(肋)下；这种布桩方法对箱、筏底板的抗冲切、抗剪十分有利，可以减小箱基或筏基的底板厚度。

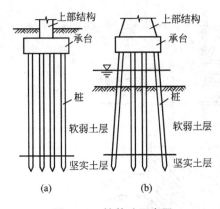

图 1.15 桩基础示意图
(a) 低承台桩基础；(b) 高承台桩基础

图 1.16 预制方桩

2. 沉井和沉箱基础

沉井是井筒状的结构物，如图 1.17 所示。它先在地面预定位置或在水中筑岛处预制井筒状的结构物，然后在井内挖土、依靠自重克服井壁摩阻力下沉至设计标高，经混凝土封底，并填塞井内部，使其成为建筑物基础。

沉井既是基础，又是施工时挡水和挡土围堰结构物，在桥梁工程中得到较广泛的应用。沉井基础的缺点是施工期较长，当其置于细砂及粉砂类土中，在井内抽水时易发生流砂现象，造成沉井倾斜，施工过程中遇到土层中有大孤石、树干等时下沉困难。

沉井基础多在下列情况下采用。

(1) 上部结构荷载较大，而表层地基土承载力不足，做深基坑开挖工作量大，基坑的坑壁在水、土压力作用下支撑

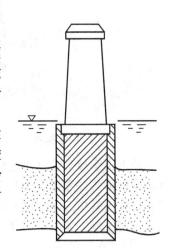

图 1.17 沉井基础

困难，而在一定深度下有好的持力层，采用沉井基础较其他类型基础经济合理。

(2) 在山区河流中，虽然土质较好，但冲刷大，或河中有较大卵石不便桩基础施工。

(3) 岩石表面较平、埋深浅，而河水较深，采用扩展基础施工围堰有困难时，多采用沉井基础。

沉箱是一个有盖无底的箱形结构物，如图 1.18 所示。水下施工时，为了保持箱内无水，需压入压缩空气将水排出，使箱内保持的压力在沉箱刃脚处与静水压力平衡，因而又称为气压沉箱，简称沉箱。沉箱下沉到设计标高后用混凝土将箱内部的井孔灌实，成为建筑物的深基础。

沉箱基础的优点是整体性强，稳定性好，能承受较大的荷载，沉箱底部的土体持力层质量能得到保证。其缺点是工人是在高压无水条件下工作，挖土效率不高甚至有害于健康。为了工人的安全，沉箱的水下下沉深度不得超过 35m（相当于增大了 3.5 个大气压），因此其应用范围受到限制。由于存在以上缺点，目前在桥梁基础工程中较少采用沉箱基础。

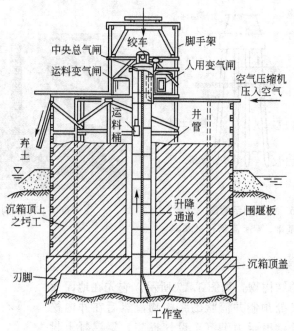

图 1.18　沉箱基础

3．地下连续墙基础

地下连续墙是基坑开挖时，防止地下水渗流入基坑，支挡侧壁土体，防止坍塌的一种基坑支护形式或直接承受上部结构荷载的深基础形式。它是在泥浆护壁条件下，使用开槽机械，在地基中按建筑物平面的墙体位置形成深槽，槽内以钢筋、混凝土为材料构成地下钢筋混凝土墙。如图 1.19 所示某工程地下连续墙钢筋笼体安放图。

图 1.19　某工程地下连续墙钢筋笼体安放

地下连续墙的嵌固深度根据基坑支挡计算和使用功能相结合决定。宽度往往由其强度、刚度要求决定，与基坑深浅和侧壁土质有关。地下连续墙可穿过各种土层进入基岩，有地下水时无须采取降低地下水位的措施。用它作为建筑物的深基础时，可以地下、地上同时施工，因此在工期紧张的情况下，为采用"逆筑法"施工提供了可能。目前在桥梁基础、高层建筑箱基、地下车库、地铁车站、码头等工程中都有应用成功的实例。它既是地下工程施工时的临时支护结构，又是永久建筑物的地下结构部分。

1.5 地基、基础与上部结构共同工作

地基、基础和上部结构组成了一个完整的受力体系，三者的变形相互制约、相互协调，也就是共同工作的，其中任一部分的内力和变形都是三者共同工作的结果。但常规的简化设计方法未能充分考虑这一点。例如图 1.20 所示的条形基础上多层平面框架结构的分析，常规设计的步骤如下。

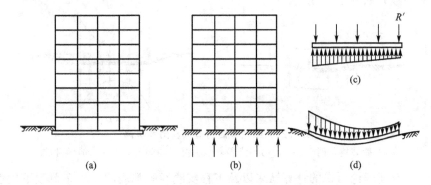

图 1.20 条形基础上平面框架结构的分析
(a) 框架建筑物；(b) 框架计算简图；(c) 基础计算简图；(d) 地基变形计算简图

(1) 上部结构计算简图为固接(或铰接)在不动支座上的平面框架，如图 1.20(b)所示，求得框架内力进行框架截面设计，支座反力则作为条形基础的荷载。

(2) 按直线分布假设计算在上述荷载作用下条形基础的基底反力，然后按图 1.20(c)所示用倒梁法或静定分析法计算基础内力，进行基础截面设计。

(3) 将基底反力反向作用在地基上计算地基变形，验算建筑物是否符合变形要求。

可以看出，上述设计方法虽然满足了静力平衡条件，但却忽略了地基、基础与上部结构三者之间受荷前后的变形连续性。事实上，地基、基础与上部结构三者是相互联系成整体来承担荷载而发生变形的，它们原来互相连接或接触的部位，在受荷后一半仍然保持连接或接触，即墙柱底端的位移、该处基础的变位和地基表面的沉降应相一致，满足变形协调条件。显然，地基越软弱，按常规方法计算的结果与实际情况的差别就越大。

由此可见，合理的分析方法，原则上应该以地基、基础与上部结构三者之间必须同时满足静力平衡和变形协调这两个条件为前提。只有这样，才能揭示它们在外荷载作用下相互制约、彼此影响的内在联系，从而达到安全、经济的设计目的。鉴于这种情况从整体上进行相互作用分析难度较大，于是对于一般的基础设计仍然采用常规设计法，而对于复杂的或大型的基础，则宜在常规设计的基础上，区别情况，采用目前可行的方法考虑地基-基础-上部结构的相互作用。

1.5.1 地基与基础的相互作用

1. 基底反力的分布规律

在常规设计法中，通常假设基底反力呈线性分布。但事实上，基底反力的分布是非常复杂的，除了与地基因素有关外，还受基础及上部结构的制约。为了便于分析，下面仅考虑基础本身刚度的作用而忽略上部结构的影响。

1）柔性基础

抗弯刚度很小的基础可视为柔性基础。它就像一块放在地基上的柔软薄膜，可以随着地基的变形而任意弯曲。柔性基础不能扩散应力，因此基底反力分布与作用于基础上的荷载分布完全一致，如图 1.21 所示。

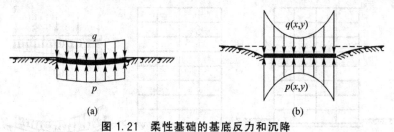

图 1.21 柔性基础的基底反力和沉降

(a) 荷载均匀时，$p(x, y)=$常数；(b) 沉降均匀时，$p(x, y)\neq$常数

按弹性半空间理论所得的计算结果以及工程实践经验都表明，均布荷载下柔性基础的沉降呈碟形，即中部大、边缘小 [图 1.21(a)]。显然，若要使柔性基础的沉降趋于均匀，就必须增大基础边缘的荷载，并使中部的荷载相应减小，这样，荷载和反力就变成了如图 1.21(b)所示的非均布的形状了。

2）刚性基础

刚性基础的抗弯刚度极大，原来是平面的基底，沉降后依然保持平面。因此，在中心荷载作用下，基础将均匀下沉。根据上述柔性基础沉降均匀时基底反力不均匀的论述，可以推断，中心荷载下的刚性基础基底反力分布也应该是边缘大、中部小。图 1.22 中的实线反力图为按弹性半空间理论求得的刚性基础基底反力图，在基底边缘处，其值趋于无穷大。事实上，由于地基土的抗剪强度有限，基底边缘处的土体将首先发生剪切破坏，因此，此处的反力将被限制在一定的数值范围内，随着反力的重新分布，最终的反力图可呈如图 1.22 中虚线所示的马鞍形。由此可见，刚性基础能跨越基底中部，将所承担的荷载相对集中地传至基底边缘，这种现象称为基础的"架越作用"。

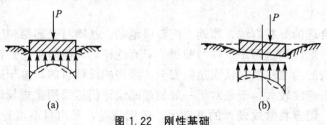

图 1.22 刚性基础

(a) 中心荷载；(b) 偏心荷载

一般来说，无论是黏性土还是无黏性土地基，只要刚性基础埋深和基底面积足够大、而荷载又不太大时，基底反力均呈马鞍形分布。

3）基础相对刚度的影响

图 1.23(a)表示黏性土地基上相对刚度很大的基础。当荷载不太大时，地基中的塑性区很小，基础的架越作用很明显；随着荷载的增加，塑性区不断扩大，基底反力将逐渐趋于均匀。在接近液态的软土中，反力近乎呈直线分布。

图 1.23(c)表示岩石地基上相对刚度很小的基础，其扩散能力很低，基底出现反力集中的现象，此时基础的内力很小。

对于一般黏性土地基上相对刚度适中的基础［图 1.23(b)］，其情况介于上述两者之间。

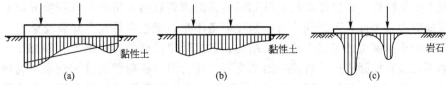

图 1.23 基础相对刚度与架越作用

（a）基础刚度大；（b）基础刚度适中；（c）基础刚度小

基础的架越作用取决于基础的相对刚度、土的压缩性以及基底下塑性区的大小。一般来说，基础的相对刚度越强，沉降就越均匀，但基础的内力将相应增大，故当地基局部软硬变化较大时（如石芽型地基），可以采用整体刚度较大的连续基础；而当地基为岩石或压缩性很低的土层时，宜优先考虑采用扩展基础。

2. 地基非均质性的影响

当地基压缩性显著不均匀时，按常规设计法求得的基础内力可能与实际情况相差很大。图 1.24 表示地基压缩性不均匀的两种相反情况，两基础的柱荷载相同，但其挠曲情况和弯矩图则截然不同。可见柱荷载分布情况的不同也会对基础内力造成不同的影响。在图 1.24 中，(a)和(b)的情况最为有利，而(c)和(d)则是最不利的。

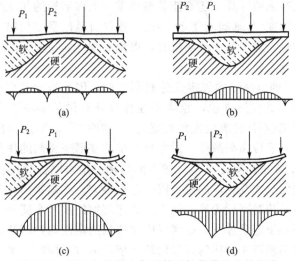

图 1.24 不均匀地基上条形基础柱荷载分布的影响

（a）、（d）内柱荷载大，边柱荷载小；（b）、（c）内柱荷载小，边柱荷载大

1.5.2　地基变形对上部结构的影响

　　整个上部结构对基础不均匀沉降或挠曲的抵抗能力，称为上部结构刚度，或称为整体刚度。根据整体刚度的大小，可将上部结构分为柔性结构、敏感性结构和刚性结构三类。

　　以屋架-柱-基础为承重体系的木结构和排架结构是典型的柔性结构。由于屋架铰接于柱顶，这类结构对基础的不均匀沉降有很大的顺从性，故基础间的沉降差不会在主体结构中引起多少附加应力。

　　不均匀沉降会引起较大附加应力的结构，称为敏感性结构，例如砖石砌体承重结构和钢筋混凝土框架结构。敏感性结构对基础间的沉降差较敏感，很小的沉降差异就足以引起可观的附加应力，因此，若结构本身的强度储备不足，就很容易发生开裂现象。

　　坐落在均质地基上的多层多跨框架结构，其沉降规律通常是中部大、端部小。这种不均匀沉降不仅会在框架中产生可观的附加弯矩，还会引起柱荷载重分配现象，这种现象随着上部结构刚度增大而加剧。对 8 跨 15 层框架结构的相互作用分析表明，边柱荷载增加了 40%，而内柱则普遍卸载，中柱卸载可达 10%。由此可见，对于高压缩性地基上的框架结构，按不考虑相互作用的常规方法设计，结果常使上部结构偏于不安全。

　　基础刚度越大，其挠曲越小，则上部结构的次应力也越小。因此，对高压缩性地基上的框架结构，基础刚度一般宜刚而不宜柔；而对柔性结构，在满足允许沉降值的前提下，基础刚度宜小不宜大，而且不一定需要采用连续基础。

　　刚性结构指的是烟囱、水塔、高炉、筒仓这类刚度很大的高耸结构物，其下常为整体配置的独立基础。当地基不均匀或在邻近建筑物荷载或地面大面积堆载的影响下，基础转动倾斜，但几乎不会发生相对挠曲。

1.5.3　上部结构刚度对基础受力状况的影响

　　目前，梁、板式基础的计算，还不能普遍考虑与上部结构的相互作用，然而，当上部结构具有较大的相对刚度（与基础刚度之比）时，往往对基础受力状况有较大的影响，现用条形基础作例子来讨论。为了便于说明概念，以绝对刚性和完全柔性的两种上部结构对条形基础的影响进行对比。

　　如图 1.25(a) 所示的上部结构假定是绝对刚性的，因而当地基变形时，各个柱子只能同时下沉，对条形基础的变形来说，相当于在柱位处提供了不动支座，在地基反力作用下，犹如倒置的连续梁（不计柱脚的抗角变能力）。如图 1.25(b) 所示的上部结构假想为完全柔性的，因此，它除了传递荷载外，对条形基础的变形毫无制约作用，即上部结构不参与相互作用。由图 1.25 中的对比可知，在上部结构为绝对刚性和完全柔性这两种极端情况下，条形基础的挠曲形式及相应的内力图形差别很大。必须指出，除了像烟囱、高炉等整体构筑物可以认为是绝对刚性者外，绝大多数建筑物的实际刚度介于绝对刚度和完全柔性之间，不过目前还难于定量计算，在实践中往往只能定性地判断其比较接近哪一种极端情况。例如剪力墙体系和筒体结构的高层建筑是接近绝对刚性的；单层排架和静定结构是接近完全柔性的。这些判断将有助于地基基础的设计工作。

　　增大上部结构刚度，将减小基础挠曲和内力。研究表明，框架结构的刚度随层数增加

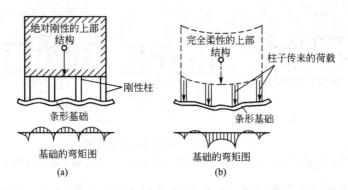

图 1.25 上部结构刚度对基础受力状况的影响

（a）上部结构为绝对刚性时；（b）上部结构为完全柔性时

而增加，但增加的速度逐渐减缓，到达一定层数后便趋于稳定。例如，上部结构抵抗不均匀沉降的竖向刚度在层数超过 15 层后就基本上保持不变了。由此可见，在框架结构中下部一定数量的楼层结构明显起着调整不均匀沉降、削减基础整体弯曲的作用，同时自身也将出现较大的次应力，且楼层位置越低，其作用也越大。

如果地基土的压缩性很低，基础的不均匀沉降很小，则考虑地基—基础—上部结构三者相互作用的意义就不大。因此，在相互作用中起主导作用的是地基，其次是基础，而上部结构则是在压缩性地基上基础整体刚度有限时起重要作用的因素。

1.5.4 地基计算模型

在上部结构、基础与地基的共同作用分析中，或者在地基上的梁板分析中，都要用到土的应力与应变关系，这种关系可以用连续的或离散化形式的特征函数表示，这就是所谓的地基计算模型。每一种模型应尽可能准确地模拟地基与基础相互作用时所表现的主要力学性状，同时又要便于应用。至今已经提出了不少地基模型，然而由于问题的复杂性，不论哪一种模型都难以完全反映地基的实际工作性状，因而各具有一定的局限性。本节仅介绍最简单和最常用的三种线性弹性计算模型。

1. 文克勒地基模型

该模型由捷克工程师文克勒（Winkler）提出，是最简单的线弹性模型，其假定是地基上任一点的压力 p 与该点的竖向位移（沉降）s 成正比，即

$$p = ks \tag{1-5}$$

式中 p——土体表面某点单位面积上的压力（kN/m^2）；

s——相应于某点的竖向位移（m）；

k——基床系数（kN/m^3）。

根据这一假设，地基表面某点的沉降与其他点的压力无关，故可把地基土体划分成许多竖直的土柱 [图 1.26（a）]，每条土柱可用一根独立的弹簧来代替 [图 1.26（b）]。如果在这种弹簧体系上施加荷载，则每根弹簧所受的压力与该弹簧的变形成正比。这种模型的基底反力图形与基础底面的竖向位移形状是相似的 [图 1.26（b）]。如果基础刚度非常大，受荷后基础底面仍保持为平面，则基底反力图按直线规律变化 [图 1.26（c）]。

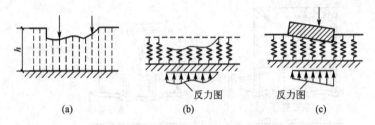

图 1.26　基础相对刚度与架越作用

(a) 侧面无摩阻力的土柱体系；(b) 弹簧模型；(c) 文克勒地基上的刚性基础

根据图 1.26 所示的弹簧体系，每根弹簧与相邻弹簧的压力和变形毫无关系。这样，由弹簧所代表的土柱，在产生竖向变形的时候，与相邻土柱之间没有摩阻力，也即地基中只有正应力而没有剪应力。因此，地基变形只限于基础底面范围之内。

事实上，土柱之间（即地基中）存在着剪应力。正是由于剪应力的存在，才使基底压力在地基中产生应力扩散，并使基底以外的地表发生沉降。

尽管如此，文克勒地基模型由于参数少、便于应用，所以仍是目前最常用的地基模型之一。一般认为，凡力学性质与水相近的地基，采用文克勒地基模型就比较合适。在下述情况下，可以考虑采用文克勒地基模型。

(1) 地基主要受力层为软土。由于软土的抗剪强度低，因而能够承受的剪应力值很小。

(2) 厚度不超过基础底面宽度一半的薄压缩层地基。这时地基中产生附加应力集中现象，剪应力很小。

(3) 基底下塑性区相应较大时。

(4) 支承在桩上的连续基础，可以用弹簧体系来代替群桩。

2. 弹性半空间地基模型

弹性半空间地基模型将地基视为均质的线性变形半空间，并用弹性力学公式求解地基中的附加应力或位移。此时，地基上任意点的沉降与整个基底反力以及邻近荷载的分布有关。

根据布辛奈斯克（Boussinesq）解，在弹性半空间表面上作用一个竖向集中力时，半空间表面上离竖向集中力作用点距离为 r 处的地基表面沉降 s 为：

$$s = \frac{P(1-\mu^2)}{\pi E_0 r} \tag{1-6}$$

式中　E_0、μ——地基土的变形模量和泊松比。

对于均布矩形荷载 p_0 作用下矩形面积中心点的沉降，可以通过对式（1-6）积分求得：

$$s = \frac{2(1-\mu^2)}{\pi E_0}\left[l\ln\frac{b+\sqrt{l^2+b^2}}{l} + b\ln\frac{l+\sqrt{l^2+b^2}}{b}\right]p_0 \tag{1-7}$$

式中　l、b——矩形荷载面的长度和宽度。

设地基表面作用着任意分布的荷载；把基底平面划分为 n 个矩形网格，如图 1.27 所示，作用于各网格面积（f_1，f_2，…，f_n）上的基底压力（p_1，p_2，…，p_n）可以近似地认为是均布的。如果以沉降系数 δ_{ij} 表示网格 i 的中点由作用于网格 j 上的均布压力 $p_j = 1/f_j$

（此时面积 f_j 上的总压力 $R_j=1$，$R_j=p_jf_j$ 称为集中基底反力）引起的沉降，则按叠加原理，网格 i 中点的沉降应为所有 n 个网格上的基底压力分别引起的沉降的总和，即

$$s_i = \delta_{i1}p_1f_1 + \delta_{i2}p_2f_2 + \cdots + \delta_{in}p_nf_n = \sum_{j=1}^{n}\delta_{ij}R_j$$

$$(i=1,\ 2,\ \cdots,\ n)$$

对于整个基础，上式可用矩阵形式表示为：

$$\begin{Bmatrix} s_1 \\ s_2 \\ \vdots \\ s_n \end{Bmatrix} = \begin{bmatrix} \delta_{11} & \delta_{12} & \cdots & \delta_{1n} \\ \delta_{21} & \delta_{22} & \cdots & \delta_{2n} \\ \vdots & \vdots & \vdots & \vdots \\ \delta_{n1} & \delta_{n2} & \cdots & \delta_{nn} \end{bmatrix} \begin{Bmatrix} R_1 \\ R_2 \\ \vdots \\ R_n \end{Bmatrix}$$

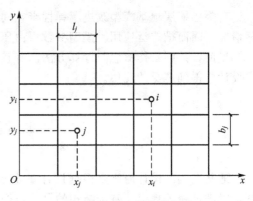

图 1.27 基底网格的划分

简写为：

$$\{s\} = [\delta]\{R\} \tag{1-8}$$

式中 $[\delta]$——地基柔度矩阵。

弹性半空间地基模型具有能够扩散应力和变形的优点，可以反映邻近荷载的影响，但它的扩散能力往往超过地基的实际情况，所以计算所得的沉降量和地表的沉降范围，常较实测结果为大，同时该模型未能考虑地基的成层性、非均质性以及土体应力应变关系的非线性等重要因素。

3. 有限压缩层地基模型

有限压缩层地基模型是把计算沉降的分层总和法应用于地基上梁和板的分析，地基沉降等于沉降计算深度范围内各计算分层在侧限条件下的压缩量之和。这种模型能够较好地反映地基土扩散应力和应变的能力，可以反映邻近荷载的影响，考虑到土层沿深度和水平方向的变化，但仍无法考虑土的非线性和基底反力的塑性重分布。

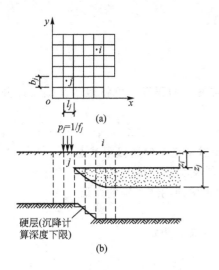

图 1.28 有限压缩层地基模型
（a）基底网格；（b）地基计算分层

有限压缩层地基模型的表达式与式（1-8）相同，但式中的柔度矩阵 $[\delta]$ 需按分层总和法计算。如图 1.28 所示，有限压缩层地基模型将基底划分成 n 个矩形网格，并将其下面的地基分割成截面与网格相同的棱柱体，其下端到达硬层顶面或沉降计算深度。各棱柱体依照天然土层界面和计算精度要求分成若干计算层。于是，沉降系数 δ_{ij} 的计算公式可以写成：

$$\delta_{ij} = \sum_{t=1}^{n_c} \frac{\sigma_{tij}h_{ti}}{E_{sti}} \tag{1-9}$$

式中 h_{ti}、E_{sti}——第 i 个棱柱体中第 t 分层的厚度和压缩模量；

n_c——第 i 个棱柱体的分层数；

σ_{tij}——第 i 个棱柱体中第 t 分层由 $p_j=1/f_j$ 引起的竖向附加应力的平均值，可用该层中点处的附加应力值来代替。

有限压缩层地基模型改进了弹性半空间地基模型地基土体均质的假设，更符合工程实际情况，因而被广泛应用。模型参数可由压缩试验结果取值。

目前，共同工作概念与计算方法已有较大的进展，相信在不久的将来会在实际工程技术设计中得到广泛的应用。

本 章 小 结

地基基础的设计原则是根据设计基本规定对地基承载力、沉降变形、稳定性进行计算，以满足相关规定。基础结构的尺寸、构造和材料应满足最不利荷载条件下的强度、刚度和耐久性的要求。支承建筑物的地基分为天然地基和经过人工处理的人工地基；基础一般按埋置深度分为浅基础与深基础，基础选型应保证其沉降变形、传力路线与上部结构相适应，并经过两种以上基础形式比选后确定。

一般的基础设计可以采用常规设计法，而对于复杂的或大型的基础，应该考虑地基-基础-上部结构共同工作，在三者相互作用分析中，地基模型的选择是最为重要的，常用的三种地基模型为文克勒地基模型、弹性半空间地基模型和有限压缩层地基模型。

习　　题

1. 简答题

(1) 简述基础工程设计基本原则与目的。

(2) 试述土质地基、岩石地基的优缺点。

(3) 简述基础工程常用的几种基础形式及适用条件。

(4) 试述上部结构、基础、地基共同工作的概念。

2. 选择题

(1) 根据地基损坏可能造成建筑物破坏或影响正常使用的程度，可将地基基础设计分为(　　)设计等级。

A. 二个　　　　　　B. 三个　　　　　　C. 四个　　　　　　D. 五个

(2) 当基础结构出现下列(　　)状态时，可认为超过了正常使用极限状态。

A. 地基丧失承载能力而破坏　　　　B. 结构转变为机动体系

C. 结构或结构构件丧失稳定　　　　D. 影响正常使用或外观的变形

(3) 下列说法正确的是(　　)。

A. 丙级建筑物的地基计算可以不满足承载力计算的有关规定

B. 所有建筑物均应按地基变形进行设计

C. 基坑工程应进行稳定性验算

D. 建造在斜坡上的建筑物不需进行稳定性验算

(4) 下列不属于土质地基的是(　　)。

A. 岩浆岩   B. 卵石   C. 粗砂   D. 粉土

（5）下列基础类型属于深基础的是（   ）。

A. 独立基础   B. 筏形基础   C. 地下连续墙   D. 条形基础

（6）下列不属于线性弹性地基计算模型的是（   ）。

A. 有限压缩层地基模型   B. 无限压缩层地基模型

C. 文克勒地基模型   D. 弹性半空间地基模型

第2章
浅 基 础

主要讲述无筋扩展基础与扩展基础的构造要求、影响浅基础埋置深度的主要因素、浅基础地基承载力的确定方法、浅基础底面尺寸的确定、浅基础的设计以及减轻不均匀沉降危害的措施。通过本章的学习，应达到以下目标：

(1) 熟悉无筋扩展基础和钢筋混凝土扩展基础的构造要求；
(2) 掌握影响浅基础埋置深度的主要因素；
(3) 掌握浅基础地基承载力的确定方法；
(4) 掌握确定浅基础底面尺寸的方法；
(5) 熟悉墙下条形基础和柱下独立基础的设计内容及其应用；
(6) 熟悉减轻不均匀沉降危害的措施。

教学要求

知识要点	能力要求	相关知识
构造要求	(1) 熟悉无筋扩展基础构造要求 (2) 熟悉钢筋混凝土扩展基础构造要求	(1) 台阶宽高比 (2) 墙下条形基础构造要求 (3) 柱下独立基础构造要求
基础埋置深度的选择	(1) 掌握影响埋深的与建筑物有关的条件 (2) 掌握影响埋深的工程地质条件 (3) 掌握影响埋深的水文地质条件 (4) 掌握影响埋深的相邻建筑物基础净距 (5) 熟悉影响埋深的地基冻融条件	(1) 基础埋置深度 (2) 建筑功能 (3) 荷载效应 (4) 工程地质条件 (5) 水文地质条件 (6) 相邻基础埋深影响 (7) 冻胀和融陷
地基承载力的确定	(1) 掌握按土的抗剪强度指标确定地基承载力 (2) 掌握按地基载荷试验确定地基承载力 (3) 掌握按规范承载力表格确定地基承载力 (4) 熟悉按建筑经验确定地基承载力	(1) 地基承载力 (2) 地基承载力特征值 (3) 土的抗剪强度指标 (4) 载荷试验 (5) 规范承载力表格 (6) 承载力修正 (7) 沉降量 (8) 沉降差 (9) 倾斜 (10) 局部倾斜
基础底面尺寸的确定	(1) 掌握地基持力层承载力验算 (2) 掌握地基软弱下卧层承载力验算 (3) 熟悉基础和地基的稳定性验算	(1) 轴心荷载作用 (2) 偏心荷载作用 (3) 地基持力层承载力验算 (4) 地基软弱下卧层承载力验算 (5) 基础和地基的稳定性验算
钢筋混凝土扩展基础设计	(1) 熟悉墙下条形基础设计 (2) 熟悉柱下独立基础设计 (3) 了解联合基础设计	(1) 轴心荷载作用 (2) 偏心荷载作用 (3) 基础高度 (4) 基础底板配筋 (5) 矩形联合基础 (6) 梯形联合基础 (7) 连梁式联合基础
减轻不均匀沉降危害的措施	(1) 熟悉减轻不均匀沉降的建筑措施 (2) 熟悉减轻不均匀沉降的结构措施 (3) 熟悉减轻不均匀沉降的施工措施	(1) 建筑体型 (2) 长高比 (3) 沉降缝 (4) 相邻基础净距 (5) 圈梁和基础梁 (6) 结构措施 (7) 施工措施

基本概念

基础埋深、地基承载力、地基承载力特征值、沉降量、沉降差、倾斜、局部倾斜。

 引例

常见的地基基础设计方案有：天然地基或人工地基上的浅基础、深基础、深浅结合的基础。一般而言，天然地基上的浅基础便于施工、工期短、造价低，如能满足地基的强度和变形要求，宜优先选用。

如某墙下条形基础设计，首先要确定地基持力层和基础埋置深度，这是基础设计工作的重要一环，因为它关系到地基基础方案的优劣、施工的难易和造价的高低。基础埋深影响因素众多，如建筑物类型、工程地质条件、水文地质条件等。接下来要确定地基承载力，地基承载力确定的最可靠方法是载荷试验，但受时间、资金等条件所限常采用规范承载力表格或按土的抗剪强度指标确定。然后根据上部结构传来的荷载计算基础所需的底面尺寸，一般根据地基持力层承载力计算基底尺寸，有软弱下卧层时要进行软弱下卧层承载力验算，必要时还需进行地基变形与稳定性验算。接着进行基础结构设计，如确定基础高度、对基础进行内力分析和截面计算、进行底板配筋并满足构造要求等。最后，根据上述分析和计算结果绘制基础施工图，提出施工说明。而且，上述基础设计的各项内容是互相关联的，设计时如发现前面的选择不妥，则须不断修改设计，直至各项计算和设计内容均符合要求。

2.1 概 述

2.1.1 无筋扩展基础的构造要求

无筋扩展基础的抗拉和抗剪强度较低，因此必须控制基础内的拉应力和剪应力。结构设计时可以通过控制材料强度等级和台阶宽高比（台阶的宽度与其高度之比）来确定基础的截面尺寸，而无须进行内力分析和截面强度计算。无筋扩展基础的构造示意图如图 2.1 所示，要求基础每个台阶的宽高比（$b_2 : h$）都不得超过表 2-1 所列的台阶宽高比的允许值（可用土中角度 α 的正切 $\tan\alpha$ 表示）。设计时一般先选择适当的基础埋深和基础底面尺寸，设基底宽度为 b，则按上述要求，基础高度应满足下列条件：

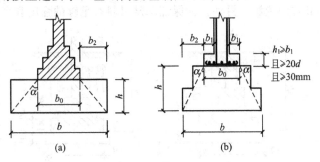

图 2.1 无筋扩展基础的构造示意图
d—柱中纵向钢筋直径

表 2-1　无筋扩展基础台阶宽高比的允许值

基础材料	质量要求	台阶宽高比的允许值		
		$p_k \leqslant 100$	$100 < p_k \leqslant 200$	$200 < p_k \leqslant 300$
混凝土基础	C15 混凝土	1∶1.00	1∶1.00	1∶1.25
毛石混凝土基础	C15 混凝土	1∶1.00	1∶1.25	1∶1.50
砖基础	砖不低于 MU10、砂浆不低于 M5	1∶1.50	1∶1.50	1∶1.50
毛石基础	砂浆不低于 M5	1∶1.25	1∶1.50	—
灰土基础	体积比为 3∶7 或 2∶8 的灰土，其最小干密度：粉土 1550kg/m³；粉质黏土 1500kg/m³；黏土 1450kg/m³	1∶1.25	1∶1.50	—
三合土基础	体积比 1∶2∶4～1∶3∶6(石灰∶砂∶骨料)，每层约虚铺 220mm，夯至 150mm	1∶1.50	1∶2.00	—

注：① p_k 为作用标准组合时的基础底面处的平均压力值(kPa)。

② 阶梯形毛石基础的每阶伸出宽度，不宜大于 200mm。

③ 当基础由不同材料叠合组成时，应对接触部分做抗压验算。

④ 混凝土基础单侧扩展范围内基础底面处的平均压力值超过 300kPa 时，尚应进行抗剪验算；对基底反力集中于立柱附近的岩石地基，应进行局部受压承载力验算。

$$h \geqslant \frac{b - b_0}{2\tan\alpha} \tag{2-1}$$

式中　b_0——基础顶面处的墙体宽度或柱脚宽度；

　　　α——基础的刚性角。

由于台阶宽高比的限制，无筋扩展基础的高度一般都较大，但不应大于基础埋深，否则，应加大基础埋深或选择刚性角较大的基础类型(如混凝土基础)，如仍不满足，可采用钢筋混凝土基础。

为节约材料和施工方便，基础常做成阶梯形。分阶时，每一台阶除应满足台阶宽高比的要求外，还需符合相关的构造规定。

砖基础俗称大放脚，其各部分的尺寸应符合砖的模数。砌筑方式有两皮一收和二一间隔收(又称两皮一收与一皮一收相间)两种，如图 2.2 所示。两皮一收是每砌两皮砖，即120mm，收进 1/4 砖长，即 60mm；二一间隔收是从底层开始，先砌两皮砖，收进 1/4 砖长，再砌一皮砖，收进 1/4 砖长，如此反复。在基底宽度相同的情况下，二一间隔收砌法可减小基础高度，并节省用砖量。另外，为保证基础材料有足够的强度和耐久性，根据地基的

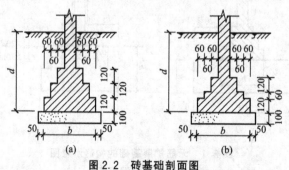

图 2.2　砖基础剖面图

(a) 两皮一收砌法；(b) 二一间隔收砌法

潮湿程度和地区的气候条件不同，砖、石、砂浆材料的最低强度等级应符合表2-2的要求。

表2-2 基础用砖、石料及砂浆最低强度等级

基土的潮湿程度	黏土砖		混凝土砌块	石材	混合砂浆	水泥砂浆
	严寒地区	一般地区				
稍潮湿的	MU10	MU10	MU5	MU20	M5	M5
很潮湿的	MU15	MU10	MU7.5	MU20	—	M5
含水饱和的	MU20	MU15	MU7.5	MU30	—	M7.5

注：① 石材的重度不应低于18kN/m³。

② 地面以下或防潮层以下的砌体，不宜采用空心砖。当采用混凝土空心砖砌体时，其孔洞应采用强度等级不低于C15的混凝土灌实。

③ 各种硅酸盐材料及其他材料制作的块体，应根据相应材料标准的规定选择采用。

毛石基础的每阶伸出宽度不宜大于200mm，每阶高度通常取400~600mm，并由两层毛石错缝砌成。混凝土基础每阶高度不应小于200mm，毛石混凝土接触每阶高度不应小于300mm。

灰土基础施工时每层虚铺灰土220~250mm，夯实至150mm，称为"一步灰土"。根据需要可设计成二步灰土或三步灰土，即厚度为300mm或450mm，三合土基础厚度不应小于300mm。

2.1.2 钢筋混凝土扩展基础的构造要求

墙下钢筋混凝土条形基础和柱下钢筋混凝土独立基础，统称为钢筋混凝土扩展基础。钢筋混凝土扩展基础的抗弯和抗剪性能良好，可在竖向荷载较大、地基承载力不高等情况下使用。该类基础的高度不受台阶宽高比的限制，其高度比刚性基础小，适宜于需要"宽基浅埋"的情况。例如，有些建筑场地浅层土承载力较高，即表层具有一定厚度的所谓"硬壳层"，而在该硬壳层下土层的承载力较低，并拟利用该硬壳层作为持力层时，此类基础形式更具优势。

1. 墙下钢筋混凝土条形基础

(1) 梯形截面基础的边缘高度，一般不小于200mm；基础高度小于或等于250mm时，可做成等厚度板。

(2) 基础下的垫层厚度一般为100mm，每边伸出基础50~100mm，垫层混凝土强度等级应为C10。

(3) 底板受力钢筋的最小直径不宜小于10mm，间距不宜大于200mm和小于100mm。当有垫层时，混凝土的保护层净厚度不应小于40mm，无垫层时则不应小于70mm。纵向分布筋直径不小于8mm，间距不大于300mm，每延米分布钢筋的面积应不小于受力钢筋面积的1/10。

(4) 混凝土强度等级不应低于C20。

(5) 当基础宽度大于或等于2.5m时，底板受力钢筋的长度可取基础宽度的0.9倍，并交错布置，如图2.3所示。

（6）基础底板在 T 形及十字形交接处，底板横向受力钢筋仅沿一个主要受力方向通长布置，另一个方向的横向受力钢筋可布置到主要受力方向底板宽度 1/4 处。在拐角处底板横向受力钢筋应沿两个方向布置，如图 2.4 所示。

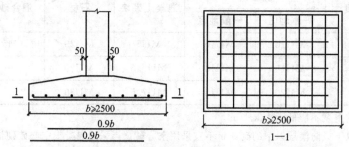

图 2.3　墙下条形基础或柱下独立基础底板受力钢筋布置

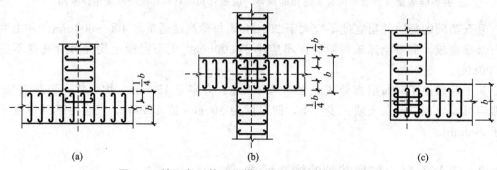

图 2.4　墙下条形基础纵横交叉处底板受力钢筋布置
（a）T 形交接处；（b）十字形交接处；（c）L 形交接处

（7）当地基软弱时，为了减小不均匀沉降的影响，基础截面可采用带肋的板，肋的纵向钢筋按经验确定。

2. 柱下钢筋混凝土独立基础

柱下钢筋混凝土独立基础，除应满足上述墙下钢筋混凝土条形基础的要求外，尚应满足其他一些要求(图 2.5)。采用锥形基础时，其边缘高度不宜小于 200mm，顶部每边应沿柱边放出 50mm。阶梯形基础每阶高度一般为 300～500mm，当基础高度大于或等于 600mm 而小于 900mm 时，阶梯形基础分二级；当基础高度大于或等于 900mm 时，则分三级。

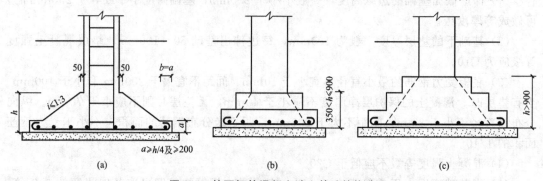

图 2.5　柱下钢筋混凝土独立基础的构造
（a）锥形基础；（b）两阶基础；（c）三阶基础

基础下垫层厚度不宜小于 70mm，垫层混凝土强度等级不宜低于 C10，每边伸出基础边缘 100mm。基础混凝土强度等级不宜低于 C20。

对单独基础底板受力钢筋通常采用 HPB300 级钢筋，直径不宜小于 10mm，间距不宜大于 200mm，也不宜小于 100mm。当设有垫层时钢筋保护层厚度不宜小于 40mm，无垫层时不宜小于 70mm。当基础底面边长大于或等于 2.5m 时，该方向钢筋长度可减少 10%，并均匀交错布置。

柱下钢筋混凝土基础的受力筋应双向配置。现浇柱的纵向钢筋可通过插筋锚入基础中。插筋的数量、直径以及钢筋种类应与柱内纵向钢筋相同。插入基础的钢筋，上下至少应有两道箍筋固定。插筋与柱的纵向受力钢筋的连接方法，应按现行的《混凝土结构设计规范》（GB 50010—2011）的规定执行。插筋的下端宜做成直钩放在基础底板钢筋网上，如图 2.6 所示。

当符合下列条件之一时，可仅将四角的插筋伸至底板钢筋网上，其余插筋锚固在基础顶面下 l_a 或 l_{aE}（有抗震设防要求）处：

(1) 柱为轴心受压或小偏心受压，基础高度大于或等于 1200mm。

(2) 柱为大偏心受压，基础高度大于或等于 1400mm。

对于如图 2.7 所示的预制钢筋混凝土柱与杯口基础的连接，还需符合下列要求：

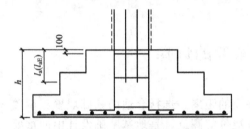

图 2.6　现浇柱的基础中插筋构造示意图

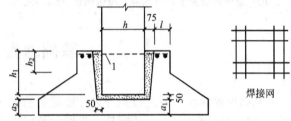

图 2.7　预制钢筋混凝土柱与杯口基础的连接示意图

注：$a_2 \geqslant a_1$

(1) 柱子插入深度 h_1 按表 2-3 选用，并应满足锚固长度的要求和吊装时柱的稳定性要求。

表 2-3　柱的插入深度 h_1 (mm)

矩形或工字形柱				双肢柱
$h < 500$	$500 \leqslant h < 800$	$800 \leqslant h \leqslant 1000$	$h > 1000$	
$h \sim 1.2h$	h	$0.9h$ 且 $\geqslant 800$	$0.8h \geqslant 1000$	$(1/3 \sim 2/3)h_a$ $(1.5 \sim 1.8)h_b$

注：① h 为柱截面长边尺寸；h_a 为双肢柱全截面长边尺寸；h_b 为双肢柱全截面短边尺寸。

② 柱轴心受压或小偏心受压时，h_1 可适当减小，偏心距大于 $2h$ 时，h_1 应适当加大。

(2) 基础的杯底厚度 a_1 和杯壁厚度 t，可按表 2-4 选用。

(3) 杯壁配筋。当柱为轴心受压或小偏心受压且 $t/h_2 \geqslant 0.65$ 时，或大偏心受压且 $t/h_2 \geqslant 0.75$ 时，杯壁可不配筋；当柱为轴心受压或小偏心受压且 $0.5 \leqslant t/h_2 < 0.6$ 时，杯壁可按表 2-5 构造配筋；其他情况下，应按计算配筋，钢筋置于杯口顶部，如图 2.7 所示。

表2-4 基础的杯底厚度和杯壁厚度

柱截面长边尺寸 h(mm)	杯底厚度 a_1(mm)	杯壁厚度 t(mm)
$h<500$	≥150	150～200
$500≤h<800$	≥200	≥200
$800≤h<1000$	≥200	≥300
$1000≤h<1500$	≥250	≥350
$1500≤h<2000$	≥300	≥400

注：① 双肢柱的杯底厚度值，可适当加大。
② 当有基础梁时，基础梁下的杯壁厚度，应满足其支承宽度的要求。
③ 柱子插入杯口部分的表面应凿毛，柱子与杯口之间的空隙，应用比基础混凝土强度等级高一级的细石混凝土充填密实，当达到材料设计强度的70%以上时，方能进行上部吊装。

表2-5 杯壁构造配筋

柱截面长边尺寸(mm)	$h<1000$	$1000≤h<1500$	$1500≤h≤2000$
钢筋直径(mm)	8～10	10～12	12～16

注：表中钢筋置于杯口顶部，每边两根(图2.7)。

2.2 基础埋置深度的选择

基础埋置深度一般是指室外设计地面到基础底面的距离。选择合适的基础埋置深度关系到地基的稳定性、施工的难易、工期的长短以及造价的高低，是地基基础设计中的重要环节。基础埋置深度的合理确定必须考虑与建筑物有关的条件，如工程地质条件、水文地质条件、相邻建筑物基础埋深的影响、地基冻融条件等因素的影响，综合加以确定。确定浅基础埋深的基本原则是，在满足地基稳定和变形要求及有关条件的前提下，基础应尽量浅埋。考虑到地表一定深度内，由于气温变化、雨水侵蚀、动植物生长及人为活动的影响，除岩石地基外，基础的最小埋置深度不宜小于0.5m，基础顶面应低于设计地面0.1m以上，以避免基础外露，如图2.8所示。

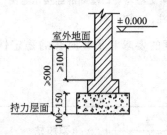

图2.8 基础的最小埋置深度

2.2.1 与建筑物有关的条件

1. 建筑功能

建筑物的使用功能和用途，常常成为基础埋深选择的先决条件。当建筑物设有地下室、带有地下设施、属于半埋式结构物时，都需要较大的基础埋深。有地下室时，基础埋深要受地下室地面标高的影响，在平面上仅局部有地下室时，基础可按台阶形式变化埋深或整体加深，台阶的高宽比一般为 1∶2，每级台阶高度不超过 0.5m，如图 2.9 所示。在确定基础埋深时，需考虑给排水、供热等管道的标高。原则上不允许管道从基础底下通过，一般可以在基础上设洞口，且洞口顶面与管道之间要留有足够的净空高度，以防止基础沉降压裂管道，造成事故。当确定冷藏库或高温炉窑基础埋深时，应考虑热传导引起地基土因低温而冻胀或因高温而干缩的不利影响。

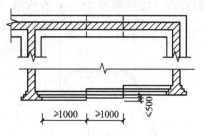

图 2.9 墙基础埋深变化时台阶做法

2. 荷载效应

对于竖向荷载大，地震力和风力等水平荷载作用也大的高层建筑，基础埋深应适当增大，以满足稳定性要求。在抗震设防区，除岩石地基外，天然地基上的箱形基础和筏板基础埋置深度不宜小于建筑物高度的 1/15，桩箱或桩筏基础的埋置深度(不计桩长)，不宜小于建筑高度的 1/20～1/18，位于岩石地基上的高层建筑，其基础埋深应满足抗滑要求。对于受上拔力的结构(如输电塔)基础，应有较大的埋深以满足抗拔要求，对于室内地面荷载较大或有设备基础的厂房、仓库，应考虑对基础内侧的不利作用。中、小跨度的简支梁桥，对确定基础埋深的影响不大。但对超静定结构，基础即使发生较小的不均匀位移也会使内力产生一定的变化，如拱桥桥台。为减少可能产生的水平位移和沉降差，基础有时需设置在埋藏较深的坚实土层上。

2.2.2 工程地质条件

直接支承基础的土层称为持力层，其下的各土层称为下卧层。为了满足建筑物对地基承载力和地基变形的要求，基础应尽可能埋置在良好的持力层上。当地基受力层(或沉降计算深度)范围内存在软弱下卧层时，软弱下卧层的承载力和地基变形也应满足要求。

在选择持力层和基础埋深时，应通过工程地质勘察报告详细了解拟建场地的地层分布、各土层的物理力学性质和地基承载力等资料。为了便于讨论，对于中小型建筑物，不妨把处于坚硬、硬塑或可塑状态的黏性土层，密实或中密状态的砂土层和碎石土层，以及属于低、中压缩性的其他土层视作良好土层；而把处于软塑、流塑状态的黏性土层，处于松散状态的砂土层、未经处理的填土和其他高压缩性土层视作软弱土层。下面针对工程中常遇到的四种土层分布情况，说明基础埋深的确定原则。

(1) 在地基受力层范围内，自上而下都是良好土层。这时基础埋深由其他条件和最小埋深确定。

(2) 自上而下都是软弱土层。对于轻型建筑，仍可考虑按情况(1)处理。如果地基承载力或地基变形不能满足要求，则应考虑采用连续基础、人工地基或深基础方案。具体哪一种方案较好，需要从安全可靠、施工难易、造价高低等方面综合确定。

(3) 上部为软弱土层而下部为良好土层。这时，持力层的选择取决于上部软弱土层的厚度。一般来说，软弱土层厚度小于 2m 者，应选取下部良好土层作为持力层；若软弱土层较厚，可按情况(2)处理。

(4) 上部为良好土层而下部为软弱土层。这种情况在我国沿海地区较为常见，地表普遍存在一层厚度为 2～3m 的所谓"硬壳层"，硬壳层以下为孔隙比大、压缩性高、强度低的软土层。对于一般中小型建筑物或 6 层以下的住宅，宜选择这一硬壳层作为持力层，基础尽量浅埋，即采用"宽基浅埋"方案，以便加大基底至软弱土层的距离。此时，最好采用钢筋混凝土基础(基础截面高度较小)。

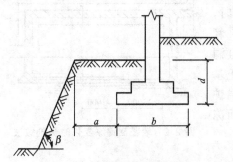

图 2.10　基础底面外边缘线至坡顶的水平距离

位于稳定土坡坡顶上的建筑，靠近土坡边缘的基础与土坡边缘应具有一定距离。当垂直于坡顶边缘线的基础底面边长小于或等于 3m 时，其基础底面边缘线至坡顶的水平距离(图 2.10)应符合下式要求，但不得小于 2.5m。

条件基础

$$a \geqslant 3.5b - \frac{d}{\tan\beta} \qquad (2-2)$$

矩形基础

$$a \geqslant 2.5b - \frac{d}{\tan\beta} \qquad (2-3)$$

当不满足式(2-2)和式(2-3)的要求时，应进行地基稳定性验算。

2.2.3　水文地质条件

有地下水存在时，基础应尽量埋置在地下水位以上，以避免地下水对基坑开挖、基础施工和使用期间的影响。对底面低于地下水位的基础，应考虑施工期间的基坑降水、坑壁围护、是否可能产生流砂或涌土等问题，并采取保护地基土不受扰动的措施。对于具有侵蚀性的地下水，应采用抗侵蚀的水泥品种和相应的措施(详见有关勘察规范)。此外，设计时还应该考虑由于地下水的浮托力而引起的基础底板内力的变化、地下室或地下贮罐上浮的可能性以及地下室的防渗问题。

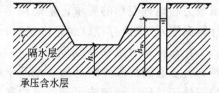

图 2.11　基坑下埋藏有承压含水层的情况

当持力层下埋藏有承压含水层时，为防止坑底土被承压水冲破(即流土)，要求坑底土的总覆盖压力应大于承压含水层顶部的静水压力(图 2.11)，即

$$\gamma h > \gamma_w h_w \qquad (2-4)$$

式中　γ——土的重度，对潜水位以下的土取饱和重度；

γ_w——水的重度；

h——基坑底面至承压含水层顶面的距离；

h_w——承压水位。

如式(2-4)无法得到满足，则应设法降低承压水头或减小基础埋深。对于平面尺寸较大的基础，在满足式(2-4)的要求时，还应有不小于 1.1 的安全系数。

2.2.4　相邻建筑物基础埋深的影响

在城市建筑密集的地方，为保证原有建筑物的安全和正常使用，新建建筑物的基础埋

深不宜深于原有建筑物基础的埋深，并应考虑新加荷载对原有建筑物的不利作用。当新建
建筑物荷重大，楼层高，基础埋深要求大于原有建
筑物基础埋深时，为避免新建建筑物对原有建筑物
的影响，设计时应考虑与原有基础保持一定的净距，
如图 2.12 所示。距离大小根据原有建筑物荷载大小、
土质情况和基础形式确定，一般可取相邻基础底面高
差的 $1\sim2$ 倍，即 $L\geqslant(1\sim2)\Delta H$。当不能满足净距方面
的要求时，应采取分段施工，或设临时支撑、打板桩、
地下连续墙等措施，或加固原有建筑物地基。

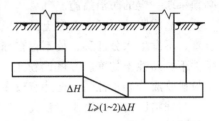

图 2.12 相邻建筑基础的埋深

2.2.5 地基冻融条件

当地基土的温度低于 0℃时，土中部分孔隙水将冻结而形成冻土。冻土可分为季节性
冻土和多年冻土两类。季节性冻土在冬季冻结而夏季融化，每年冻融交替一次。我国东
北、华北和西北地区的季节性冻土层厚度在 0.5m 以上，最大的可近 3m 左右。

季节性冻土地区，土体出现冻胀和融沉。土体发生冻胀的机理，主要是由于土层在冻
结期周围未冻区土中的水分向冻结区迁移、积聚所致。弱结合水的外层在 0.5℃时冻结，
越靠近土粒表面，其冰点越低，大约在 $-20\sim-30$℃以下才能全部冻结。当大气负温传入
土中时，土中的自由水首先冻结成冰晶体，弱结合水的最外层也开始冻结，使冰晶体逐渐
扩大，于是冰晶体周围土粒的结合水膜变薄，土粒产生剩余的分子引力；另外，由于结合
水膜的变薄，使得水膜中的离子浓度增加，产生吸附压力，在这两种引力的作用下，下面
未冻结区水膜较厚处的弱结合水便被上吸到水膜较薄的冻结区，并参与冻结，使冻结区的
冰晶体增大，而不平衡引力却继续存在。如果下面未冻结区存在着水源（如地下水位距冻
结深度很近）及适当的水源补给通道（即毛细通道），能连续不断地补充到冻结区来，那么，
未冻结区的水分（包括弱结合水和自由水）就会继续向冻结区迁移和积聚，使冰晶体不断扩
大，在土层中形成冰夹层，土体随之发生隆起，出现冻胀现象，有些地区还会出现冻胀丘
和冰锥。冻胀丘（图 2.13）是由于地下水受冻结地面和下部多年冻土层的遏阻，在薄弱地带
冻结膨胀，使地表变形隆起，称冻胀丘。冰锥是在寒冷季节流出封冻地表和冰面的地下水
或河水冻结后形成丘状隆起的冰体。当土层解
冻时，土层中积聚的冻晶体融化，土体随之下
陷，即出现融沉现象。如位于冻胀区内的基础
受到的冻胀力大于基底以上的竖向荷载，基础
就有被抬起的可能，造成门窗不能开启，严重
的甚至引起墙体的开裂。当温度升高土体解冻
时，由于土中的水分高度集中，使土体变得十
分松软而引起融沉，且建筑物各部分的融沉是
不均匀的，严重的不均匀融沉可能引起建筑物
开裂、倾斜，甚至倒塌。

图 2.13 冻胀丘

土体的冻胀会使路基隆起，使柔性路面鼓包、开裂，使刚性路面错缝或折断。路基土
融沉后，在车辆反复碾压下，轻者路面会变得松软，限制行车速度，重者路面会开裂、冒

泥，即出现翻浆现象，使路面完全破坏。因此，冻土的冻胀及融沉都会对工程带来危害，必须采取一定的防治措施。

影响冻胀的因素主要有土的组成、水的含量及温度的高低。对于粗颗粒土，因不含结合水，不发生水分迁移，故不存在冻胀问题。而细粒土具有较显著的毛细现象，故在相同条件下，黏性土的冻胀性就比粉土、砂土严重得多。同时，该类土颗粒较细，表面能大，土粒矿物成分亲水性强，能持有较多结合水，从而能使大量的结合水迁移和积聚。

当冻结区附近地下水位较高，毛细水上升高度能够达到或接近冻结线，使冻结区能得到外部水源的补给时，将发生比较强烈的冻胀。通常将冻结过程中有外来水源补给的称为开敞型冻胀；而冻结过程中没有外来水源补给的称为封闭型冻胀。开敞型冻胀比封闭型冻胀严重，冻胀量大。

如气温骤降且冷却强度很大时，土的冻结锋面迅速向下推移，即冻结速度很快。此时，土中弱结合水及毛细水来不及向冻区迁移就在原地冻成冰，毛细通道也被冰晶体所堵塞。这样，水分的迁移和积聚不会发生，在土层中几乎没有冰夹层，只有散布于土孔隙中的冰晶体，所形成的冻土一般无明显冻胀。

针对上述情况，《建筑地基基础设计规范》（GB 50007—2011）（以下简称《地基规范》）将地基土的冻胀性划分为不冻胀、弱冻胀、冻胀、强冻胀和特强冻胀五类。

季节性冻土地基的设计冻深可按下式计算：

$$z_d = z_0 \cdot \psi_{zs} \cdot \psi_{zw} \cdot \psi_{ze} \tag{2-5}$$

式中　z_d——场地冻结深度（m），当有实测资料时按 $z_d = h' - \Delta z$ 计算；

　　　h'——最大冻深出现时场地最大冻土层厚度（m）；

　　　Δz——最大冻深出现时场地地表冻胀量（m）；

　　　z_0——标准冻结深度（m），系采用在地表平坦、裸露、城市之外的空旷场地中不少于 10 年实测最大冻深的平均值；

　　　ψ_{zs}——土的类别对冻结深度的影响系数；

　　　ψ_{zw}——土的冻胀性对冻结深度的影响系数；

　　　ψ_{ze}——环境对冻深的影响系数。

对于埋置于可冻胀土中的基础，其最小埋深可按下式确定：

$$d_{min} = z_d - h_{max} \tag{2-6}$$

式中　h_{max}——基础底面下允许残留冻土层的最大厚度。

式（2-5）中的 z_0、ψ_{zs}、ψ_{zw}、ψ_{ze} 及式（2-6）中的 h_{max} 可按《地基规范》中的规定取值。对于冻胀性地基上的建筑物，规范还指明所宜采取的防冻害措施。

2.3 浅基础的地基承载力

2.3.1 地基承载力的概念

地基承载力是指地基承受荷载的能力，地基基础设计首先必须保证荷载作用下地基应具有足够的安全度。在保证地基稳定的条件下，使建筑物的沉降量不超过允许值的地基承载力称为地基承载力特征值。地基承载力特征值的确定方法可归纳为4类：①按土的抗剪强度指标确定；②按地基载荷试验确定；③按规范承载力表格确定；④按建筑经验确定。

2.3.2 地基承载力特征值的确定

1. 按土的抗剪强度指标确定

1）地基极限承载力理论公式

根据地基极限承载力计算地基承载力特征值的公式如下：

$$f_a = p_u / K \qquad (2-7)$$

式中　　p_u——地基极限承载力；

　　　　K——安全系数，其取值与地基基础设计等级、荷载的性质、土的抗剪强度指标的可靠程度以及地基条件等因素有关，承载力一般取 $K=2\sim3$。

确定地基极限承载力的理论公式有多种，如斯肯普顿公式、太沙基公式、魏锡克公式和汉森公式等，其中魏锡克公式（或汉森公式）考虑的影响因素最多，如基础底面的形状、偏心和倾斜荷载、基础两侧覆盖层的抗剪强度、基底和地面倾斜、土的压缩性影响等。

2）规范推荐的理论公式

当偏心距 e 小于或等于 0.033 倍基础底面宽度时，根据土的抗剪强度指标确定地基承载力特征值可按下式计算，并应满足变形要求：

$$f_a = M_b \gamma b + M_d \gamma_m d + M_c c_k \qquad (2-8)$$

式中　　　　f_a——由土的抗剪强度指标确定的地基承载力特征值；

M_b、M_d、M_c——承载力系数，按 φ_k 值查表 2-6；

　　　　　　γ——基底以下土的重度，地下水位以下取有效重度；

　　　　　　b——基础底面宽度，大于 6m 时按 6m 取值，对于砂土小于 3m 时按 3m 取值；

　　　　　γ_m——基础底面以上土的加权平均重度，地下水位以下取有效重度；

　　φ_k、c_k——基底下一倍短边宽度的深度范围内土的内摩擦角、黏聚力标准值。

表 2-6　承载力系数 M_b、M_d、M_c

土的内摩擦角标准值 φ_k(°)	M_b	M_d	M_c
0	0	1.00	3.14
2	0.03	1.12	3.32
4	0.06	1.25	3.51
6	0.10	1.39	3.71
8	0.14	1.55	3.93
10	0.18	1.73	4.17
12	0.23	1.94	4.42
14	0.29	2.17	4.69
16	0.36	2.43	5.00

（续）

土的内摩擦角标准值 φ_k（°）	M_b	M_d	M_c
18	0.43	2.72	5.31
20	0.51	3.06	5.66
22	0.61	3.44	6.04
24	0.80	3.87	6.45
26	1.10	4.37	6.90
28	1.40	4.93	7.40
30	1.90	5.59	7.95
32	2.60	6.35	8.55
34	3.40	7.21	9.22
36	4.20	8.25	9.97
38	5.00	9.44	10.80
40	5.80	10.84	11.73

上式与 $p_{1/4}$ 公式稍有差别。根据砂土地基的载荷试验资料，按 $p_{1/4}$ 公式计算的结果偏小较多，所以对砂土地基，当 b 小于 3m 时按 3m 计算，此外，当 $\varphi_k \geqslant 24°$ 时，采用比 M_b 的理论值大的经验值。

若建筑物施工速度较快，而地基持力层的透水性和排水条件不良时（例如厚度较大的饱和软黏土），地基土可能在施工期间或施工完工后不久因未充分排水固结而破坏，此时应采用土的不排水抗剪强度计算短期承载力。取不排水内摩擦角 $\varphi_u = 0$，由表 2-6 知 $M_b = 0$、$M_d = 1$、$M_c = 3.14$，将 c_k 改为 c_u（c_u 为土的不排水抗剪强度），由式（2-8）得短期承载力计算公式为：

$$f_a = 3.14c_u + \gamma_m d \tag{2-9}$$

3）几点说明

（1）按理论公式计算地基承载力时，对计算结果影响最大的是土的抗剪强度指标的取值。一般应采取质量最好的原状土样以三轴压缩试验测定，且每层土的试验数量不得少于6组。

（2）地基承载力不仅与土的性质有关，还与基础的大小、形状、埋深以及荷载情况等有关，而这些因素对承载力的影响程度又随着土质的不同而不同。例如对饱和软土（$\varphi_u = 0$，$M_b = 0$），增大基底尺寸不可能提高地基承载力，但对 $\varphi_k > 0$ 的土，增大基底宽度将使承载力随着 φ_k 的提高而显著增加（为避免沉降过大，规定基地宽度 $b > 6m$ 时按 6m 考虑）。

（3）由式（2-8）可知，地基承载力随埋深 d 线性增加，但对实体基础（如扩展基础），增加的承载力将被基础和回填土重量的相应增加而部分抵偿。特别是对于饱和软土，由于 $M_d = 1$，这两方面几乎相抵而收不到明显的效益。

（4）按土的抗剪强度确定的地基承载力特征值没有考虑建筑物对地基变形的要求，因此在基础底面尺寸确定后，还应进行地基变形验算。

（5）内摩擦角标准值 φ_k 和黏聚力标准值 c_k 可按下列方法计算：

将 n 组试验所得的 φ_i 和 c_i 代入下述式（2-10）、式（2-11）和式（2-12），分别计算出平均值 φ_m、c_m，标准差 σ_φ、σ_c 和变异系数 δ_φ、δ_c。

$$\mu = \frac{\sum\limits_{i=1}^{n} \mu_i}{n} \tag{2-10}$$

$$\sigma = \sqrt{\frac{\sum\limits_{i=1}^{n} \mu_i^2 - n\mu^2}{n-1}} \tag{2-11}$$

$$\delta = \sigma/\mu \tag{2-12}$$

式中 μ——某一土性指标试验平均值；

σ——标准差；

δ——变异系数。

按下述两式分别计算 n 组试验的内摩擦角和黏聚力的统计修正系数 ψ_φ、ψ_c：

$$\psi_\varphi = 1 - \left(\frac{1.704}{\sqrt{n}} + \frac{4.678}{n^2}\right)\delta_\varphi \tag{2-13}$$

$$\psi_c = 1 - \left(\frac{1.704}{\sqrt{n}} + \frac{4.678}{n^2}\right)\delta_c \tag{2-14}$$

最后按下述两式计算抗剪强度指标标准值 φ_k、c_k：

$$\varphi_k = \psi_\varphi \varphi_m \tag{2-15}$$

$$c_k = \psi_c c_m \tag{2-16}$$

2. 按地基载荷试验确定

地基土载荷试验（图 2.14）是工程地质勘察工作中的一项原位测试。载荷试验包括浅层平板载荷试验、深层平板试验及螺旋板载荷试验。前者适用于浅层地基，后两者适用于深层地基。

载荷试验的优点是压力的影响深度可达 $1.5 \sim 2$ 倍承压板宽度，故能较好地反映天然土体的压缩性。对于成分或结构很不均匀的土层，如杂填土、裂隙土、风化岩等，它便能显出用别的方法所难以代替的作用。其缺点是试验工作量和费用较大，时间较长。

图 2.14 静载荷试验装置

下面讨论根据载荷试验成果 $p\text{-}s$ 曲线来确定地基承载力特征值的方法。

对于密实砂土、硬塑黏土等低压缩性土，其 $p\text{-}s$ 曲线通常有较明显的起始直线段和极限值，即呈急进破坏的"陡降型"，如图 2.15（a）所示。考虑到低压缩性土的承载力特征值一般由强度安全控制，故可取图中的 p_1（比例界限荷载）作为承载力特征值。此时，地基的沉降量很小，能为一般建筑物所允许，强度安全贮备也足够，因为从 p_1 发展到破坏还有很长的过程。但是，对于少数呈"脆性"破坏的土，从 p_1 发展到破坏（极限荷载）的过程较短，从安全角度出发，当 $p_u < 2.0p_1$ 时，取 $p_u/2$ 作为承载力特征值。

对于松砂、填土、可塑性黏土等中、高压缩性土，其 $p\text{-}s$ 曲线往往无明显的转折点，但曲线的斜率随荷载的增大而逐渐增大，最后稳定在某个最大值，即呈渐进性破坏的"缓变型"，如图 2.15(b) 所示，此时，极限荷载可取曲线斜率开始到达最大值时所对应的荷载。但此时要取得 p_u 值，必须把载荷试验进行到载荷板有很大的沉降，而实践中往往因受加荷设备的限制，或出于对试验安全的考虑，不便使沉降过大，因而无法取得 p_u 值；此外，对中、高压缩性土，地基承载力往往受建筑物基础沉降量的控制，故应从允许沉降的角度出发来确定承载力。规范总结了许多实测资料，当承压板面积为 $0.25\sim0.52\text{m}^2$ 时，可取 $s/b=0.01\sim0.015$（b 为承压板的宽度）所对应的荷载为承载力特征值，但其值不应大于最大加载量的一半。

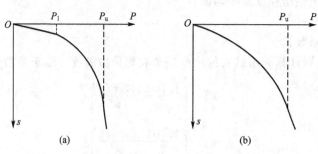

图 2.15 按载荷试验成果确定地基承载力基本值
(a) 低压缩性土；(b) 高压缩性土

对同一层土，宜选取三个以上的试验点，当各试验点所得的承载力特征值的极差（最大值与最小值之差）不超过其平均值的 30% 时，则取此平均值作为该土层的地基承载力特征值 f_{ak}。

现场载荷试验所测得的结果一般能反映相当于 $1\sim2$ 倍载荷板宽度的深度以内土体的平均性质，《地基规范》列入的深层平板载荷试验，可测得较深下卧层土的力学性质。另外，对于成分或结构很不均匀的土层，无法取得原状土样时，载荷试验方法则显示出难以代替的作用。载荷试验比较可靠，但该方法费时、耗资相对较大。

3. 按规范承载力表格确定

我国各地区规范给出了按野外鉴别结果、室内物理、力学指标，或现场动力触探试验锤击数查取地基承载力特征值 f_{ak} 的表格，这些表格是将各地区载荷试验资料经回归分析并结合经验编制的。表 2-7 给出的是砂土按标准贯入试验锤击数 N 查取承载力特征值的表格。

表 2-7 砂土承载力特征值 f_{ak}(kPa)

土类 \ N	10	15	30	50
中砂、粗砂	180	250	340	500
粉砂、细砂	140	180	250	340

当基础宽度大于 3m 或埋置深度大于 0.5m 时，从载荷试验或其他原位测试、规范表格等方法确定的地基承载力特征值，应按下式进行修正：

$$f_a = f_{ak} + \eta_b \gamma (b-3) + \eta_d \gamma_m (d-0.5) \qquad (2-17)$$

式中 f_a——修正后的地基承载力特征值；

f_{ak}——地基承载力特征值；

η_b、η_d——基础宽度和埋深的地基承载力修正系数，按基底下土的类别查表 2-8 取值；

γ——基础底面以下土的重度，地下水位以下取有效重度；

b——基础底面宽度，当基础底面宽度小于 3m 时按 3m 取值，大于 6m 时按 6m 取值；

γ_m——基础底面以上土的加权平均重度，位于地下水位以下的土层取有效重度；

d——基础埋置深度，宜自室外地面标高算起。在填方整平地区，可自填土地面标高算起，但填土在上部结构施工后完成时，应从天然地面标高算起。对于地下室，如采用箱形基础或筏基时，基础埋置深度自室外地面标高算起；当采用独立基础或条形基础时，应从室内地面标高算起。对于主群楼一体的主体结构基础，可将裙楼荷载视为基础两侧的超载，当超载宽度大于基础宽度两倍时，可将超载折算成土层厚度作为基础的附加埋深。

表 2-8 承载力修正系数

土的类别		η_b	η_d
淤泥和淤泥质土		0	1.0
人工填土 e 或 I_L 大于等于 0.85 的黏性土		0	1.0
红黏土	含水比 $\alpha_w > 0.8$	0	1.2
	含水比 $\alpha_w \leqslant 0.8$	0.15	1.4
大面积压实填土	压实系数大于 0.95、黏粒含量 $\rho_c \geqslant 10\%$ 的粉土	0	1.5
	最大干密度大于 2100kg/m³ 的级配砂石	0	2.0
粉土	黏粒含量 $\rho_c \geqslant 10\%$ 的粉土	0.3	1.5
	黏粒含量 $\rho_c < 10\%$ 的粉土	0.5	2.0
e 及 I_L 均小于 0.85 的黏性土		0.3	1.6
粉砂、细砂(不包括很湿与饱和时的稍密状态)		2.0	3.0
中砂、粗砂、砾砂和碎石土		3.0	4.4

注：① 强风化和全风化的岩石，可参照所风化成的相应土类取值，其他状态下的岩石不修正。

② 地基承载力特征值按深层平板载荷试验确定时，η_d 取 0。

③ 含水比是指土的天然含水量与液限的比值。

④ 大面积压实填土是指填土范围大于两倍基础宽度的填土。

4. 按建筑经验确定

在拟建场地附近，常有不同时期建造的各类建筑物。调查这些建筑物的结构类型、基础形式、地基条件和使用现状，对于确定拟建场地的地基承载力具有一定的参考价值。

在按建筑经验确定承载力时，需要了解拟建场地是否存在人工填土、暗浜或暗沟、土洞、软弱夹层等不利情况。对于地基持力层，可以通过现场开挖，根据土的名称和所处的状态估计地基承载力。这些工作还需在基坑开挖验槽时进行验证。

【例 2.1】 某场地地表土层为中砂，厚度 2m，$\gamma=18.7kN/m^3$，修正后的标准贯入试验锤击数 $N=13$；中砂层之下为粉质黏土，$\gamma=18.2kN/m^3$，$\gamma_{sat}=19.1kN/m^3$，抗剪强度指标标准值 $\varphi_k=21°$、$c_k=10kPa$，地下水位在地表下 2.1m 处。若修建的基础底面尺寸为 $2m\times2.8m$，试确定基础埋深分别为 1m 和 2.1m 时持力层的承载力特征值。

【解】（1）基础埋深为 1m。

这时地基持力层为中砂，根据标贯击数 $N=13$ 查表 2-7，得

$$f_{ak}=180+\frac{13-10}{15-10}(250-180)=222kPa$$

因为埋深 $d=1m>0.5m$，故还需对 f_{ak} 进行修正。查表 2-8，得承载力修正系数 $\eta_b=3.0$，$\eta_d=4.4$，代入式（2-17），得修正后的地基承载力特征值为：

$$f_a=f_{ak}+\eta_b\gamma(b-3)+\eta_d\gamma_m(d-0.5)$$
$$=222+3.0\times18.7\times(3-3)+4.4\times18.7\times(1-0.5)=263kPa$$

（2）基础埋深为 2.1m。

这时地基持力层为粉质黏土，根据题给条件，可以采用规范推荐的理论公式来确定地基承载力特征值。由 $\varphi_k=21°$ 查表 2-6，得 $M_b=0.56$、$M_d=3.25$、$M_c=5.85$。因基底与地下水位平齐，故 γ 取有效重度 γ'，即

$$\gamma'=\gamma_{sat}-\gamma_w=19.1-10=9.1kPa$$

此外

$$\gamma_m=(18.7\times2+18.2\times0.1)/2.1=18.7kN/m^3$$

按式（2-8），求地基持力层的承载力特征值为：

$$f_a=M_b\gamma b+M_d\gamma_m d+M_c c_k$$
$$=0.56\times9.1\times2+3.25\times18.7\times2.1+5.85\times10=196kPa$$

2.3.3 地基变形验算

按前述方法确定的地基承载力特征值虽然已可保证建筑物在防止地基剪切破坏方面具有足够的安全度，但却不一定能保证地基变形满足要求。如果地基变形超出了允许的范围，就必须降低地基承载力特征值，以保证建筑物的正常使用和安全可靠。

在常规设计中，一般的步骤是先确定持力层的承载力特征值，然后按要求选定基础底面尺寸，最后（必要时）验算地基变形。地基变形验算的要求是：建筑物的地基变形计算值 Δ 应不大于地基变形允许值 $[\Delta]$，即要求满足下列条件：

$$\Delta\leqslant[\Delta] \tag{2-18}$$

地基变形按其特征可分为 4 种：

① 沉降量：独立基础中心点的沉降值或整幢建筑物基础的平均沉降值。

② 沉降差：相邻两个柱基的沉降量之差。

③ 倾斜：基础倾斜方向两端点的沉降差与其距离的比值。

④ 局部倾斜：砌体承重结构沿纵向 6~10m 内基础两点的沉降差与其距离的比值。

基础沉降分类图例及计算方法见表 2-9。

表 2-9 基础沉降分类图例及计算方法

地基变形指标	图例	计算方法
沉降量	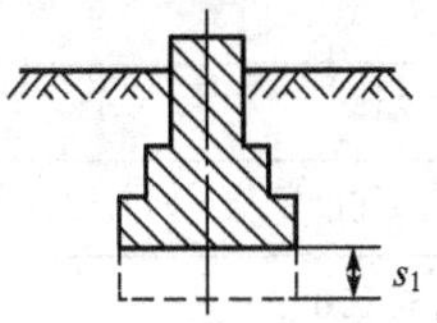	s_1 基础中点沉降值
沉降差	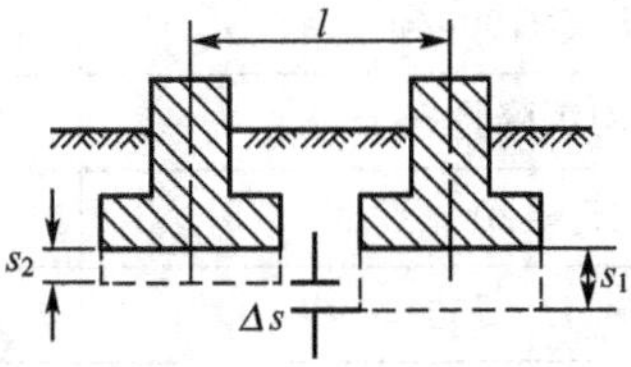	两相邻独立基础沉降值之差 $\Delta s = s_1 - s_2$
倾斜	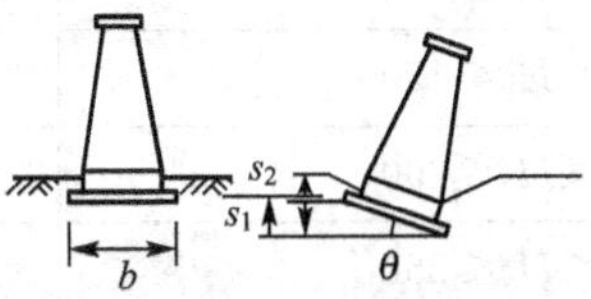	$\tan\theta = \dfrac{s_1 - s_2}{b}$
局部倾斜	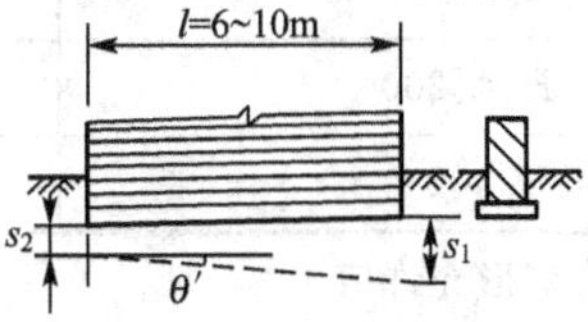	$\tan\theta' = \dfrac{s_1 - s_2}{l}$

地基变形允许值的确定涉及许多因素，如建筑物的结构特点和具体使用要求、对地基不均匀沉降的敏感程度以及结构强度储备等。《地基规范》综合分析了国内外各类建筑物的有关资料，提出了表 2-10 所列的建筑物地基变形允许值。对表中未包括的其他建筑物的地基变形允许值，可根据上部结构对地基变形特征的适应能力和使用上的要求确定。

表 2-10 建筑物的地基变形允许值

变形特征		地基土类别	
		中、低压缩性土	高压缩性土
砌体承重结构基础的局部倾斜		0.002	0.003
工业与民用建筑相邻柱基的沉降差	框架结构	$0.002l$	$0.003l$
	砌体墙填充的边排柱	$0.0007l$	$0.001l$
	当基础不均匀沉降时不产生附加应力的结构	$0.005l$	$0.005l$
单层排架结构(柱距为 6m)柱基的沉降量(mm)		120	200
桥式吊车轨面的倾斜(按不调整轨道考虑)	纵向	0.004	
	横向	0.003	

(续)

变形特征		地基土类别	
		中、低压缩性土	高压缩性土
多层和高层建筑的整体倾斜	$H_g \leqslant 24$	0.004	
	$24 < H_g \leqslant 60$	0.003	
	$60 < H_g \leqslant 100$	0.0025	
	$H_g > 100$	0.002	
体型简单的高层建筑基础的平均沉降量(mm)		200	
高耸结构基础的倾斜	$H_g \leqslant 20$	0.008	
	$20 < H_g \leqslant 50$	0.006	
	$50 < H_g \leqslant 100$	0.005	
	$100 < H_g \leqslant 150$	0.004	
	$150 < H_g \leqslant 200$	0.003	
	$200 < H_g \leqslant 250$	0.002	
高耸结构基础的沉降量(mm)	$H_g \leqslant 100$	400	
	$100 < H_g \leqslant 200$	300	
	$200 < H_g \leqslant 250$	200	

注：① 本表数值为建筑物地基实际最终变形允许值。
②　有括号者仅适用于中压缩性土。
③　l 为相邻柱基的中心距离(mm)；H_g 为自室外地面起算的建筑物高度(m)。
④　倾斜指基础倾斜方向两端点的沉降差与其距离的比值。
⑤　局部倾斜指砌体承重结构沿纵向 6～10m 内基础两点的沉降差与其距离的比值。

一般来说，如果建筑物均匀下沉，那么即使沉降量较大，也不会对结构本身造成损坏，但可能会影响到建筑物的正常使用，或使邻近建筑物倾斜，或导致与建筑物有联系的其他设施的损坏。例如，单层排架结构的沉降量过大会造成桥式吊车净空不够而影响使用；高耸结构(如烟囱、水塔等)沉降量过大会将烟道(或管道)拉裂。

砌体承重结构对地基的不均匀沉降是很敏感的，其损坏主要是由于墙体挠曲引起局部出现斜裂缝，故砌体承重结构的地基变形由局部倾斜控制。

框架结构和单层排架结构主要因相邻柱基的沉降差使构件受剪扭曲而损坏，因此其地基变形由沉降差控制。

高耸结构和高层建筑的整体刚度很大，可近似视为刚性结构，其地基变形应由建筑物的整体倾斜控制，必要时应控制平均沉降量。

地基土层的不均匀分布以及邻近建筑物的影响是高耸结构和高层建筑产生倾斜的重要原因。这类结构物的重心高，基础倾斜使重心侧向移动引起的偏心矩荷载，不仅会使基底边缘压力增大而影响倾覆稳定性，还会产生附加弯矩，因此，倾斜允许值应随结构高度的增加而递减。

高层建筑横向整体倾斜允许值主要取决于人们视觉的敏感程度，倾斜值达到明显可见

的程度时大致为 $1/250(0.004)$，而结构损坏则大致当倾斜达到 $1/150$ 时开始。

必须指出，目前的地基沉降计算方法还比较粗糙，因此，对于重要的或体型复杂的建筑物，或使用上对不均匀沉降有严格要求的建筑物，应进行系统的地基沉降观测。通过对观测结果的分析，一方面可以对计算方法进行验证，修正土的参数取值；另一方面可以预测沉降发展的趋势，如果最终沉降可能超出允许范围，则应及时采取处理措施。

在必要情况下，需要分别预估建筑物在施工期间和使用期间的地基变形值，以便预留建筑物有关部分之间的净空，考虑连接方法和施工顺序。此时，一般多层建筑物在施工期间完成的沉降量，对于砂土可认为其最终沉降量已完成 80% 以上，对于其他低压缩性土可认为已完成最终沉降量的 $50\%\sim80\%$，对于中压缩性土可认为已完成 $20\%\sim50\%$，对于高压缩性土可认为已完成 $5\%\sim20\%$。

如果地基变形计算值 Δ 大于地基变形允许值 $[\Delta]$，一般可以先考虑适当调整基础底面尺寸(如增大基底面积或调整基底形心位置)或埋深，如仍未满足要求，再考虑是否可从建筑、结构、施工诸方面采取有效措施以防止不均匀沉降对建筑物的损害，或改用其他地基基础设计方案。

不同结构形式的基础，其沉降量往往相差较大。因此，建筑物统一结构单元内的基础结构形式宜一致，以避免不均匀沉降过大。

2.4 基础底面尺寸的确定

在初步选择基础类型和埋置深度后，就可以根据持力层的承载力特征值计算基础底面尺寸。如果地基受力层范围内存在着承载力明显低于持力层的下卧层，则所选择的基底尺寸尚须满足对软弱下卧层验算的要求。此外，必要时还应对地基变形或地基稳定性(见 2.4.3 节)进行验算。

2.4.1 按地基持力层承载力计算基底尺寸

除烟囱等圆形结构物常采用圆形(或环形)基础外，一般柱、墙的基础通常为矩形基础或条形基础，且采用对称布置。按荷载对基底形心的偏心情况，上部结构作用在基础顶面处的荷载可以分为轴心荷载和偏心荷载两种。

1. 轴心荷载作用

当基础承受轴心荷载作用时，地基反力为均匀分布(图 2.16)，按地基持力层承载力计算基底尺寸时，要求基底压力满足下式要求：

$$p_k \leqslant f_a \tag{2-19}$$

式中 f_a——修正后的地基持力层承载力特征值；

p_k——相应于荷载效应标准组合时，基础底面处的平均压力值，按下式计算：

$$p_k = (F_k + G_k)/A \leqslant f_a \tag{2-20}$$

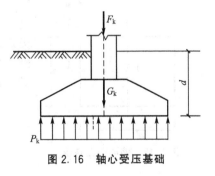

图 2.16 轴心受压基础

A——基础底面面积；

F_k——相应于荷载效应标准组合时，上部结构传至基础顶面的竖向力值；

G_k——基础自重和基础上的土重，对一般实体基础，可近似地取 $G_k=\gamma_G Ad$（γ_G 为基础及回填土的平均重度，可取 $\gamma_G=20\text{kN/m}^3$，d 为基础平均埋深），但在地下水位以下部分应扣去浮托力，即 $G_k=\gamma_G Ad-\gamma_w Ah_w$（$h_w$ 为地下水位至基础底面的距离）。

根据式（2-19）确定基础底面尺寸时，基础底面积应满足：

$$A\geqslant F_k/(f_a-\gamma_G d+\gamma_w h_w) \tag{2-21}$$

在轴心荷载作用下，柱下独立基础一般采用方形，其边长为：

$$b\geqslant\sqrt{\frac{F_k}{f_a-\gamma_G d+\gamma_w h_w}} \tag{2-22}$$

对于墙下条形基础，可沿基础长方向取单位长度 1m 进行计算，荷载也为相应的线荷载（kN/m），则条形基础宽度为：

$$b\geqslant F_k/(f_a-\gamma_G d+\gamma_w h_w) \tag{2-23}$$

在上面的计算中，一般先要对地基承载力特征值 f_{ak} 进行深度修正，然后按计算得到的基底宽度 b，考虑是否需要对 f_{ak} 进行宽度修正。如需要，修正后重新计算基底宽度，如此反复计算一两次即可。最后确定的基底尺寸 b 和 l 均应为 100mm 的整数倍。

【例 2.2】 某黏性土重度 γ_m 为 18.2kN/m^3，孔隙比 $e=0.7$，液性指数 $I_L=0.75$，地基承载力特征值 f_{ak} 为 220kPa。现修建一外柱基础，作用在基础顶面的轴心荷载 $F_k=830\text{kN}$，基础埋深（自室外地面起算）为 1.0m，室内地面高出室外地面 0.3m，试确定方形基础底面宽度。

【解】 先进行地基承载力深度修正。自室外地面起算的基础埋深 $d=1.0\text{m}$，查表 2-8，得 $\eta_d=1.6$，由式（2-17）得修正后的地基承载力特征值为：

$$f_a=f_{ak}+\eta_d\gamma_m(d-0.5)$$
$$=220+1.6\times18.2\times(1.0-0.5)=235\text{kPa}$$

计算基础及其上土的重力 G_k 时的基础埋深为：$d=(1.0+1.3)/2=1.15\text{m}$。由于埋深范围内没有地下水，$h_w=0$。由式（2-22）得基础底面宽度为：

$$b\geqslant\sqrt{\frac{F_k}{f_a-\gamma_G d}}=\sqrt{\frac{830}{235-20\times1.15}}=1.98\text{m}$$

取 $b=2\text{m}$。因 $b<3\text{m}$，不必进行承载力宽度修正。

2. 偏心荷载作用

当作用在基底形心处的荷载不仅有竖向荷载，而且有力矩或水平力存在时，为偏心受压基础（图 2.17）。偏心荷载作用下基底压力分布仍假设为线性分布，基底压力除应满足式（2-19）的要求，尚应满足以下附加条件：

$$p_{kmax}\leqslant1.2f_a \tag{2-24}$$

式中 p_{kmax}——相应于荷载效应标准组合时，按直线分布假设计算的基底边缘处的最大压力值；

f_a——修正后的地基承载力特征值。

图 2.17 偏心受压基础

对常见的单向偏心矩形基础，当偏心距 $e \leqslant l/6$ 时，基底最大和最小压力可按下式计算：

$$p_{kmin}^{kmax} = \frac{F_k + G_k}{A} \pm \frac{M_k}{W} = \frac{F_k}{bl} + \gamma_G d - \gamma_w h_w + \frac{6M_k}{bl^2} \qquad (2-25)$$

或

$$p_{kmin}^{kmax} = p_k \left(1 \pm \frac{6e}{l}\right) \qquad (2-26)$$

式中　l——偏心方向的基础边长，一般为基础长边边长；

　　　b——垂直于偏心方向的基础边长，一般为基础短边边长；

　　　M_k——相应于荷载效应标准组合时，基础所有荷载对基底形心的合力矩；

　　　W——矩形基础底面的抵抗矩，$W = \frac{bl^2}{6}$；

　　　e——偏心距，$e = M_k/(F_k + G_k)$。

其余符号意义同前。

为了保证基础不致过分倾斜，通常还要求偏心距 e 应满足下列条件：

$$e \leqslant l/6 \qquad (2-27)$$

一般认为，在中、高压缩性地基上的基础，或有吊车的厂房柱基础，e 不宜大于 $l/6$；对低压缩性地基上的基础，当考虑短暂作用的偏心荷载时，e 可放宽至 $l/4$。

确定矩形基础底面尺寸时，为了同时满足式(2-19)、式(2-24)和式(2-27)的条件，一般可按下述步骤进行：

(1) 进行深度修正，初步确定修正后的地基承载力特征值。

(2) 根据荷载偏心情况，将按轴心荷载作用计算得到的基底面积增大 10%～40%，即取

$$A = (1.1 \sim 1.4) \frac{F_k}{f_a - \gamma_G d + \gamma_w h_w} \qquad (2-28)$$

(3) 选取基底长边 l 与短边 b 的比值 n（一般取 $n \leqslant 2$），于是有

$$b = \sqrt{A/n} \qquad (2-29)$$
$$l = nb \qquad (2-30)$$

(4) 考虑是否应对地基承载力进行宽度修正。如需要，在承载力修正后，重复上述(2)、(3)两个步骤，使所取宽度前后一致。

(5) 计算偏心距 e 和基底最大压力 p_{kmax}，并验算是否满足式(2-24)和式(2-27)的要求。

(6) 若 b、l 取值不适当（太大或太小），可调整尺寸再行验算，如此反复一两次，便可定出合适的尺寸。

【例 2.3】　同例 2.2 条件，但作用在基础顶面处的荷载还有力矩 200kN·m 和水平荷载 20kN（图 2.18），试确定矩形基础底面尺寸。

【解】　(1) 初步确定基础底面尺寸。

考虑荷载偏心，将基底面积初步增大 20%，由式(2-28)得

$$A = 1.2 F_k/(f_a - \gamma_G d)$$
$$= 1.2 \times 830/(235 - 20 \times 1.15)$$
$$= 4.5 \text{m}^2$$

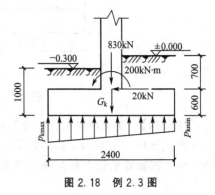

图 2.18　例 2.3 图

取基底长短边之比 $n=l/b=2$，于是

$$b=\sqrt{A/n}=\sqrt{4.5/2}=1.5\text{m}$$
$$l=nb=2\times1.5=3.0\text{m}$$

因 $b=1.5\text{m}<3\text{m}$，故 f_a 无须作宽度修正。

（2）验算荷载偏心距 e。

基底处的总竖向力：

$$F_k+G_k=830+20\times1.5\times3.0\times1.15=933.5\text{kN}$$

基底处的总力矩：

$$M_k=200+20\times0.6=212\text{kN}\cdot\text{m}$$

偏心距：

$$e=M_k/(F_k+G_k)=212/933.5=0.227\text{m}<l/6=0.5\text{m}\quad\text{（可以）}$$

（3）验算基底最大压力 p_{kmax}。

$$p_{kmax}=\frac{F_k+G_k}{bl}\left(1+\frac{6e}{l}\right)$$
$$=\frac{933.5}{1.5\times3}\left(1+\frac{6\times0.227}{3}\right)=301.6\text{kPa}>1.2f_a=282\text{kPa}\quad\text{（不行）}$$

（4）调整底面尺寸再验算。

取 $b=1.6\text{m}$，$l=3.2\text{m}$，则

$$F_k+G_k=830+20\times1.6\times3.2\times1.15=947.8\text{kN}$$
$$e=M_k/(F_k+G_k)=212/947.8=0.224\text{m}$$
$$p_{kmax}=\frac{947.8}{1.6\times3.2}\left(1+\frac{6\times0.224}{3.2}\right)=262.9\text{kPa}<1.2f_a\quad\text{（可以）}$$

所以基底尺寸为 $1.6\text{m}\times3.2\text{m}$。

对带壁柱的条形基础底面尺寸的确定，取壁柱间距离 L 作为计算单元长度（图 2.19）。通常壁柱基础宽度和条形基础宽度一样，均为 b；壁柱基础凸出墙基础的部分长度 a 可近似取壁柱突出墙面的距离。

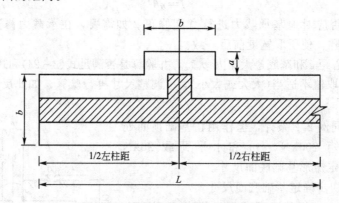

图 2.19　带壁柱墙基础的计算单元

【例 2.4】　某仓库带壁柱的墙基础底面尺寸如图 2.20 所示，作用于基底形心处的总竖向荷载 $F_k+G_k=420\text{kN}$，总力矩 $M_k=30\text{kN}\cdot\text{m}$，持力层土修正后的承载力特征值 $f_a=120\text{kPa}$，试验算承载力是否满足要求。

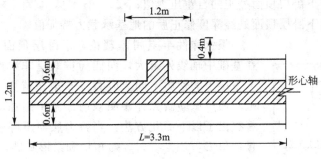

图 2.20　例 2.4 图

【解】　基础底面积 $A=(3.3+0.4)\times1.2=4.44\text{m}^2$，形心轴线到基础外边缘距离：

$$y_1=\frac{1/2\times3.3\times1.2^2+1.2\times0.4\times1.4}{4.44}=0.69\text{m}$$

形心轴线到壁柱基础边缘距离：

$$y_2=1.2-0.69+0.4=0.91\text{m}$$

形心轴线到墙中心线距离：

$$0.69-0.6=0.09\text{m}$$

基础底面对形心轴的惯性矩：

$$I=1/12\times3.3\times1.2^3+3.3\times1.2\times0.09^2+1/12\times1.2\times0.4^3+1.2\times0.4\times0.71^2$$
$$=0.4752+0.0321+0.0064+0.2419=0.756\text{m}^4$$

基底平均压力：

$$p_k=\frac{F_k+G_k}{A}=\frac{420}{4.44}=94.6\text{kPa}<f_a=120\text{kPa}$$

基底最大压力：

$$p_{kmax}=p_k+\frac{M_k}{I}y_2=94.6+\frac{30}{0.756}\times0.91=130.7\text{kPa}<1.2f_a=144\text{kPa}$$

基底最小压力：

$$p_{kmin}=p_k-\frac{M_k}{I}y_1=94.6-\frac{30}{0.755}\times0.69=67.2\text{kPa}>0$$

故承载力满足要求，且基底压力呈梯形分布。

2.4.2　地基软弱下卧层承载力验算

建筑场地土大多数是成层的，一般土层的强度随深度而增加，而外荷载引起的附加应力则随深度而减小，因此，只要基础底面持力层承载力满足设计要求即可。但是，也有不少情况，持力层不厚，在持力层以下受力层范围内存在软弱土层，其承载力很低，如我国沿海地区表层土较硬，在其下有很厚一层较软的淤泥、淤泥质土层，此时仅满足持力层的要求是不够的，还需验算软弱下卧层的强度，要求传递到软弱下卧层顶面处土体的附加应力与自重应力之和不超过它的承载力特征值，即

$$p_z+p_{cz}\leqslant f_{az} \tag{2-31}$$

式中　p_z——相应于荷载效应标准组合时，软弱下卧层顶面处的附加应力值；

p_{cz}——软弱下卧层顶面处土的自重压力值；

f_{az}——软弱下卧层顶面处经深度修正后的地基承载力特征值。

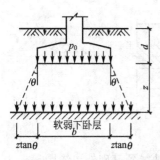

**图 2.21 软弱下卧层顶面
附加应力计算**

根据弹性半空间体理论，下卧层顶面土体的附加应力，在基础中轴线处最大，向四周扩散呈非线性分布，如果考虑上下层土的性质不同，应力分布规律就更为复杂。《地基规范》通过试验研究并参照双层地基中附加应力分布的理论解答提出了以下简化方法：当持力层与下卧软弱土层的压缩模量比值 $E_{s1}/E_{s2} \geqslant 3$ 时，对矩形和条形基础，式（2-31）中 p_z 可按压力扩散角的概念计算。如图 2.21 所示，假设基底处的附加压力（$p_0 = p_k - p_c$）在持力层内往下传递时按某一角度 θ 向外扩散，且均匀分布于较大面积上，根据扩散前作用于基底平面处附加压力合力与扩散后作用于下卧层顶面处附加压力合力相等的条件，可得附加应力 p_z 的计算公式如下：

对于条形基础

$$p_z = \frac{b(p_k - p_c)}{b + 2z\tan\theta} \qquad (2-32)$$

对于矩形基础

$$p_z = \frac{lb(p_k - p_c)}{(b + 2z\tan\theta)(l + 2z\tan\theta)} \qquad (2-33)$$

式中 l、b——基础的长度和宽度；

p_k——相应于荷载效应标准组合时的基底平均压力值；

p_c——基础底面处土的自重应力；

z——基础底面至软弱下卧层顶面的距离；

θ——压力扩散角，可按表 2-11 采用。

表 2-11 地基压力扩散角 θ

E_{s1}/E_{s2}	z/b	
	0.25	0.50
3	6°	23°
5	10°	25°
10	20°	30°

注：① E_{s1} 为上层土压缩模量；E_{s2} 为下层土压缩模量。

② $z/b < 0.25$ 时取 $\theta = 0°$，必要时，宜由试验确定；$z/b > 0.50$ 时 θ 值不变。

③ z/b 在 0.25 与 0.50 之间可插值使用。

由式（2-33）可知，如要减小作用于软弱下卧层表明的附加应力 p_z，可以采取加大基底面积（使扩散面积加大）或减小基础埋深（使 z 值加大）的措施，前一措施虽然可以有效地减小 p_z，但却可能使基础的沉降量增加。因为附加应力的影响深度会随着基底面积的增加而加大，从而可能使软弱下卧层的沉降量明显增加。反之，减小基础埋深可以使基底软弱下卧层的距离增加，使附加应力在软弱下卧层中的影响减小，因而基础沉降随之减小。因此，当存在软弱下卧层时，基础宜浅埋，这样不仅使"硬壳层"充分发挥应力扩散作用，同时也减小了基础沉降。

按双层地基中应力分布的概念，当上层土较硬、下层土软弱时，应力分布也将向四周更快扩散，也就是说持力层与下卧层的模量比 E_{s1}/E_{s2} 越大，应力扩散越快，故 θ 值越大。另外按均质弹性体应力扩散的规律，荷载的扩散程度，随深度的增加而增加，表 2-11 中的压力扩散角 θ 的大小就是根据这种规律确定的。

图 2.22 例 2.5 图

【例 2.5】 图 2.22 中的柱下矩形基础底面尺寸为 $5.4\text{m} \times 2.7\text{m}$，试根据图中各项资料验算持力层和软弱下卧层的承载力是否满足要求。

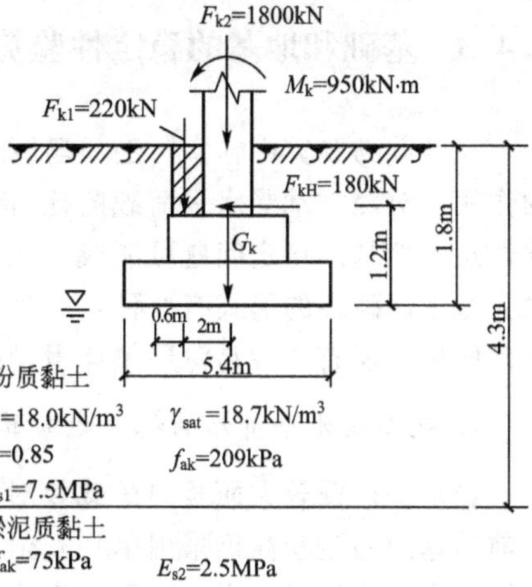

【解】 （1）持力层承载力验算。

先对持力层承载力特征值 f_{ak} 进行修正，查表 2-8，得 $\eta_b = 0$，$\eta_d = 1.0$，由式（2-17）得

$$f_a = 209 + 1.0 \times 18.0 \times (1.8 - 0.5) = 232.4\text{kPa}$$

基底处的总竖向力：

$$F_k + G_k = 1800 + 220 + 20 \times 2.7 \times 5.4 \times 1.8 = 2545\text{kN}$$

基底处的总力矩：

$$M_k = 950 + 180 \times 1.2 + 220 \times 0.62 = 1302\text{kN} \cdot \text{m}$$

基底平均压力：

$$p_k = \frac{F_k + G_k}{A} = \frac{2545}{2.7 \times 5.4} = 174.6\text{kPa} < f_a = 232.4\text{kPa} \quad （可以）$$

偏心距：

$$e = \frac{M_k}{F_k + G_k} = \frac{1302}{2545} = 0.512\text{m} < \frac{l}{6} = 0.9\text{m} \quad （可以）$$

基底最大压力：

$$p_{k\max} = p_k \left(1 + \frac{6e}{l}\right) = 174.6 \times \left(1 + \frac{6 \times 0.512}{5.4}\right)$$

$$= 273.9\text{kPa} < 1.2f_a = 278.9\text{kPa} \quad （可以）$$

（2）软弱下卧层承载力验算。

由 $E_{s1}/E_{s2} = 7.7/2.5 = 3$，$z/b = 2.5/2.7 > 0.50$，查表 2-11 得 $\theta = 23°$，$\tan\theta = 0.424$。下卧层顶面处的附加应力：

$$p_z = \frac{lb(p_k - p_c)}{(b + 2z\tan\theta)(l + 2z\tan\theta)}$$

$$= \frac{5.4 \times 2.7 \times (174.6 - 18.0 \times 1.8)}{(5.4 + 2 \times 2.5 \times 0.424)(2.7 + 2 \times 2.5 \times 0.424)} = 57.2\text{kPa}$$

下卧层顶面处的自重应力：

$$p_{cz} = 18.0 \times 1.8 + (18.7 - 10) \times 2.5 = 54.2\text{kPa}$$

下卧层承载力特征值：

$$\gamma_m = \frac{p_{cz}}{d + z} = \frac{54.2}{4.3} = 12.6\text{kN/m}^3$$

$$f_{az} = 75 + 1.0 \times 12.6 \times (4.3 - 0.5) = 122.9\text{kPa}$$

验算： $\quad p_z + p_{cz} = 54.2 + 57.2 = 111.4\text{kPa} < f_{az} \quad （可以）$

经验算，基底底面尺寸及埋深符合要求。

2.4.3 基础和地基的稳定性验算

在承载力验算中，实际上只验算了竖向荷载作用下地基的稳定性，而未涉及水平荷载的作用。对经常承受水平荷载的建（构）筑物，如水工建筑物、挡土结构以及高层建筑和高耸建筑，地基的稳定问题可能成为地基的主要问题。在水平和竖向荷载共同作用下，地基失去稳定而破坏的形式有 3 种：一种是沿基底产生表层滑动；第二种是偏心荷载过大而使基础倾覆；还有一种是深层整体滑动破坏。

1. 地基抗水平滑动的稳定性验算

当水平荷载较大而竖向荷载相对较小的情况下，一般需验算地基抗水平滑动稳定性，目前地基的稳定验算仍采用单一安全系数的方法，当表层滑动时，定义基础底面的抗滑动摩擦阻力与作用于基底的水平力之比为安全系数，即

$$K = \frac{(F+G) \cdot f}{H} \tag{2-34}$$

式中　K——表层滑动安全系数，根据建筑物安全等级，取 1.2～1.4；

　　$F+G$——作用于基底的竖向力的总和；

　　　H——作用于基底的水平力的总和；

　　　f——基底与地基土的摩擦系数。

2. 基础倾覆稳定性验算

基础倾覆或倾斜除了地基的强度和变形原因外，往往发生在承受较大单向水平推力而其合力作用点又离基础底面较高的结构物上，如挡土墙或高桥台受侧向土压力作用，大跨径拱桥在施工中墩、台受到不平衡的推力，以及在多孔拱桥中一孔被毁等，此时在单向恒载推力作用下，均可能引起墩、台连同基础的倾覆和倾斜。此时，除了按式 $p_k \leqslant f_a$ 及式 $p_{kmax} \leqslant 1.2 f_a$ 验算地基承载力外，尚应考虑基础的倾覆稳定性。理论和实践证明，基础倾覆稳定性与其受到的合力偏心距有关，合力偏心距越大，则基础抗倾覆的安全储备越小。因此，在设计时，可以用限制合力偏心距来保证基础的倾覆稳定性。

设基底截面重心至压力最大一边的距离为 y，外力合力偏心距为 e_0，则两者的比值 $K = y/e^0$ 可反映基础倾覆稳定性的安全度，称为抗倾覆稳定系数。

不同的荷载组合，在不同的设计规范中，对抗倾覆稳定系数有不同的要求值。一般在主要荷载组合时，要求高些，$K \geqslant 1.5$；在各种附加荷载组合时，可相应降低，$K = 1.1 \sim 1.3$。

3. 地基整体滑动稳定验算

在竖向和水平向荷载共同作用下，若地基内又存在软土或软土夹层时，则需进行地基整体滑动稳定性验算。实际观察表明，地基整体滑动形成的滑裂面在空间上通常形成一个弧形面，对于均质土体可简化为平面问题的圆弧面。稳定计算通常采用土力学中介绍的圆弧滑动法，滑动稳定安全系数是指最危险滑动面上诸力对滑动中心所产生的抗滑力矩与滑动力矩之比值，即 $K = M_R/M_S$。一般要求 $K \geqslant 1.2$；若考虑深层滑动时，滑动面可为软弱土层界面，即为一平面，此时安全系数 K 应大于 1.3。

2.5 钢筋混凝土扩展基础设计

2.5.1 墙下钢筋混凝土条形基础设计

墙下钢筋混凝土条形基础(图 2.23)的内力计算一般可按平面应变问题处理,在长度方向可取单位长度计算。截面设计验算的内容主要包括基底宽度 b 和基础的高度 h 及基础底板配筋等。关于基底宽度的确定已在 2.4.1 中讨论过,在此仅讨论基础高度及基础底板配筋的确定。

1. 地基净反力的概念

如前所述,基底反力为作用于基底上的总竖向荷载(包括墙或柱传下的荷载及基础自重)除以基底面积。通常认为仅由基础顶面标高以上部分传下的荷载所产生的地基反力为地基净反力,并以 p_j 表示。在进行基础的结

图 2.23 墙下条形基础

构设计中,常需用到净反力,因为基础自重及其周围土重所引起的基底反力恰好与其自重相抵,对基础本身不产生内力。

2. 轴心荷载作用

1) 基础高度的验算

基础内不配箍筋和弯起筋,故基础高度由混凝土的受剪承载力确定:

$$V \leqslant 0.7 f_t h_0 \tag{2-35}$$

式中 V——剪力设计值,可按下式计算:

$$V = p_j b_1 \tag{2-36}$$

于是

$$h_0 \geqslant \frac{V}{0.7 f_t} \tag{2-37}$$

式中 p_j——相应于荷载效应基本组合时的地基净反力值,可按下式计算:

$$p_j = F/b \tag{2-38}$$

F——相应于荷载效应基本组合时上部结构传至基础顶面的竖向力值;

b——基础宽度;

h_0——基础有效高度;

f_t——混凝土轴心抗拉强度设计值;

b_1——基础悬臂部分计算截面的挑出长度,如图 2.24 所示,当墙体材料为混凝土时,b_1 为基础边缘至墙脚的距离;当为砖墙且放脚不大于 1/4 砖长时,为基础边缘至墙脚距离加上 0.06m。

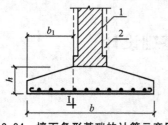

图 2.24　墙下条形基础的计算示意图
1—砖墙；2—混凝土墙

2）基础底板配筋

悬臂根部的最大弯矩设计值 M 为：

$$M=\frac{1}{2}p_j b_1^2 \qquad (2-39)$$

符号意义与式（2-36）同。

基础每米长的受力钢筋截面面积：

$$A_s=\frac{M}{0.9 f_y h_0} \qquad (2-40)$$

式中　A_s——钢筋面积；

　　　f_y——钢筋抗拉强度设计值；

　　　h_0——基础有效高度，$0.9 h_0$ 为截面内力臂的近似值。

将各个数值代入式（2-40）计算时，单位宜统一换为 N 和 mm。

3. 偏心荷载作用

在偏心荷载作用下，基础边缘处的最大和最小净反力设计值为：

$$\frac{p_{jmax}}{p_{jmin}}=\frac{F}{b}\pm\frac{6M}{b^2} \qquad (2-41)$$

或

$$\frac{p_{jmax}}{p_{jmin}}=\frac{F}{b}\left(1\pm\frac{6e_0}{b}\right) \qquad (2-42)$$

式中　M——相应于荷载效应基本组合时作用于基础底面的力矩值；

　　　e_0——荷载的净偏心距，$e_0=M/F$。

基础的高度和配筋仍按式（2-37）和式（2-40）计算，但式中的剪力和弯矩设计值应改按下列公式计算：

$$V=\frac{1}{2}(p_{jmax}+p_{jI})b_1 \qquad (2-43)$$

$$M=\frac{1}{6}(2p_{jmax}+p_{jI})b_1^2 \qquad (2-44)$$

式中　p_{jI}——计算截面处的净反力设计值，按下式计算：

$$p_{jI}=p_{jmin}+\frac{b-b_1}{b}(p_{jmax}-p_{jmin}) \qquad (2-45)$$

【例 2.6】　某砖墙厚 240mm，相应于荷载效应标准组合及基本组合时作用在基础顶面的轴心荷载分别为 144kN/m 和 190kN/m，基础埋深为 0.5m，地基承载力特征值为 $f_{ak}=$ 106kPa，试设计此基础。

【解】　因基础埋深为 0.5m，故采用钢筋混凝土条形基础。混凝土强度等级采用 C20，$f_t=1.10\text{N/mm}^2$，钢筋用 HPB300 级，$f_y=270\text{N/mm}^2$。

先计算基础底面宽度 $f_a=f_{ak}=106\text{kPa}$：

$$b\geqslant\frac{F_k}{f_a-\gamma_G d}=\frac{144}{106-20\times0.5}=1.5\text{m}，取 b=1.5\text{m}$$

地基净反力：

$$p_j=F/b=190/1.5=126.7\text{kN/m}$$

基础边缘至砖墙计算截面的距离：

$$b_1 = \frac{1}{2} \times (1.50 - 0.24) = 0.63\text{m}$$

基础有效高度：
$$h_0 \geqslant \frac{p_j b_1}{0.7 f_t} = \frac{126.7 \times 0.63}{0.7 \times 1100} = 0.104\text{m} = 104\text{mm}$$

取基础高度 $h = 300\text{mm}$，$h_0 = 300 - 40 - 5 = 255\text{mm} > 104\text{mm}$

$$M = \frac{1}{2} p_j b_1^2 = \frac{1}{2} \times 126.7 \times 0.63^2 = 25.1\text{kN} \cdot \text{m}$$

$$A_s = \frac{M}{0.9 f_y h_0} = \frac{25.1 \times 10^6}{0.9 \times 270 \times 255} = 405\text{mm}^2$$

配钢筋 $\phi 10@180$，$A_s = 436\text{mm}^2$，可以。

以上受力筋沿垂直于砖墙长度的方向配置，纵向分布筋取 $\phi 8@250$（图 2.25），垫层用 C10 混凝土。

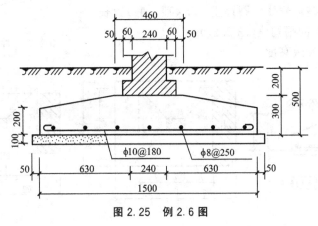

图 2.25　例 2.6 图

2.5.2　柱下钢筋混凝土独立基础设计

与墙下条形基础一样，在进行柱下独立基础设计时，一般先由地基承载力确定基础的底面尺寸，然后再进行基础截面的设计验算。基础截面的设计验算内容主要包括基础截面的抗冲切验算和抗弯验算，由抗冲切验确定基础的合适高度，由抗弯验算确定基础底板的双向配筋。

1. 轴心荷载作用

1）基础高度

基础高度由混凝土受冲切承载力确定。在柱荷载作用下，如果基础高度（或阶梯高度）不足，则将沿柱周边（或阶梯高度变化处）产生冲切破坏，形成 45°斜裂面的角锥体，如图 2.26 所示。因此，由冲切破坏锥体以外的地基净反力所产生的冲切力应小于冲切面处混凝土的抗冲切能力。矩形基础一般沿柱短边一侧先产生冲切破坏，所以只需根据短边一侧的冲切破坏条件确定基础高度，即要求：

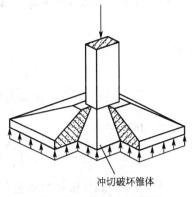

图 2.26　基础冲切破坏

$$F_l \leqslant 0.7\beta_{\mathrm{hp}}f_tb_mh_0 \tag{2-46}$$

式(2-46)右边部分为混凝土抗冲切能力,左边部分为冲切力:

$$F_l = p_jA_1 \tag{2-47}$$

式中 p_j——相应于荷载效应基本组合的地基净反力, $p_j = F/bl$;

A_1——冲切力的作用面积(图2.28中的斜线面积),具体计算方法见后述;

β_{hp}——受冲切承载力截面高度影响系数,当基础高度 h 不大于800mm时, β_{hp} 取1.0,当 h 大于等于2000mm时, β_{hp} 取0.9,其间按线性内插法取用;

f_t——混凝土轴心抗拉强度设计值;

b_m——冲切破坏锥体斜裂面上、下(顶、底)边长 b_t、 b_b 的平均值(图2.27);

h_0——基础有效高度。

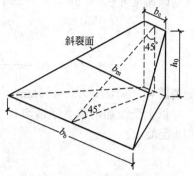

图2.27 冲切斜裂面边长

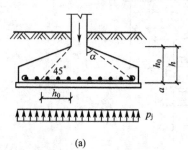
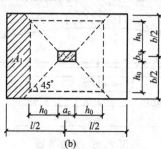
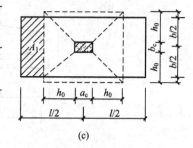

图2.28 基础冲切计算

(a)基础截面;(b) $b \geqslant b_c + 2h_0$;(c) $b < b_c + 2h_0$

设计时一般先按经验假定基础高度,得出 h_0,再代入式(2-46)进行验算,直至抗冲切能力(该式右边)稍大于冲切力(该式左边)为止。

如柱截面长边、短边分别用 a_c、 b_c 表示,则沿柱边产生冲切时,有

$$b_t = b_c$$

(1)当冲切破坏锥体的底边落在基础底面积之内 [图2.28(b)],即 $b \geqslant b_c + 2h_0$ 时,有

$$b_b = b_c + 2h_0$$

于是

$$b_m = (b_t + b_b)/2 = b_c + h_0$$

$$b_mh_0 = (b_c + h_0)h_0$$

$$A_1 = \left(\frac{l}{2} - \frac{a_c}{2} - h_0\right)b - \left(\frac{b}{2} - \frac{b_c}{2} - h_0\right)^2$$

而式(2-46)成为:

$$p_j\left[\left(\frac{l}{2} - \frac{a_c}{2} - h_0\right)b - \left(\frac{b}{2} - \frac{b_c}{2} - h_0\right)^2\right] \leqslant 0.7\beta_{\mathrm{hp}}f_t(b_c + h_0)h_0 \tag{2-48}$$

(2)当冲切破坏锥体的底边部分落在基础底面积之外 [图2.28(c)],即 $b < b_c + 2h_0$ 时,冲切力的作用面积 A_1 为一矩形:

$$A_1 = \left(\frac{l}{2} - \frac{a_c}{2} - h_0 \right) b$$

而

$$b_m h_0 = (b_c + h_0) h_0 - \left(\frac{b_c}{2} + h_0 - \frac{b}{2} \right)^2$$

于是式(2-46)成为：

$$p_j \left(\frac{l}{2} - \frac{a_c}{2} - h_0 \right) b \leqslant 0.7 \beta_{hp} f_t \left[(b_c + h_0) h_0 - \left(\frac{b_c}{2} + h_0 - \frac{b}{2} \right)^2 \right] \qquad (2-49)$$

对于阶梯形基础，例如分成二级的阶梯形，除了对柱边进行冲切验算外，还应对上一阶底边变阶处进行下阶的冲切验算。验算方法与上面柱边冲切验算相同，只是在使用式(2-48)和式(2-49)时，a_c、b_c分别换为上阶的长边l_1和短边b_1(见图2.29)，h_0换为下阶的有效高度h_{01}(见图2.30)便可。

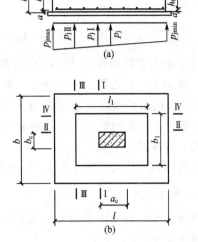

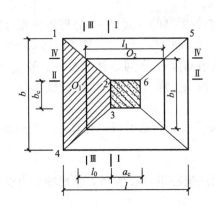

图2.29 产生弯矩的地基净反力作用面积

图2.30 偏心荷载作用下的独立基础

(a)基底净反力；(b)平面图

当基础底面全部落在45°冲切破坏锥体底边以内时，则成为刚性基础，无须进行冲切验算。

2) 底板配筋

在地基净反力作用下，基础沿柱的周边向上弯曲。一般矩形基础的长宽比小于2，故为双向受弯。当弯曲应力超过了基础的抗弯强度时，就发生弯曲破坏。其破坏特征是裂缝沿柱角至基础角将基础底面分裂成四块梯形面积。故配筋计算时，将基础板看成四块固定在柱边的梯形悬臂板，如图2.29所示。

当基础台阶宽高比 $\tan\alpha \leqslant 2.5$ 时［参见图2.28(a)］，底板弯矩设计值可按下述方法计算：

地基净反力 p_j 对柱边 I—I 截面产生的弯矩为(图2.29)：

$$M_I = p_j A_{1234} l_0$$

式中　A_{1234}——梯形 1234 的面积。

$$A_{1234} = \frac{1}{4}(b+b_c)(l-a_c)$$

式中　l_0——梯形 1234 的形心 O_1 至柱边的距离。

$$l_0 = \frac{(l-a_c)(b_c+2b)}{6(b_c+b)}$$

于是

$$M_{\mathrm{I}} = \frac{1}{24}p_j(l-a_c)^2(2b+b_c) \tag{2-50}$$

平行于 l 方向(垂直于Ⅰ—Ⅰ截面)的受力筋面积可按下式计算:

$$A_{s\mathrm{I}} = \frac{M_{\mathrm{I}}}{0.9f_yh_0} \tag{2-51}$$

同理,由面积 1265 上的净反力可得柱边Ⅱ—Ⅱ截面的弯矩为:

$$M_{\mathrm{II}} = \frac{1}{24}p_j(b-b_c)^2(2l+a_c) \tag{2-52}$$

钢筋面积为:

$$A_{s\mathrm{II}} = \frac{M_{\mathrm{II}}}{0.9f_yh_0} \tag{2-53}$$

阶梯形基础在变阶处也是抗弯的危险截面,按式(2-50)~式(2-53)可以分别计算上阶底边Ⅲ—Ⅲ和Ⅳ—Ⅳ截面的弯矩 M_{III}、钢筋面积 $A_{s\mathrm{III}}$ 和 M_{IV}、$A_{s\mathrm{IV}}$,只要把各式中的 a_c、b_c 换成上阶的长边 l_1 和短边 b_1,把 h_0 换成下阶的有效高度 h_{01} 便可。然后按 $A_{s\mathrm{I}}$ 和 $A_{s\mathrm{III}}$ 中的大值配置平行于 l 边方向的钢筋,并放置在下层;按 $A_{s\mathrm{II}}$ 和 $A_{s\mathrm{IV}}$ 中的大值配置平行于 b 边方向的钢筋,并放置在上排。

当基底和柱截面均为正方形时,$M_{\mathrm{I}}=M_{\mathrm{II}}$,$M_{\mathrm{III}}=M_{\mathrm{IV}}$,这时只需计算一个方向即可。

2. 偏心荷载作用

如果只在矩形基础长边方向产生偏心,则当荷载偏心距 $e \leqslant l/6$ 时,基底净反力设计值的最大和最小值为(图 2.30)。

$$\begin{matrix} p_{j\max} \\ p_{j\min} \end{matrix} = \frac{F}{lb}\left(1 \pm \frac{6e_0}{l}\right) \tag{2-54}$$

$$\begin{matrix} p_{j\max} \\ p_{j\min} \end{matrix} = \frac{F}{lb} \pm \frac{6M}{bl^2} \tag{2-55}$$

1) 基础高度

可按式(2-48)或式(2-49)计算,但应以 $p_{j\max}$ 代替式中的 p_j。

2) 底板配筋

仍可按式(2-51)和式(2-53)计算钢筋面积,但式(2-51)中的 M_{I} 应按下式计算:

$$M_{\mathrm{I}} = \frac{1}{48}[(p_{j\max}+p_{j\mathrm{I}})(2b+b_c)+(p_{j\max}-p_{j\mathrm{I}})b](l-a_c)^2 \tag{2-56}$$

$$p_{j\mathrm{I}} = p_{j\min} + \frac{l+a_c}{2l}(p_{j\max}-p_{j\min}) \tag{2-57}$$

【例 2.7】 设计如图 2.31 所示的柱下独立基础。已知相应于荷载效应基本组合时的柱荷载 $F=700\mathrm{kN}$,$M=87.8\mathrm{kN \cdot m}$,柱截面尺寸为 $300\mathrm{mm} \times 400\mathrm{mm}$,基础底面尺寸为

1.6m×2.4m。

【解】　采用 C20 混凝土，HPB300 级钢筋，查得 $f_t = 1.10\text{N/mm}^2$，$f_y = 270\text{N/mm}^2$。垫层采用 C10 混凝土。

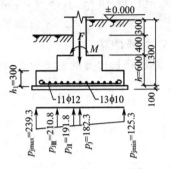

(1) 计算基底净反力设计值。

$$p_j = \frac{F}{bl} = \frac{700}{1.6 \times 2.4} = 182.3\text{kPa}$$

净偏心距

$$e_0 = M/F = 87.8/700 = 0.125\text{m}$$

基底最大和最小净反力设计值

$$p_{jmax \atop jmin} = \frac{F}{lb}\left(1 \pm \frac{6e_0}{l}\right)$$

$$= 182.3 \times \left(1 \pm \frac{6 \times 0.125}{2.4}\right)$$

$$= {293.9 \atop 125.3}\text{kPa}$$

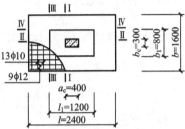

(2) 基础高度。

① 柱边截面。

取 $b = 600\text{mm}$，$h_0 = 555\text{mm}$，则

$$b_c + 2h_0 = 0.3 + 2 \times 0.555$$

$$= 1.41\text{mm} < b = 1.6\text{m}$$

图 2.31　例 2.7 图

因为偏心受压，按式(2-48)计算时 p_j 取 p_{jmax}。

该式左边：

$$p_{jmax}\left[\left(\frac{l}{2} - \frac{a_c}{2} - h_0\right)b - \left(\frac{b}{2} - \frac{b_c}{2} - h_0\right)^2\right]$$

$$= 239.3 \times \left[\left(\frac{2.4}{2} - \frac{0.4}{2} - 0.555\right) \times 1.6 - \left(\frac{1.6}{2} - \frac{0.3}{2} - 0.555\right)^2\right] = 168.2\text{kN}$$

该式右边：

$$0.7\beta_{hp}f_t(b_c + h_0)h_0$$

$$= 0.7 \times 1.0 \times 1100 \times (0.3 + 0.555) \times 0.555 = 365.4\text{kN} > 168.2\text{kN}\quad（可以）$$

基础分两级，下阶 $h_1 = 300\text{mm}$，$h_{01} = 255\text{mm}$，取 $l_1 = 1.2\text{m}$，$b_1 = 0.8\text{m}$。

② 变阶处截面。

$$b_1 + 2h_0 = 0.8 + 0.255 = 1.31\text{m} < 1.60\text{m}$$

冲切力：

$$p_{jmax}\left[\left(\frac{l}{2} - \frac{l_1}{2} - h_{01}\right)b - \left(\frac{b}{2} - \frac{b_1}{2} - h_{01}\right)^2\right]$$

$$= 239.3 \times \left[\left(\frac{2.4}{2} - \frac{1.2}{2} - 0.255\right) \times 1.6 - \left(\frac{1.6}{2} - \frac{0.8}{2} - 0.555\right)^2\right]$$

$$= 127.1\text{kN}$$

抗冲切力：$0.7\beta_{hp}f_t(b_1+h_{01})h_{01}$

$$=0.7\times1.0\times1100\times(0.8+0.255)\times0.255=207.1\text{kN}>127.1\text{kN}\quad(可以)$$

(3) 配筋计算。

计算基础长边方向的弯矩设计值，取Ⅰ—Ⅰ截面(图2.31)：

$$p_{jⅠ}=p_{jmin}+\frac{l+a_c}{2l}(p_{jmax}-p_{jmin})$$

$$=125.3+\frac{2.4+0.4}{2\times2.4}\times(239.3-125.3)=191.8\text{kPa}$$

$$M_Ⅰ=\frac{1}{48}[(p_{jmax}+p_{jⅠ})(2b+b_c)+(p_{jmax}-p_{jⅠ})b](l-a_c)^2$$

$$=\frac{1}{48}[(239.3+191.8)(2\times1.6+0.3)+(239.3-191.8)\times1.6]\times(2.4-0.4)^2$$

$$=132.1\text{kN}\cdot\text{m}$$

$$A_{sⅠ}=\frac{M_Ⅰ}{0.9f_yh_0}=\frac{132.1\times10^6}{0.9\times270\times555}=979\text{mm}^2$$

Ⅲ—Ⅲ截面：

$$p_{jⅢ}=125.3+\frac{2.4+1.2}{2\times2.4}\times(239.3-125.3)=210.8\text{kPa}$$

$$M_Ⅲ=\frac{1}{48}[(p_{jmax}+p_{jⅢ})(2b+b_1)+(p_{jmax}-p_{jⅢ})b](l-l_1)^2$$

$$=\frac{1}{48}[(239.3+210.8)(2\times1.6+0.8)+(239.3-210.8)\times1.6]\times(2.4-1.2)^2$$

$$=55.4\text{kN}\cdot\text{m}$$

$$A_{sⅢ}=\frac{M_Ⅲ}{0.9f_yh_{01}}=\frac{55.4\times10^6}{0.9\times270\times255}=894\text{mm}^2$$

比较 $A_{sⅠ}$ 和 $A_{sⅢ}$，应按 $A_{sⅠ}$ 配筋，现于1.6m宽度范围内配 $9\phi12$，$A_s=1017\text{mm}^2>979\text{mm}^2$。计算基础短边方向的弯矩，取Ⅱ—Ⅱ截面。前已算得 $p_j=182.3\text{kPa}$，按式(2-52)：

$$M_Ⅱ=\frac{1}{24}p_j(b-b_c)^2(2l+a_c)$$

$$=\frac{1}{24}\times182.3\times(1.6-0.3)^2\times(2\times2.4+0.4)=66.8\text{kN}\cdot\text{m}$$

$$A_{sⅡ}=\frac{M_Ⅱ}{0.9f_yh_0}=\frac{66.8\times10^6}{0.9\times270\times(555-12)}=506\text{mm}^2$$

Ⅳ—Ⅳ截面：

$$M_Ⅳ=\frac{1}{24}p_j(b-b_1)^2(2l+l_1)$$

$$=\frac{1}{24}\times182.3\times(1.6-0.8)^2\times(2\times2.4+1.2)=29.2\text{kN}\cdot\text{m}$$

$$A_{sⅣ}=\frac{M_Ⅳ}{0.9f_yh_{01}}=\frac{29.2\times10^6}{0.9\times270\times(255-12)}=495\text{mm}^2$$

按构造要求配 $13\phi10$，$A_s=1021\text{mm}^2>506\text{mm}^2$。基础配筋见图2.31。

2.6 联合基础设计

2.6.1 概述

典型的双柱联合基础可以分为三种类型，即矩形联合基础、梯形联合基础和连梁式联合基础(图1.6)。

矩形和梯形联合基础一般用于柱距较小时的情况，这样可以避免造成板的厚度及配筋过大。为使联合基础的基底压力分布较为均匀，应使基础底面形心尽可能接近柱主要荷载的合力作用点。因此，当 $x' \geqslant l'/2$ 时(x'、l'参见图1.6)，可以采用矩形联合基础；当 $l'/3 < x' < l'/2$ 时，则宜采用梯形联合基础。如果柱距较大，可在两个扩展基础之间加设不着地的刚性连系梁形成连梁式联合基础 [图1.6(c)]，使之达到阻止两个扩展基础转动、调整各自底面压力趋于均匀的目的。

联合基础的设计通常作如下的规定或假定：

(1) 基础是刚性的，一般认为，当基础高度不小于柱距的1/6时，基础可视为是刚性的。

(2) 基底压力为线性(平面)分布。

(3) 地基主要受力层范围内土质均匀。

(4) 不考虑上部结构刚度的影响。

2.6.2 矩形联合基础

矩形联合基础的设计步骤如下。

(1) 计算柱荷载的合力作用点(荷载重心)位置。

(2) 确定基础长度，使基础底面形心尽可能与柱荷载重心重合。

(3) 按地基土承载力确定基础底面宽度。

(4) 按反力线性分布假定计算基底净反力设计值，并用静定分析法计算基础内力，画出弯矩图和剪力图。

(5) 根据受冲切和受剪承载力确定基础高度。一般可先假设基础高度，再代入式(2-58)和式(2-59)进行验算。

① 受冲切承载力验算验算公式为：

$$F_l \leqslant 0.7\beta_{hp} f_t u_m h_0 \tag{2-58}$$

式中　F_l——相应于荷载效应基本组合时的冲切力设计值，取柱轴心荷载设计值减去冲切破坏锥体范围内的基底净反力(图2.32)；

u_m——临界截面的周长，取距离柱周边 $h_0/2$ 处板垂直截面的最不利周长；

其余符号与式(2-55)相同。

② 受剪承载力验算。由于基础高度较大，无须配置受剪钢筋。验算公式为：

$$V \leqslant 0.7\beta_h f_t b h_0 \tag{2-59}$$

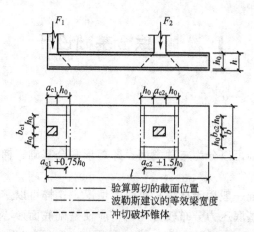

图 2.32　矩形联合基础的抗剪切、抗冲切和横向配筋计算

式中　V——验算截面处相应于荷载效应基本组合时的剪力设计值，验算截面按宽度可取在冲切破坏锥体底面边缘处(图 2.32)；

β_h——截面高度影响系数 $[\beta_h = (800/h_0)^{1/4}$，当 $h_0 < 800\text{mm}$ 时，取 $h_0 = 800\text{mm}$；当 $h_0 > 2000\text{mm}$ 时，取 $h_0 = 2000\text{mm}]$；

b——基础底面宽度。

其余符号意义同前。

(6) 按弯矩图中的最大正负弯矩进行纵向配筋计算。

(7) 按等效梁概念进行横向配筋计算。

由于矩形联合基础为一等厚度的平板，其在两柱间的受力方式如同一块单向板，而在靠近柱位的区段，基础的横向刚度很大。因此，根据约瑟夫·E·波勒斯(Bowles)的建议，认为可在柱边以外各取等于 $0.75h_0$ 的宽度(图 2.32)与柱宽合计作为"等效梁"的宽度。基础的横向受力钢筋按横向等效梁的柱边截面弯矩计算并配置于该截面内，等效梁以外区段按构造要求配置。各横向等效梁底面的基底净反力以相应等效梁上的柱荷载计算。

【例 2.8】　设计图 2.33 所示的二柱矩形联合基础。图中柱荷载为相应于荷载效应基本组合时的设计值。基础材料是：C20 混凝土，HRB335 级钢筋。已知柱 1、柱 2 截面均为 $300\text{mm} \times 300\text{mm}$，要求基础左端与柱 1 侧面对齐。已确定基础埋深为 1.20m，地基承载力特征值为 $f_a = 140\text{kPa}$。

【解】　(1) 计算基底形心位置及基础长度。

对柱 1 的中心取矩，由 $\sum M_1 = 0$，得：

$$x_0 = \frac{F_2 l_1 + M_2 - M_1}{F_1 + F_2} = \frac{340 \times 3.0 + 10 - 45}{340 + 240} = 1.70\text{m}$$

$$l = 2(0.15 + x_0) = 2 \times (0.15 + 1.70) = 3.7\text{m}$$

(2) 计算基础底面宽度(荷载采用荷载效应标准组合)。

柱荷载标准组合值可近似取基本组合值除以 1.35，于是：

$$b = \frac{F_{k1} + F_{k2}}{l(f_a - \gamma_G d)} = \frac{(240 + 340)/1.35}{3.7 \times (140 - 20 \times 1.2)} = 1.0\text{m}$$

(3) 计算基础内力净反力设计值。

$$p_{\mathrm{j}} = \frac{F_1 + F_2}{lb}$$

$$= \frac{(240 + 340)}{3.7 \times 1} = 156.8\text{kPa}$$

$$bp_{\mathrm{j}} = 156.8\text{kN} \cdot \text{m}$$

由剪力和弯矩的计算结果绘出 V、M 图（图 2.33）。

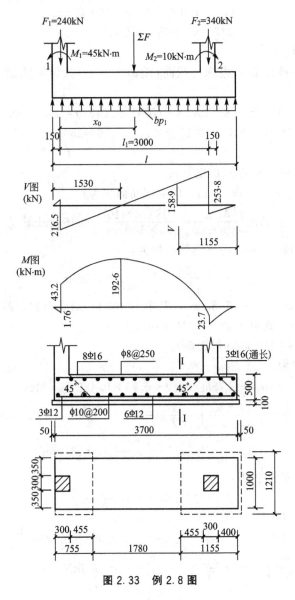

图 2.33　例 2.8 图

（4）基础高度计算。

取 $h = l_1/6 = 3000/6 = 500\text{mm}$，$h_0 = 455\text{mm}$。

① 受冲切承载力验算。

由图 2.33 中的柱冲切破坏锥体形状可知，两柱均为一面冲切，经比较，取柱 2 进行验算。

$$F_l = 340 - 156.8 \times 1.155 = 158.9 \text{kN}$$

$$u_m = \frac{1}{2}(b_{c2} + b)$$

$$= \frac{1}{2}(0.3 + 1.0) = 0.65 \text{m}$$

$$0.7\beta_{hp} f_t u_m h_0$$

$$= 0.7 \times 1.0 \times 1100 \times 0.65 \times 0.455$$

$$= 227.7 \text{kN} > F_l \quad (\text{可以})$$

② 受剪承载力验算。

取柱 2 冲切破坏锥体底面边缘处截面(截面 I—I)为计算截面,该截面的剪力设计值为:

$$V = 253.8 - 156.8 \times (0.15 + 0.455) = 158.9 \text{kN}$$

$$0.7\beta_h f_t b h_0 = 0.7 \times 1.0 \times 1100 \times 1 \times 0.455 = 350.1 \text{kN} > V \quad (\text{可以})$$

(5)配筋计算。

① 纵向配筋(采用 HRB335 级钢筋)。

柱间负弯矩 $M_{max} = 192.6 \text{kN} \cdot \text{m}$,所需钢筋面积为:

$$A_s = \frac{M_{max}}{0.9 f_y h_0} = \frac{192.6 \times 10^6}{0.9 \times 300 \times 455} = 1568 \text{mm}^2$$

最大正弯矩 $M = 23.7 \text{kN} \cdot \text{m}$,所需钢筋面积为:

$$A_s = \frac{23.7 \times 10^6}{0.9 \times 300 \times 455} = 193 \text{mm}^2$$

基础顶面配 8 ⌀ 16 [$A_s = 1608 \text{mm}^2$,其中 1/3(3 根)通常布置;基础底面(柱 2 下方)配 6 ⌀ 12($A_s = 678 \text{mm}^2$),其中 1/2(3 根)通长布置]。

② 横向钢筋(采用 HPB300 级钢筋)。

柱 1 处等效梁宽为:

$$a_{c1} + 0.75h_0 = 0.3 + 0.75 \times 0.455 = 0.64 \text{m}$$

$$M = \frac{1}{2} \times \frac{F_1}{b}\left(\frac{b - b_{c1}}{2}\right)^2 = \frac{1}{2} \times \frac{240}{1} \times \left(\frac{1 - 0.3}{2}\right)^2 = 14.7 \text{kN} \cdot \text{m}$$

$$A_s = \frac{14.7 \times 10^6}{0.9 \times 270 \times (455 - 12)} = 137 \text{mm}^2$$

折成每米板宽内的配筋面积为:

$$137/0.64 = 214 \text{mm}^2/\text{m}$$

柱 2 处等效梁宽为:

$$a_{c2} + 1.5h_0 = 0.3 + 1.5 \times 0.455 = 0.98 \text{m}$$

$$M = \frac{1}{2} \times \frac{F_2}{b}\left(\frac{b - b_{c2}}{2}\right)^2 = \frac{1}{2} \times \frac{340}{1} \times \left(\frac{1 - 0.3}{2}\right)^2 = 20.8 \text{kN} \cdot \text{m}$$

$$A_s = \frac{20.8 \times 10^6}{0.9 \times 270 \times (455 - 12)} = 193 \text{mm}^2$$

折成每米板宽内的配筋面积为:

$$193/0.98 = 197 \text{mm}^2/\text{m}$$

由于等效梁的计算配筋面积均很小,现沿基础全长均按构造要求配 ⌀ 10 @200($A_s = 393 \text{mm}^2/\text{m}$),基础顶面配横向构造钢筋 ⌀ 8@250。

2.6.3 梯形联合基础

当建筑界限靠近荷载较小的柱一侧时，采用矩形联合基础是合适的。对于荷载较大的柱一侧的空间受到约束的情况（图 2.34），如仍采用矩形基础，则基底形心无法与荷载重心重合。为使基底压力分布均匀，这是只能采用梯形基础。

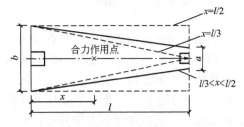

图 2.34 采用梯形联合基础的情况

从图 2.34 可以看出，梯形基础的适用范围是 $l/3 < x < l/2$。当 $x = l/2$ 时，梯形基础转化为矩形基础。

根据梯形面积形心与荷载重心重合的条件，可得：

$$x = \frac{l}{3} \cdot \frac{2a+b}{a+b} \tag{2-60}$$

又由地基承载力条件，有：

$$A = \frac{F_{k1} + F_{k2}}{f_a - \gamma_G d + \gamma_w h_w} \tag{2-61}$$

其中

$$A = \frac{a+b}{2} l \tag{2-62}$$

联立求解上述三式，即可求得 a 和 b。然后可参照矩形基础的计算方法进行内力分析和设计，但需注意基础宽度沿纵向是变化的，因此纵向线性净反力为梯形分布。在选取受剪承载力验算截面和纵向配筋计算截面时均应考虑板宽的变化（此时内力最大的截面不一定是最不利的截面）。等效梁沿横向的长度可取该段的平均长度。

与偏心受压的矩形基础相比，梯形基础虽然施工较为不便，但其基底面积较小，造价低，且沉降更为均匀。

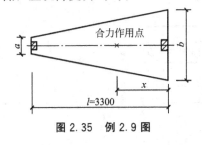

图 2.35 例 2.9 图

【例 2.9】 在例 2.9 中，若基础右端只能与柱边缘平齐（图 2.35），试确定梯形联合基础的底面尺寸。

【解】 由题意及例 2.8 的计算结果，可得：

$$l = l_1 + 0.3 = 3 + 0.3 = 3.3\text{m}$$
$$x = l - x_0 - 0.15 = 3.3 - 1.7 - 0.15 = 1.45\text{m}$$

因为 $l/3 < x < l/2$，所以采用梯形基础是合适的。

由式（2-61）和式（2-62），得：

$$\frac{a+b}{2} l = \frac{F_{k1} + F_{k2}}{f_a - \gamma_G d}$$

$$a+b = \frac{2(F_{k1} + F_{k2})}{l(f_a - \gamma_G d)}$$

$$= \frac{2 \times (240 + 340)/1.35}{3.3 \times (140 - 20 \times 1.2)} = 2.24\text{m}$$

又由式（2-60），有：

$$\frac{2a+b}{a+b}=\frac{3x}{l}=\frac{3\times1.45}{3.3}=1.32\text{m}$$

联解上述二式，求得 $a=0.72$m，$b=1.52$m。

2.6.4 连梁式联合基础

如果两柱间的距离较大，联合基础就不宜采用矩形或梯形基础。因为随着柱距的增加，跨中的基底净反力会使跨中负弯矩急剧增大。此时采用连梁式联合基础是合适的，由于连梁的底面不着地，基底反力仅作用于两柱下的扩展基础，因而连梁中的弯矩较小。连梁的作用在于把偏心产生的弯矩传递给另一侧的柱基础，从而使分开的两基础都获得均匀的基底反力。当地基承载力较低时，两边的扩展基础可能会因面积的增加而靠得很近，这时可按第 3 章所述的柱下条形基础进行设计。

设计连梁式联合基础应注意的 3 个基本要点为：

(1) 连梁必须为刚性，梁宽不应小于最小柱宽。

(2) 两基础的底面尺寸应满足地基承载力计算的要求，并避免不均匀沉降过大。

(3) 连梁底面不应着地，以免造成计算困难。连梁自重在设计中通常可忽略不计。

下面通过例 2.10 来说明连梁式联合基础的设计步骤。

【例 2.10】 在图 2.36 所示的连梁式联合基础中，两柱截面均为 $400\text{mm}\times400\text{mm}$，相应于荷载效应基本组合的柱荷载设计值 $F_1=890$kN，$F_2=1380$kN，柱距 6m，柱 1 基础允许挑出柱边缘 0.2m。已知基础埋深 $d=1.5$m，地基承载力特征值 $f_a=180$kPa，试确定基础底面尺寸，并画出连梁内力图。

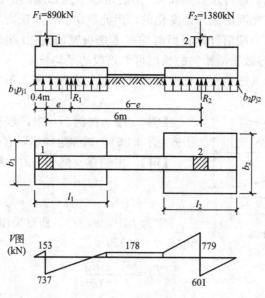

图 2.36 例 2.10 图

【解】 (1) 根据静力平衡条件求基底净反力合力 R_1 和 R_2。

初取 $e=1.0$m，对柱 2 取矩，由 $\sum M=0$，得：

$$F_1\times6-R_1\times(6-e)=0$$

$$R_1 = \frac{F_1 \times 6}{6-e} = \frac{890 \times 6}{6-1} = 1068 \text{kN}$$

$$R_2 = F_1 + F_2 - R_1 = 890 + 1380 - 1068 = 1202 \text{kN}$$

（2）确定基础底面尺寸（荷载用标准组合值）。

基础1

$$l_1 = 2 \times (0.4 + e) = 2 \times (0.4 + 1) = 2.8 \text{m}$$

$$b_1 = \frac{R_1}{l_1(f_a - \gamma_G d)} = \frac{1068/1.35}{2.8 \times (180 - 20 \times 1.5)} = 1.89 \text{m}$$

基础2

$$b_2 = l_2 = \sqrt{\frac{R_2}{f_a - \gamma_G d}} = \sqrt{\frac{1202/1.35}{180 - 20 \times 1.5}} = 2.44 \text{m}$$

（3）计算两基础的线性净反力。

$$b_1 p_{j1} = R_1/l_1 = 1068/2.8 = 381.4 \text{kN/m}$$

$$b_2 p_{j2} = R_2/l_2 = 1202/2.44 = 492.6 \text{kN/m}$$

（4）绘制连梁的剪力图和弯矩图，如图 2.36 所示。

扩展基础的设计可参照墙下条形基础进行。

在例 2.10 中，基础的尺寸没有唯一解，它取决于设计者所任意选定的 e 值。增大 e 值可以减小 b_1，但连梁内力会随之增大很多。

2.7 减轻不均匀沉降危害的措施

在实际工程中，由于地基软弱，土层薄厚变化大，或在水平方向软硬不一，或建筑物荷载相差悬殊等原因，使地基产生过量的不均匀沉降，使建筑物倾斜，墙体、楼地面开裂的事故屡见不鲜。因此，如何采取有效措施，防止或减轻不均匀沉降造成的危害，是设计中必须认真考虑的问题。

解决这一问题的具体的措施：①采用柱下条形基础、筏板基础和箱形基础等刚度大的基础，以减少地基的不均匀沉降；②采用桩基等深基础，以减少建筑物沉降量，不均匀沉降相应减少；③对地基进行人工处理；④从地基、基础、上部结构共同作用的观点出发，在建筑、结构和施工方面采取措施以增强上部结构对不均匀沉降的适应能力。对于一般的中小型建筑物，应首先考虑在建筑、结构和施工方面采取减轻不均匀沉降危害的措施，必要时才采用其他的地基基础方案。

2.7.1 建筑措施

1. 建筑物的体型应力求简单

建筑物的体型指的是其在平面和立面上的轮廓形状。体型简单的建筑物，其整体刚度大，抵抗变形的能力强。因此。在满足使用要求的前提下，软弱地基上的建筑物应尽量采用简单的体型，如等高的"一"字形。

平面形状复杂的建筑物（如"L"、"T"、"H"形等）。在纵横单元交接处的基础密集，地基中附加应力相互重叠，导致建筑物转折处的沉降往往大于其他部位。尤其当一些枝生的"翼缘"尺度大时，建筑物的整体性差，各部分的刚度不对称，很容易因地基不均匀沉降而引起建筑物墙体开裂。图 2.37 是软土地基上一幢"L"形平面的建筑物开裂的实例。

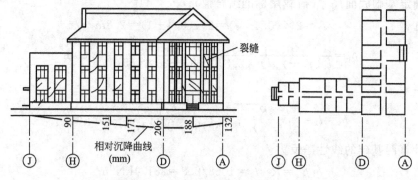

图 2.37　某"L"形建筑物一翼墙身开裂

建筑物高低（或轻重）变化太大，在高度突变的部位，常由于荷载轻重不一而产生过量的不均匀沉降。据调查，软土地基上紧接高差超过一层的砌体承重结构房屋，低者很容易开裂（图 2.38）。因此，地基软弱时，建筑物的紧接高差以不超过一层为宜。

2．控制建筑物的长高比及合理布置墙体

建筑物在平面上的长度和从基础底面起算的高度之比，称为建筑物的长高比。长高比大的砌体承重房屋，其整体刚度差，纵墙很容易因挠曲过度而开裂（图 2.39）。调查结果表明，当预估的最大沉降量超过 120mm 时，对三层和三层以上的房屋，长高比不宜大于 2.5。对于平面简单，内、外墙贯通，横墙间隔较小的房屋，长高比的控制可适当放宽，但一般不大于 3.0。不符合上述要求时，一般要设置沉降缝。

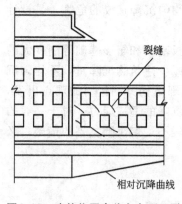

图 2.38　建筑物因高差太大而开裂

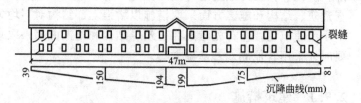

图 2.39　建筑物因长高比过大而开裂

合理布置纵、横墙，是增强砌体承重结构房屋整体刚度的重要措施之一。因此，当地基不良时，应尽量使内、外纵墙不转折或少转折，内横墙间距不宜过大，且与纵墙之间的连接应牢靠，必要时还应增强基础的刚度和强度。

3．设置沉降缝

当建筑物的体型复杂或长高比过大时，可以用沉降缝将建筑物（包括基础）分割成两个或多个独立的沉降单元。每个单元一般应体型简单、长高比小、结构类型相同以及地基比较均匀。这样的沉降单元具有较大的整体刚度，沉降比较均匀，一般不会再开裂。

为了使各沉降单元的沉降均匀，宜在建筑物的下列部位设置沉降缝：

（1）建筑物平面的转折处。

（2）建筑物高度或荷载有很大差别处。

（3）长高比不合要求的砌体承重结构以及钢筋混凝土框架结构的适当部位。

（4）地基土的压缩性有显著变化处。

（5）建筑结构或基础类型不同处。

（6）分期建造房屋的交界处。

（7）拟设置伸缩缝处（沉降缝可兼作伸缩缝）。

沉降缝的构造如图2.40所示。沉降缝两侧的地基基础设计和处理是一个难点。缝两侧基础常通过改变基础类型、交错布置或采取基础后退悬挑做法进行处理。为避免缝两侧的结构相向倾斜而相互挤压，沉降缝应有足够的宽度，沉降缝的宽度可参照表2-12确定，缝内一般不得填塞材料（寒冷地区需填松软材料）。若在地基土的压缩性明显不同或土层变化处，单纯设缝难以达到预期效果时，往往结合地基处理进行设缝。如图2.41所示沉降缝处双墙处理的一个实例图片。

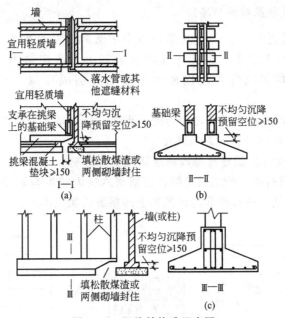

图2.40 沉降缝构造示意图

（a）、（b）适用于砌体结构房屋；（c）适用于框架结构房屋

表2-12 建筑物沉降缝宽度

建筑物层数	沉降缝宽度(mm)
2～3	50～80
4～5	80～120
5层以上	不小于120

注：当沉降缝两侧单元层数不同时，缝宽按层数大者取用。

图 2.41　沉降缝处双墙处理

沉降缝的造价颇高，且要增加建筑及结构处理上的困难，所以不宜轻率多用。

有防渗要求的地下室一般不宜设置沉降缝。因此，对于具有地下室和裙房的高层建筑，为减少高层部分与裙房间的不均匀沉降，常在施工时采用后浇带将两者断开，待两者间的后期沉降差能满足设计要求时再连接成整体。

4. 控制相邻建筑物基础间的净距

当两基础相邻过近时，由于地基附加应力扩散和叠加的影响，会使两基础的沉降比各自单独存在时增大很多。因此，在软弱地基上，两建筑物的距离太近时，相邻影响产生的附加不均匀沉降可能造成建筑物的开裂或互倾，这种相邻影响主要表现为：

(1) 同期建造的两相邻建筑物之间会彼此影响，特别是当两建筑物轻(低)重(高)差别较大时，轻(低)者受重(高)者的影响较大。

(2) 原有建筑物受邻近新建重型或高层建筑物的影响。

如图 2.42 所示原有的一幢二层房屋，在新建六层大楼影响下开裂的实例。如图 2.43 所示由于沉降相互影响，两栋相邻的建筑物上部接触的实例图片。

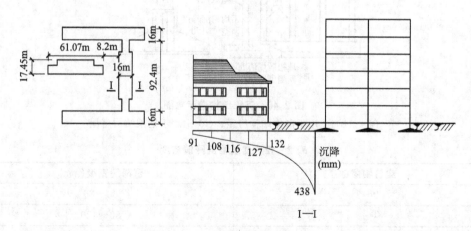

图 2.42　相邻建筑物影响实例

图 2.43 相邻建筑物受沉降影响上部接触

相邻建筑物基础之间所需的净距,可按表2-13选用。从该表中可见,决定基础间净距的主要指标是受影响建筑(被影响者)的刚度(用长高比来衡量)和建筑(产生影响者)的预估平均沉降量,后者综合反映了地基的压缩性、建筑的规模和自重等因素的影响。

表 2-13 相邻建筑物基础间的净距(m)

影响建筑的预估平均沉降量 s(mm)	受影响建筑的长高比	
	$2.0 \leqslant L/H_f < 3.0$	$3.0 \leqslant L/H_f < 5.0$
70~150	2~3	3~6
160~250	3~6	6~9
260~400	6~9	9~12
>400	9~12	≥12

注:① 表中 L 为房屋长度或沉降缝分隔的单元长度(m);H_f 为自基础底面算起的房屋高度(m)。
② 当受影响建筑的长高比 $1.5 < L/H_f < 2.0$ 时,净距可适当缩小。

相邻高耸结构(或对倾斜要求严格的构筑物)的外墙间隔距离,可根据倾斜允许值计算确定。

5. 调整某些设计标高

建筑物的沉降过大时,改变建筑物原有的标高,将可能引起管道破损、雨水倒漏、设备运行受阻等情况,影响建筑物的正常使用,这时可采取下列措施进行调整:

(1) 根据预估的沉降量,适当提高室内地坪或地下设施的标高;

(2) 建筑物各部分(或设备之间)有联系时,可将沉降较大者的标高适当提高;

(3) 在建筑物与设备之间,应留有足够的净空;

(4) 有管道穿过建筑物时,应预留足够尺寸的孔洞,或采用柔性管道接头等。

2.7.2 结构措施

1. 减轻建筑物的自重

建筑物的自重(包括基础及上覆土重)在基底压力中所占的比例很大,据估计,工业建筑为 1/2 左右，民用建筑可达 3/5 以上。因此，减轻建筑物自重可以有效地减少地基沉降量。具体的措施有：

(1) 减少墙体的重量。如采用空心砌块、多孔砖或其他轻质墙体材料。

(2) 选用轻型结构。如采用预应力混凝土结构、轻钢结构及各种轻型空间结构。

(3) 减少基础及其上回填土的重量。可以选用覆土少、自重轻的基础形式，如采用补偿性基础、可浅埋的配筋扩展基础。如果室内地坪较高，可以采用架空地板减少室内回填土厚度。

2. 设置圈梁

圈梁的作用在于提高砌体结构抵抗弯曲的能力，即增强建筑物的抗弯刚度。它是防止砖墙出现裂缝和阻止裂缝开展的一项有效措施。当建筑物产生碟形沉降时，墙体产生正向挠曲，下层的圈梁将起作用；反之，墙体产生反向挠曲时，上层的圈梁则起作用，故通常在房屋的上、下方都设置圈梁。

圈梁截面、配筋以及平面布置等，可结合建筑抗震设计规范要求进行。多层房屋宜在基础面附近和顶层门窗顶处各设置一道，其他各层可隔层设置；当地基软弱，或建筑体型较复杂，荷载差异较大时，可层层设置。对于单层工业厂房及仓库，可结合基础梁、联系梁、过梁等酌情设置。

圈梁必须与砌体结合成整体，每道圈梁应尽量贯通全部外墙、承重内纵墙及主要内横墙，即在平面上形成封闭系统。当没法连通（如某些楼梯间的窗洞处）时，如图 2.44 所示要求利用搭接圈梁进行搭接。如果墙体因开洞过大而受到严重削弱，且地基又很软弱时，还可考虑在削弱部位适当配筋，或利用钢筋混凝土边框加强。

圈梁有两种，一种是钢筋混凝土圈梁 [图 2.45(a)]。梁宽一般同墙厚，梁高不应小于 120mm，混凝土强度等级宜采用 C20，纵向钢筋不宜少于 $4\phi10$，绑扎接头的搭接长度按受力钢筋考虑，箍筋间距不宜大于 300mm。兼作跨度较大的门窗过梁时，按过梁计算另加钢筋。另一种是钢筋砖圈梁 [图 2.45(b)]，即在水平灰缝内夹筋形成钢筋砖带，高度为 4～6 皮砖。用 M5 砂浆砌筑，水平通长钢筋不宜少于 $6\phi6$，水平间距不宜大于 120mm，分上、下两层设置。

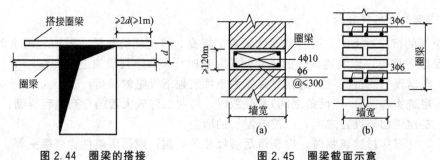

图 2.44　圈梁的搭接　　　　图 2.45　圈梁截面示意
（a）钢筋混凝土圈梁；（b）钢筋砖圈梁

3. 设置基础梁（地梁）

钢筋混凝土框架结构对不均匀沉降很敏感，很小的沉降差异就足以引起可观的附加应力。对于采用单独柱基础的框架结构，在基础间设置基础梁（图 2.46）是加大结构刚度、减少不均匀沉降的有效措施之一。基础梁的设置常带有一定的经验性（仅起承墙作用时例外)，其底面一般置于基础表面(或略高些)，过高则作用下降，过低则施工不便。基础梁的截面高度可取柱距的 $1/14\sim1/8$，上下均匀通长配筋，每侧配筋率为 $0.4\%\sim1.0\%$。

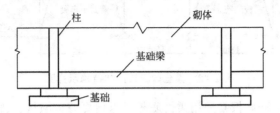

图 2.46　支承围护墙的基础梁

4. 减小或调整基底附加压力

(1) 设置地下室(或半地下室)。采用补偿性基础设计方法，以挖除的土重抵消部分甚至全部的建筑物自重，达到减小基底附加压力和沉降的目的。地下室(或半地下室)还可只设置于建筑物荷载特别大的部位，通过这种方法可以使建筑物各部分的沉降趋于均匀。

(2) 调整基底尺寸。一般来说，加大基础的底面积可以减小沉降量。因此，为了减小沉降差异，可以将荷载大的基础的底面积适当加大。例如对于图 2.47(a)，可以加大墙下条形基础的宽度。但是，对于图 2.47(b)所示的情况，如果采用增大框架基础的尺寸来减小与廊柱基础之间的沉降差，显然并不经济合理。通常的解决办法是：将门廊与主体建筑分离，或取消廊柱(也可另设装饰柱)改用飘檐等。

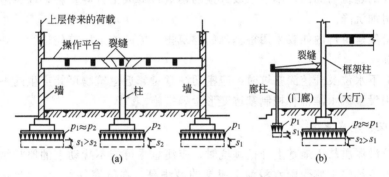

图 2.47　基础尺寸不妥当引起的损坏

(a) 墙基础与柱基础；(b) 框架柱基础与廊柱基础

5. 采用对不均匀沉降欠敏感的结构形式

砌体承重结构、钢筋混凝土框架结构对不均匀沉降很敏感，而排架、三铰拱(架)等铰接结构则对不均匀沉降有很大的顺从性，支座发生相对位移时不会引起很大的附加应力，故可以避免不均匀沉降的危害。铰接结构的这类结构形式通常只适用于单层的工业厂房、仓库和某些公共建筑。必须注意的是，严重的不均匀沉降仍会对这类结构的屋盖系统、围护结构、吊车梁及各种纵、横联系构件造成损害，因此应采取相应的防范措施，例如避免用连续吊车梁及刚性屋面防水层，墙面加设圈梁等。

如图 2.48 所示建造在软土地基上的某仓库所用的三铰门架结构，其使用效果良好。

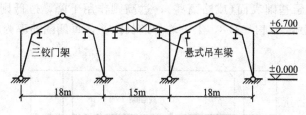

图 2.48　某仓库三铰门架结构示意图

油罐、水池等的基础底板常采用柔性底板，以便更好地顺从、适应不均匀沉降。

2.7.3　施工措施

在软弱地基上进行工程建设时，采用合理的施工顺序和施工方法至关重要，这是减小或调整不均匀沉降的有效措施之一。

1. 遵照先重(高)后轻(低)的施工顺序

当拟建的相邻建筑物之间轻重、高低悬殊时，一般应按照先重后轻，先高后低的程序进行施工，必要时还应在重的建筑物竣工后间歇一段时间，再建造轻的邻近建筑物。如果重的主体建筑物与轻的附属部分相连时，也应按上述原则处理。

2. 注意堆载、沉桩和降水等对邻近建筑物的影响

在已建成的建筑物周围，不宜堆放大量的建筑材料或土方等重物，以免地面荷载引起建筑物产生附加沉降。

拟建的密集建筑群内如有采用桩基础的建筑物，桩的施工应首先进行，并应注意采用合理的沉桩顺序。

在降低地下水位及开挖深基坑时，应密切注意对邻近建筑物可能产生的不利影响，必要时可以采用设置截水帷幕、控制基坑变形量等措施。

3. 注意保护坑底土体

在淤泥及淤泥质软土地基上开挖基坑时，应注意尽可能不扰动土的原状结构。在雨期施工时，要避免坑底土体受雨水浸泡。通常的做法是：在坑底保留大约 200mm 厚的原土层，待施工混凝土垫层时才用人工临时挖除。如发现坑底软土被扰动，可挖去扰动部分，用砂、碎石(砖)等回填处理。

本 章 小 结

浅基础是建筑工程中最常用的基础形式，可分为无筋扩展基础与钢筋混凝土扩展基础。无筋扩展基础的特点是稳定性好、施工简便，而其主要缺点是因受到刚性角的限制而使基础高度较大、材料用量较多，故一般适于 6 层和 6 层以下的民用建筑和砌体承重的厂房以及荷载较小的桥梁基础。钢筋混凝土扩展基础构造简单、抗弯和抗剪性能良好，适宜于需要"宽基浅埋"的情况。

确定基础埋深是地基基础设计中的重要步骤，必须综合考虑与建筑物有关的条件，如工程地质条件、水文地质条件、相邻建筑物基础埋深的影响以及地基土的冻融条件等影响因素。地基承载力是指地基土单位面积上承受荷载的能力。在保证地基稳定的条件下，使建筑物的沉降量不超过允许值的地基承载力称为地基承载力特征值。确定地基承载力特征值的方法主要有按土的抗剪强度指标确定、按地基载荷试验确定、按规范承载力表确定和按建筑经验确定，其中静载荷试验仍然是确定地基承载力最可靠的方法。

基础底面尺寸首先要满足地基承载力要求，地基承载力的要求包括持力层承载力要求和软弱下卧层承载力要求。验算时注意采用正常使用极限状态下荷载效应标准组合所对应的荷载。墙下钢筋混凝土条形基础和柱下钢筋混凝土独立基础的结构设计包括基础的配筋计算和对基础高度的验算。计算和验算时注意采用承载能力极限状态下荷载效应的基本组合所对应的荷载。

习　　题

1. 简答题

(1) 天然地基浅基础有哪些类型？各有什么特点？各适用于什么条件？

(2) 何谓基础的埋置深度？影响基础埋深的因素有哪些？

(3) 确定地基承载力的方法有哪些？地基承载力的深、宽修正系数与哪些因素有关？

(4) 什么是刚性基础？它与钢筋混凝土基础有何区别？它的适用条件是什么？它在构造上有何要求？台阶允许宽高比的限值与哪些因素有关？

(5) 钢筋混凝土柱下独立基础、墙下条件基础构造上有何要求？各自的适用条件是什么？如何计算？

(6) 为什么要进行地基变形验算？地基变形特征有哪些？

(7) 如何进行地基的稳定性验算？

(8) 减轻建筑物不均匀沉降危害的措施有哪些？

2. 选择题

(1) 除岩石地基外，基础的埋深一般不宜小于(　　　)。

A. 0.4m　　　　　B. 0.5m　　　　　C. 1.0m　　　　　D. 1.5m

(2) 按地基承载力确定基础底面积时，传至基础底面上的荷载效应(　　　)。

A. 应按正常使用极限状态下荷载效应的标准组合

B. 应按正常使用极限状态下荷载效应的准永久组合

C. 应按承载能力极限状态下荷载效应的基本组合，采用相应的分项系数

D. 应按承载能力极限状态下荷载效应的基本组合，但其分项系数均为 1.0

(3) 地基土的承载力特征值由(　　　)确定。

A. 室内压缩试验　　　　　　　　B. 原位载荷试验

C. 土的颗粒分析试验　　　　　　D. 相对密度试验

(4) 对于框架结构，地基变形一般由(　　　)控制。

A. 沉降量　　　　B. 沉降差　　　　C. 倾斜　　　　D. 局部倾斜

(5)（　　）不存在冻胀问题。

A. 粗粒土　　　　　B. 细粒土　　　　　C. 黏性土　　　　　D. 粉土

(6) 计算地基变形时，施加于地基表面的压力应采用（　　）。

A. 基底压力　　　B. 基底反力　　　C. 基底附加压力　　D. 基底净反力

(7) 计算基础内力时，基底的反力应取（　　）。

A. 基底反力　　　B. 基底附加压力　　C. 基底净反力　　D. 地基附加应力

(8) 对软弱下卧层承载力进行修正时，（　　）。

A. 仅需作宽度修正

B. 仅需作深度修正

C. 需作宽度和深度修正

D. 仅当基础宽度大于 3m 时才需作宽度修正

(9) 在进行软弱下卧层地基承载力特征值的修正计算时，埋深 d 通常取（　　）。

A. 室外地面至基底　　　　　　　　B. 基底至下卧层顶面

C. 室外地面至下卧层顶面　　　　　D. 室外地面至下卧层底面

(10) 墙下钢筋混凝土条形基础的高度是由（　　）确定的。

A. 受冲切承载力　B. 受弯承载力　　C. 受剪切承载力　　D. 受压承载力

(11) 柱下钢筋混凝土独立基础的高度是由（　　）确定的。

A. 受冲切承载力　B. 受弯承载力　　C. 受剪切承载力　　D. 受压承载力

(12) 下列措施中，（　　）不属于减轻不均匀沉降危害的措施。

A. 建筑物的体型应力求简单　　　　B. 相邻建筑物之间应有一定距离

C. 设置沉降缝　　　　　　　　　　D. 设置伸缩缝

3. 计算题

(1) 某建筑物场地地表以下依次为：(1)中砂，厚 2.0m，潜水面在地表下 1m 处，饱和重度 $\gamma_{sat}=20kN/m^3$；(2)黏土隔土层，厚 2.0m，重度 $\gamma=19kN/m^3$；粗砂，含承压水，承压水位高出地表 2.0m（取 $\gamma_w=10kN/m^3$）。问基坑开挖深达 1m 时，坑底有无隆起的危险？若基础埋深 $d=1.5m$，施工时除将中砂层内地下水位降到坑底外，还须设法将粗砂层中的承压水位降低多少才行？

(2) 某条形基础底宽 $b=1.8m$，埋深 $d=1.2m$，地基土为黏土，内摩擦角标准值 $\varphi_k=20°$，黏聚力标准值 $c_k=12kPa$，地下水位与基底平齐，土的有效重度 $\gamma'=10kN/m^3$，基底以上土的重度 $\gamma_m=18.3kN/m^3$。试确定地基承载力特征值 f_a。

(3) 某基础宽度为 2m，埋深为 1m。地基土为中砂，其重度为 $18kN/m^3$，标准贯入试验锤击数 $N=21$。试确定地基承载力特征值 f_a。

(4) 某承重墙厚 240mm，作用于地面标高处的荷载 $F_k=180kN/m$，拟采用砖基础，埋深为 1.2m。地基土为粉质黏土，$\gamma=18kN/m^3$，$e_0=0.9$，$f_{ak}=170kPa$。试确定砖基础的底面宽度，并按两皮一收砌法画出基础剖面示意图。

(5) 某柱基础承受的轴心荷载 $F_k=1.05MN$，基础埋深为 1m，地基土为中砂，$\gamma=18kN/m^3$，$f_{ak}=280kPa$。试确定该基础的底面边长。

(6) 如图 2.49 所示柱下独立基础的底面尺寸为 $3m\times4.8m$，持力层为黏土，$f_{ak}=155kPa$，下卧层为淤泥，$f_{ak}=60kPa$，地下水位在天然地面下 1m 深处，荷载标准值及其他有关数据如图所示。试分别按持力层和软弱下卧层承载力验算该基础底面尺寸是否合适。

(7) 某承重砖墙厚 240mm，传至条形基础顶面处的轴心荷载 $F_k = 150kN/m$。该处土层自地表起依次分布如下：第一层为粉质黏土，厚度 2.2m，$\gamma = 17kN/m^3$，$e = 0.91$，$f_{ak} = 130kPa$，$E_{s1} = 8.1MPa$；第二层为淤泥质土，厚度 1.6m，$f_{ak} = 65kPa$，$E_{s2} = 2.6MPa$；第三层为中密中砂。地下水位在淤泥质土顶面处。建筑物对基础埋深没有特殊要求，且不必考虑土的冻胀问题。①确定基础的底面宽度（须进行软弱下卧层验算）；②设计基础截面并配筋（可近似取荷载效应基本组合为标准组合值的 1.35 倍）。

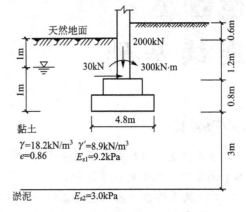

图 2.49　计算题(6)图

(8) 一钢筋混凝土内柱截面尺寸为 300mm×300mm，作用在基础顶面的轴心荷载 $F_k = 400kN$。自地表起的土层情况为：素填土，松散，厚度 1.0m，$\gamma = 16.4kN/m^3$；细砂，厚度 2.6m，$\gamma = 18kN/m^3$，$\gamma_{sat} = 20kN/m^3$，标准贯入试验锤击数 $N = 10$；黏土，硬塑，厚度较大。地下水位在地表下 1.6m 处。试确定扩展基础的底面尺寸并设计基础截面及配筋。

(9) 同(8)题，但基础底面形心处还作用有弯矩 $M_k = 110kN \cdot m$。取基底长宽比为 1.5，试确定基础底面尺寸并设计基础截面及配筋。

(10) 如图 2.50 所示为双柱联合基础，基础两端与柱边平齐，基础埋深 1m，地基承载力特征值 $f_a = 239kPa$，图中柱荷载为荷载效应基本组合值。①按图 2.50(b)所示矩形联合基础设计，求基础宽度 b；②按图 2.50(c)所示矩形联合基础设计，求基础两端的宽度 a 和 b；③按图 2.50(d)所示连梁式联合基础设计，求基础 1、2 的底面尺寸及连梁的弯矩。（提示：可取基础 1 的净反力 R_1 等于柱 1 的荷载，即 $R_1 = 900kN$，且取 $b_1 = 1m$）

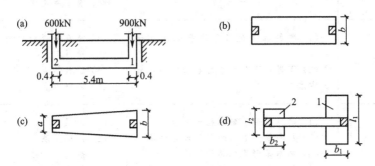

图 2.50　计算题(10)图

第3章
连续基础

主要讲述弹性地基上梁的基本分析方法、连续基础的简化计算方法及构造要求。通过本章的学习，应达到以下目标：

(1) 熟悉弹性地基上梁的基本分析方法；

(2) 掌握连续基础的简化计算方法及构造要求。

教学要求

知识要点	能力要求	相关知识
弹性地基上梁的基本分析	(1) 熟悉弹性地基上梁的挠曲微分方程 (2) 熟悉弹性地基上无限长梁的计算 (3) 熟悉弹性地基上半无限长梁的计算 (4) 熟悉弹性地基上有限长梁的计算 (5) 掌握梁的柔度指数的概念 (6) 了解基床系数的确定	(1) 无限长梁 (2) 半无限长梁 (3) 有限长梁 (4) 柔度指数 (5) 基床系数
柱下条形基础	(1) 熟悉柱下条形基础的构造要求 (2) 掌握柱下条形基础的简化计算方法	(1) 静定分析法 (2) 倒梁法 (3) 链杆法 (4) 有限单元法
柱下交叉条形基础	(1) 熟悉柱下交叉条形基础的构造要求 (2) 掌握柱下交叉条形基础的简化计算方法	(1) 节点荷载分配法 (2) 角柱节点 (3) 边柱节点 (4) 内柱节点
筏形基础与箱形基础	(1) 熟悉筏形基础的构造要求 (2) 熟悉筏形基础的简化计算方法 (3) 熟悉箱形基础的构造要求 (4) 熟悉箱形基础的简化计算方法	(1) 倒梁法 (2) 倒楼盖法 (3) 静定分析法 (4) 等代刚度法

基本概念

柔度特征值、柔度指数、基床系数、柱下条形基础、柱下交叉条形基础、筏形基础、箱形基础。

引例

　　当地基软弱、柱荷载或地基压缩性分布不均匀，以至于采用扩展基础可能产生较大的不均匀沉降时，常可采用连续基础。连续基础具有优良的结构特征、较大的承载能力等优点，适合作为各种地质条件复杂、建设规模大、层数多、结构复杂的建筑物基础。

　　如前所述，扩展基础一般采用常规分析法，而对于条形、筏形和箱形等规模较大、承受荷载较多和上部结构较复杂的基础，若采用上述简化分析而不考虑三者之间的相互协调变形作用，常会引起较大误差。连续基础一般可看成是地基上的受弯构件——梁或板。其挠曲特征、基底反力和截面内力分布都与地基、基础以及上部结构的相对刚度特征有关，故应从三者相互作用的角度出发，但是由于三者共同作用是一个极为复杂的研究课题，涉及因素众多，加上地基土自身材料特性极其复杂，还缺少一种理想的地基模型去确切地模拟。目前对连续基础的内力分析常采用简化计算方法，如柱下条形基础常采用静定分析法或倒梁法，柱下交叉条形基础常采用倒梁法或节点荷载分配法等。必须注意的是，在工程应用时，无论哪种连续基础，简化计算结果均应根据基础实际受力情况进行适当的调整，并应满足构造要求。

3.1 概　述

　　柱下条形基础、交叉条形基础、筏形基础和箱形基础统称为连续基础。与柱下独立基础相比，连续基础具有优良的结构特征、较大的承载能力等优点，适合作为各种地质条件复杂、建设规模大、层数多、结构复杂的建筑物基础。

　　连续基础将建筑物底部连成整体，加强了建筑物的整体刚度，通过基础与上部结构之间的协调变形，将上部结构的荷载较均衡地传递给地基，可有效地调整或减小由荷载差异和地基压缩层土体不均匀所造成的建筑物不均匀沉降，减小上部结构的次应力。该类基础一般埋深较大，可提高地基的承载力，增大基础抗水平滑动的稳定性，并可利用地基补偿作用减小基底附加应力，减小建筑物的沉降量。此外，筏形和箱形基础还可在建筑物下部构成较大的地下空间，提供安置设备和公共设施的合适场所。

　　但是，这类基础尤其是箱形基础，技术要求及造价较高，施工中需处理大基坑、深开挖所遇到的许多问题，箱形基础的地下空间利用不灵活，因此，选用时需根据具体条件通过技术经济及应用比较确定。

　　如前所述的刚性及扩展基础，因建筑物较小，结构较简单，计算分析中将上部结构、基础和地基简单地分割成彼此独立的三个组成部分，忽略其刚度的影响，分别进行设计和验算，三者之间仅满足静力平衡条件。这种设计方法称为常规设计。由此引起的误差一般不至于影响结构安全或增加工程造价，计算分析简单，工程界易于接受。而对于条形、筏形和箱形等规模较大、承受荷载较多和上部结构较复杂的基础，若采用上述简化分析，仅满足静力平衡条件而不考虑三者之间的相互协调变形作用，常会引起较大误差。由于这类基础在平面上一个或两个方向的尺度与其竖向截面相比较大，一般可看成是地基上的受弯构件——梁或板。其挠曲特征、基底反力和截面内力分布都与地基、基础以及上部结构的相对刚度特征有关，故应从三者相互作用的角度出发，采用适当的方法进行设计。

　　应该指出，上部结构、基础和地基共同作用是一个极为复杂的研究课题，尽管已取得较丰硕的成果，但是由于涉及的因素很多，尤其地基土是一种自然生成、自行堆积且随时间、随环境而极易变化的介质，其自身的材料特性极其复杂，目前尚缺少一种理想的地基模型去确切的模拟，因此考虑共同工作的分析结果与实测资料对比往往存在着不同程度的差异，有时误差还较大，这说明理论分析方法尚有待进一步完善。因此，有设计人员提出，设计这些基础宜以"构造为主，计算为辅"的原则，本章在介绍柱下条形基础、筏形基础、箱形基础设计计算的同时，也介绍了各种计算方法相适应的结构和构造要求，供设计时采用。

3.2 弹性地基上梁的分析

3.2.1 弹性地基上梁的挠曲微分方程及其解答

如上所述，完善的设计方法应是将上部结构、基础、地基三者作为一个整体，进行相互作用分析。本节仅考虑基础与地基的相互作用，将基础视为弹性地基上的梁，采用适当的地基模型进行分析，从而对基础的内力、变形特征及地基反力进行解答。进行弹性地基上梁的分析时，首先应选定地基模型，不论基于何种模型假设，也不论采用何种数学方法，都应满足以下两个基本条件：①计算前后基础底面与地基不出现脱开现象，即地基与基础之间的变形协调条件；②基础在外荷载和基底反力的作用下必须满足静力平衡。根据这两个基本条件可以列出解答问题所需的方程组，然后结合必要的边界条件求解，但是，由于数学计算的原因，大多数的方程组只有在简单的边界条件下才能获得其解析解，下面介绍文克勒地基上梁的解答。

1. 微分方程式

如图 3.1 所示为外荷作用下文克勒地基上等截面梁在位于梁主平面内的挠曲曲线及梁元素。梁底反力为 p，单位为 kPa，梁宽为 b，单位为 m；梁底反力沿长度方向的分布为 bp，单位为 kN/m；梁和地基的竖向位移为 ω，取微段梁元素 $\mathrm{d}x$ [图 3.1(b)]，其上作用分布荷载 q 和梁底反力 bp 及相邻截面作用的弯矩 M 和剪力 V，根据梁元素上竖向力的静力平衡条件可得

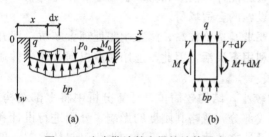

图 3.1 文克勒地基上梁的计算图式
(a) 梁的挠曲曲线；(b) 梁元素

$$\frac{\mathrm{d}V}{\mathrm{d}x} = bp - q \tag{3-1}$$

因 $V = \mathrm{d}M/\mathrm{d}x$，故上式可写成

$$\frac{\mathrm{d}^2 M}{\mathrm{d}x^2} = bp - q \tag{3-2}$$

利用材料力学公式 $EI(\mathrm{d}^2\omega/\mathrm{d}x^2) = -M$，将该式连续对 x 取两次导数后，代入式(3-2)可得

$$EI\frac{\mathrm{d}^4\omega}{\mathrm{d}x^4} = -\frac{\mathrm{d}^2 M}{\mathrm{d}x^2} = -bp + q$$

对于没有分布荷载作用($q=0$)的梁段，上式成为：

$$EI \frac{\mathrm{d}^4 \omega}{\mathrm{d}x^4} = -\frac{\mathrm{d}^2 M}{\mathrm{d}x^2} = -bp \qquad (3-3)$$

根据文克勒假设，$p=ks$，并根据接触条件——沿梁全长的地基沉降应与梁的挠度相等，即 $s=\omega$，从而可得：

$$EI \frac{\mathrm{d}^4 \omega}{\mathrm{d}x^4} = -bk\omega$$

或

$$\frac{\mathrm{d}^4 \omega}{\mathrm{d}x^4} + \frac{kb}{EI}\omega = 0 \qquad (3-4)$$

上式即为文克勒地基上梁的挠曲微分方程。

2. 微分方程解答

为了对式（3-4）求解，令 $\lambda = \sqrt[4]{kb/4EI}$，则式（3-4）可写为：

$$\frac{\mathrm{d}^4 \omega}{\mathrm{d}x^4} + 4\lambda^4 \omega = 0 \qquad (3-5)$$

上式为一常系数线性齐次方程，式中 λ 称为弹性地基梁的柔度特征值，λ 的量纲为 [长度$^{-1}$]，它的倒数 $1/\lambda$ 称为特征长度。λ 值与地基的基床系数和梁的抗弯刚度有关，λ 值越小，则基础的相对刚度越大。因此，λ 值是影响挠曲线形状的一个重要因素。

式（3-4）的通解为：

$$\omega = \mathrm{e}^{\lambda x}(C_1 \cos\lambda x + C_2 \sin\lambda x) + \mathrm{e}^{-\lambda x}(C_3 \cos\lambda x + C_4 \sin\lambda x) \qquad (3-6)$$

根据 $\mathrm{d}\omega/\mathrm{d}x = \theta$；$-EI(\mathrm{d}^2\omega/\mathrm{d}x^2) = M$；$-EI(\mathrm{d}^3\omega/\mathrm{d}x^3) = V$，由式（3-6）可得梁的角变位 θ、弯矩 M 和剪力 V。式中待定的积分常数 C_1、C_2、C_3 和 C_4 的数值，在挠曲曲线及其各阶导数是连续的梁段中是不变的，可由荷载情况及边界条件确定。

3.2.2 弹性地基上梁的计算

1. 集中荷载下的无限长梁

图 3.2(a) 为一无限长梁受集中荷载 F_0 作用，F_0 的作用点为坐标原点 O，假定梁两侧对称，其边界条件为：

（1）当 $x \to \infty$ 时，$\omega = 0$；

（2）当 $x = 0$ 时，因荷载和地基反力关于原点对称，故该点挠曲线斜率为零，即 $\mathrm{d}\omega/\mathrm{d}x = 0$；

（3）当 $x = 0$ 时，在 O 点处紧靠 F_0 的右边，作用于梁右半部截面上的剪力应等于地基总反力之半，并指向下方，即 $V = -EI(\mathrm{d}^3\omega/\mathrm{d}x^3) = -F_0/2$。

由边界条件（1）得：$C_1 = C_2 = 0$。则对梁的右半部有

$$\omega = \mathrm{e}^{-\lambda x}(C_3 \cos\lambda x + C_4 \sin\lambda x) \qquad (3-7)$$

由边界条件（2）得：$C_3 = C_4 = C$，再根据边界条件（3），可得 $C = F_0\lambda/2kb$ 即

$$\omega = \frac{F_0\lambda}{2kb}\mathrm{e}^{-\lambda x}(\cos\lambda x + \sin\lambda x) \qquad (3-8)$$

再对式（3-8）分别求导可得梁的截面转角 $\theta = \mathrm{d}\omega/\mathrm{d}x$、弯矩 $M = -EI(\mathrm{d}^2\omega/\mathrm{d}x^2)$ 和剪力 $V =$

$-EI(\mathrm{d}^3\omega/\mathrm{d}x^3)$。将所得公式归纳如下：

$$\omega=\frac{P_0\lambda}{2K}\mathrm{e}^{-\lambda x}(\cos\lambda x+\sin\lambda x)=\frac{F_0\lambda}{2kb}A_x \tag{3-9a}$$

$$\theta=-\frac{P_0\lambda^2}{K}\mathrm{e}^{-\lambda x}\sin\lambda x=-\frac{F_0\lambda^2}{kb}B_x \tag{3-9b}$$

$$M=\frac{F_0}{4\lambda}\mathrm{e}^{-\lambda x}(\cos\lambda x-\sin\lambda x)=\frac{F_0}{4\lambda}C_x \tag{3-9c}$$

$$V=-\frac{F_0}{2}\mathrm{e}^{-\lambda x}\cos\lambda x=-\frac{F_0}{2}D_x \tag{3-9d}$$

其中

$$\left.\begin{array}{l}A_x=\mathrm{e}^{-\lambda x}(\cos\lambda x+\sin\lambda x),\quad B_x=\mathrm{e}^{-\lambda x}\sin\lambda x\\ C_x=\mathrm{e}^{-\lambda x}(\cos\lambda x-\sin\lambda x),\quad D_x=\mathrm{e}^{-\lambda x}\cos\lambda x\end{array}\right\} \tag{3-10}$$

A_x、B_x、C_x 和 D_x 均为 λx 的函数，其值也可由表 3-1 查得。

表 3-1 A_x、B_x、C_x、D_x、E_x、F_x 函数表

λx	A_x	B_x	C_x	D_x	E_x	F_x
0	1	0	1	1	∞	$-\infty$
0.02	0.99961	0.01960	0.96040	0.98000	382156	-382105
0.04	0.99844	0.03842	0.92160	0.96002	48802.6	-48776.6
0.06	0.99654	0.05647	0.88360	0.94007	14851.3	-14738.0
0.08	0.99393	0.07377	0.84639	0.92016	6354.30	-6340.76
0.10	0.99065	0.09033	0.80998	0.90032	3321.06	-3310.01
0.12	0.98672	0.10618	0.77437	0.88054	1962.18	-1952.78
0.14	0.98217	0.12131	0.73954	0.86085	1261.70	-1253.48
0.16	0.97702	0.13576	0.70550	0.84126	863.174	-855.840
0.18	0.97131	0.14954	0.67224	0.82178	619.176	-612.524
0.20	0.96507	0.16266	0.63975	0.80241	461.078	-454.971
0.22	0.95831	0.17513	0.60804	0.78318	353.904	-348.240
0.24	0.95106	0.18698	0.57710	0.76408	278.526	-273.229
0.26	0.94336	0.19822	0.54691	0.74514	223.862	-218.874
0.28	0.93522	0.20887	0.51748	0.72635	183.183	-178.457
0.30	0.92666	0.21893	0.48880	0.70773	152.233	-147.733
0.35	0.90360	0.24164	0.42033	0.66196	101.318	-97.2646
0.40	0.87844	0.26103	0.35637	0.61740	71.7915	-68.0628
0.45	0.85150	0.27735	0.29680	0.57415	53.3711	-49.8871
0.50	0.82307	0.29079	0.24149	0.53228	41.2142	-37.9185
0.55	0.79343	0.30156	0.19030	0.49186	32.8243	-29.6754
0.60	0.76284	0.30988	0.14307	0.45295	26.8201	-23.7865
0.65	0.73153	0.31594	0.09966	0.41559	22.3922	-19.4496
0.70	0.69972	0.31991	0.05990	0.37981	19.0435	-16.1724
0.75	0.66761	0.32198	0.02364	0.34563	16.4562	-13.6409
$\pi/4$	0.64479	0.32240	0	0.32240	14.9672	-12.1834
0.80	0.63538	0.32233	-0.00928	0.31305	14.4202	-11.6477
0.90	0.57120	0.31848	-0.06574	0.25273	11.4729	-8.75491
1.00	0.50833	0.30956	-0.11079	0.19877	9.49305	-6.79724
1.10	0.44765	0.29666	-0.14567	0.15099	8.10850	-5.41038
1.20	0.38986	0.28072	-0.17158	0.10914	7.10976	-4.39002

（续）

λx	A_x	B_x	C_x	D_x	E_x	F_x
1.30	0.33550	0.26260	−0.18970	0.07290	6.37186	−3.61500
1.35	0.30972	0.25295	−0.19617	0.05678	6.07568	−3.29477
1.40	0.28492	0.24301	−0.20110	0.04191	5.81664	−3.01003
1.50	0.23835	0.22257	−0.20679	0.01578	5.39317	−2.52652
π/2	0.20788	0.20788	−0.20788	0	5.15382	−2.23953
1.60	0.19592	0.20181	−0.20771	−0.00590	5.06711	−2.13210
1.70	0.15762	0.18116	−0.20470	−0.02354	4.81454	−1.80464
1.80	0.12342	0.16098	−0.19853	−0.03756	4.61834	−1.52865
1.90	0.09318	0.14154	−0.18989	−0.04835	4.46596	−1.29312
2.00	0.06674	0.12306	−0.17938	−0.05632	4.34792	−1.09008
2.10	0.04388	0.10571	−0.16753	−0.06182	4.25700	−0.91368
2.20	0.02438	0.08958	−0.15479	−0.06521	4.18751	−0.75959
2.30	0.00796	0.07476	−0.14156	−0.06680	4.13495	−0.62457
3π/4	0	0.06702	−0.13404	−0.06702	4.11147	−0.55610
2.40	−0.00562	0.06128	−0.12817	−0.06689	4.09573	−0.50611
2.50	−0.01663	0.04913	−0.11489	−0.06576	4.06692	−0.40229
2.60	−0.02536	0.03829	−0.10193	−0.06364	4.04618	−0.31156
2.70	−0.03204	0.02872	−0.08948	−0.06076	4.03157	−0.23264
2.80	−0.03693	0.02037	−0.07767	−0.05730	4.02157	−0.16445
3.00	−0.04226	0.00703	−0.05631	−0.04929	4.01074	−0.05650
π	−0.04321	0	−0.04321	−0.04321	4.00748	0
3.40	−0.04079	−0.00853	−0.02374	−0.03227	4.00563	−0.06840
3.80	−0.03138	−0.01369	−0.00400	0.01769	4.00501	0.10969
4.20	−0.02042	−0.01307	0.00572	−0.00735	4.00364	0.10468
4.60	−0.01112	−0.00999	0.00886	−0.00113	4.00200	0.07996
3π/2	−0.00898	−0.00898	0.00898	0	4.00161	0.07190
5.00	−0.00455	−0.00646	0.00837	0.00191	4.00085	0.05170
5.50	0.00001	−0.00288	0.00578	0.00290	4.00020	0.02307
6.00	0.00169	−0.00069	0.00307	0.00238	4.00003	0.00554
2π	0.00187	0	0.00187	0.00187	4.00001	0
6.50	0.00179	0.00032	0.00114	0.00147	4.00001	−0.00259
7.00	0.00129	0.00060	0.00009	0.00069	4.00001	−0.00479
9π/4	0.00120	0.00060	0	0.00060	4.00001	−0.00482
7.50	0.00071	0.00052	−0.00033	0.00019	4.00001	−0.00415
5π/2	0.00039	0.00039	−0.00039	0	4.00000	−0.00311
8.00	0.00028	0.00033	−0.00038	−0.00005	4.00000	−0.00266

对于集中力作用点的左半部分，根据对称条件，应用式(3-9)时，x 取距离的绝对值，梁的挠度 ω，弯矩 M 及基底反力 p 计算结果与梁的右半部分相同，即公式不变，但梁的转角 θ 与剪力 V 则取相反的符号。根据式(3-9)，可绘出 ω、θ、M、V 随 λx 的变化情况，如图 3.2(a)所示。

由式(3-9)可知，当 $x=0$ 时，$\omega=F_0\lambda/2kb$，当 $x=2\pi/\lambda$ 时，$\omega=0.00187F_0\lambda/2kb$。即梁的挠度随 x 的增加迅速衰减，在 $x=2\pi/\lambda$ 处的挠度仅为 $x=0$ 处挠度的 0.187%；在 $x=\pi/\lambda$ 处的挠度仅为 $x=0$ 处挠度的 4.3%，故当集中荷载的作用点离梁的两端距离 $x>\pi/\lambda$ 时，可近似按无限长梁计算，实用中将弹性地基梁分为以下三种类型。

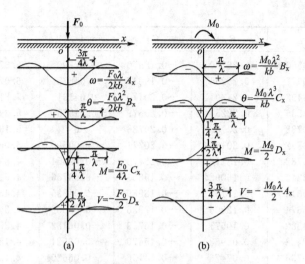

图 3.2 文克勒地基上无限长梁的挠度和内力

（a）集中力作用；（b）集中力偶作用

（1）无限长梁：荷载作用点与梁两端的距离都大于 π/λ。

（2）半无限长梁：荷载作用点与梁一端的距离小于 π/λ，与另一端距离大于 π/λ。

（3）有限长梁：荷载作用点与梁两端的距离都小于 π/λ，梁的长度大于 $\pi/4\lambda$。当梁的长度小于 $\pi/4\lambda$ 时，梁的挠曲很小，可以忽略，称为刚性梁。

2. 集中力偶作用下的无限长梁

图 3.2(b)为一无限长梁受一个顺时针方向的集中力偶 M_0 作用，仍取集中力偶作用点为坐标原点 O，式(3-6)中的积分常数可由以下边界条件确定：

（1）当 $x \to \infty$ 时，$\omega = 0$。

（2）当 $x = 0$ 时，$\omega = 0$。

（3）当 $x = 0$ 时，在 O 点处紧靠 M_0 作用点的右侧，则作用于梁右半部截面上的弯矩为 $M_0/2$，即 $M = -EI(\mathrm{d}^2\omega/\mathrm{d}x^2) = M_0/2$。

同理，根据上述边界条件可得 $C_1 = C_2 = C_3 = 0$，$C_4 = M_0\lambda^2/kb$。故

$$\omega = \frac{M_0\lambda^2}{kb}\mathrm{e}^{-\lambda x}\sin\lambda x = \frac{M_0\lambda^2}{kb}B_x \tag{3-11a}$$

$$\theta = \frac{M_0\lambda^3}{kb}\mathrm{e}^{-\lambda x}(\cos\lambda x - \sin\lambda x) = \frac{M_0\lambda^3}{kb}C_x \tag{3-11b}$$

$$M = \frac{M_0}{2}\mathrm{e}^{-\lambda x}\cos\lambda x = \frac{M_0}{2}D_x \tag{3-11c}$$

$$V = -\frac{M_0\lambda}{2}\mathrm{e}^{-\lambda x}(\cos\lambda x + \sin\lambda x) = -\frac{M_0\lambda}{2}A_x \tag{3-11d}$$

其中系数 A_x、B_x、C_x、和 D_x 与式(3-10)相同。

对于集中力偶作用点的左半部分，根据反对称条件，用式(3-11)时，x 取绝对值，梁的转角 θ 与剪力 V 计算结果与梁的右半部分相同，但对梁的挠度 ω、弯矩 M 及基底反力

p 则取相反的符号。ω、θ、M、V 随 λx 的变化情况如图 3.2(b)所示。

计算承受若干个集中荷载的无限长梁上任意截面的 ω、θ、M 和 V 时，可以按式(3-9)或式(3-11)分别计算各荷载单独作用时在该截面引起的效应，然后叠加得到共同作用下的总效应。注意在每一次计算时，均需把坐标原点移到相应的集中荷载作用点处。例如图 3.3 所示的无限长梁上 A、B、C 三点的四个荷载 F_a、M_a、F_b、M_c 在截面 D 引起的弯矩 M_d 和剪力 V_d 分别为：

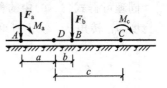

图 3.3 若干个集中荷载作用下的无限长梁

$$M_d = \frac{F_a}{4\lambda}C_a + \frac{M_a}{2}D_a + \frac{F_b}{4\lambda}C_b - \frac{M_c}{2}D_c \left.\right\}$$
$$V_d = -\frac{F_a}{2}D_a - \frac{M_a\lambda}{2}A_a + \frac{F_b}{2}D_b - \frac{M_c\lambda}{2}A_c$$

式中系数 A_a、C_b、D_c 等的脚标表示其所对应的 λx 值分别为 λa、λb 和 λc。

3. 集中力作用下的半无限长梁

如果一半无限长梁的一端受集中力 F_0 作用[图 3.4(a)]，另一端延至无穷远，若仍取坐标原点在 F_0 的作用点，则边界条件为：

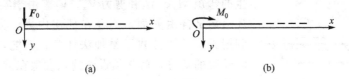

(a) (b)

图 3.4 半无限长梁

(a)受集中力作用；(b)受力偶作用

(1) 当 $x \to \infty$ 时，$\omega = 0$。
(2) 当 $x = 0$ 时，$M = -EI(\mathrm{d}^2\omega/\mathrm{d}x^2) = 0$。
(3) 当 $x = 0$ 时，$V = -EI(\mathrm{d}^3\omega/\mathrm{d}x^3) = -F_0$。
由此可导得 $C_1 = C_2 = C_4 = 0$，$C_3 = 2F_0\lambda/kb$。
将以上结果代回式(3-6)，则梁的挠度 ω、转角 θ、弯矩 M 和剪力 V 为：

$$\omega = \frac{2F_0\lambda}{kb}D_x \tag{3-12a}$$

$$\theta = -\frac{2F_0\lambda^2}{kb}A_x \tag{3-12b}$$

$$M = -\frac{F_0}{\lambda}B_x \tag{3-12c}$$

$$V = -F_0C_x \tag{3-12d}$$

4. 集中力偶作用下的半无限长梁

当一半无限长梁的一端受集中力偶 M_0 作用 [图 3.4(b)]，另一端延伸至无穷远时，则边界条件为：

(1) 当 $x \to \infty$ 时，$\omega = 0$；
(2) 当 $x = 0$ 时，$M = -EI(\mathrm{d}^2\omega/\mathrm{d}x^2) = M_0$；

（3）当 $x=0$ 时，$V=0$。

同理可得式（3-6）中的积分常数为：$C_1=C_2=0$，$C_3=-C_4=-2M_0\lambda^2/kb$。故此时梁的挠度 ω、转角 θ、弯矩 M 和剪力 V 的表达式为：

$$\omega=-\frac{2M_0\lambda^2}{kb}C_x \tag{3-13a}$$

$$\theta=-\frac{4M_0\lambda^3}{kb}D_x \tag{3-13b}$$

$$M=M_0A_x \tag{3-13c}$$

$$V=-2M_0\lambda B_x \tag{3-12d}$$

5. 有限长梁

实际工程中，地基上的梁大多为有限长梁，荷载对梁两端的影响尚未消失，即梁端的挠曲或位移不能忽略，确定积分常数常用的方法是"初始参数法"，这里介绍一种以上面导得的无限长梁的计算公式为基础、利用叠加原理求得满足有限长梁两端边界条件的解答，从而避开了直接确定积分常数的烦琐，其原理为：如图3.5所示一长为 l 的弹性地基梁（梁Ⅰ），作用有任意的已知荷载，其端点 A、B 均为自由端，设想将 A、B 两端向外无限延长形成无限长梁（梁Ⅱ），该无限长梁在已知荷载作用下在相应于 A、B 两截面产生的弯矩 M_a、M_b 和剪力 V_a、V_b。由于实际上梁Ⅰ的 A、B 两端是自由界面，不存在任何内力，为了要按长梁Ⅱ利用无限长梁公式以叠加法计算，而能得到相应于原有限长梁的解答，就必须设法消除发生在梁Ⅱ中 A、B 两截面的弯矩和剪力，以满足原来梁端的边界条件。为此，可在梁Ⅱ的 A、B 两点外侧分别加上一对集中荷载 M_A、F_A 和 M_B、F_B，并要求这两对附加荷载在 A、B 两载面中所产生的弯矩和剪力分别等于 $-M_a$、$-V_a$ 及 $-M_b$、$-V_b$，根据该条件利用式（3-9）和式（3-11）列出方程组如下：

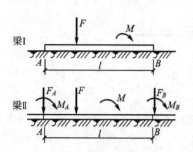

图 3.5　以叠加法计算
文克勒地基上的有限长梁

$$\frac{F_A}{4\lambda}+\frac{F_B}{4\lambda}C_l+\frac{M_A}{2}-\frac{M_B}{2}D_l=-M_a \tag{3-14a}$$

$$-\frac{F_A}{2}+\frac{F_B}{2}D_l-\frac{\lambda M_A}{2}-\frac{\lambda M_B}{2}A_l=-V_a \tag{3-14b}$$

$$\frac{F_A}{4\lambda}C_l+\frac{F_B}{4\lambda}+\frac{M_A}{2}D_l-\frac{M_B}{2}=-M_b \tag{3-14c}$$

$$-\frac{F_A}{2}D_l+\frac{F_B}{2}-\frac{\lambda M_A}{2}A_l-\frac{\lambda M_B}{2}=-V_b \tag{3-14d}$$

解上列方程组得：

$$\left.\begin{array}{l}
F_A=(E_l+F_l)V_a+\lambda(E_l-F_lA_l)-(F_l+E_lD_l)V_b+\lambda(F_l-E_lA_l)M_b \\[2mm]
M_A=-(E_l+C_l)\dfrac{V_a}{2\lambda}-(E_l-F_lD_l)M_a+(F_l+E_lC_l)\dfrac{V_b}{2\lambda}-(F_l-E_lD_l)M_b \\[2mm]
F_B=(F_l+E_lD_l)V_a+\lambda(F_l-E_lA_l)M_a-(E_l+F_lD_l)V_b+\lambda(E_l-F_lA_l)M_b \\[2mm]
M_B=(F_l+E_lC_l)\dfrac{V_a}{2\lambda}+(F_l-E_lD_l)M_a-(E_l+F_lC_l)\dfrac{V_b}{2\lambda}+(E_l-F_lD_l)M_b
\end{array}\right\} \tag{3-15}$$

式中

$$E_l = \frac{2e^{\lambda l} \mathrm{sh}\lambda l}{\mathrm{sh}^2\lambda l - \sin^2\lambda l}, \quad F_l = \frac{2e^{\lambda l}\sin\lambda l}{\sin^2\lambda l - \mathrm{sh}^2\lambda l} \qquad (3-16)$$

式中 sh——双曲线正弦函数。

当作用于有限长梁上的外荷载对称时，$V_a = -V_b$，$M_a = M_b$，则式（3-16）可简化为

$$\left. \begin{aligned} F_A = F_B &= (E_l + F_l)\left[(1+D_l)V_a + \lambda(1-A_l)M_a\right] \\ M_A = M_B &= -(E_l + F_l)\left[(1+C_l)\frac{V_a}{2\lambda} + (1-D_l)M_a\right] \end{aligned} \right\} \qquad (3-17)$$

原来的梁 I 延伸为无限长梁 II 之后，其 A、B 两截面处的连续性是靠内力 M_a、V_a 和 M_b、V_b 来维持，而附加荷载 M_A、F_A 和 M_B、F_B 的作用则正好抵消了这两对内力。其效果相当于把梁 II 在 A 和 B 处切断而成为梁 I。由于 M_A、F_A 和 M_B、F_B 是为了在梁 II 上实现梁 I 的边界条件所必需的附加荷载，习惯上称其为梁端边界条件力。

现将有限长梁 I 上任意点 x 的 ω、θ、M 和 V 的计算步骤归纳如下：

（1）以叠加法计算已知荷载在梁 II 上相应于梁 I 两端的 A 和 B 截面引起的弯矩和剪力 M_a、V_a、M_b、V_b。

（2）按式（3-15）计算梁端边界条件力 M_A、F_A 和 M_B、F_B。

（3）再按叠加法计算在已知荷载和边界条件力的共同作用下，梁 II 上相应于梁 I 的 x 点处的 ω、θ、M 和 V 值。这就是所要求的结果。

3.2.3 地基上梁的柔度指数

在梁端边界条件力的计算公式（3-15）中，所有的系数都是 λl 的函数。λl 称为柔度指数，它是表征文克勒地基上梁的相对刚柔程度的一个无量纲值。当 $\lambda l \to 0$ 时，梁的刚度为无限大，可视为刚性梁；而当 $\lambda l \to \infty$ 时，梁是无限长的，可视为柔性梁。一般认为可按 λl 的大小将梁分为下列三种：

$$\lambda l \leqslant \pi/4 \qquad \text{短梁（刚性梁）}$$
$$\pi/4 < \lambda l < \pi \qquad \text{有限长梁（有限刚度梁）}$$
$$\lambda l \geqslant \pi \qquad \text{长梁（柔性梁）}$$

对短梁，由于梁的相对刚度很大，其挠曲很小，可以忽略不计。这类梁发生位移时，是平面移动，一般假设基底反力按直线分布，可按静力平衡条件求得，其截面弯矩及剪力也可由静力平衡条件求得；对长梁，可利用无限长梁或半无限长梁的解答计算。在选择计算方法时，除了按 λl 值划分梁的类型外，还需兼顾外荷载的大小和作用点位置。对于柔度较大的梁，有时可以直接按无限长梁进行简化计算。例如，当梁上的一个集中荷载（竖向力或力偶）与梁端的最小距离 $x > \pi/\lambda$ 时，按无限长梁计算 ω、M、V 的误差将不超过 4.3%；而对梁长为 π/λ，只能按有限长梁计算。

3.2.4 基床系数的确定

根据文克勒地基模型表达式的定义，基床系数 k 可以表示为：

$$k = p/s \qquad (3-18)$$

由上式可知，基床系数 k 不是单纯表征土的力学性质的计算指标，其值取决于许多复杂的因素，例如基地压力的大小及分布、土的压缩性、土层厚度、邻近荷载影响等。因此，严格说来，在进行地基上梁或板的分析之前，基床系数的数值是难于准确预定的。尽管许多有关书籍都列有按土类名称及其状态给出的经验值，但此处不予推荐。下面介绍几种确定基床系数的方法以供参考。

1）按基础的预估沉降量确定

对于某个特定的地基和基础条件，可用下式估算基床系数：

$$k = p_0/s_m \tag{3-19}$$

式中　p_0——基底平均附加压力；

　　　s_m——基础的平均沉降量。

对于厚度为 h 的薄压缩层地基，基底平均沉降 $s_m = \sigma_z h/E_s \approx p_0 h/E_s$，代入式（3-19）得：

$$k = E_s/h \tag{3-20}$$

式中　E_s——土层的平均压缩模量。

如薄压缩层地基由若干分层组成，则上式可写成：

$$k = 1/\sum \frac{h_i}{E_{si}} \tag{3-21}$$

式中　h_i、E_{si}——第 i 层土的厚度和压缩模量。

2）按载荷试验成果确定

如果地基压缩层范围内的土质均匀，则可利用载荷试验成果来估算基床系数，即在 $p-s$ 曲线上取对应于基底平均 p 的刚性载荷板沉降值 s 来计算载荷板下的基床系数 $k_p = p/s$。对黏性土地基，实际基础下的基床系数按下式确定：

$$k = (b_p/b)k_p \tag{3-22}$$

式中　b_p、b——分别为载荷板和基础的宽度。

国外常按 K·太沙基建议的方法，采用 1 英尺×1 英尺（305mm×305mm）的方形载荷板进行试验。对于砂土，考虑到砂土的变形模量随深度逐渐增大的影响，采用下式计算：

$$k = k_p \left(\frac{b+0.3}{2b}\right)\frac{b_p}{b} \tag{3-23}$$

式中基础宽度的单位为 m，基础和载荷板下的基床系数 k 和 k_p 的单位均取 MN/m³。对黏性土，考虑基础长宽比 $m = l/b$ 的影响，以下式计算：

$$k = k_p \frac{m+0.5}{1.5m} \cdot \frac{b_p}{b} \tag{3-24}$$

【例 3.1】　如图 3.6 所示的条形基础抗弯刚度 $EI = 4.3×10^3$ MPa·m⁴，长 $l = 17$m，底面宽 $b = 2.5$m，预估平均沉降 $s_m = 39.7$mm。试计算基础中点 C 处的挠度、弯矩和基底净反力。

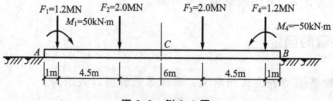

图 3.6　例 3.1 图

【解】 （1）确定基床系数 k 和梁的柔度指数 λl。

设基底附加压力 p_0 约等于基底平均净反力 p_j

$$p_0 = \frac{\sum F}{lb} = \frac{(1200 + 2000) \times 2}{17 \times 2.5} = 150.6 \text{kPa}$$

按式(3-18)，得基床系数：

$$k = \frac{p_0}{s_m} = \frac{0.1506}{0.0397} = 3.8 \text{MN/m}^3$$

柔度指数：

$$\lambda = \sqrt[4]{\frac{kb}{4EI}} = \sqrt[4]{\frac{3.8 \times 2.5}{4 \times 4.3 \times 10^3}} = 0.1533 \text{m}^{-1}$$

$$\lambda l = 0.1533 \times 17 = 2.606$$

因为 $\pi/4 < \lambda l < \pi$，所以该梁属有限长梁。

（2）按式(3-9)和式(3-11)计算无限长梁上相应于基础右端 B 处由外荷载引起的弯矩 M_b 和剪力 V_b，计算结果列于表3-2中。注意，在每一次计算时，均需要把坐标原点移到相应的集中荷载作用点处。由于存在对称性，故 $M_a = M_b = 374.3 \text{kN} \cdot \text{m}$，$V_a = -V_b = -719.1 \text{kN}$。

表3-2　计算结果

外荷载	x(m)	λx	A_x	C_x	D_x	M_b(kN·m)	V_b(kN)
$F_1 = 1200\text{kN}$	16.0	2.453	—	-0.1211	-0.0664	-237.0	39.8
$M_1 = 50\text{kN} \cdot \text{m}$	16.0	2.453	-0.0117	—	-0.0664	-1.7	0.04
$F_2 = 2000\text{kN}$	11.5	1.763	—	-0.2011	-0.0327	-655.9	32.7
$F_3 = 2000\text{kN}$	5.5	0.843	—	-0.0349	0.2864	-113.8	-286.4
$F_4 = 1200\text{kN}$	1.0	0.153	—	0.7174	0.8481	1403.9	-508.9
$M_4 = -50\text{kN} \cdot \text{m}$	1.0	0.153	0.9769	—	0.8481	-21.2	3.7
总　　计						374.3	-719.1

（3）计算梁端边界条件力 F_A、M_A 和 F_B、M_B。

由 $\lambda l = 2.606$ 查表3-1得 $A_l = -0.02579$，$C_l = -0.10117$，$D_l = -0.06348$，$E_l = 4.04522$，$F_l = -0.30666$。代入式(3-17)得：

$F_A = F_B = (4.04522 - 0.30666) \times [(1 - 0.06348) \times 719.1 + 0.1533 \times (1 + 0.02579) \times 374.3]$
　　$= 2737.8 \text{kN}$

$$M_A = -M_B = -(4.04522 - 0.30666) \times \left[(1 - 0.10117) \times \frac{719.1}{2 \times 0.1533} + (1 + 0.06348) \times 374.3\right]$$

　　$= -9369.5 \text{kN} \cdot \text{m}$

（4）计算外荷载与梁端边界条件力同时作用于无限长梁时，基础中 C 的弯矩 M_C、挠度 w_C 和基底净反力 p_C，计算结果列于表3-3中。由于对称，只计算 C 点左半部分荷载的影响，然后将结果乘2。

表 3-3　计算结果

外荷载和 边界条件力	x(m)	λx	A_x	B_x	C_x	D_x	$M_c/2$(kN·m)	$w_c/2$
$F_1=1200$kN	7.5	1.150	0.4184	—	−0.1597	0.1293	−312.5	4.1
$M_1=50$kN·m	7.5	1.150	—	0.2890	—	—	3.2	0.04
$F_2=2000$kN	3.0	0.460	0.8458	—	0.2857	—	931.8	13.6
$F_A=2737.8$kN	8.5	1.303	0.3340	—	−0.1910	—	−848.8	7.4
$M_A=-9369.5$kN·m	8.5	1.303	—	0.2620	—	0.0719	−336.8	−6.1
总计							−563.1	19

$$M_C=2\times(-563.1)=-1126.2\text{kN·m}$$
$$W_C=2\times19.0=38.0\text{mm}$$
$$p_C=kw_c=3800\times0.038=144.4\text{kPa}$$

依法对其他个点进行计算后，可绘制基底净反力图、剪力图和弯矩图（略）。如按静定分析法计算基础中点 C 处的弯矩（设基底反力为线性分布），其值为 −1348.9kN·m，此值比按文克勒地基模型计算的结果（−1126.2kN·m）大 19.8%。若将例中的基床系数减小一半，即取 $k=1.9$MN/m³，则可算得 $M_C=-1217.6$kN·m、$\omega_C=77.5$mm、$p_C=147.3$kPa，这些数值分别比原结果增加了 8.1%、103.8% 和 2%。由此可见，基床系数 k 的计算误差对弯矩影响不大，但对基础沉降影响很大。

【例 3.2】　试推导图 3.7 中外伸半无限长梁（梁 I）在集中力 F_0 作用下 O 点的挠度计算公式。

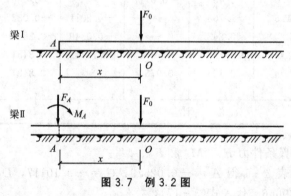

图 3.7　例 3.2 图

【解】　外伸半无限长梁 O 点的挠度可以按梁 II 所示的无限长梁以叠加法求得，条件是在梁端边界条件力 F_A、M_A 和荷载 F_0 的共同作用下，梁 II A 点的弯矩和剪力为零。根据这一条件，由式（3-9）和式（3-91），有

$$\left.\begin{array}{l}\dfrac{F_AS}{4}+\dfrac{M_A}{2}+\dfrac{F_0S}{2}C_x=0\\[3mm]-\dfrac{F_A}{2}-\dfrac{M_A}{2S}+\dfrac{F_0}{2}D_x=0\end{array}\right\}$$

式中

$$S=\frac{1}{\lambda}=\sqrt[4]{\frac{4EI}{kb}}$$

解上述方程组，得：

$$F_A = F_0(C_x + 2D_x)$$
$$M_A = -F_0 S(C_x + D_x)$$

故 O 点的挠度为：

$$\omega_0 = \frac{F_0}{2kbS} + \frac{F_A}{2kbS}A_x + \frac{M_A}{kbS^2}B_x$$

$$= \frac{F_0}{2kbS}\left[1 + (C_x + 2D_x)A_x - 2(C_x + D_x)B_x\right]$$

$$= \frac{F_0}{2kbS}\left[1 + e^{-2\lambda x}(1 + 2\cos^2\lambda x - 2\cos\lambda x \sin\lambda x)\right]$$

令

$$Z_x = 1 + e^{-2\lambda x}(1 + 2\cos^2\lambda x - 2\cos\lambda x \sin\lambda x) \qquad (3-25)$$

则

$$\omega_0 = \frac{F_0}{2kbS}Z_x \qquad (3-26)$$

上述两式在推导交叉条形基础柱荷载分配公式时将被采用。注意在式（3-25）中，当 $x=0$ 时（半无限长梁），$Z_x=4$；当 $x \to \infty$ 时（无限长梁），$Z_x=1$。

3.3 柱下条形基础

柱下条形基础如图 3.8 所示由一个方向延伸的基础梁或由两个方向的交叉基础梁所组成，条形基础可以沿柱列单向平行配置，也可以双向相交于柱位处形成交叉条形基础，条形基础的设计包括基础底面宽度的确定、基础长度的确定、基础高度及配筋计算，并满足一定的构造要求。

图 3.8　某工程柱下条形基础

3.3.1　柱下条形基础的构造

柱下条形基础一般采用倒 T 形截面，由肋梁和翼板组成，如图 3.9 所示。为了具有较大的抗弯刚度以便调整不均匀沉降,肋梁高度不宜太小,一般为柱距的 $1/8 \sim 1/4$,并应满足受剪承载力计算的要求。当柱荷载较大时,可在柱两侧局部增高(加肋)。一般肋梁沿纵向取等截面,梁每侧比柱至少宽出 50mm。当柱垂直于肋梁轴线方向的截面边长大于400mm 时,可仅在柱位处将肋部加宽,如图 3.10 所示。翼板厚度不应小于 200mm。当翼板厚度为 $200 \sim 250mm$ 时,宜用等厚度翼板;当翼板厚度大于 250mm 时,宜用变厚度翼板,其坡度小于或等于 $1 : 3$。

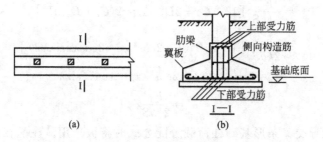

图 3.9　柱下条形基础

(a)平面图;(b)横剖面图

为了调整基底形心位置,使基底压力分布较为均匀,并使各柱下弯矩与跨中弯矩趋于均衡以利配筋,条形基础端部应沿纵向从两端边柱外伸,外伸长度宜为边跨跨距的 $0.25 \sim 0.30$ 倍。当荷载不对称时,两端伸出长度可不相等,以使基底形心与荷载合力作用点重合。但也不宜伸出太多,以免基础梁在柱位处正弯矩太大。

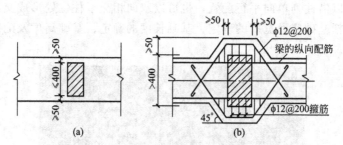

图 3.10　现浇柱与肋梁的平面连接和构造配筋

(a)肋宽不变化;(b)肋宽变化

基础肋梁的纵向受力钢筋、箍筋和弯起筋应按弯矩图和剪力图配置。柱位处的纵向受力钢筋布置在肋梁底面,而跨中则布置在顶面。底面纵向受力钢筋的搭接位置宜在跨中,顶面纵向受力钢筋则宜在柱位处,其搭接长度应满足要求。当纵向受力钢筋直径 $d >$ 22mm 时,不宜采用非焊接的搭接接头。考虑到条形基础可能出现整体弯曲,且其内力分析往往不很准确,故顶面的纵向受力钢筋宜全部通长配置,底面通长钢筋的面积不应少于底面受力钢筋总面积的 $1/3$。

当基础梁的腹板高度大于或等于 450mm 时,在梁的两侧面应沿高度配置纵向构造钢筋,每侧构造钢筋面积不应小于腹板截面面积的 0.1%,且其间距不宜大于 200mm。梁两侧的纵向构造钢筋,宜用拉筋连接,拉筋直径与箍筋相同,间距为 $500 \sim 700mm$,一般为两倍的箍筋间距。箍筋应采用封闭式,其直径一般为 $6 \sim 12mm$,对梁高大于 800mm 的梁,其箍筋直径不宜小于 8mm,箍筋间距按有关规定确定。当梁宽小于或等于 350mm

时，采用双肢箍筋；梁宽在 350~800mm 时，采用四肢箍筋；梁宽大于 800mm 时，采用六肢箍筋。翼板的横向受力钢筋由计算确定，但直径不应小于 10mm，间距为 100~200mm。非肋部分的纵向分布钢筋可用直径 8~10mm 的钢筋，间距不大于 300mm。其余构造要求可参照钢筋混凝土扩展基础的有关规定。

柱下条形基础的混凝土强度等级不应低于 C20。

3.3.2 柱下条形基础的内力计算

柱下条形基础内力计算方法主要有简化计算法和弹性地基梁法两种。

1. 简化计算法

根据上部结构刚度的大小，简化计算方法可分为静定分析法（静定梁法）和倒梁法两种。这两种方法均假设基础断面上基底反力为直线（平面）分布。为满足这一假定，要求条形基础具有足够的相对刚度。当上部结构刚度很小时，可按静定分析法计算；若上部结构刚度较大，则按倒梁法计算。当柱距相差不大时，通常要求基础上的平均柱距 l_m 应满足下列条件：

$$l_m \leqslant 1.75\left(\frac{1}{\lambda}\right) \qquad (3-27)$$

式中 $1/\lambda$——文克勒地基上梁的特征长度，$\lambda = \sqrt[4]{kb/4EI}$。对一般柱距及中等压缩性的地基，按上述条件进行分析，条形基础的高度应不小于平均柱距的 $1/6$。

若上部结构的刚度很小（如单层排架结构）时，宜采用静定分析法。计算时先按直线分布假定求出基底净反力，然后将柱荷载直接作用在基础梁上。这样，基础梁上所有的作用力都已确定，故可按静力平衡条件计算出任一截面 i 上的弯矩 M_i 和剪力 V_i，如图 3.11 所示。由于静定分析法假定上部结构为柔性结构，即不考虑上部结构刚度的有利影响，所以在荷载作用下基础梁将产生整体弯曲。与其他方法比较，这样计算所得的基础不利截面上的弯矩绝对值可能偏大很多。

倒梁法假定上部结构是绝对刚性的，各柱之间没有沉降差异，因而可以把柱脚视为条形基础的铰支座，将基础梁按倒置的普通连续梁（采用弯矩分配法或弯矩系数法）计算，而荷载则为直线分布的基底净反力 bp_j（kN/m）以及除去柱的竖向集中力所余下的各种作用（包括柱传来的力矩），计算简图如图 3.12 所示。这种计算方法只考虑出现于柱间的局部

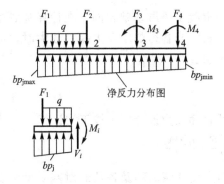

图 3.11 按静力平衡
条件计算条形基础的内力

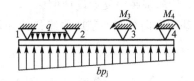

图 3.12 倒梁法计算简图

弯曲，不计沿基础全长发生的整体弯曲，所得的弯矩图正负弯矩最大值较为均衡，基础不利截面的弯矩最小。倒梁法适用于上部结构刚度很大的情况。

综上所述，在比较均匀的地基上，上部结构刚度较好，荷载分布和柱距较均匀（如相差不超过 20%），且条形基础梁的高度不小于 1/6 柱距时，基底反力可按直线分布，基础梁的内力可按倒梁法计算。

当条形基础的相对刚度较大时，由于基础的架越作用，其两端边跨的基底反力会有所增大，故两边跨的跨中弯矩及第一内支座的弯矩值宜乘以 1.2 的增大系数。需要指出，当荷载较大、土的压缩性较高或基础埋深较浅时，随着端部基底下塑性区的开展，架越作用将减弱、消失，甚至出现基底反力从端部向内转移的现象。

柱下条形基础的计算步骤如下。

1）确定基础底面尺寸

将基础视为一狭长的矩形基础，其长度 l 主要按构造要求决定（只要决定伸出边柱的长度），并尽量使荷载的合力作用点与基础底面形心相重合。

当轴心荷载作用时，基底宽度 b 为：

$$b \geqslant \frac{\sum F_k + G_{wk}}{(f_a - 20d + 10h_w)l} \qquad (3-28)$$

当偏心荷载作用时，先按上式初定基础宽度并适当增大，然后按下式验算基础边缘压力：

$$p_{max} = \frac{\sum F_k + G_k + G_{wk}}{bl} + \frac{6\sum M_k}{bl^2} \leqslant 1.2 f_a \qquad (3-29)$$

式中　$\sum F_k$——相应于荷载效应标准组合时，各柱传来的竖向力之和；

　　　G_k——基础自重和基础上的土重之和；

　　　G_{wk}——作用在基础梁上墙的自重；

　　　$\sum M_k$——各荷载对基础梁中点的力矩代数和；

　　　d——基础平均埋深；

　　　h_w——当基础埋深范围内有地下水时，基础底面至地下水位的距离；无地下水时，$h_w = 0$；

　　　f_a——修正后的地基承载力特征值。

2）基础底板计算

柱下条形基础底板的计算方法与墙下钢筋混凝土条形基础相同。在计算基底净反力设计值时，荷载沿纵向和横向的偏心都要予以考虑。当各跨的净反力相差较大时，可依次对各跨底板进行计算，净反力可取本跨内的最大值。

3）基础梁内力计算

（1）计算基底净反力设计值。

沿基础纵向分布的基底边缘最大和最小线性净反力设计值可按下式计算：

$$b p_{\substack{jmax \\ jmin}} = \frac{\sum F}{l} \pm \frac{6\sum M}{l^2} \qquad (3-30)$$

式中　$\sum F, \sum M$——分别为各柱传来的竖向力设计值之和及各荷载对基础梁中点的力矩设计值代数和。

（2）内力计算。

当上部结构刚度很小时，可按静定分析法计算；若上部结构刚度较大时，则按倒梁法计算。

采用倒梁法计算时，计算所得的支座反力一般不等于原有的柱子传来的轴力。这是因为反力呈直线分布及视柱脚为不动铰支座都可能与事实不符，另外上部结构的整体刚度对基础整体弯矩有抑制作用，使柱荷载的分布均匀化。若支座反力与相应的柱轴力相差较大（如相差 20%以上），则可采用实践中提出的"基底反力局部调整法"加以调整。即将不平衡力（柱轴力与支座反力的差值）均匀分布在支座附近的局部范围（一般取 1/3 的柱跨）上再进行连续梁分析，将结果叠加到原先的分析结果上，如此逐次调整直到不平衡力基本消除，从而得到梁的最终内力分布。经调整后不平衡力将明显减小，一般调整 1~2 次即可。如图 3.12 所示，连续梁共有 n 个支座，第 i 支座的柱轴力为 F_i，支座反力为 R_i，左右柱跨分别为 l_{i-1} 和 l_i，则调整分析的连续梁局部分布荷载强度 q_i 为：

边支座（$i=1$ 或 $i=n$）：
$$q_{1(n)} = \frac{F_{1(n)} - R_{1(n)}}{l_{0(n+1)} + l_{1(n)}/3} \tag{3-31a}$$

中间支座（$1 < i < n$）：
$$q_i = \frac{3(F_i - R_i)}{l_{i-1} + l_i} \tag{3-31b}$$

当 q_i 为负值时，表明该局部分布荷载应是拉荷载，例如图 3.13 中的 q_2 和 q_3。

倒梁法只进行了基础的局部弯曲计算，而未考虑基础的整体弯曲。实际上在荷载分布和地基都比较均匀的情况下，地基往往发生正向挠曲，在上部结构和基础刚度的作用下，边柱和角柱的荷载会增加，内柱则相应卸载，条形基础端部的基底反力要大于按直线分布假设计算得到的基底反力值。为此，较简单的做法是将边跨的跨中和第一内支座的弯矩值按计算值再增加 20%进行基础截面配筋计算。

需要特别指出的是，静定分析法和倒梁法实际上代表了两种极端情况，且有诸多前提条件。因此，在对条形基础进行截面设计时，切不可拘泥于计算结果，而应结合实际情况和设计经验，在配筋时作某些必要的调整。这一原则对下面将要讨论的梁板式基础也是适用的。

【例 3.3】 某框架结构建筑物的某柱列如图 3.14 所示，欲设计单向条形基础，试用倒梁法计算基础内力。假定地基土为均匀黏土，承载力特征值为 110kPa，修正系数为 $\eta_b = 0.3$、$\eta_d = 1.6$，土的天然重度 $\gamma = 18$kN/m³。

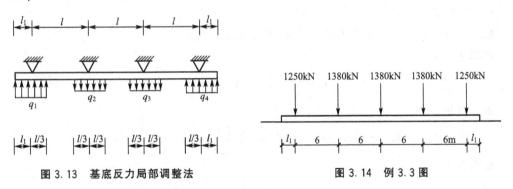

图 3.13 基底反力局部调整法　　　　图 3.14 例 3.3 图

【解】 （1）确定基础底面尺寸。

竖向力合力：$\sum F = 2 \times 1250 + 3 \times 1380 = 6640$kN

选择基础埋深为 1.5m，则修正后的地基承载力特征值为

$$f_a = 110 + 1.6 \times 18 \times (1.5 - 0.5) = 138.8 \text{kPa}$$

由于荷载对称、地基均匀，两端伸出等长度悬臂，取悬臂长度 l_1 为柱距的 1/4，为 1.5m，则条形基础长度为 27m。由地基承载力得到条形基础宽度 b 为

$$b = \frac{\sum F_k}{l(f_a - 20d)} = \frac{6640}{27 \times (138.8 - 20 \times 1.5)} = 2.26 \text{m}$$

取 $b = 2.4$m，由于 $b < 3$m，不需要修正承载力和基础宽度。

(2) 用倒梁法计算条形基础内力。

① 基底净反力为 $q_n = p_n b = 6640/27 = 245.9 \text{kN/m}$。

② 悬臂用弯矩分配法计算如图 3.15(a) 所示，其中 $M_A = -\dfrac{245.9 \times 1.5^2}{2} = -276.6 \text{kN} \cdot \text{m}$。

③ 四跨连续梁用连续梁系数法计算如图 3.15(b) 所示。

如 $M_B = -0.107 \times 245.9 \times 6^2 = -947.2 \text{kN} \cdot \text{m}$，$V_{B左} = -0.607 \times 245.9 \times 6 = -895.6 \text{kN}$。

④ 将②和③叠加得到条形基础的弯矩和剪力如图 3.15(c) 所示，此时假定跨中弯矩最大值在③计算的 $V = 0$ 处。

⑤ 考虑不平衡力的调整。

以上分析得到支座反力为：

$$R_A = R_E = 368.9 + 639 = 1007.91 \text{kN}$$
$$R_B = R_D = 1610.7 \text{kN}, \quad R_C = 1402.2 \text{kN}$$

与相应的柱荷载不等，可以按计算简图再进行连续梁分析，在支座附近的局部范围内加上均布线荷载，其值为

$$q_{nA} = q_{nE} = \frac{1250 - 1007.9}{1.5 + 2} = 69.2 \text{kN/m}$$

$$q_{nB} = q_{nD} = \frac{1380 - 1607.4}{2 + 2} = -56.8 \text{kN/m}$$

$$q_{nC} = \frac{1380 - 1408.8}{2 + 2} = -7.2 \text{kN/m}$$

⑥ 将⑤的分析结果再叠加到④上去得到调整后的条形基础内力图，如果还有较大的不平衡力，可以再按⑤的方法调整。

(3) 翼板内力分析。

取 1m 板段分析，考虑条形基础梁宽为 500mm，则有：

基底净反力：

$$p_n = \frac{6640}{27 \times 2.4} = 102.5 \text{kPa}$$

最大弯矩：

$$M_{max} = \frac{1}{2} \times 102.5 \times \left(\frac{2.4 - 0.5}{2}\right)^2 = 46.3 \text{kN} \cdot \text{m/m}$$

最大剪力：

$$V_{max} = 102.5 \times \left(\frac{2.4 - 0.5}{2}\right) = 97.4 \text{kN/m}$$

(4) 按第(2)和第(3)步的分析结果，并考虑条形基础的构造要求进行基础截面设计（略）。

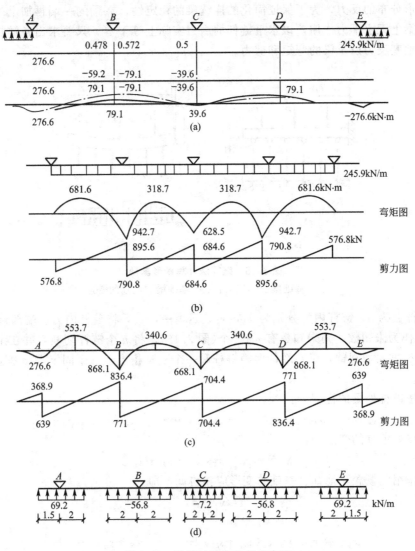

图 3.15 计算过程和结果示意图

2. 弹性地基上梁的方法

弹性地基上梁的方法是将条形基础视为地基上的梁，考虑基础与地基的相互作用，对梁进行解答。具体的计算方法很多，但基本上按两种途径。一种是考虑不同的地基模型的地基上梁的解法，如文克勒地基模型、弹性半空间地基模型等。另一种是寻求简化的方法求解，做一些适当的假设后，建立解析关系，采用数值法（例如有限差分法、有限单元法）求解；也可对计算图式进行简化，例如链杆法等。

1）链杆法

其基本思路是：将连续支承于地基上的梁简化为用有限个链杆支承于地基上的梁，如图 3.16 所示。即将无穷个支点的超静定问题转化为支承在若干个弹性支座上的连续梁，因而可用结构力学方法求解。链杆起联系基础与地基的作用，通过链杆传递竖向力。每根刚性链杆的作用力，代表一段接触面积上地基反力的合力，因此将连续分布的地基反力简化为阶梯形分布的反力，为了保证简化的连续梁的稳定性，在梁的一端再加上一根水平链杆，如果梁上无水平力作用，该水平链杆的内力实际上等于零。只要求出各链杆内力，就可以求得地基反力以及梁的弯矩和剪力。

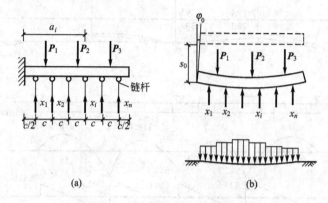

图 3.16　链杆法计算条形基础

(a) 基础梁的作用力；(b) 基础梁和地基的变形

设链杆数为 n，链杆内力分别为 x_1，x_2，x_3，$\cdots$，x_n，将链杆内力、端部转角 φ_0 和竖向位移 s_0 作为未知数，则未知数有 $n+2$ 个 (图 3.16)。将 n 个链杆切断，并在梁端竖向加链杆，在 φ_0 方向加刚臂，梁左端的两根链杆和一个刚臂相当于一个固定端，基本体系就成为悬臂梁。

第 k 根链杆处梁的挠度为：

$$\Delta_{bk} = -x_1\omega_{k1} - x_2\omega_{k2} - \cdots - x_i\omega_{ki} - \cdots - x_n\omega_{kn} + s_0 + a_k\varphi_0 + \Delta_{kp} \qquad (3-32)$$

相应点处地基的变形为：

$$\Delta_{sk} = x_1 s_{k1} + x_2 s_{k2} + x_i s_{ki} + x_n s_{kn} \qquad (3-33)$$

根据共同作用的概念，地基、基础的变形应相协调，即

$$\Delta_{bk} = \Delta_{sk} \qquad (3-34)$$

故有

$$x_1(\omega_{k1} + s_{k1}) + x_2(\omega_{k2} + s_{k2}) + \cdots + x_i(\omega_{ki} + s_{ki}) + \cdots +$$
$$x_n(\omega_{kn} + s_{kn}) - s_0 - a_k\varphi_0 - \Delta_{kp} = 0 \qquad (3-35)$$

或

$$x_1\delta_{k1} + x_2\delta_{k2} + \cdots + x_i\delta_{ki} + x_n\delta_{kn} - s_0 - a_k\varphi_0 - \Delta_{kp} = 0 \qquad (3-36)$$

式中　ω_{ki}——链杆 i 处作用以单位力，在链杆 k 处引起梁的挠度；

s_{ki}——链杆 i 处作用以单位力，在链杆 k 处地基表面的竖向变形；

a_k——梁的固端与链杆 k 的距离；

Δ_{kp}——外荷载作用下，链杆 k 处的挠度。

以上可建立 n 个方程，此外，按静力平衡条件还可建立两个方程，即

$$-\sum_{i=1}^{n} x_i + \sum P_i = 0 \qquad (3-37)$$

$$-\sum_{i=1}^{n} x_i a_i + \sum M_i = 0 \qquad (3-38)$$

式中　$\sum P_i$——全部竖向荷载之和；

$\sum M_i$——全部外荷载对固端力矩之和。

共有 $n+2$ 个方程，$n+2$ 个未知数，从而可求出 x_i，将 x_i 除以相应区段的基底面积 bc，则可得该区段单位面积上地基反力值 $p_i=x_i/bc$，利用静力平衡条件即可得梁的剪力及弯矩。

2）有限单元法

限于篇幅，本节仅以结构力学为基础，简要介绍地基上梁的矩阵位移法原理。

设有一长为 l、宽为 b 的梁，将梁以 1，2，3，…，n，$n+1$ 为节点，分成 n 个梁单元，如图 3.17 所示。每个单元有 i、j 两个节点（图 3.18），每个节点有两个自由度，分别为竖向变位 ω 和角位移 θ，相应的节点力为剪力 Q 和弯矩 M。在对梁划分为 n 个单元的同时，地基也被相应地分割成 n 个子域，其长度 a_i 为 i 节点相邻梁单元长度的一半，即 $a_i=(l_{i-1}+l_i)/2$。如果假设每个子域的地基反力 p_i 为均匀分布，则每个子域地基反力的合力记为 $R_i=a_ib_ip_i$，该集中力 R_i 作用于 i 节点上，梁单元节点力 F_e 与节点位移 δ_e 之间的关系表示为

$$F_e=k_e\delta_e \tag{3-39}$$

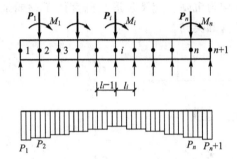

图 3.17 基础梁的有限单元划分

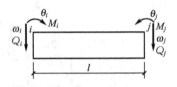

图 3.18 梁的单元

其中

$$k_e=\frac{EI}{l^2}\begin{pmatrix} 12 & 6l & -12 & 6l \\ 6l & 4l^2 & -6l & 2l^2 \\ -12 & -6l & 12 & 6l \\ 6l & 2l^2 & -6l & 4l^2 \end{pmatrix}$$

称为梁的单元刚度矩阵。

将所有的梁单元刚度矩阵集合成梁的整体刚度矩阵 K，同时将单元荷载列向量集合成总荷载列向量 F，单元节点位移集合成位移列向量 U，于是梁的整体平衡方程表示为

$$F=KU \tag{3-40}$$

其中荷载列向量包括梁上的外荷载 P 及地基反力 R 组成的向量。

$$P=\{P_1 \quad M_1 \quad P_2 \quad M_2 \quad \cdots \quad P_n \quad M_n\}^T \tag{3-41}$$

$$R=\{R_1 \quad O \quad R_2 \quad O \quad \cdots \quad R_n \quad O\}^T \tag{3-42}$$

$$F=P-R \tag{3-43}$$

上式中 R 的各元素可用梁的节点位移 s 表示，即引入文克勒地基模型 $p_i=k_is_i$。

$$S=\{S_1 \quad 0 \quad S_2 \quad 0 \quad \cdots \quad S_n \quad 0\}^T \tag{3-44}$$

$$R=K_sS \tag{3-45}$$

式中　K_s——地基刚度矩阵。

考虑地基沉降 S 与基础挠度 ω 之间的位移连续条件，即 $S=\omega$，将 ω 加入转角项增扩为位移列向量 U，式(3-44)和式(3-45)可写成

$$R=K_s U \tag{3-46}$$

将式(3-41)和式(3-42)等代入式(3-44)和式(3-45)，得梁与地基共同作用方程

$$(K+K_s)U=P \tag{3-47}$$

求解方程式(3-47)，便可得节点的挠度 ω_i 及转角 θ_i，代入式(3-39)即可求出节点处的弯矩和剪力。

3.4 柱下交叉条形基础

柱下交叉条形基础是由纵横两个方向的柱下条形基础所组成的一种空间结构，各柱位于两个方向基础梁的交叉节点处，如图 3.19 所示。其作用除可以进一步扩大基础底面积外，主要是利用其巨大的空间刚度以调整不均匀沉降。交叉条形基础宜用于软弱地基上柱距较小的框架结构，其构造要求与柱下条形基础类同。

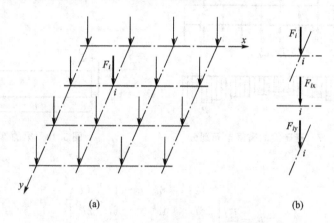

图 3.19　柱下十字交叉条形基础荷载分配示意图

(a) 轴线及竖向荷载；(b) 节点荷载分配

在初步选择交叉条形基础的底面积时，可假设地基反力为直线分布。如果所有荷载的合力对基底形心的偏心很小，则可认为基底反力是均布的。由此可求出基础底面的总面积，然后具体选择纵、横向各条形基础的长度和底面宽度。

要对交叉条形基础的内力进行比较仔细的分析是相当复杂的，目前常用的方法是简化计算法。

当上部结构具有很大的整体刚度时，可以像分析条形基础时那样，将交叉条形基础作为倒置的二组连续梁来对待，并以地基的净反力作为连续梁上的荷载。如果地基较软弱而均匀，基础刚度又较大，那么可以认为地基反力是直线分布的。

如果上部结构的刚度较小，则常采用比较简单的方法，把交叉节点处的柱荷载分配到纵横两个方向的基础梁上，待柱荷载分配后，把交叉条形基础分离为若干单独的柱下条形基础，并按照上节方法进行分析和设计。

确定交叉节点处柱荷载的分配值时，无论采用什么方法，都必须满足如下两个条件。

（1）静力平衡条件。各节点分配在纵、横基础梁上的荷载之和，应等于作用在该节点上的总荷载。

（2）变形协调条件。纵、横基础梁在交叉节点处的位移应相等。

为了简化计算，设交叉节点处纵、横梁之间为铰接。当一个方向的基础梁有转角时，另一个方向的基础梁内不产生扭矩；节点上两个方向的弯矩分别由同向的基础梁承担，一个方向的弯矩不致引起另一个方向基础梁的变形。这就忽略了纵、横基础梁的扭转。为了防止这种简化计算使工程出现问题，在构造上，于柱位的前后左右，基础梁都必须配置封闭型的抗扭箍筋（用 $\phi 10 \sim 12$），并适当增加基础梁的纵向配筋量。

如图 3.19 所示任一节点 i 上作用有竖向荷载 F_i，把 F_i 分解为作用于 x、y 方向基础梁上的 F_{ix}、F_{iy}。根据静力平衡条件：

$$F_i = F_{ix} + F_{iy} \tag{3-48}$$

对于变形协调条件，简化后，只要求 x、y 方向的基础梁在交叉节点处的竖向位移 w_{ix}、w_{iy} 相等：

$$\omega_{ix} = \omega_{iy} \tag{3-49}$$

如采用文克勒地基上梁的分析方法来计算 ω_{ix} 和 ω_{iy}，并忽略相邻荷载的影响，则节点荷载的分配计算就可大为简化。交叉条形基础的交叉节点类型可分为角柱、边柱和内柱三类。

下面给出节点荷载的分配计算公式。

1）角柱节点

如图 3.20(a) 所示为最常见的角柱节点，即 x、y 方向基础梁均可视为外伸半无限长梁，外伸长度分别为 x、y，故节点 i 的竖向位移可按式(3-26)求得：

$$\omega_{ix} = \frac{F_{ix}}{2kb_x S_x} Z_x \tag{3-50a}$$

$$\omega_{iy} = \frac{F_{iy}}{2kb_y S_y} Z_y \tag{3-50b}$$

$$S_x = \frac{1}{\lambda_x} = \sqrt[4]{\frac{4EI_x}{kb_x}} \tag{3-51a}$$

$$S_y = \frac{1}{\lambda_y} = \sqrt[4]{\frac{4EI_y}{kb_y}} \tag{3-51b}$$

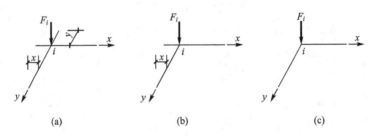

图 3.20　角柱节点

(a) 两方向有外伸；(b) x 方向有外伸；(c) 两方向无外伸

式中　b_x、b_y——分别为 x、y 方向基础的底面宽度；

　　　S_x、S_y——分别为 x、y 方向基础梁的特征长度；

λ_x、λ_y——分别为 x、y 方向基础梁的柔度特征值；

  k——地基的基床系数；

  E——基础材料的弹性模量；

I_x、I_y——分别为 x、y 方向基础梁的截面惯性矩。

Z_x（或 Z_y）是 $\lambda_x x$（或 $\lambda_y y$）的函数，可查表 3-4 或按式(3-25)计算，即

$$Z_x = 1 + e^{-2\lambda_x x}(1 + 2\cos^2\lambda_x x - 2\cos\lambda_x x \sin\lambda_x x) \tag{3-52}$$

根据变形协调条件 $\omega_{ix} = \omega_{iy}$，有：

$$\frac{Z_x F_{ix}}{b_x S_x} = \frac{Z_y F_{iy}}{b_y S_y}$$

将静力平衡条件 $F_i = F_{ix} + F_{iy}$ 代入上式，可解得：

$$F_{ix} = \frac{Z_y b_x S_x}{Z_y b_x S_x + Z_x b_y S_y} F_i \tag{3-53a}$$

$$F_{iy} = \frac{Z_x b_y S_y}{Z_y b_x S_x + Z_x b_y S_y} F_i \tag{3-53b}$$

上两式即为所求的交叉节点柱荷载分配公式。

表 3-4　Z_x 函数表

λx	Z_x	λx	Z_x	λx	Z_x
0	4.000	0.24	2.501	0.70	1.292
0.01	3.921	0.26	2.410	0.75	1.239
0.02	3.843	0.28	2.323	0.80	1.196
0.03	3.767	0.30	2.241	0.85	1.161
0.04	3.693	0.32	2.163	0.90	1.132
0.05	3.620	0.34	2.089	0.95	1.109
0.06	3.548	0.36	2.018	1.00	1.091
0.07	3.478	0.38	1.952	1.10	1.067
0.08	3.410	0.40	1.889	1.20	1.053
0.09	3.343	0.42	1.830	1.40	1.044
0.10	3.277	0.44	1.774	1.60	1.043
0.12	3.150	0.46	1.721	1.80	1.042
0.14	3.029	0.48	1.672	2.00	1.039
0.16	2.913	0.50	1.625	2.50	1.022
0.18	2.803	0.55	1.520	3.10	1.008
0.20	2.697	0.60	1.431	3.50	1.002
0.22	2.596	0.65	1.355	≥4.00	1.000

对图 3.20(b)，$y=0$，$Z_y=4$，分配公式成为：

$$F_{ix} = \frac{4b_x S_x}{4b_x S_x + Z_x b_y S_y} F_i \tag{3-53c}$$

$$F_{iy} = \frac{Z_x b_y S_y}{4b_x S_x + Z_x b_y S_y} F_i \qquad (3-53d)$$

对无外伸的角柱节点 [图 3.20(c)]，$Z_x = Z_y = 4$，分配公式为：

$$F_{ix} = \frac{b_x S_x}{b_x S_x + b_y S_y} F_i \qquad (3-53e)$$

$$F_{iy} = \frac{b_y S_y}{b_x S_x + b_y S_y} F_i \qquad (3-53f)$$

2）边柱节点

对如图 3.21(a) 所示的边柱节点，y 方向梁为无限长梁，即 $y = \infty$，$Z_y = 1$，故得：

$$F_{ix} = \frac{b_x S_x}{b_x S_x + Z_x b_y S_y} F_i \qquad (3-54a)$$

$$F_{iy} = \frac{Z_x b_y S_y}{b_x S_x + Z_x b_y S_y} F_i \qquad (3-54b)$$

对图 3.21(b)，$Z_y = 1$，$Z_x = 4$，从而：

$$F_{ix} = \frac{b_x S_x}{b_x S_x + 4b_y S_y} F_i \qquad (3-54c)$$

$$F_{iy} = \frac{4b_y S_y}{b_x S_x + 4b_y S_y} F_i \qquad (3-54d)$$

3）内柱节点

对内柱节点（图 3.22），$Z_x = Z_y = 1$，故得：

$$F_{ix} = \frac{b_x S_x}{b_x S_x + b_y S_y} F_i \qquad (3-55a)$$

$$F_{iy} = \frac{b_y S_y}{b_x S_x + Z_x b_y S_y} F_i \qquad (3-55b)$$

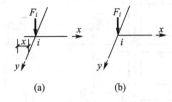

图 3.21 边柱节点　　　　　　　图 3.22 内柱节点

（a）x 方向有外伸；（b）两方向无外伸

当交叉条形基础按纵、横向条形基础分别计算时，节点下的底板面积（重叠部分）被使用了两次。若各节点下重叠面积之和占基础总面积的比例较大，则设计可能偏于不安全。对此，可通过加大节点荷载的方法加以平衡。调整后的节点竖向荷载为：

$$F'_{ix} = F_{ix} + \Delta F_{ix} = F_{ix} + \frac{F_{ix}}{F_i} \Delta A_i p_j \qquad (3-56a)$$

$$F'_{iy} = F_{iy} + \Delta F_{iy} = F_{iy} + \frac{F_{iy}}{F_i} \Delta A_i p_j \qquad (3-56b)$$

式中　　p_j——按交叉条形基础计算的基底净反力；

ΔF_{ix}、ΔF_{iy}——分别为 i 节点在 x、y 方向的荷载增量；

ΔA_i——i 节点下的重叠面积。

按下述节点类型计算：

① 第Ⅰ类型［图 3.20(a)、图 3.21(a)、图 3.22］：$\Delta A_i = b_x b_y$。

② 第Ⅱ类型［图 3.20(b)、图 3.21(b)］：$\Delta A_i = \dfrac{1}{2} b_x b_y$。

③ 第Ⅲ类型［图 3.20(c)］：$\Delta A_i = 0$。

对于第Ⅱ类型的节点，认为横向梁只伸到纵向梁宽度的一半处，故重叠面积只取交叉面积的一半。

【例 3.4】 在如图 3.23 所示交叉条形基础中，已知节点竖向集中荷载 $F_1 = 1300\text{kN}$，$F_2 = 2000\text{kN}$，$F_3 = 2200\text{kN}$，$F_4 = 1500\text{kN}$，地基基床系数 $k = 5000\text{kN/m}^3$，基础梁 L_1 和 L_2 的抗弯刚度分别为 $EI_1 = 7.40 \times 10^5 \text{kN} \cdot \text{m}^2$，$EI_2 = 2.93 \times 10^5 \text{kN} \cdot \text{m}^2$。试对各节点荷载进行分配。

【解】 基础梁 L_1：

$$\lambda_1 = \sqrt[4]{\frac{kb_1}{4EI_1}} = \sqrt[4]{\frac{5000 \times 1.4}{4 \times 7.40 \times 10^5}} = 0.221\text{m}^{-1}$$

$$S_1 = \frac{1}{\lambda_1} = \frac{1}{0.221} = 4.53\text{m}$$

基础梁 L_2：

$$\lambda_2 = \sqrt[4]{\frac{kb_2}{4EI_2}} = \sqrt[4]{\frac{5000 \times 0.85}{4 \times 2.93 \times 10^5}} = 0.245\text{m}^{-1}$$

$$S_2 = \frac{1}{\lambda_2} = \frac{1}{0.245} = 4.08\text{m}$$

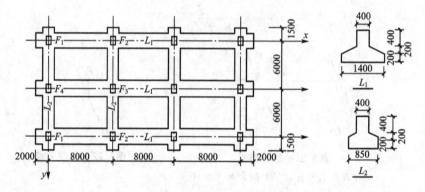

图 3.23 例 3.4 图

荷载分配：

(1) 角柱节点。

对 L_1：$\lambda_1 x = 0.221 \times 2 = 0.442$，查表 3-4，得 $Z_x = 1.769$。

对 L_2：$\lambda_2 y = 0.245 \times 1.5 = 0.368$，查表 3-4，得 $Z_y = 1.992$。

按式（3-53a，b），得：

$$F_{1x} = \frac{Z_y b_1 S_1}{Z_y b_1 S_1 + Z_x b_2 S_2} F_1$$

$$= \frac{1.992 \times 1.4 \times 4.53}{1.992 \times 1.4 \times 4.53 + 1.769 \times 0.85 \times 4.08} \times 1300 = 875\text{kN}$$

$$F_{1y} = \frac{Z_x b_2 S_2}{Z_y b_1 S_1 + Z_x b_2 S_2} F_1$$

$$= \frac{1.769 \times 0.85 \times 4.08}{1.992 \times 1.4 \times 4.53 + 1.769 \times 0.85 \times 4.08} \times 1300 = 425 \text{kN}$$

或
$$F_{1y} = F_1 - F_{1x} = 1300 - 875 = 425 \text{kN}$$

（2）边柱节点。

按式（3-54a，b）计算。对 F_2：$Z_x = 1$，$Z_y = 1.992$；对 F_4：$Z_x = 1.769$，$Z_y = 1$，故得

$$F_{2x} = \frac{1.992 \times 1.4 \times 4.53}{1.992 \times 1.4 \times 4.53 + 1 \times 0.85 \times 4.08} \times 2000 = 1569 \text{kN}$$

$$F_{2y} = \frac{1 \times 0.85 \times 4.08}{1.992 \times 1.4 \times 4.53 + 1 \times 0.85 \times 4.08} \times 2000 = 431 \text{kN}$$

$$F_{4x} = \frac{1 \times 1.4 \times 4.53}{1 \times 1.4 \times 4.53 + 1.769 \times 0.85 \times 4.08} \times 1500 = 762 \text{kN}$$

$$F_{4y} = \frac{1.769 \times 0.85 \times 4.08}{1 \times 1.4 \times 4.53 + 1.769 \times 0.85 \times 4.08} \times 1500 = 738 \text{kN}$$

（3）内柱节点。

此时 $Z_x = Z_y = 1$，故

$$F_{3x} = \frac{b_1 S_1}{b_1 S_1 + b_2 S_2} F_3 = \frac{1.4 \times 4.53}{1.4 \times 4.53 + 0.85 \times 4.08} \times 2200 = 1422 \text{kN}$$

$$F_{3y} = \frac{b_2 S_2}{b_1 S_1 + b_2 S_2} F_3 = \frac{0.85 \times 4.08}{1.4 \times 4.53 + 0.85 \times 4.08} \times 2200 = 778 \text{kN}$$

分配后还需进行调整，其具体方法略。

3.5 筏形基础与箱形基础

筏形基础（图 3.24）与箱形基础（图 3.25～图 3.26）常用于高层建筑，其设计计算包括地基计算、内力分析、强度计算以及构造要求等方面。

图 3.24　某工程筏形基础（满堂基础）

图 25　某基坑基础底板局部浇捣完毕

图 3.26　某工程浇筑箱形基础底板

　　筏形基础和箱形基础的选型应根据场地工程地质条件、上部结构体系、柱距、荷载大小以及施工条件等因素综合确定。其平面尺寸，应根据地基土的承载能力、上部结构的布置及荷载分布等因素按计算确定；在上部结构荷载和基础自重的共同作用下，按正常使用极限状态下的荷载效应标准组合时，基底压力平均值 p_k 及基底边缘的最大压力值 p_{kmax} 和修正后的地基持力层承载力特征值 f_a 之间应满足以下条件。

　　非地震区轴心荷载作用时，应满足：

$$p_k \leqslant f_a \tag{3-57}$$

　　非地震区偏心荷载作用时，除符合式(3-57)外，尚应满足：

$$p_{kmax} \leqslant 1.2 f_a \tag{3-58}$$

　　在地震区，p_k 及 p_{kmax} 应为按地震效应标准组合的基础底面平均压力和基底边缘最大压力值，要求满足：

$$p_k \leqslant f_{aE} \tag{3-59}$$

$$p_{kmax} \leqslant 1.2 f_{aE} \tag{3-60}$$

式中　f_{aE}——调整后的地基抗震承载力特征值(kPa)，$f_{aE} = \xi_a f_a$；

　　　ξ_a——地基抗震承载力调整系数，应用时按《建筑抗震设计规范》(GB 50011—2010)(以下简称《抗震规范》)中的有关规定采用。

　　验算时，除了符合式(3-57)~式(3-60)的要求外，对非抗震设防的高层建筑物，按《高层建筑箱形与筏形基础技术规范》(JGJ 6—2011)(以下简称《箱形与筏形基础规范》)的规定，还应满足 $p_{kmin} \geqslant 0$；对抗震设防的高层建筑物，按《抗震规范》的规定，当高宽比大于 4 时，在地震作用下基础底面不宜出现拉应力；对其他建筑，基础底面和地基土之间零应力区面积不应超过基础底面面积的 15%。其中的 p_{kmin} 为荷载效应标准组合时基底边缘的最小压力值或考虑地震效应组合后基底边缘的最小压力值。

　　式(3-57)~式(3-60)中的基底压力可按直线分布时的简化公式计算；同时还必须满足下卧层土体承载力及地基变形的要求。平面布置时，应尽量使筏形基础底面形心与结构竖向永久荷载合力作用点重合。若偏心距较大，可通过调整筏板基础外伸悬挑跨度的办法进行调整，不同的边缘部位，采用不同的悬挑长度，应尽量使其偏心效应最小；对单幢建筑物，当地基土比较均匀时，在荷载效应准永久组合下，偏心距 e 宜符合下式要求：

$$e \leqslant 0.1W/A \tag{3-61}$$

式中　W——与偏心距方向一致的基础底面边缘抵抗矩(m^3)；

　　　A——基础底面面积(m^2)。

3.5.1 筏形基础

当上部结构荷载过大，采用柱下交叉梁基础不能满足地基承载力要求或虽能满足要求，但基底间净距很小，或需加强基础刚度时，可考虑采用筏形基础，即将柱下交叉梁式基础基底下所有的底板连在一起，形成筏形基础，也称筏片基础、满堂或满堂红基础，如图3.27所示。它既可用于墙下，也可用于柱下。当建筑物开间尺寸不大，或柱网尺寸较小以及对基础的刚度要求不是很高时，为便于施工，可将其做成一块等厚度的钢筋混凝土平板，即平板式筏形基础，板上若带有梁，则称为梁板式或肋梁式筏形基础。筏形基础自身刚度较大，可有效地调整建筑物的不均匀沉降，特别是结合地下室，对提高地基承载力极为有利。

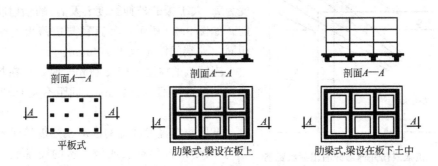

剖面A—A　　　　剖面A—A　　　　剖面A—A

平板式　　　　肋梁式,梁设在板上　　　　肋梁式,梁设在板下土中

图 3.27　筏板式基础示意图

1. 构造要求

筏形基础的板厚应按受冲切和受剪承载力计算确定。平板式筏基的最小板厚不宜小于400mm，当柱荷载较大时，可将柱位下筏板局部加厚或增设柱墩，也可采用设置抗冲切箍筋来提高受冲切承载能力。12层以上建筑的梁板式筏基的板厚不应小于400mm，且板厚与最大双向板格的短边净跨之比不应小于1/14。梁板式筏基的肋梁除应满足正截面受弯及斜截面受剪承载力外，还须验算柱下肋梁顶面的局部受压承载力。肋梁与柱或剪力墙的连接构造如图3.28所示。

在一般情况下，筏形基础底板边缘应伸出边柱和角柱外侧包线或侧墙以外，伸出长度宜不大于伸出方向边跨柱距的1/4，无外伸肋梁的底板，其伸出长度一般不宜大于1.5m。双向外伸部分的底板直角应削成钝角。

考虑到整体弯曲的影响，筏基的配筋除满足计算要求外，对梁板式筏基，纵横方向的支座钢筋应有1/3～1/2贯通全跨，且配筋率不应小0.15%；跨中钢筋应按计算配筋全部连通。对平板式筏基，柱下板带和跨中板带的底部钢筋应有1/3～1/2贯通全跨，且配筋率不应小于0.15%；顶部钢筋按计算配筋全部连通。

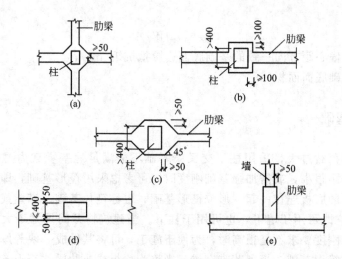

图 3.28 肋梁与柱或剪力墙的连接构造

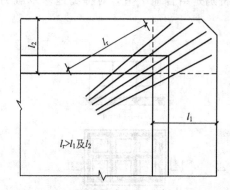

图 3.29 筏板双向外伸部分的辐射状配筋

筏板边缘的外伸部分应上下配置钢筋。对无外伸肋梁的双向外伸部分，应在板底配置内锚长度为 l_r（大于板的外伸长度 l_1 及 l_2）的辐射状附加钢筋，如图 3.29 所示，其直径与边跨板的受力钢筋相同，外端间距不大于 200mm。

当筏板的厚度大于 2000mm 时，宜在板厚中间部位设置直径不小于 12mm、间距不大于 300 mm 的双向钢筋网。

高层建筑筏形基础的混凝土强度等级不应低于 C30。对于设置架空层或地下室的筏基底板肋梁及侧壁，所用混凝土的抗渗等级不应小于 0.6MPa。

2. 内力计算

筏板基础的设计方法也可分为简化计算法和弹性地基板法两种。简化计算法假定基底压力呈直线分布，适用于筏板相对地基刚度较大的情况。当上部结构刚度很大时可用倒梁法或倒楼盖法，当上部结构为柔性结构时可用静定分析法。弹性地基板法考虑地基与基础共同工作，用地基上的梁板分析方法来求解，一般用在地基比较复杂、上部结构刚度较差，或柱荷载及柱间距变化较大时。

1）简化计算方法

筏板基础的简化计算法分倒梁法、倒楼盖法和静定分析法三种。简化计算方法采用基底压力呈直线分布的假设，要求基础具有足够的相对刚度，筏板基础的挠曲不会改变基础的接触压力。当满足 $\lambda l_m \leqslant 1.75$ 时（l_m 为平均柱距），可认为板是绝对刚性的。

筏板基础底面尺寸的确定和沉降计算与扩展式基础相同。对于高层建筑下的筏板基础，基底尺寸还应满足 $p_{min} \geqslant 0$ 的要求，在沉降计算中应考虑地基土回弹再压缩的影响，筏板基础的基底净反力分布为

$$p_{j(x,y)} = \frac{\sum F}{A} \pm \frac{F e_y}{I_x} y \pm \frac{F e_x}{I_y} x \qquad (3-62)$$

式中 e_x、e_y——荷载合力在 x、y 形心轴方向的偏心距；

I_x、I_y——对 x、y 轴的截面惯性矩。

（1）倒梁法。该法把筏板划分为独立的条带，条带宽度为相邻柱列间跨中到跨中的距离，如图 3.30 所示。忽略条带间的剪力传递，则条带下的基底净线反力为

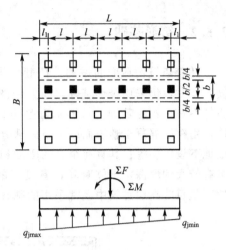

$$\genfrac{}{}{0pt}{}{q_{jmax}}{q_{jmin}} = \frac{\sum F}{L} \pm \frac{6\sum M}{L^2} \qquad (3-63)$$

式中 $\sum F$——本条带自身的柱荷载之和；

$\sum M$——荷载对条带中心的合力矩。

然后采用倒梁法计算。可以采用经验系数，例如对均布线荷载 q，支座弯矩取 $ql^2/10$，跨中弯矩取 $1/12\sim1/10\,ql^2$（l 为跨中取柱距，支座取相邻柱距平均值）。计算弯矩的 2/3 由中间 $b/2$ 宽度的板带承受，两边 $b/4$ 宽的板带则各承受 1/6 的计算弯矩，并按此分配的弯矩配筋。

图 3.30 倒梁法计算筏板基础

（2）倒楼盖法。当地基比较均匀、上部结构刚度较好，梁板式筏基梁的高跨比或平板式筏基板的厚跨比不小于 1/6，且柱荷载及柱间距的变化不超过 20% 时，可采用倒楼盖法计算。此时以柱脚为支座，荷载则为直线分布的地基净反力。此时，平板式筏板按倒无梁楼盖计算，可参照无梁楼盖方法截取柱下板带和跨中板带进行计算。柱下板带中在柱宽及其两侧各 0.5 倍板厚且不大于 1/4 板跨的有效宽度范围内的钢筋配置量不应小于柱下板带钢筋的一半，且应能承受作用在冲切临界截面重心上的部分不平衡弯矩 $\alpha_m M$ 的作用，如图 3.31 所示，其中 M 是作用在冲切临界截面重心上的不平衡弯矩，α_m 是不平衡弯矩传至冲切临界截面周边的弯曲应力系数，均可按《箱形与筏形基础规范》的方法计算。梁板式筏板则根据肋梁布置的情况按倒双向板楼盖或倒单向板楼盖计算，其中底板分别按连续的双向板或单向板计算，肋梁均按多跨连续梁计算，但求得的连续梁边跨跨中弯矩以及第一内支座的弯矩宜乘以 1.2 的系数。

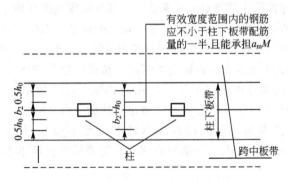

图 3.31 柱两侧有效宽度范围示意图

2）弹性地基板法

当地基比较复杂、上部结构刚度较差，或柱荷载及柱距变化较大时，筏基内力宜按弹

性地基板法进行分析。对于平板式筏基，可用有限差分法或有限单元法进行分析；对于梁板式筏基，则先划分肋梁单元和薄板单元，然后以有限单元法进行分析。

3.5.2 箱形基础

随着建筑物高度的增加，荷载增大。为满足基础刚度要求，往往需要很大的筏板厚度，此时，仍采用筏形基础，尚欠经济合理，故可考虑采用如图 3.32 所示空心的空间受力体系——箱形基础。箱形基础是由顶板、底板、内墙、外墙等组成的一种空间整体结构，由钢筋混凝土整浇而成，空间部分可结合建筑物的使用功能设计成地下室、地下车库或地下设备层等；其具有很大的刚度和整体性，能有效地调整基础的不均匀沉降，由于它具有较大的埋深，土体对其具有良好的嵌固与补偿效应，因而具有较好的抗震性和补偿性，是目前高层建筑中经常采用的基础类型之一。

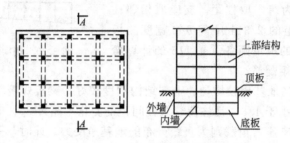

图 3.32　箱形基础组成示意图

1. 箱形基础的构造

箱形基础的内、外墙应沿上部结构柱网和剪力墙纵横均匀布置，墙体水平截面总面积不宜小于箱形基础外墙外包尺寸的水平投影面积的 1/10。对基础平面长宽比大于 4 的箱形基础，其纵墙水平截面面积不得小于箱形基础外墙外包尺寸水平投影面积的 1/18。

箱形基础的高度应满足结构承载力、整体刚度和使用功能的要求，其值不宜小于箱形基础长度(不包括底板悬挑部分)的 1/20，并不宜小于 3m。

箱基的埋置深度应根据建筑物对地基承载力、基础倾覆及滑移稳定性、建筑物整体倾斜以及抗震设防烈度等的要求确定，一般可取等于箱基的高度，在抗震设防区不宜小于建筑物高度的 1/15。高层建筑同一结构单元内的箱形基础埋深宜一致，且不得局部采用箱形基础。

箱基顶、底板及墙身的厚度应根据受力情况、整体刚度及防水要求确定。一般底板厚度不应小于 300mm、外墙厚度不应小于 250mm、内墙厚度不应小于 200mm。顶、底板厚度应满足受剪承载力验算的要求，底板尚应满足受冲切承载力的要求。

墙体内应设置双面钢筋，竖向和水平钢筋的直径不应小于 10mm，间距不应大于 200mm。除上部为剪力墙外，内、外墙的墙顶处宜配置两根直径不小于 20mm 的通长构造钢筋。

门洞宜设在柱间居中部位，洞边至上层柱中心的水平距离不宜小于 1.2m，洞口上过梁的高度不宜小于层高的 1/5，洞口面积不宜大于柱距与箱形基础全高乘积的 1/6。墙体洞口四周应设置加强钢筋。箱基的混凝土强度等级不应低于 C20，抗渗等级不应小于 0.6MPa。

2. 简化计算

箱形基础的内力分析实质上是一个求解地基、基础与上部结构相互作用的课题。由于箱形基础本身是一个复杂的空间体系，要严格分析仍有不少困难，因此，目前采用的分析方法是根据上部结构整体刚度的强弱选择不同的简化计算方法。

(1) 当地基压缩层深度范围内的土层在竖向和水平方向较均匀、且上部结构是平立面布置较规则的剪力墙、框架、框架-剪力墙体系时，箱基的相对挠曲值很小。这时把上部结构看成绝对刚性，只按局部弯曲计算箱基顶、底板。即顶板以实际荷载（包括板自重）按普通楼盖计算；底板以直线分布的基底净反力（计入箱基自重后扣除底板自重所余的反力）按倒楼盖计算。顶、底板钢筋配置量除满足局部弯曲的计算要求外，纵横方向的支座钢筋尚应有 $1/2 \sim 1/3$ 贯通全跨，且贯通钢筋的配筋率分别不应小于 0.15% 和 0.10%；跨中钢筋应按实际配筋全部连通。

基底反力可按《箱形与筏形基础规范》推荐的地基反力系数表确定，该表是根据实测反力资料经研究整理编制的。对黏性土和砂土地基，基底反力分布呈现边缘大、中部小的规律，但对软土地基，沿箱形基础纵向的反力分布成马鞍形，而沿横向则为抛物线形，如图 3.33 所示。软土地基的这种反力分布特点与其抗剪强度较低、塑性区开展范围较大且箱形基础的宽度比长度小得多有关。

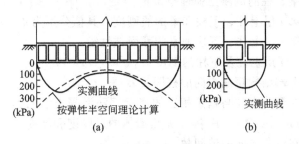

图 3.33　某箱形基础基底反力实测分布图
(a)纵横面；(b)横截面

(2) 对不符合上述条件的箱形基础，应同时考虑局部弯曲及整体弯曲的作用。计算底板的局部弯矩时，考虑到底板周边与墙体连接产生的推力作用，以及实测结果表明基底反力有由纵、横墙所分出的板格中部向四周墙下转移的现象，底板局部弯曲产生的弯矩应乘以 0.8 的折减系数。

计算箱形基础的整体弯曲时，将箱形基础视为一块空心的厚板，沿纵、横两个方向分别进行单向受弯计算，荷载及地基反力均重复使用一次。先将箱基沿纵向（长度方向）作为梁，用静定分析法可计算出任一横截面上的总弯矩 M_x 和总剪力 V_x，并假定它们沿截面均匀分布。同样的，再沿横向将箱基作为梁计算出 M_y、V_y。弯矩 M_x 和 M_y 使顶、底板在两个方向均处于轴向受压或轴向受拉状态，压力或拉力值分别为 $C_x=T_x=M_x/z$、$C_y=T_y=M_y/z$，如图 3.34 所示；剪力 V_x 和 V_y 则分别由箱基的纵墙和横墙承受。

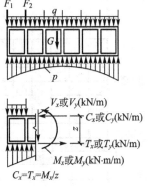

图 3.34　箱形基础整体弯曲时在顶板和底板内引起的轴向力

显然，按上述方法算得的箱基整体弯曲应力是偏大的，因为把箱基当作梁沿两个方向分别计算时荷载并未折减，同时在按静定分析法计算内力时也未考虑上部结构刚度的影响。对后一因素，可采用 G. G. 迈耶霍夫（Meyerhof，1953）提出的"等代刚度梁法"将 M_x、M_y 分别予以折减，具体计算公式如下：

$$M_F = \frac{E_F I_F}{E_F I_F + E_B I_B} \cdot M \qquad (3-64)$$

式中　　M_F——折减后箱基所承受的整体弯矩；

$\quad\quad M$——不考虑上部结构刚度影响时，箱基整体弯曲产生的弯矩，即上述的 M_x 或 M_y；

$\quad\quad E_F I_F$——箱基的抗弯刚度，其中 E_F 为箱基混凝土的弹性模量、I_F 为按工字形截面计算的箱基截面惯性矩，工字形截面的上、下翼缘宽度分别为箱基顶、底板的全宽，腹板厚度为在弯曲方向的墙体厚度的总和；

$\quad\quad E_B I_B$——上部结构的总折算刚度，按下式计算。

$$E_B I_B = \sum_{i=1}^{n} \left[E_b I_{bi} \left(1 + \frac{K_{ui} + K_{li}}{2K_{bi} + K_{ui} + K_{li}} m^2 \right) \right] + E_w I_w \qquad (3-65)$$

式中　　　　E_B——梁、柱的混凝土弹性模量；

K_{ui}、K_{li}、K_{bi}——第 i 层上柱、下柱和梁的线刚度，其值分别为 I_{ui}/h_{ui}、I_{li}/h_{li}、I_{bi}/l；

I_{ui}、I_{li}、I_{bi}——第 i 层上柱、下柱和梁的截面惯性矩；

h_{ui}、h_{li}——第 i 层上柱及下柱的高度；

$\quad\quad l$——上部结构弯曲方向的柱距；

$\quad\quad E_w I_w$——在弯曲方向与箱基相连的连续钢筋混凝土墙的弹性模量和截面惯性矩，$I_w = th^3/12$，其中 t、h 为墙体的总厚度和高度；

$\quad\quad m$——在弯曲方向的节间数；

$\quad\quad n$——建筑物层数，不大于 8 层时，n 取实际楼层数；大于 8 层时，n 取 8。

上式适用于等柱距的框架结构，对柱距相差不超过 20% 的框架结构也适用，此时，l 取柱距的平均值。式(3-65)中符号示意如图 3.35 所示。

将整体弯曲和局部弯曲两种计算结果相叠加，使得顶、底板成为压弯或拉弯构件，最后据此进行配筋计算。

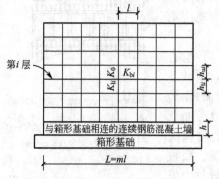

第 i 层

与箱形基础相连的连续钢筋混凝土墙

箱形基础

$L=ml$

图 3.35　式(3-65)中符号示意

除箱基顶、底板的受弯计算外，尚需要计算的主要内容有以下几部分。

（1）底板的厚度应满足抗剪切和抗冲切的要求。

（2）纵、横墙体抗剪切验算。

（3）外墙和承受水平荷载的内墙的抗弯计算，可将墙身视为顶、底部固定的多跨连续板。外墙除承受上部结构的荷载外，还承受周围土体的静止土压力和静水压力等水平荷载作用。

（4）洞口上、下过梁计算。以上内容可按《箱形与筏形基础规范》的规定进行计算。

本 章 小 结

常用的连续基础有柱下条形基础、十字交叉基础、筏形基础和箱形基础。这类基础具有优良的结构特征，可将上部结构荷载均衡地传给地基，有效地调整或减小建筑物的不均匀沉降和总沉降，适合作为各种地质条件复杂、建设规模大、层数多、结构复杂的建筑物基础。

连续基础一般可看成是地基上的受弯构件——梁或板。它们的挠曲特征、基底反力和截面内力分布都与地基、基础以及上部结构的相对刚度特征有关。工程应用时，无论哪种连续基础，均可按简化方法进行计算，如弹性地基上梁的分析法、倒梁法和静定分析法等，必须注意的是，根据简化方法计算得到的内力值均应根据基础实际受力情况进行适当的调整，并应符合构造要求。

习 题

1. 简答题

（1）柱下条形基础的适用范围是什么？

（2）文克勒地基上梁的挠曲线微分方程是怎样建立的？

（3）集中荷载及集中力偶作用下，弹性地基梁的挠曲变形有何特征，受哪些因素影响？

（4）什么是有限长梁的边界条件力？为什么要施加该力系？

（5）静定分析法与倒梁法分析柱下条形基础纵向内力有何差异？各适用什么条件？

（6）柱下十字交叉梁基础节点荷载怎样分配？为什么要进行调整？

（7）何谓筏形基础？适用于什么范围？计算上与前述的柱下独立基础、柱下条形基础有何不同？

（8）什么是箱形基础？适用于什么条件？与前述的独立基础、条形基础相比有何特点？

（9）筏形基础、箱形基础有哪些构造要求？如何进行内力及结构计算？

2. 选择题

（1）柔性基础在均布荷载作用下，基底反力分布呈（　　）。

A. 均匀分布　　　　　　　　　　　　B. 中间大、两端小

C. 中间小、两端大　　　　　　　　　D. 马鞍形分布

（2）框架结构属于（　　）。

A. 柔性结构　　　B. 刚性结构　　　C. 敏感性结构　　　D. 不敏感结构

（3）下列说法中，（　　）是错误的。

A. 柱下条形基础按倒梁法计算时两边跨要增加配筋量，其原因是考虑基础的架越

作用

B. 基础架越作用的强弱仅取决于基础本身的刚度

C. 框架结构对地基不均匀沉降较为敏感

D. 地基压缩性是否均匀对连续基础的内力影响甚大

（4）Winkler 地基上梁的计算中，当 $\lambda l = \pi/2$ 时，该梁属于（　　）。

A. 刚性梁　　　　　B. 柔性梁　　　　　C. 短梁　　　　　D. 有限长梁

（5）在文克勒地基上梁的计算中，特征长度 $1/\lambda$ 越大，则梁的刚度（　　）。

A. 相对于地基的刚度越大　　　　　B. 相对于地基的刚度越小

C. 无影响

3. 计算题

（1）某过江隧道底面宽度为 33m，隧道 A、B 段下的土层分布依次为：A 段，粉质黏土，软塑，厚度为 2m，$E_s = 4.2$MPa，其下为基岩；B 段，黏土，硬塑，厚度为 12m，$E_s = 18.4$MPa，其下为基岩。试分别计算 A、B 段的地基基床系数，并比较计算结果。

（2）如图 3.36 中承受集中荷载的钢筋混凝土条形基础的抗弯刚度 $EI = 2 \times 10^6$ kN·m²，梁长 $l = 10$m，底面宽度 $b = 2$m，基床系数 $k = 4199$kN/m³，试计算基础中的 C 的挠度、弯矩和基底净反力。

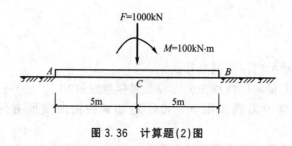

图 3.36　计算题(2)图

（3）十字交叉梁基础，某中柱节点承受荷载 $P = 2000$kN，一个方向基础宽度 $b_x = 1.5$m，抗弯刚度 $EI_x = 750$MPa·m⁴，另一个方向基础宽度 $b_y = 1.2$m，抗弯刚度 $EI_y = 500$MPa·m⁴，基床系数 $k = 4.5$MN/m³。试计算两个方向分别承受的荷载 P_x、P_y。

第**4**章
桩 基 础

主要讲述桩的类型、单桩竖向承载力的确定、单桩水平承载力的确定、桩身结构设计和群桩基础设计。通过本章学习，应达到以下目标：

(1) 了解桩基础的设计内容、步骤和方法；

(2) 掌握桩基础竖向和水平承载力计算方法；

(3) 掌握桩基础的沉降计算；

(4) 掌握承台的设计计算。

教学要求

知识要点	能力要求	相关知识
竖向承载力计算	(1) 掌握单桩竖向承载力特征值的确定 (2) 理解负摩阻力的概念及分布特征 (3) 了解单桩抗拔承载力特征值的确定	(1) 单桩竖向静载试验法 (2) 经验参数法 (3) 静力触探法
水平承载力计算	(1) 掌握单桩水平承载力特征值的确定 (2) 理解水平荷载作用下桩的工作性状	(1) 单桩水平静载试验法 (2) 水平受荷桩的理论计算方法
桩基础的沉降计算	(1) 了解桩基沉降变形的指标和允许值 (2) 掌握桩基础沉降计算的两种方法	(1) 假想实体深基础法 (2) 明德林应力公式法
承台的设计计算	(1) 根据承台构造要求拟定承台尺寸和配筋 (2) 根据所受荷载，对承台进行受弯承载力受冲切承载力、受剪承载力验算 (3) 确定承台的尺寸和配筋	(1) 承台构造要求 (2) 受弯计算的正截面、计算公式 (3) 受冲切计算的冲切破坏椎体、计算公式 (4) 受剪计算的斜截面、计算公式

基本概念

桩基、复合桩基、基桩、复合基桩、单桩竖向承载力特征值、负摩阻力、下拉荷载。

引例

桩基是一种历史悠久且应用广泛的基础形式，从北宋一直保存到现在的上海市龙华镇龙华塔(建于北宋太平兴国二年，977 年)和山西太原市晋祠圣母殿(建于北宋天圣年间，1023—1031 年)，都是中国现存的采用桩基的古建筑。桩工技术经历了几千年的发展过程，现在，无论是桩基材料和桩类型，或者是桩工机械和施工方法都有了巨大的发展，已经形成了现代化基础工程体系。桩基的设计与施工，应综合考虑工程地质与水文地质条件、上部结构类型、使用功能、荷载特征、施工技术条件与环境；并应重视地方经验，因地制宜，注重概念设计，合理选择桩型、成桩工艺和承台形式，优化布桩，节约资源；强化施工质量控制与管理。在进行桩基设计与施工时，除应符合《建筑桩基技术规范》（JGJ 94—2008）中的相关规定外，尚应符合现行的有关标准的规定。

4.1 概　　述

天然地基上浅基础一般造价低廉，施工简便，所以，在工程建设中应优先考虑采用。当浅基础不能满足地基基础设计的承载力和变形的要求时，可采用地基加固，或选择深基础将荷载传递到深部土层。深基础主要有桩基础、墩基础和沉井基础等类型。

桩基础又称桩基，由设置于岩土中的桩和与桩顶联结的承台共同组成的基础或由柱与桩直接联结的单桩基础。它是一种常用而古老的深基础形式。智利文化遗址中发现的桩，距今约有 12000 年。在中国，最早的桩基是浙江省河姆渡的原始社会居住的遗址中发现的；到宋代，桩基技术已经比较成熟，在《营造法式》中载有临水筑基一节；到了明、清两代，桩基技术更趋完善，如清代《工部工程做法》一书对桩基的选料、布置和施工方法等方面都有了规定；到了近代，桩基础理论和施工方法的发展，为桩基础的飞跃发展创造了条件。近年来，已成为高层建筑、桥梁、码头和石油海洋平台等最常用的基础形式，随着生产水平的提高和科学技术的发展，桩的种类和形式、施工机具、施工工艺以及桩基设计理论和设计方法等，都在高速发展。

4.1.1　桩基础的特点与应用

1. 桩基础的特点

（1）桩基可将荷载传给桩周土体，或将荷载传至深部的持力层，从而具有较高的承载力。

（2）桩基具有很大的竖向刚度，因而沉降较小且比较均匀。

（3）桩基具有很大的侧向刚度和抗拔能力，能抵抗较大的水平荷载，具有较强的抗震能力。

（4）能适应各种复杂的地质条件。

（5）改变地基基础的动力特性，提高地基基础的自振频率，减小振幅，保证机器设备的正常运转。

2. 桩基础的应用

由于桩基础的上述特点，因此得到了广泛的应用。目前桩基础主要用于以下方面：

（1）上部荷载很大，地基软弱，采用地基加固措施不合适，只有较深处才有能满足承载力要求的持力层。

（2）上部结构对基础的不均匀沉降相当敏感时，可利用较少的桩将部分荷载传递到地基深处，从而减少基础的沉降或不均匀沉降。

（3）承受很大的水平荷载（如土压力、波浪力、风力、地震力、车辆制动力、冻胀力、膨胀力等）时，可采用垂直桩、斜桩或交叉桩。

（4）在水的浮力作用下，地下室或地下结构可能上浮，可采用抗浮桩。

（5）如存在可液化土层、湿陷性黄土、膨胀土、人工填土、垃圾土及季节性冻土等特殊性土层时，可采用桩基穿过这些土层，保证建筑物的稳定性。

（6）采用桩基础减弱动力机器的振动影响。

（7）地下水位很高，采用其他基础形式施工困难；或位于水中的构筑物基础，如桥梁、码头、海上采油平台、输油或输气管道支架。

（8）基坑的支挡结构、锚固结构、治理滑坡的抗滑桩。

4.1.2 基本设计规定

1. 桩基设计原则

《建筑桩基技术规范》（JGJ 94—2008）（以下简称《桩基规范》）规定：桩基础应按下列两类极限状态设计。

（1）承载能力极限状态。桩基达到最大承载能力、整体失稳或发生不适于继续承载的变形。

（2）正常使用极限状态。桩基达到建筑物正常使用所规定的变形限值或达到耐久性要求的某项限值。

2. 建筑桩基设计等级

根据建筑规模、功能特征、对差异变形的适应性、场地地基和建筑物形体的复杂性以及由于桩基问题可能造成建筑物破坏或影响正常使用的程度，所造成的后果的严重性（危及人的生命、造成经济损失、产生社会影响等），桩基设计分为三个等级，见表 4-1。

表 4-1 建筑桩基设计等级

设计等级	建筑类型
甲级	（1）重要的建筑 （2）30 层以上或高度超过 100m 的高层建筑 （3）体型复杂且层数相差超过 10 层的高低层（含纯地下室）连体建筑 （4）20 层以上框架-核心筒结构及其他对差异沉降有特殊要求的建筑 （5）场地和地基条件复杂的 7 层以上的一般建筑及坡地、岸边建筑 （6）对相邻既有工程影响较大的建筑
乙级	除甲级、丙级以外的建筑
丙级	场地和地基条件简单、荷载分布均匀的 7 层及 7 层以下的一般建筑

3. 桩基设计验算内容

桩基础的设计应力求选型恰当、经济合理、安全适用，要求桩和承台有足够的强度、刚度和耐久性；要求地基（主要是桩端持力层）和基础结构有足够的承载力，其变形不超过上部结构安全和正常使用所允许的范围。因此桩基础设计必须具备岩土工程勘察资料、建筑物场地与环境条件资料、建筑物资料、施工条件资料；按照基本设计规定，采用正确的设计方法进行设计。

桩基设计主要包括承载力设计和沉降验算两个方面。桩基承载力设计通过设置合理的桩长、桩径、桩数和桩位布置以保证桩基具有足够的强度和稳定性；沉降验算则为了防止过大的变形引起建筑物的结构损坏或影响建筑物的正常使用；此外桩身配筋和桩基的承台设计是桩基结构设计的内容，以保证桩基具有足够的结构强度；有时尚需进行桩身和承台的抗裂和裂缝宽度验算。

(1) 桩基应根据具体条件分别进行下列承载能力计算和稳定性验算。

① 应根据桩基的使用功能和受力特征分别进行桩基的竖向承载力和水平承载力计算。

② 应对桩身和承台结构承载力进行计算；对于桩侧土不排水抗剪强度小于 10kPa 且长径比大于 50 的桩，应进行桩身压屈验算；对于混凝土预制桩，应按吊装、运输和锤击作用进行桩身承载力验算；对于钢管桩，应进行局部压屈验算。

③ 当桩端平面以下存在软弱下卧层时，应进行软弱下卧层承载力验算。

④ 对位于坡地、岸边的桩基应进行整体稳定性验算。

⑤ 对于抗浮、抗拔桩基，应进行基桩和群桩的抗拔承载力计算。

⑥ 对于抗震设防区的桩基，应进行抗震承载力验算。

(2) 下列建筑桩基应进行沉降计算。

① 设计等级为甲级的非嵌岩桩和非深厚坚硬持力层的建筑桩基。

② 设计等级为乙级的体型复杂、荷载分布显著不均匀或桩端平面以下存在软弱土层的建筑桩基。

③ 软土地基多层建筑减沉复合疏桩基础。

(3) 对受水平荷载较大、或对水平位移有严格限制的建筑桩基，应计算其水平位移。

(4) 应根据桩基所处的环境类别和相应的裂缝控制等级，验算桩和承台正截面的抗裂和裂缝宽度。

4. 桩基设计荷载组合取值

桩基设计时，所采用的作用效应组合与相应的抗力应符合下列规定。

(1) 确定桩数和布桩时，应采用传至承台底面的荷载效应标准组合；相应的抗力采用基桩或复合基桩承载力特征值。

(2) 计算荷载作用下的桩基沉降和水平位移时，应采用荷载效应的准永久组合；计算水平地震作用、风载作用下的桩基水平位移时，应采用水平地震作用、风载效应标准组合。

(3) 验算坡地、岸边桩基的整体稳定性时，应采用传至承台底面的荷载效应标准组合；抗震设防区，应采用地震作用效应和荷载效应的标准组合。

(4) 在计算桩基结构承载力、确定尺寸和配筋时，应采用传至承台底面的荷载效应基本组合。当进行承台和桩身裂缝控制验算时，应分别采用荷载效应标准组合和荷载效应的准永久组合。

(5) 桩基结构安全等级、结构设计使用年限和结构重要性系数 γ_0 应按现行有关建筑结构规范的规定采用，除临时建筑外，重要性系数 γ_0 应不小于 1.0。

（6）对桩基结构进行抗震验算时，其承载力调整系数 γ_{RE} 应按现行国家标准《建筑抗震设计规范》（GB 50011—2010)（以下简称《抗震规范》）的规定采用。

4.2 桩的类型

桩基础由桩和承台两部分组成。根据承台与地面的相对位置，一般可分为低承台桩基和高承台桩基（图 4.1）。当承台底面位于土中时，称为低承台桩基；当承台底面高出土面以上时，称高承台桩基。在一般房屋建筑和水工建筑物中最常用的是低承台桩基；而高承台桩基则常用于桥梁工程、港口码头及海洋工程中。

基桩可以是竖直或倾斜的，工业与民用建筑大多以承受竖向荷载为主而多用竖直桩，根据桩的承载性状、施工方法、桩身材料及桩的设置效应等可把桩划分为各种类型。在桩基础设计中，合理地选择桩的类型是很重要的环节。

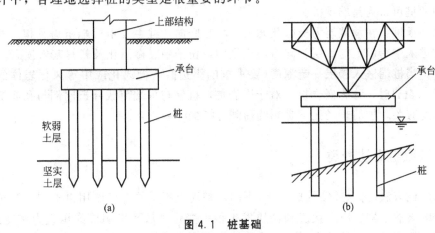

图 4.1 桩基础

（a）低承台桩基；（b）高承台桩基

4.2.1 按桩的承载性状分类

桩在竖向荷载作用下，桩顶荷载由桩身与土的桩侧摩阻力和桩端阻力共同承受。但由于桩的尺寸、施工方法、桩侧和桩端地基土的物理力学性质等因素的不同，桩侧和桩端所分担荷载的比例是不同的，根据分担荷载的比例可把桩分为摩擦型桩和端承型桩（图 4.2）。

1. 摩擦型桩

在承载能力极限状态下，桩顶竖向荷载全部或主要由桩侧阻力承担，这种桩称摩擦型桩。根据桩侧阻力分担荷载的比例，摩擦型桩又分为摩擦桩和端承摩擦桩两类。

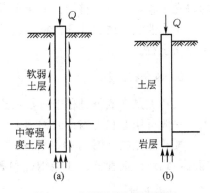

图 4.2 摩擦型桩和端承型桩

（a）摩擦型桩；（b）端承型桩

摩擦桩：在承载能力极限状态下，桩顶竖向荷载由桩侧阻力承担，桩端阻力小到可忽略不计。

端承摩擦桩：在承载能力极限状态下，桩顶竖向荷载主要由桩侧阻力承担，桩端阻力占少量比例。

以下桩可按摩擦桩考虑：桩长径比很大，桩顶荷载只通过桩身压缩产生的桩侧阻力传递给桩周土，桩端土层分担荷载很小；桩端下无较坚实的持力层；桩底残留虚土或沉渣的灌注桩；桩端出现脱空的打入桩等。

2. 端承型桩

在承载能力极限状态下，如果桩顶竖向荷载全部或主要由桩端阻力承担，这种桩称端承型桩。根据桩端阻力分担荷载的比例，又可分为端承桩和摩擦端承桩两类。

端承桩：在承载能力极限状态下，桩顶竖向荷载由桩端阻力承担，桩侧阻力小到可忽略不计；桩的长径比较小，桩端设置在密实砂类、碎石类土层中或位于中、微风化及新鲜基岩层中的桩可认为是端承桩。

摩擦端承桩：在承载能力极限状态下，桩顶竖向荷载主要由桩端阻力承担。这类桩的桩端通常进入中密以上的砂层、碎石类土层中或位于中、微风化及新鲜基岩顶面。

此外，当桩端嵌入岩层一定深度（要求桩的周边嵌入微风化或中等风化岩体的最小深度不小于 0.5m）时，称为嵌岩桩。对于嵌岩桩，桩侧与桩端荷载分担比例与孔底沉渣及进入基岩深度有关，桩的长径比不是制约荷载分担的唯一因素。

4.2.2 按成桩方法分类

桩的成桩方法（打入或钻孔成桩等）不同，桩周土所受的排挤作用也不同。排挤作用将使桩周土的天然结构、应力状态和性质发生很大变化，从而影响桩的承载力和变形性质。这些影响统称为桩的成桩效应。桩按成桩效应可分为下列三类。

1. 非挤土桩

其特点是预先取土成孔［钻机钻孔或人工挖孔（图 4.3）］，因成孔过程中清除孔中土体，桩周土不受排挤作用，随着孔壁侧向应力的解除，桩周土将出现侧向松弛变形，可能向桩孔内移动，导致桩周土的抗剪强度降低，桩侧摩阻力有所减小。

干作业法钻（挖）孔灌注桩、泥浆护壁法钻（挖）灌注桩、套管护壁法钻（挖）灌注桩都属于非挤土桩。

2. 部分挤土桩

其特点是在成桩过程中对桩周土体稍有排挤作用，但土的原状结构和工程性质变化不大，一般可用原状土测得的物理力学性质指标来估算桩的承载力和沉降量。

冲孔灌注桩（图 4.4）、钻孔挤扩灌注桩、劲性搅拌桩、预钻孔打入（静压）预制桩、打入（静压）式敞口钢管桩、H 型钢桩和敞口预应力混凝土空心桩都属于部分挤土桩。

3. 挤土桩

其特点是预制桩（沉管灌注桩）在锤击、振动贯入或压入过程中，都要将桩位处的土大量排挤开，使桩周土的结构严重扰动破坏，土的原状结构遭到破坏，土的工程性质发生很大变化。因此必须采用原状土扰动后再恢复的强度指标来估算桩的承载力及沉降量。对于饱和软黏土，当挤土桩较多较密时，可能引起地面上抬，造成相邻建筑物或管线损坏，引起已入土的桩上浮、侧移或断裂；同时也会在地基土中引起较高的超静孔隙水压力。

沉管灌注桩、沉管夯（扩）灌注桩、打入（静压）实心的预制桩（图 4.5）、下端封闭的预应力混凝土空心桩、木桩以及闭口钢管桩都属于挤土桩。

图 4.3 人工挖孔桩

图 4.4 冲孔灌注桩

图 4.5 静压预制桩

4.2.3 按桩径大小分类

1. 小直径桩（$d \leqslant 250mm$）

由于桩径小，沉桩的施工机械、施工场地与施工方法都比较简单。适用于中小型工程和基础加固，如虎丘塔倾斜加固的树根桩，桩径仅为 90mm。

2. 中等直径桩（$250mm < d < 800mm$）

承载力较大，有多种成桩方法和施工工艺，是大量使用的桩型。

3. 大直径桩（$d \geqslant 800mm$）

桩径大，且桩端还可以扩大，因此单桩承载力高。大直径桩多为端承型桩。通常用于高层建筑、重型设备的基础。如北京图书馆采用的人工挖孔扩底桩即为大直径桩。

4.3 单桩竖向承载力的确定

单桩承载力是指单桩在外荷载作用下，桩在地基土中不丧失稳定性、桩顶不产生过大变形、桩身材料不发生破坏时的承载能力。单桩在竖向荷载作用下到达破坏状态前或出现不适于继续承载的变形时所对应的最大荷载，称为单桩竖向极限承载力。

4.3.1 竖向荷载下单桩的工作性能

桩基础的作用是将桩顶荷载通过桩与桩周土间的相互作用传递到下部土层。通过桩土相互作用分析，了解桩土间的传力途径和单桩承载力的构成及其发展过程，以及单桩的破坏机理等，对正确评价单桩竖向承载力特征值具有一定的指导意义。

对于端承桩，桩侧摩阻力忽略不计，沿整个桩长所有截面的轴向荷载 N_z 为常量，且等于桩顶荷载 Q。对于摩擦桩，桩顶荷载 Q 的传递机理较为复杂。

假设如图 4.6 所示的单桩长度为 l，截面积为 A，桩直径为 d，周长为 u_p，桩身材料的弹性模量为 E，其顶部在受荷前与地面齐平，以地面为原点，向下为 z 轴。桩顶竖向荷载 Q 由零开始逐渐增大，桩在竖向荷载作用下，桩身压缩并向下位移，桩侧表面和桩侧土之间产生相对位移，因而桩侧土对桩身产生向上的桩侧摩阻力。随着荷载增加，桩身下部的侧阻力也逐渐发挥作用，如果桩侧摩阻力不足以抵抗竖向荷载，一部分荷载传递到桩底，桩底持力层因受压会对桩端产生阻力。当沿桩身全长的摩阻力都达到极限值后，桩顶荷载增量就全由桩端阻力承担，直到桩底持力层破坏、无力支承更大的桩顶荷载为止。此时桩顶所承受的荷载就是桩的极限承载力。由此可知，桩通过桩侧摩阻力和桩端阻力，将竖向荷载传给土体。即作用于桩顶的竖向荷载由桩侧摩阻力和桩端阻力共同承担。

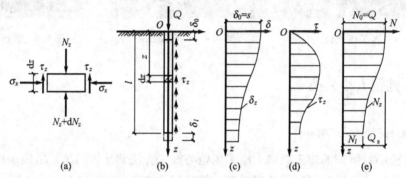

图 4.6　单桩轴向荷载传递

（a）微桩段的受力情况；（b）轴向受压的单桩；（c）截面位移；（d）侧摩阻力分布；（e）轴力分布

桩顶竖向荷载 Q 的传递过程就是桩侧摩阻力与桩端阻力的发挥过程。一般情况下，侧阻力先于端阻力发挥作用；桩身上部土层的侧阻力先于下部土层的侧阻力发挥作用；对于一般摩擦型桩，侧阻力发挥作用的比例明显高于端阻力发挥作用的比例；对于 $\dfrac{l}{d}$ 较大的桩，即使桩端持力层为岩层或坚硬土层，由于桩身本身的压缩，在工作荷载下端阻力也很难发挥。当 $\dfrac{l}{d} \geqslant 100$ 时，端阻力基本可以忽略而成为摩擦桩。

1. 桩的侧摩阻力沿桩身的分布

在图 4.6(b)中，在深度 z 处取桩的微分段 dz，可得到图 4.6(a)所示的微桩段受力情况，根据微分段的竖向力的平衡条件可得（忽略桩的自重）：

$$\tau_z \cdot u_p \cdot dz + (N_z + dN_z) - N_z = 0$$

$$\tau_z = -\frac{1}{u_p} \cdot \frac{dN_z}{dz} \tag{4-1}$$

式(4-1)表明，任意深度 z 处单位侧阻 τ_z 的大小与该处轴力 N_z 的变化率成正比。由于桩侧摩阻力向上，轴力 N_z 随深度 z 增加而减小，所以公式右端带负号。式(4-1)被称为桩荷载传递的基本微分方程。

单桩静载荷试验时,可以测定桩顶荷载 Q 作用下的桩顶位移(沉降)δ_0,如沿桩身若干截面预先埋设应力或位移量测元件(钢筋应力计、应变片、应变杆等)可获得桩身轴力 N_z 的分布图。实测的各截面轴力 N_z 沿深度 z 的分布曲线如图 4.6(e)所示。

只要测得桩身轴力 N_z 的分布曲线,即可用此式求桩侧摩阻力的大小与分布,见图 4.6(d)。

桩侧摩阻力发挥作用的程度与桩和桩周土间的相对位移有关。当桩顶有竖向荷载 Q 时,桩顶位移为 δ_0。δ_0 由两部分组成,一部分为桩端下沉量 δ_p;另一部分为桩身材料在轴向力作用下产生的压缩变形 δ_s,即 $\delta_0 = \delta_p + \delta_s$。

在测出桩顶位移 δ_0 和桩身轴力 N_z 的分布曲线后,就可计算出桩端位移 δ_p 和任意深度处桩截面的位移 δ_z,即

桩身压缩变形

$$\delta_s = \frac{1}{AE} \int_0^l N_z dz$$

桩端位移

$$\delta_p = \delta_0 - \frac{1}{AE} \int_0^l N_z dz$$

任意深度处桩截面的位移

$$\delta_z = \delta_0 - \frac{1}{AE} \int_0^z N_z dz$$

需要指出的是,图 4.6 中的荷载传递曲线($N-z$ 曲线),侧摩阻力分布曲线(τ_z-z 曲线)和桩端面位移曲线($\delta-z$ 曲线)都是随着桩顶荷载的增加而不断变化的。

2. 单位侧阻力 $q_s(\tau_z)$ 的主要影响因素

单位侧阻力 q_s 的影响因素很多,最主要取决于土的类别和土性。砂土的单位侧摩阻力 q_s 比黏土的大;密实土的比松散土的大。另一个重要影响因素是成桩工艺。单位侧阻力 q_s 还与桩径和桩的入土深度有关。桩的极限侧阻力标准值 q_{sk} 应根据当地的静力现场载荷试验资料统计分析得到,当缺乏地区经验时,可参考表 4-2。

表 4-2 桩的极限侧阻力标准值 q_{sk} (kPa)

土的名称	土的状态		混凝土预制桩	泥浆护壁钻(冲)孔桩	干作业钻孔桩
填土			22～30	20～28	20～28
淤泥			14～20	12～18	12～18
淤泥质土			22～30	20～28	20～28
黏性土	流塑	$I_L > 1$	24～40	21～38	21～38
	软塑	$0.75 < I_L \leqslant 1$	40～55	38～53	38～53
	可塑	$0.50 < I_L \leqslant 0.75$	55～70	53～68	53～66
	硬可塑	$0.25 < I_L \leqslant 0.50$	70～86	68～84	66～82
	硬塑	$0 < I_L \leqslant 0.25$	86～98	84～96	82～94
	坚硬	$I_L \leqslant 0$	98～105	96～102	94～104

（续）

土的名称	土的状态		混凝土预制桩	泥浆护壁钻（冲）孔桩	干作业钻孔桩
红黏土	$0.7<a_w\leqslant1$		13～32	12～30	12～30
	$0.5<a_w\leqslant0.7$		32～74	30～70	30～70
粉土	稍密	$e>0.9$	26～46	24～42	24～42
	中密	$0.75\leqslant e\leqslant0.9$	46～66	42～62	42～62
	密实	$e<0.75$	66～88	62～82	62～82
粉细砂	稍密	$10<N\leqslant15$	24～48	22～46	22～46
	中密	$15<N\leqslant30$	48～66	46～64	46～64
	密实	$N>30$	66～88	64～86	64～86
中砂	中密	$15<N\leqslant30$	54～74	53～72	53～72
	密实	$N>30$	74～95	72～94	72～94
粗砂	中密	$15<N\leqslant30$	74～95	74～95	76～98
	密实	$N>30$	95～116	95～116	98～120
砾砂	稍密	$5<N_{63.5}\leqslant15$	70～110	50～90	60～100
	中密（密实）	$N_{63.5}>15$	116～138	116～130	112～130
圆砾、角砾	中密、密实	$N_{63.5}>10$	160～200	135～150	135～150
碎石、卵石	中密、密实	$N_{63.5}>10$	200～300	140～170	150～170
全风化软质岩	$30<N\leqslant50$		100～120	80～100	80～100
全风化硬质岩	$30<N\leqslant50$		140～160	120～140	120～150
强风化软质岩	$N_{63.5}>10$		160～240	140～200	140～220
强风化硬质岩	$N_{63.5}>10$		220～300	160～240	160～260

注：① 对于尚未完成自重固结的填土和以生活垃圾为主的杂填土，不计算其侧阻力。

② a_w 为含水比，$a_w=w/w_L$，w 为土的天然含水量，w_L 为土的液限。

③ N 为标准贯入击数；$N_{63.5}$ 为重型圆锥动力触探击数。

④ 全风化、强风化软质岩和全风化、强风化硬质岩系指其母岩分别为 $f_{rk}\leqslant15MPa$、$f_{rk}>30MPa$ 的岩石。

3. 侧阻力的深度效应

许多学者在室内模型试验和现场原型观测中发现，桩侧阻力有明显的深度效应，当桩端进人均匀持力层的深度小于临界深度 h_{cs} 时，其极限侧阻力随深度增加而增大；当超过临界深度 h_{cs} 时，极限侧阻力基本不再增加，趋于一个常数。

4. 桩的端阻力 q_p

桩端阻力采用基于土为刚塑性假设的经典承载力理论分析，将桩视为宽度为 b（相当于桩径 d），埋深为桩入土深度 l 的基础进行计算。由于桩的入土深度相对于桩的断面尺寸大很多，在极限荷载作用下，桩端突刺大多数属于冲剪破坏或局部剪切破坏，只有桩长相对较短，桩穿过软弱土层支承于坚实土层时，才可能发生类似浅基础下地基的整体剪切破坏。根据太沙基地基极限承载力理论，有

表 4-3　桩的极限端阻力标准值 q_{pk}（kPa）

土名称	土的状态	桩型	混凝土预制桩桩长 l(m)				泥浆护壁钻(冲)孔桩桩长 l(m)				干作业钻孔桩桩长 l(m)		
			$l≤9$	$9<l≤16$	$16<l≤30$	$l>30$	$5≤l<10$	$10≤l<15$	$15≤l<30$	$30≤l$	$5≤l<10$	$10≤l<15$	$15≤l$
黏性土	软塑	$0.75<I_L≤1.0$	210~850	650~1400	1200~1800	1300~1900	150~250	250~300	300~450	300~450	200~400	400~700	700~950
	可塑	$0.50<I_L≤0.75$	850~1700	1400~2200	1900~2800	2300~3600	350~450	450~600	600~750	750~800	500~700	800~1100	1000~1600
	硬可塑	$0.25<I_L≤0.50$	1500~2300	2300~3300	2700~3600	3600~4400	800~900	900~1000	1000~1200	1200~1400	850~1100	1500~1700	1700~1900
	硬塑	$0<I_L≤0.25$	2500~3800	3800~5500	5500~6000	6000~6800	1100~1200	1200~1400	1400~1600	1600~1800	1600~1800	2200~2400	2600~2800
粉土	中密	$0.75<e≤0.9$	950~1700	1400~2100	1900~2700	2500~3400	300~500	500~650	650~750	750~850	800~1200	1200~1400	1400~1600
	密实	$e<0.75$	1500~2600	2100~3000	2700~3600	3600~4400	650~900	750~950	900~1100	1100~1200	1200~1700	1400~1900	1600~2100
粉砂	稍密	$10<N≤15$	1000~1600	1500~2300	1900~2700	2100~3000	350~500	450~600	600~700	650~750	500~950	1300~1600	1500~1700
	中密、密实	$N>15$	1400~2200	2100~3000	3000~4500	3800~5500	600~750	750~900	900~1100	1100~1200	900~1000	1700~1900	1700~1900
细砂	中密、密实	$N>15$	2500~4000	3600~5000	4400~6000	5300~7000	650~850	900~1200	1200~1500	1500~1800	1200~1600	2000~2400	2400~2700
中砂	中密、密实	$N>15$	4000~6000	5500~7000	6500~8000	7500~9000	850~1050	1100~1500	1500~1900	1900~2100	1800~2400	2800~3800	3600~4400
粗砂	中密、密实	$N>15$	5700~7500	7500~8500	8500~10000	9500~11000	1500~1800	2100~2400	2400~2600	2600~2800	2900~3600	4000~4600	4600~5200
砾砂	中密、密实	$N>15$	6000~9500		9000~10500		1400~2000		2000~3200				3500~5000
角砾、圆砾	中密、密实	$N_{63.5}>10$	7000~10000		9500~11500		1800~2200		2200~3600				4000~5500
碎石、卵石	中密、密实	$N_{63.5}>10$	8000~11000		10500~13000		2000~3000		3000~4000				4500~6500
全风化软质岩		$30<N≤50$	4000~6000				1000~1600				1200~2000		
全风化硬质岩		$30<N≤50$	5000~8000				1200~2000				1400~2400		
强风化软质岩		$N_{63.5}>10$	6000~9000				1400~2200				1600~2600		
强风化硬质岩		$N_{63.5}>10$	7000~11000				1800~2800				2000~3000		

注：① 砂土和碎石类土中桩的极限端阻力取值，宜综合考虑土的密实度，桩端进入持力层的深径比 h_b/d，土越密实，h_b/d 越大，取值越高。

② 预制桩的岩石极限端阻力指桩端支承于中、微风化基岩表面或进入强风化岩、软质岩一定深度条件下极限端阻力。

③ 全风化、强风化软质岩和全风化、强风化硬质岩指其母质岩石分别为 $f_{rk}≤15MPa$、$f_{rk}>30MPa$ 的岩石。

$$q_{pu}=\frac{1}{2}\gamma bN_{\gamma}+cN_c+qN_q \tag{4-2}$$

式中　N_{γ}、N_c、N_q——承载力系数，其值与土的内摩擦角 φ 有关；

　　　　b——桩的宽度或直径（mm）；

　　　　c——土的黏聚力（kPa）；

　　　　q——桩底标高处土中的竖向应力（kPa），$q=\gamma l$。

5．端阻力 q_p 的主要影响因素

桩的端阻力 q_p 与浅基础的承载力一样，主要取决于土的桩端土类别和土性。一般而言，粗粒土的比细粒土的大；密实土的比松散土的大。另一个重要影响因素是成桩工艺。桩的极限端阻力标准值 q_{pk} 可参考表 4-3。

6．端阻力的深度效应

从式（4-2）可看出，极限端阻力 q_{pu} 应当随桩的入土深度 l 增加而线性增加。但许多学者在室内模型试验和现场原型观测中发现，桩端阻力有明显的深度效应，当桩端进入均匀持力层的深度小于临界深度 h_{cp} 时，其极限端阻力随深度基本上是线性增加；当超过临界深度 h_{cp} 时，极限端阻力基本不再增加，趋于一个常数。

4.3.2　单桩竖向承载力特征值的确定

在长期的工程实践中，人们提出了多种确定单桩竖向承载力的方法。

1．按单桩竖向静载荷试验法确定

静载荷试验既可在施工前进行，用以测定单桩的承载力；也可用于对施工后的工程桩进行检测。静载荷试验是评价单桩承载力最为直观和可靠的方法，其除了考虑到地基土的支承能力外，也计入了桩身材料强度对于承载力的影响。

对于甲级建筑桩基，应通过单桩静载荷试验确定单桩竖向极限承载力。对于乙级建筑桩基，当地质条件简单时，可参照地质条件相同的试桩资料，结合静力触探等原位测试和经验参数综合确定；其余均应通过单桩静载荷试验确定单桩竖向极限承载力。对于丙级建筑桩基，可根据原位测试和经验参数确定。

单桩竖向静载试验不仅可以测定单桩在荷载作用下的桩顶变形性状曲线，还可以测定桩的轴向力随深度的变化，根据试验结果还能进行单桩荷载传递的分析、单桩破坏机理的分析和单桩承载力的分析。工程试桩分为两种：一种是用以确定单桩承载力；另一种是校核设计用的单桩承载力。前者一般用于甲级建筑桩基，在设计前进行一种规格或若干种规格桩的载荷试验，以确定设计所用的单桩承载力。每一种规格的桩通常要做若干根，以了解场地单桩承载力的变异性，避免试桩数量过少的偶然性。由于试验时尚未进行设计，因此试验桩不可能用于工程桩。后者常用于校核实际的单桩承载力是否满足设计要求，设计采用的承载力通常用经验参数法、静力触探法估算，由于此时已进行了桩的设计，故常用工程桩作试桩，以节省费用。如试验结果与设计采用的承载力有较大的出入，需视情况进行处理，如试验所得的单桩承载力远大于设计承载力则会造成浪费；如试验结果偏小，则必须进行补桩。

　　如图 4.7 所示为工程中常用的两种单桩竖向静载荷试验的示意图。试验装置主要包括加荷稳压部分、提供反力部分和沉降观测部分。桩上的荷载通过液压千斤顶逐步施加，且每步加载后有足够的时间让沉降发展。千斤顶的反力一般采用锚桩承担；当桩的侧阻力所占比例较小时，锚桩不能提供足够的反力，可在千斤顶上架设平台堆载来平衡；也可用若干根地锚组成的伞状装置来平衡。桩顶的沉降主要用百分表或电子位移计等测量。根据试验记录，可绘制各种试验曲线，如荷载-桩顶沉降（$Q-s$）曲线和沉降-时间（$s-\lg t$）曲线，并可由这些曲线的特征判断桩的极限承载力。图 4.8 所示为现场竖向静载试验图。

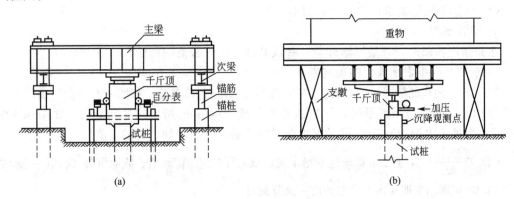

图 4.7　现场竖向静载试验示意图

（a）锚桩；（b）堆载

(a) (b)

图 4.8　现场竖向静载试验图

（a）锚桩；（b）堆载

　　1）开始试验的时间

　　对于预制桩，由于打桩时土中产生的孔隙水压力有待消散，土体因打桩扰动而降低的强度随时间逐渐恢复，因此，在桩身强度满足设计要求的前提下，预制桩在砂类土地基中入土时间不少于 7d；粉土和黏性土不少于 15d；饱和黏性土不少于 25d。对于灌注桩，在桩身混凝土达到设计强度后，才能进行。

　　2）加载试验

　　施加在桩上的每一步荷载大约为预估荷载的 1/10～1/8，且总的荷载至少加至拟定工作荷载的 2 倍。在每级荷载作用下，桩的沉降量连续两次在每小时内小于 0.1mm 时可视为稳定。终止加载的条件如下。

(1) 当荷载-桩顶沉降($Q-s$)曲线上有可判断极限承载力的陡降段，且桩顶的总沉降量超过 40mm。

(2) $\dfrac{\Delta s_{n+1}}{\Delta s_n} \geqslant 2$，且 24h 尚未达到稳定（$\Delta s_{n+1}$ 为第 $n+1$ 级荷载的沉降增量，$\Delta s_{n+1} = s_{n+1} - s_n$；$\Delta s_n$ 为第 n 级荷载的沉降增量，$\Delta s_n = s_n - s_{n-1}$）。

(3) 桩长 25m 以上的非嵌岩桩，$Q-s$ 曲线呈缓变型时，桩顶的总沉降量大于 60～80mm，特殊情况下可按具体要求加载至桩顶沉降量超过 80mm。

(4) 已达到设计要求的最大加载量时。

3) 卸载观测

达到预定荷载后，开始逐渐卸载。每级卸载值为加载值的两倍。

4) 单桩竖向极限承载力的确定方法

(1) $Q-s$ 曲线的陡降段明显时，取相应陡降段起点的荷载值，如图 4.9 中曲线 1 的点。

(2) $Q-s$ 曲线呈缓变形时，取桩顶总沉降量 $s=40mm$ 所对应的荷载值，如图 4.9 中曲线 2；当桩长大于 40m 时，可考虑桩身弹性压缩，适当增加对应的 s 值。

(3) 如 $\dfrac{\Delta s_{n+1}}{\Delta s_n} \geqslant 2$，且 24h 尚未达到稳定时，取 s_n 所对应的荷载值；或取沉降-时间($s-\lg t$)曲线(图 4.10)尾部出现明显向下弯曲的前一级荷载值。

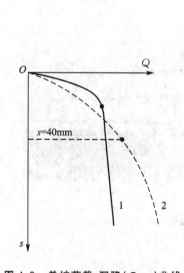

图 4.9　单桩荷载-沉降($Q-s$)曲线

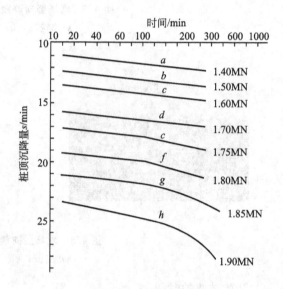

图 4.10　单桩 $s-\lg t$ 曲线

(4) 按上述方法判定有困难时，可结合其他辅助方法综合判定，对地基沉降有特殊要求者，可根据具体情况选取。

5) 测出每根试桩的竖向极限承载力 Q_u

在同一条件下的试桩数量，不宜少于总数的 1%，并不应少于 3 根，工程总桩数在 50 根以内时不应少于 2 根。确定多根试桩的竖向极限承载力 Q_{ui} 后，可根据下列规定确定单桩竖向极限承载力 Q_u：

(1) 参加统计的所有试验桩，各单桩竖向极限承载力极差不超过平均值的 30%，可取其平均值作为单桩竖向极限承载力；

（2）若极差超过平均值的30%，应分析其原因，结合工程具体情况确定单桩竖向极限承载力，必要时增加试桩数量；

（3）对桩数为3根及3根以下的柱下桩承台，或工程桩抽检数量少于3根时，则取最小值。

单桩竖向极限承载力 Q_u 除以安全系数2作为单桩竖向承载力特征值。

竖向静载荷试验是确定单桩竖向承载力最可靠的方法，但试验费用比较昂贵、时间比较长、数量也不可能太多。特别是在工程勘察阶段，不可能进行桩的载荷试验，就需要采用经验参数法和静力触探法预估单桩承载力，以满足勘察和设计的要求。

2. 按经验参数法确定

当根据土的物理指标与承载力参数之间的经验关系确定单桩竖向极限承载力标准值时，宜按下列各式估算。

1）一般预制桩及直径 $d<800$mm 的灌注桩

$$Q_{uk}=Q_{sk}+Q_{pk}=u\sum q_{sik}l_i+q_{pk}A_p \tag{4-3}$$

式中　q_{sik}——桩侧第 i 层土的极限侧阻力标准值，如无当地经验时，参考表4-2取值；

　　　q_{pk}——极限端阻力标准值，如无当地经验时，可按表4-3取值。

2）桩径 $d\geqslant800$mm 的大直径灌注桩

要考虑侧阻及端阻的尺寸效应。大直径桩一般为钻、挖、冲孔灌注桩，在无黏性土中的成孔过程中将会出现孔壁土的松弛效应，从而导致侧阻力降低，孔径越大，降幅越大；大直径桩的极限端阻力也存在着随桩径增大而呈双曲线关系下降的现象。

$$Q_{uk}=Q_{sk}+Q_{pk}=u\sum \psi_{si}q_{sik}l_i+\psi_p q_{pk}A_p \tag{4-4}$$

式中　q_{sik}——桩侧第 i 层土的极限侧阻力标准值，无当地经验值时，也可按表4-2取值，对于扩底桩变截面以下不计侧阻力；

　　　q_{pk}——桩径 $d=800$mm 时的极限端阻力标准值，可采用深层载荷板试验确定，当不能按深层载荷板试验时，可采用当地经验值或按表4-3取值，对于清底干净的干作业桩，可按表4-4取值；

　　ψ_{si}，ψ_p——分别为大直径桩侧阻力、端阻力尺寸效应系数，按表4-5取值；

　　　u——桩身周长，当人工挖孔桩桩周护壁为振捣密实的混凝土时，桩身周长可按护壁外直径计算。

表4-4　干作业挖孔桩(清底干净，$D=800$mm)极限端阻力标准值 q_{pk}(kPa)

土名称	状态		
黏性土	$0.25<I_L\leqslant0.75$	$0<I_L\leqslant0.25$	$I_L\leqslant0$
	$800\sim1800$	$1800\sim2400$	$2400\sim3000$
粉土		$0.75\leqslant e\leqslant0.9$	$e<0.75$
		$1000\sim1500$	$1500\sim2000$

（续）

土名称		状态		
		稍密	中密	密实
砂土碎石类土	粉砂	500～700	800～1100	1200～2000
	细砂	700～1100	1200～1800	2000～2500
	中砂	1000～2000	2200～3200	3500～5000
	粗砂	1200～2200	2500～3500	4000～5500
	砾砂	1400～2400	2600～4000	5000～7000
	圆砾、角砾	1600～3000	3200～5000	6000～9000
	卵石、碎石	2000～3000	3300～5000	7000～11000

注：① 当桩进入持力层的深度 h_b 分别为：$h_b \leqslant D$，$D < h_b \leqslant 4D$，$h_b > 4D$ 时，q_{pk} 可相应取低、中、高值。

② 砂土密实度可根据标贯击数判定，$N \leqslant 10$ 为松散，$10 < N \leqslant 15$ 为稍密，$15 < N \leqslant 30$ 为中密，$N > 30$ 为密实。

③ 当桩的长径比 $l/d \leqslant 8$ 时，q_{pk} 宜取较低值。

④ 当对沉降要求不严时，q_{pk} 可取高值。

表 4-5　大直径灌注桩侧阻尺寸效应系数 ψ_{si}、端阻尺寸效应系数 ψ_p

土类型	黏性土、粉土	砂土、碎石类土
ψ_{si}	$(0.8/d)^{1/5}$	$(0.8/d)^{1/3}$
ψ_p	$(0.8D)^{1/4}$	$(0.8/D)^{1/3}$

3）钢管桩

$$Q_{uk} = Q_{sk} + Q_{pk} = u\sum q_{sik}l_i + \lambda_p q_{pk} A_p \tag{4-5a}$$

当 $h_b/d < 5$ 时，$\lambda_p = 0.16 h_b/d$ $\tag{4-5b}$

当 $h_b/d \geqslant 5$ 时，$\lambda_p = 0.8$ $\tag{4-5c}$

式中　q_{sik}、q_{pk}——分别按表 4-2、表 4-3 取与混凝土预制桩相同值；

λ_p——桩端土塞效应系数，对于闭口钢管桩 $\lambda_p = 1$，对于敞口钢管桩按式（4-5b）、（4-5c）取值；

h_b——桩端进入持力层深度；

d——钢管桩外径。

$n=2$

$n=4$

$n=9$

图 4.11　隔板分割

对于带隔板的半敞口钢管桩，应以等效直径 d_e 代替 d 确定 λ_p；$d_e = d/\sqrt{n}$；其中桩端隔板分割数 n 如图 4.11 所示。

4）敞口预应力混凝土空心桩

$$Q_{uk} = Q_{sk} + Q_{pk} = u\sum q_{sik}l_i + q_{pk}(A_j + \lambda_p A_{p1}) \tag{4-6a}$$

当 $h_b/d < 5$ 时，$\lambda_p = 0.16 h_b/d$ $\tag{4-6b}$

当 $h_b/d \geqslant 5$ 时，$\lambda_p = 0.8$ $\tag{4-6c}$

式中　q_{sik}、q_{pk}——分别按表 4-2 和表 4-3 取与混凝土预制桩相同值；

A_j——空心桩桩端净面积$\left[$管桩，$A_j = \dfrac{\pi}{4}(d^2 - d_1^2)$；空心方桩，$A_j = b^2 - \dfrac{\pi}{4}d_1^2\right]$；

A_{p1}——空心桩敞口面积，$A_{p1} = \dfrac{\pi}{4}d_1^2$；

λ_p——桩端土塞效应系数；

d、b——空心桩外径、边长；

d_1——空心桩内径。

5）嵌岩桩

桩端置于完整、较完整基岩的嵌岩桩单桩竖向极限承载力，由桩周土总极限侧阻力和嵌岩段总极限阻力组成。当根据岩石单轴抗压强度确定单桩竖向极限承载力标准值时，可按下列公式计算：

$$Q_{uk} = Q_{sk} + Q_{rk} \tag{4-7a}$$

$$Q_{sk} = u\sum q_{sik}l_i \tag{4-7b}$$

$$Q_{rk} = \zeta_r f_{rk} A_p \tag{4-7c}$$

式中 Q_{sk}、Q_{rk}——分别为土的总极限侧阻力、嵌岩段总极限阻力；

q_{sik}——桩周第 i 层土的极限侧阻力，无当地经验时，可根据成桩工艺按表 4-2 取值；

f_{rk}——岩石饱和单轴抗压强度标准值，黏土岩取天然湿度单轴抗压强度标准值；

ζ_r——嵌岩段侧阻和端阻综合系数，与嵌岩深径比 h_r/d、岩石软硬程度和成桩工艺有关，可按表 4-6 采用；表中数值适用于泥浆护壁成桩，对于干作业成桩（清底干净）和泥浆护壁成桩后注浆，ζ_r 应取表列数值的 1.2 倍。

表 4-6 嵌岩段侧阻和端阻综合系数 ζ_r

嵌岩深径比 h_r/d	0	0.5	1.0	2.0	3.0	4.0	5.0	6.0	7.0	8.0
极软岩、软岩	0.60	0.80	0.95	1.18	1.35	1.48	1.57	1.63	1.66	1.70
较硬岩、坚硬岩	0.45	0.65	0.81	0.90	1.00	1.04				

注：① 极软岩、软岩指 $f_{rk} \leqslant 15$MPa，较硬岩、坚硬岩指 $f_{rk} > 30$MPa，介于两者之间可内插取值。

② h_r 为桩身嵌岩深度，当岩面倾斜时，以坡下方嵌岩深度为准；当 h_r/d 为非表列值时，ζ_r 可内差取值。

3. 按静力触探法确定

静力触探是将圆锥形的金属探头，以静力方式按一定的速率均匀压入土中。借助探头的传感器，测出探头侧阻及端阻。探头由浅入深测出各种土层的这些参数后，即可算出单桩承载力。根据探头构造的不同，又可分为单桥探头和双桥探头两种。

静力触探与桩的静载荷试验虽有很大区别，但与桩打入土中的过程基本相似，所以可把静力触探近似看成是小尺寸打入桩的现场模拟试验，且由于其设备简单，自动化程度高等优点，被认为是一种很有发展前途的确定单桩承载力的方法。

（1）当根据单桥探头静力触探资料确定混凝土预制桩单桩竖向极限承载力标准值时，如无当地经验，可按下式计算：

$$Q_{uk} = Q_{sk} + Q_{pk} = u \sum q_{sik} l_i + \alpha p_{sk} A_p \qquad (4-8a)$$

当 $p_{sk1} \leqslant p_{sk2}$ 时

$$p_{sk} = \frac{1}{2}(p_{sk1} + \beta \cdot p_{sk2}) \qquad (4-8b)$$

当 $p_{sk1} > p_{sk2}$ 时

$$p_{sk} = p_{sk2} \qquad (4-8c)$$

式中　Q_{sk}、Q_{pk}——分别为总极限侧阻力标准值和总极限端阻力标准值;

u——桩身周长;

q_{sik}——用静力触探比贯入阻力值估算的桩周第 i 层土的极限侧阻力标准值;

l_i——桩周第 i 层土的厚度;

α——桩端阻力修正系数,可按表 4-7 取值;

p_{sk}——桩端附近的静力触探比贯入阻力标准值(平均值);

A_p——桩端面积;

p_{sk1}——桩端全截面以上 8 倍桩径范围内的比贯入阻力平均值;

p_{sk2}——桩端全截面以下 4 倍桩径范围内的比贯入阻力平均值,如桩端持力层为密实的砂土层,其比贯入阻力平均值 p_s 超过 20MPa 时,则需乘以表 4-8 中系数 C 予以折减后,再计算 p_{sk2} 及 p_{sk1} 值;

β——折减系数,按表 4-9 选用。

表 4-7　桩端阻力修正系数 α 值

桩长(m)	$l < 15$	$15 \leqslant l \leqslant 30$	$30 < l \leqslant 60$
α	0.75	0.75~0.90	0.90

注:桩长 $15 \leqslant l \leqslant 30$m, α 值按 l 值直线内插; l 为桩长(不包括桩尖高度)。

表 4-8　系数 C

p_s(MPa)	20~30	35	>40
系数 C	5/6	2/3	1/2

表 4-9　折减系数 β

p_{sk2}/p_{sk1}	$\leqslant 5$	7.5	12.5	$\geqslant 15$
β	1	5/6	2/3	1/2

注:表 4-8 和表 4-9 可内插取值。

(2)当根据双桥探头静力触探资料确定混凝土预制桩单桩竖向极限承载力标准值时,对于黏性土、粉土和砂土,如无当地经验时可按下式计算:

$$Q_{uk} = Q_{sk} + Q_{pk} = u \sum l_i \cdot \beta_i \cdot f_{si} + \alpha \cdot q_c \cdot A_p \qquad (4-9)$$

式中　f_{si}——第 i 层土的探头平均侧阻力(kPa);

q_c——桩端平面上、下探头阻力,取桩端平面以上 $4d$(d 为桩的直径或边长)范围内按土层厚度的探头阻力加权平均值(kPa),然后再和桩端平面以下 $1d$ 范围内的探头阻力进行平均;

α——桩端阻力修正系数,对于黏性土、粉土取 2/3,饱和砂土取 1/2;

β_i——第 i 层土桩侧阻力综合修正系数〔黏性土、粉土，$\beta_i=10.04(f_{si})^{-0.55}$；砂土，$\beta_i=5.05(f_{si})^{-0.45}$〕。

注：双桥探头的圆锥底面积为 $15cm^2$，锥角 $60°$，摩阻套筒高 $21.85cm$，侧面积 $300cm^2$。

【例 4.1】　我国南方某饭店为一幢高度超过 100m 的高层建筑。经工程地质勘察，已知建筑地基土层分布如下。

表层为中密状态人工填土，层厚 1.0m；第二层为软塑粉质黏土，$I_L=0.85$，层厚 2.0m；第三层为流塑粉质黏土，$I_L=1.10$，层厚 2.5m；第四层为软塑粉质黏土，$I_L=0.80$，层厚 2.5m；第五层为硬塑粉质黏土，$I_L=0.25$，层厚 2.0m；第六层为粗砂，中密状态，$N=20$，层厚 3.8m；第七层为强风化软岩石，层厚 1.7m；第八层为泥质页岩，微风化，层厚大于 20m。

因地表 8m 左右地基软弱，设计采用桩基础。桩的规格为：外径 550mm，内径 390mm，钢筋混凝土预制管桩。桩长 14.5m，以第八层微风化泥质页岩为桩端持力层，共计 314 根桩。

计算此桩基础的单桩竖向承载力。

【解】　按《桩基规范》计算单桩竖向承载力特征值：

桩的竖向极限承载力标准值：$Q_{uk}=Q_{sk}+Q_{pk}=u\sum q_{sik}l_i+q_{pk}A_p$

式中　u——管桩周长，$u=0.55\pi=1.728m$；

q_{sik}——桩的极限侧阻力标准值，据工程地质勘察报告中各土层的名称及其状态，查表 4-2 内插可得（表层人工填土不计入），粉质黏土 $q_{s2k}=49kPa$、$q_{s3k}=37kPa$、$q_{s4k}=52kPa$、$q_{s5k}=86kPa$，粗砂 $q_{s6k}=81kPa$，强风化软质岩石 $q_{s7k}=200kPa$；

l_i——按土层划分的各段桩长，$l_2=2m$、$l_3=2.5m$、$l_4=2.5m$、$l_5=2m$、$l_6=3.8m$、$l_7=1.7m$；

q_{pk}——桩的极限端阻力标准值，桩端土为微风化泥质页岩，查表 4-3 取卵石高值 $q_{pk}=11000kPa$；

A_p——管桩的横截面面积，$A_p=\dfrac{0.55^2\times\pi}{4}=0.2376m^2$。

桩的竖向极限承载力标准值：

$Q_{uk}=Q_{sk}+Q_{pk}$

$=u\sum q_{sik}l_i+q_{pk}A_p$

$=1.728\times(49\times2+37\times2.5+52\times2.5+86\times2+81\times3.8+200\times1.7)+11000\times0.2376$

$=1970.4+2613.6=4584kN$

桩的竖向承载力特征值：

$$R_a=\frac{Q_{uk}}{K}=\frac{4584}{2}=2292kN$$

4.3.3　桩侧负摩阻力

1. 负摩阻力概念

在桩顶竖向荷载作用下，桩相对于桩侧土产生向下的位移时，土对桩产生向上的摩阻力，称之为正摩阻力。

如果桩周围的土体由于某原因发生下沉，且下沉量大于相应深度处桩的下沉量，即桩侧土相对于桩产生向下的位移，此时土体对桩产生向下的摩阻力，称为负摩阻力。通常，在下列情况下应考虑桩侧负摩阻力作用。

(1) 在软土地区，大范围地下水位下降，使土中有效应力增加，导致桩侧土层沉降。

(2) 桩侧有大面积地面堆载使桩侧土层压缩。

(3) 桩侧有较厚的欠固结土或新填土，这些土层在自重下沉降。

(4) 在自重湿陷性黄土地区，由于浸水而引起桩侧土的湿陷。

(5) 在冻土地区，由于温度升高而引起桩侧土的融陷。

(6) 桩周欠固结的软黏土或新填土在重力作用下产生固结。

必须指出，在桩侧引起负摩阻力的条件是，桩周围的土体下沉必须大于桩的沉降，否则可不考虑负摩阻力的问题。

2. 负摩阻力分布特征

1) 中性点。图 4.12(a)表示一根承受竖向荷载的桩，桩身穿过正在固结中的土层而达到坚实土层。在图 4.12(b)中，曲线 1 表示土层不同深度的位移，曲线 2 为桩的截面位移曲线，曲线 1 和曲线 2 之间的位移差(图中画上横线部分)为桩土之间的相对位移，曲线 1 和 2 的交点(O_1)点为桩土之间不产生相对位移的截面位置，称为中性点。图 4.12(c)、(d) 分别为桩侧摩阻力和桩身轴力曲线，其中 F_n 为负摩阻力的累计值，又称为下拉荷载；F_p 为中性点以下正摩阻力的累计值。中性点是摩阻力、桩土之间的相对位移和桩身轴力沿桩身变化的特征点。从图中易知，在中性点 O_1 之上，土层产生相对于桩身的向下位移，出现负摩阻力 τ_{nz}，桩身轴力沿深度增加；在中性点 O_1 点之下的土层相对向上位移，因而在桩侧产生正摩阻力 τ_z，桩身轴力沿深度递减。在中性点处桩身轴力达到最大值($Q+F_n$)，而桩端总阻力则等于 $Q+(F_n-F_p)$。可见，桩侧负摩阻力的产生，将使桩侧土的部分重力和地面荷载通过负摩阻力传递给桩，因此，桩的负摩阻力非但不能成为桩承载力的一部分，反而相当于是施加于桩上的外荷载，这就必然导致桩的承载力相对降低、桩基础沉降加大。

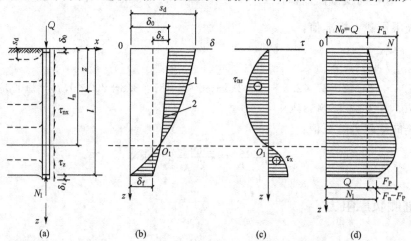

图 4.12 单桩在产生负摩阻力时的荷载传递
(a) 单桩；(b) 位移曲线；(c) 桩侧摩阻力分布曲线；(d) 桩身轴力分布曲线
1—土层竖向位移曲线；2—桩的截面位移曲线

桩身负摩阻力并不一定发生于整个软弱压缩土层中，而是在桩周上相对于桩产生下沉的范围内。在地面发生沉降的地基中，长桩的上部为负摩阻力而下部往往仍为正摩阻力。中性点处的摩阻力为零，故桩对土的相对位移也为零，即可按桩周土层沉降与桩沉降相等的条件计算中性点深度。由于桩在荷载作用下的沉降稳定历时、沉降速率等都与桩周围土的沉降情况不同，要准确确定中性点的位置比较困难，一般可参照表4-10来确定。

(2) 桩侧负摩阻力标准值，当无实测资料时可按下列规定计算：

① 中性点以上单桩桩周第 i 层土负摩阻力标准值，可按下列公式计算。

$$\tau_{ni} = \xi_{ni}\sigma_i' \tag{4-10a}$$

当填土、自重湿陷性黄土湿陷、欠固结土层产生固结和地下水降低时：

$$\sigma_i' = \sigma_{\gamma i}' \tag{4-10b}$$

当地面分布大面积荷载时：$\sigma_i' = p + \sigma_{\gamma i}'$ $\tag{4-10c}$

$$\sigma_{\gamma i}' = \sum_{m=1}^{i-1} \gamma_m \Delta z_m + \frac{1}{2}\gamma_i \Delta z_i \tag{4-10d}$$

式中 τ_{ni}——第 i 层土桩侧负摩阻力标准值，当按式(4-10a)计算值大于正摩阻力标准值时，取正摩阻力标准值进行设计；

ξ_{ni}——桩周第 i 层土负摩阻力系数，可按表4-11取值；

$\sigma_{\gamma i}'$——由土自重引起的桩周第 i 层土平均竖向有效应力，桩群外围桩自地面算起，桩群内部桩自承台底算起；

σ_i'——桩周第 i 层土平均竖向有效应力；

γ_i、γ_m——分别为第 i 计算土层和其上第 m 土层的重度，地下水位以下取浮重度；

Δz_i、Δz_m——第 i 层土、第 m 层土的厚度；

p——地面均布荷载。

表4-10 中性点深度比 l_n/l_0

持力层性质	黏性土、粉土	中密以上砂	砾石、卵石	基岩
中性点深度比 l_n/l_0	0.5~0.6	0.7~0.8	0.9	1.0

注：① l_n、l_0 分别为自桩顶算起的中性点深度和桩周软弱土层下限深度。

② 桩穿过自重湿陷性黄土层时，l_n 可按表列值增大10%(持力层为基岩除外)。

③ 当桩周土层固结与桩基固结沉降同时完成时，取 $l_n = 0$。

④ 当桩周土层计算沉降量小于20mm时，l_n 应按表列值乘以0.4~0.8折减。

表4-11 负摩阻力系数 ξ_n

土类	ξ_n
饱和软土	0.15~0.25
黏性土、粉土	0.25~0.40
砂土	0.35~0.50
自重湿陷性黄土	0.20~0.35

注：① 在同一类土中，对于挤土桩，取表中较大值，对于非挤土桩，取表中较小值。

② 填土按其组成取表中同类土的较大值。

② 也可根据土的类别，按下列经验公式计算。

软土或中等强度黏土：

$$\tau_{ni} = c_u \tag{4-11}$$

砂类土：

$$\tau_{ni} = N_i / 5 + 3 \tag{4-12}$$

式中　c_u——土的不排水抗剪强度，kPa；

　　　N_i——桩周第 i 层土经钻杆长度修正后的平均标准贯入试验击数。

（3）下拉荷载 F_n，可按下式计算：

$$F_n = u \sum_{i=1}^{n} \tau_{ni} l_i \tag{4-13}$$

式中　F_n——下拉荷载，即中性点深度范围内负摩阻力的累计值；

　　　u——桩的周长（m）；

　　　l_i——中性点以上各土层的厚度（m）。

负摩阻力对桩是一种不利因素。负摩阻力相当于在桩上施加了附加的下拉荷载 F_n，它的存在降低了桩的承载力，并可导致桩发生过量的沉降。所以，在可能发生负摩阻力的情况下，设计时应考虑其对桩基承载力和沉降的影响。

3. 消除或减小负摩阻力的工程措施

（1）减少相对位移：对填土建筑场地，填筑时要保证填土的密实度符合要求，软土场地填土前应预设塑料排水板等措施，待填土地基沉降稳定后成桩；当建筑场地有大面积堆载时，成桩前采取预压措施，减小堆载时引起的桩侧土沉降；对湿陷性黄土地基，先进行强夯、素土或灰土挤密桩等方法处理，消除或减轻湿陷性；对于欠固结土宜采取先期排水预压等。

（2）减少摩阻力系数：在预制桩中性点以上表面涂一薄层沥青，或者对钢桩再加一层厚度为 3mm 的塑料薄膜（兼作防锈蚀用）；对于灌注桩，在桩与土之间灌注斑脱土浆或铺设塑料薄膜等。

【例 4.2】 某端承灌注桩桩径 1.0m，桩长 16m，桩周土从上往下依次为：黏土层，厚度为 8m，$q_{sk} = 40$kPa，$\gamma_{sat} = 18$kN/m³；粉质黏土层，厚度为 7m，$q_{sk} = 50$kPa，$\gamma_{sat} = 20$kN/m³；基岩，$f_{rk} = 35$MPa；地下水位与地面齐平。地面分布有大面积堆载 $p = 60$kPa，计算由于负摩阻力产生的下拉荷载值。

【解】 查表 4-10，可知中性点深度比 $l_n / l_0 = 1.0$。

由表 4-11 可知，黏土负摩阻力系数 ξ_n 取 0.25，粉土负摩阻力系数 ξ_n 取 0.30。

中性点深度 $l_n = l_0 = 15$m

由 $F_n = u \sum_{i=1}^{n} \tau_{ni} l_i$、$\tau_{ni} = \xi_{ni} \sigma'_i$、$\sigma'_i = p + \sigma'_{\gamma i}$、$\sigma'_{\gamma i} = \sum_{m=1}^{i-1} \gamma_m \Delta z_m + \frac{1}{2} \gamma_i \Delta z_i$ 知

$$\sigma'_1 = p + \sigma'_{\gamma 1} = 60 + \frac{1}{2} \times (18-10) \times 8 = 92\text{kPa}$$

$$\sigma'_2 = p + \sigma'_{\gamma 2} = 60 + (18-10) \times 8 + \frac{1}{2} \times (20-10) \times 7 = 159\text{kPa}$$

$$\tau_{n1} = \xi_{n1} \sigma'_1 = 0.25 \times 92 = 23\text{kPa} < q_{s1k} = 40\text{kPa}$$

$$\tau_{n2} = \xi_{n2} \sigma'_2 = 0.35 \times 159 = 47.7\text{kPa} < q_{s2k} = 50\text{kPa}$$

下拉荷载

$$F_n = u \sum_{i=1}^{n} \tau_{ni} l_i = 3.14 \times 1 \times (23 \times 8 + 47.7 \times 7) = 1098.6\text{kN}$$

4.3.4　桩的抗拔承载力确定

主要承受竖向抗拔荷载的桩称竖向抗拔桩。某些建筑物，如海洋建筑物、高耸的烟囱，高压输电铁塔、受巨大浮托力的地下建筑物，特殊土如膨胀土和冻土上的建筑物等，它们所受的荷载往往会使其桩基中的某部分受到上拔力的作用。桩的抗拔承载力主要取决于桩身材料强度及桩与土之间的抗拔侧阻力和桩身自重。

对于甲级和乙级建筑桩基，单桩抗拔极限承载力应通过现场单桩抗拔静载荷试验确定。

1. 单桩抗拔静载试验

同抗压静载试验一样，抗拔试验也有多种方法。按加载方法的不同，可分为以下几种。

（1）慢速维持荷载法。此法与竖向抗压静载试验相似，每级荷载下位移达到相对稳定后再加下一级荷载。许多国家采用此方法，也是我国《建筑桩基技术规范》（JGJ 94—2008）推荐的方法。

（2）等时间间隔法。此法每级荷载维持1h，然后加下一级荷载，没有相应的稳定标准。美国材料与试验学会（ASTM）推荐此法。

（3）连续上拔法。以一定的速率连续加载。美国材料与试验学会（ASTM）推荐的加载速率为 0.5~1.0mm/min。

（4）循环加载法。加载分级进行，每级荷载均进行加载和卸载（到零）多次循环，稳定后再加下一级荷载。此方法为前苏联国家标准规定的方法之一。

2. 经验公式法

无当地经验时，群桩基础及丙级建筑桩基，基桩的抗拔极限承载力取值可按下列规定计算。

桩基受拔可能会出现下列情形：①单桩基础受拔；②群桩基础中部分基桩受拔，此时拔力引起的破坏对基础来讲不是整体性的；③群桩基础的所有基桩均承受拔力，此时基础便可能整体受拔破坏。

群桩呈非整体破坏时，基桩的抗拔极限承载力标准值可按下式计算：

$$T_{uk} = \sum \lambda_i q_{sik} u_i l_i \tag{4-14}$$

式中　T_{uk}——基桩抗拔极限承载力标准值；

u_i——桩身周长，对于等直径桩取 $u = \pi d$，对于扩底桩按表 4-12 取值；

q_{sik}——桩侧表面第 i 层土的抗压极限侧阻力标准值，可按表 4-2 取值；

λ_i——抗拔系数，可按表 4-13 取值。

表 4-12　扩底桩破坏表面周长 u_i

自桩底起算的长度 l_i	$\leqslant (4 \sim 10)d$	$> (4 \sim 10)d$
u_i	πD	πd

注：l_i 对于软土取低值，对于卵石、砾石取高值；l_i 取值按内摩擦角增大而增加。

表 4-13 抗拔系数 λ

土类	λ 值
砂土	0.50~0.70
黏性土、粉土	0.70~0.80

注：桩长 l 与桩径 d 之比小于 20 时，$λ$ 取小值。

群桩呈整体破坏时，基桩的抗拔极限承载力标准值可按下式计算：

$$T_{gk} = \frac{1}{n} u_l \sum \lambda_i q_{sik} l_i \qquad (4-15)$$

式中　　u_l——桩群外围周长。

承受拔力的桩基，应按下列公式同时验算群桩基础呈整体破坏和呈非整体破坏时基桩的抗拔承载力：

$$N_k \leqslant T_{gk}/2 + G_{gp} \qquad (4-16)$$

$$N_k \leqslant T_{uk}/2 + G_p \qquad (4-17)$$

式中　　N_k——按荷载效应标准组合计算的基桩拔力；

　　　　T_{gk}——群桩呈整体破坏时基桩的抗拔极限承载力标准值；

　　　　T_{uk}——群桩呈非整体破坏时基桩的抗拔极限承载力标准值；

　　　　G_{gp}——群桩基础所包围体积的桩土总自重除以总桩数，地下水位以下取浮重度；

　　　　G_p——基桩自重，地下水位以下取浮重度。

4.4　桩的水平承载力确定

建筑工程中的桩基础大多以承受竖向荷载为主，也可能承受一定的水平荷载，如风荷载、地震荷载、机械制动荷载、输电线路或锚索拉力等；挡土墙、水闸、码头和桥梁工程中的桩基等主要承受水平荷载，如土压力、水压力等；当水平荷载所占比例较大时，还必须对桩基的水平承载力进行验算。

4.4.1　水平荷载作用下单桩的工作性状

水平荷载作用下，桩产生变形并挤压桩周土，使桩周土发生相应的变形而产生水平抗力。水平荷载较小时，桩周土的变形主要是弹性压缩变形，抗力主要由靠近地面部分的表层土提供；随着水平荷载的增大，桩的变形加大，表层土逐渐产生塑性屈服，从而使水平荷载向更深土层传递；当桩周土失去稳定、或桩体发生破坏、或桩的变形超过建筑物的允许值时，就达到了桩的水平极限承载能力。可见，水平荷载下桩的工作性状取决于桩-土之间的相互作用。

满足如下要求之一，就达到了单桩水平极限承载力。

（1）桩周土丧失稳定。

（2）桩身发生断裂破坏（低配筋率的灌注桩常是桩身首先出现裂缝，然后断裂破坏）。

（3）建筑物因桩顶水平位移过大而影响正常使用（抗弯性能好的混凝土预制桩和钢桩，

桩身虽未断裂但桩周土如已明显开裂和隆起，桩的水平位移一般已经超限。为保证建筑物能正常使用，按工程经验，应控制桩顶水平位移不大于 10mm，而对水平位移敏感的建筑物，则不应大于 6mm）。

桩能够承担水平荷载的能力称单桩水平承载力。竖直桩的水平承载力主要依靠周围土体的水平承载力。短桩由于入土浅，而表层土的性质一般较差，桩的刚度远大于土层的刚度，在水平荷载作用下整个桩身易被推倒或发生倾斜［图 4.13(a)］，故桩的水平承载力很低。桩入土深度越大，土的水平抵抗能力也越大。长桩为一细长的杆件，在水平荷载作用下，桩将形成一端嵌固的地基梁，桩的变形呈波浪状［图 4.13(b)］，沿桩长向深处逐渐消失。如果水平荷载过大，桩将会在土中某处折断。因此，桩的水平承载力对于长桩来说，由桩的水平位移和桩身弯矩所控制，而短桩则为水平位移和倾斜控制。

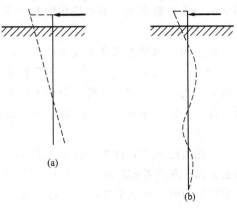

图 4.13 竖直桩受水平力
(a) 短桩；(b) 长桩

4.4.2 水平受荷桩的理论计算

当桩入土较深，桩的刚度较小时，桩的工作状态如同一个埋在弹性介质中的弹性杆件，可采用文克勒地基模型，把承受水平荷载的单桩视作弹性地基（可由水平弹簧组成）中的竖直梁，研究桩在水平荷载和两侧土抗力共同作用下的挠度曲线，通过挠曲线微分方程的解答，求出桩身各截面的弯矩、剪力以及桩的水平承载力。

1. 基本假定

按文克勒假定，单桩承受水平荷载作用时，土体视为线性变形体，桩侧土作用在桩上的水平抗力 p(kN/m)可以用下式表示

$$p = k_h x b_0 \tag{4-18}$$

式中　b_0——桩的计算宽度，取值按表 4-14；

　　x——水平位移(m)；

　　k_h——土的水平抗力系数(或称水平基床系数或地基系数)(kN/m³)。

表 4-14 桩身计算宽度 b_0

截面宽度 b 或直径 d/m	圆桩	方桩
>1m	$0.9(d+1)$	$b+1$
≤1m	$0.9(1.5d+0.5)$	$(1.5b+0.5)$

文克勒假定用于桩的分析比用于弹性地基梁的分析更为恰当，因为土只可能产生抗压的抗力而不能产生抗拉的抗力，所以地基梁在承受外荷载作用产生向上的挠曲时，地基梁的上面没有土的抗压作用，也就无法考虑土的抗力。然而桩的两侧都有土，当桩身产生侧

向挠曲而挤压土时，就会产生土抗力。

至于桩侧水平抗力系数 $k_h = kz^n$ 如何沿桩身分布，是国内外学者长期以来研究的课题，目前仍在不断探讨中。因为对 k_h 的不同假设，将直接影响挠曲线微分方程的求解和截面内力计算。k_h 与土的种类和桩入土深度有关。根据对 k_h 的分布所做的假定不同，区分为不同的计算分析方法，采用较多的有以下几种。

1）常数法

此法为我国学者张有龄在 20 世纪 30 年代提出，假定地基水平抗力系数沿深度均匀分布，即 $n=0$。见图 4.14(a)。由于假设 k_h 不变，而地面的变形一般又最大，因此，相应的土抗力也大，这与实际不符，但由于此法数学处理较为简单，若适当选择 k_h 的大小，仍然可以保证一定的精度，满足工程需要。此法在日本和美国采用较多。

2）k 法

此法假定 k_h 在弹性曲线第一位移零点以上按抛物线变化，以下则为常数，见图 4.14(b)。该法由前苏联学者盖尔斯基于 1934 年提出，该法求解也比较容易，适合于计算一般预制桩或灌注桩的内力和水平位移，曾在我国广泛采用。

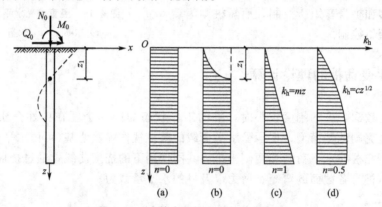

图 4.14 地基水平抗力系数的分布图
(a) 常数法；(b) k 法；(c) m 法；(d) C 法

3）m 法

假定地基水平抗力系数随深度呈线性增加，即 $n=1$，$k_h = m \cdot z$，这里 m 为比例系数，见图 4.14(c)。该法前苏联学者于 1939 年用于计算板桩墙，1962 年用于管柱计算。该法适合于水平抗弯刚度 EI 很大的灌注桩，在我国铁道、公路和水利部门常用，近年来建筑工程部门也采用此法。

桩侧土水平抗力系数的比例系数 m，宜通过单桩水平静载试验确定，当无静载试验资料时，可按表 4-15 取值。

表 4-15 地基土水平抗力系数的比例系数 m 值

序号	地基土类别	预制桩、钢桩		灌注桩	
		m(MN/m⁴)	相应单桩在地面处的水平位移(mm)	m(MN/m⁴)	相应单桩在地面处的水平位移(mm)
1	淤泥；淤泥质土；饱和湿陷性黄土	2～4.5	10	2.5～6	6～12

（续）

序号	地基土类别	预制桩、钢桩		灌注桩	
		$m(MN/m^4)$	相应单桩在地面处的水平位移(mm)	$m(MN/m^4)$	相应单桩在地面处的水平位移(mm)
2	流塑($I_L > 1$)、软塑($0.75 < I_L \leqslant 1$)状黏性土；$e > 0.9$ 的粉土；松散粉细砂；松散、稍密填土	4.5～6.0	10	6～14	4～8
3	可塑($0.25 < I_L \leqslant 0.75$)状黏性土、湿陷性黄土；$e = 0.75 \sim 0.9$ 的粉土；中密填土；稍密细砂	6.0～10	10	14～35	3～6
4	硬塑($0 < I_L \leqslant 0.25$)、坚硬($I_L \leqslant 0$)状黏性土、湿陷性黄土；$e < 0.75$ 的粉土；中密的中粗砂；密实老填土	10～22	10	35～100	2～5
5	中密、密实的砾砂、碎石类土			100～300	1.5～3

注：① 当桩顶水平位移大于表列数值或灌注桩配筋率较高($\geqslant 0.65\%$)时，m 值应适当降低；当预制桩的水平向位移小于 10mm 时，m 值可适当提高。

② 当水平荷载为长期或经常出现的荷载时，应将表列数值乘以 0.4 降低采用。

③ 当地基为可液化土层时，应将表列数值乘以《建筑桩基技术规范》(JGJ 94—2008)表 5.3.12 中相应的系数 ψ_l。

如果桩侧有多层土组成时，应求出主要影响深度 $h_m = 2(d+1)$ 范围内的 m 值加权平均，作为整个深度的 m 值。一般最多取到 3 层土。

$$m = \frac{m_1 h_1^2 + m_2(2h_1 h_2)h_2 + m_3(2h_1 + 2h_2 + h_3)h_3}{(h_1 + h_2 + h_3)^2}$$

如 h_m 深度范围内只有两层土，则令上式中的 h_3 为零，即得相应的 m 值。

4) C 法

假定地基水平抗力系数随深度呈抛物线增加，即 $n = 0.5$，$k_h = cz^{1/2}$，c 为比例常数，见图 4.14(d)。此法于 1964 年由日本久保浩一提出。在我国多用于公路部门。此外还有 k_h 随深度按梯形分布的方法等。

2. 单桩的挠曲微分方程

设单桩在桩顶竖向荷载 N_0、水平荷载 H_0、弯矩 M_0 和地基水平抗力 $p(z)$ 作用下产生挠曲，其弹性挠曲线微分方程为

$$EI \frac{d^4 x}{dz^4} = -p \qquad (4-19)$$

按不同的 k_h 图式求解，就得到不同的计算。

假定 $k_h = mz$，得桩的挠曲线微分方程式，即

$$\frac{d^4 x}{dz^4} + \frac{mb_0}{EI} zx = 0 \qquad (4-20)$$

令
$$\alpha = \sqrt[5]{\frac{mb_0}{EI}} \qquad (4-21)$$

得
$$\frac{\mathrm{d}^4 x}{\mathrm{d}z^4} + \alpha^5 zx = 0 \qquad (4-22)$$

式中 α——桩的水平变形系数（m）。

求解式（4-22）时，注意到材料力学中的挠度 x、转角 φ、弯矩 M 和剪力 V 之间的微分关系，利用幂级数积分后，可得桩身各截面的内力、变形以及沿桩身抗力的简捷算法表达式如下。

位移：
$$x_z = \frac{H_0}{\alpha^3 EI} A_x + \frac{M_0}{\alpha^2 EI} B_x \qquad (4-23)$$

转角：
$$\varphi_z = \frac{H_0}{\alpha^2 EI} A_\varphi + \frac{M_0}{\alpha EI} B_\varphi \qquad (4-24)$$

弯矩：
$$M_z = \frac{H_0}{\alpha} A_m + M_0 B_m \qquad (4-25)$$

剪力：
$$V_z = H_0 A_V + \alpha M_0 B_V \qquad (4-26)$$

桩身抗力：
$$P_z = A_p H_0 \alpha + B_p M_0 \alpha^2 \qquad (4-27)$$

式中，A_x，B_x，$\cdots$，A_V，B_V 均为无量纲系数，决定于 $\alpha \cdot l$ 和 $\alpha \cdot z$，可从有关设计规范或手册查用。表 4-16 列出了 $\alpha \cdot l \geqslant 4.0$ 时的系数值。按上式计算出的单桩水平抗力、内力、变形随深度的变化如图 4.15 所示。

表 4-16 长桩内力和变形计算常数表（$\alpha \cdot l \geqslant 4.0$ 时）

$\alpha \cdot z$	A_x	A_φ	A_m	A_V	A_p	B_x	B_φ	B_m	B_V	B_p
0.0	2.441	−1.621	0	1.000	0	1.621	−1.751	1.000	0	0
0.1	2.279	−1.616	0.100	0.988	0.288	1.451	−1.651	1.000	−0.008	0.145
0.2	2.118	−1.601	0.197	0.956	0.424	1.291	−1.551	0.998	−0.028	0.258
0.3	1.959	−1.577	0.290	0.905	0.588	1.141	−1.451	0.994	−0.058	0.342
0.4	1.803	−1.543	0.377	0.839	0.721	1.001	−1.352	0.986	−0.096	0.400
0.5	1.650	−1.502	0.458	0.761	0.825	0.870	−1.254	0.975	−0.137	0.435
0.6	1.503	−1.452	0.529	0.675	0.902	0.750	−1.157	0.959	−0.182	0.450
0.7	1.360	−1.396	0.592	0.582	0.952	0.639	−1.062	0.938	−0.227	0.447
0.8	1.224	−1.334	0.646	0.458	0.979	0.537	−0.970	0.913	−0.271	0.430
0.9	1.094	−1.267	0.689	0.387	0.984	0.445	0.880	0.884	−0.312	0.400
1.0	0.970	−1.196	0.723	0.289	0.970	0.361	−0.793	0.851	−0.351	0.361

（续）

$\alpha \cdot z$	A_x	A_φ	A_m	A_V	A_p	B_x	B_φ	B_m	B_V	B_p
1.1	0.854	−1.123	0.747	0.193	0.940	0.286	−0.710	0.814	−0.384	0.315
1.2	0.746	−1.047	0.762	0.102	0.895	0.219	−0.630	0.774	−0.413	0.263
1.3	0.645	−0.971	0.768	0.015	0.838	0.160	−0.555	0.732	−0.437	0.208
1.4	0.552	−0.894	0.765	−0.066	0.772	0.108	−0.484	0.687	−0.455	0.151
1.5	0.466	−0.818	0.755	−0.140	0.699	0.063	−0.418	0.641	−0.467	0.094
1.6	0.338	−0.743	0.737	−0.206	0.621	0.024	−0.356	0.594	−0.474	0.039
1.7	0.317	−0.671	0.714	−0.264	0.540	−0.008	−0.299	0.546	−0.475	−0.014
1.8	0.254	−0.601	0.685	−0.313	0.457	−0.036	−0.247	0.499	−0.471	−0.064
1.9	0.197	−0.534	0.651	−0.355	0.375	−0.058	−0.199	0.452	−0.462	−0.110
2.0	0.147	−0.471	0.614	−0.388	0.294	−0.076	−0.156	0.407	−0.449	−0.151
2.2	0.065	−0.356	0.532	−0.532	0.142	−0.099	−0.084	0.320	−0.412	−0.219
2.4	0.003	−0.258	0.443	−0.446	0.008	−0.110	−0.028	0.243	−0.363	−0.265
2.6	−0.040	−0.178	0.355	−0.437	−0.104	−0.111	0.014	0.175	−0.307	−0.290
2.8	−0.069	−0.116	0.270	−0.406	−0.193	−0.105	0.044	0.120	−0.249	−0.295
3.0	−0.087	−0.070	−0.193	−0.361	−0.262	−0.095	0.063	0.076	−0.191	−0.284
3.5	−0.105	−0.012	0.051	−0.200	−0.367	−0.057	0.083	0.014	−0.067	−0.199
4.0	−0.108	−0.003	0	−0.001	−0.432	−0.015	0.085	0	0	−0.059

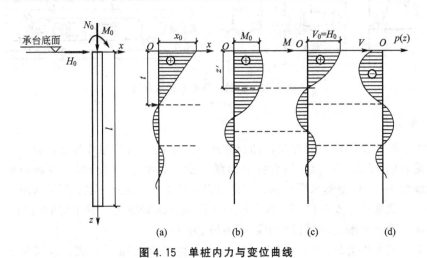

图 4.15　单桩内力与变位曲线

（a）挠曲 x 分布；（b）弯矩 M 分布；（c）剪力 V 分布；（d）水平抗力 p 分布

3. 桩身最大弯矩及其位置

为了计算水平受荷桩的截面配筋，需要知道桩身的最大弯矩值和最大弯矩截面的位置。为了简化，可根据桩顶荷载 H_0、M_0 及桩的变形系数 α 计算。

$$C_{\mathrm{I}} = \alpha \frac{M_0}{H_0}$$

由系数 C_{I} 查表得到相应的换算深度 $\bar{h}(\bar{h} = \alpha z)$，则桩身最大弯矩的深度为

$$z_{\max} = \frac{\bar{h}}{\alpha}$$

由系数 C_{I} 查表得到相应的系数 C_{II}，则桩身最大弯矩为

$$M_{\max} = C_{\mathrm{II}} M_0$$

4.4.3 单桩水平静载试验

桩的现场水平静载试验，能真实反映影响桩水平承载力的各项因素，得到的承载力值和水平抗力系数最符合实际情况。如果预先在桩身中埋置测量元件，则试验资料还能反映出加荷过程中桩身截面的应力和位移，并可由此求出桩身弯矩，据以检验理论分析的结果。

1．试验装置

桩承受水平荷载的试验可在两根桩间放置一个千斤顶，在这两根桩间施加水平力，如图 4.16 所示。如果做力矩产生水平位移的试验，可在地面上一定高度给桩施加水平力，必要时还可进行带承台桩的荷载试验。水平位移用大量程百分表测量，对称布置在桩的外侧，并可利用上下百分表的位移差求出地面以上的桩轴转角。

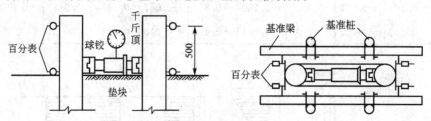

图 4.16 桩的水平静载试验装置

2．加荷方法

对于水平荷载反复作用的桩基，加荷方式一般采用单向多循环加卸载法，荷载分级取预估极限荷载的 $1/15 \sim 1/10$，每级各加卸载 5 次，如图 4.17(a) 中，一级荷载为 15kN，每级荷载施加 4min 后测读水平位移，然后卸载至零，停 2min 后测读残余水平位移，至此完成一个加卸载循环，如此循环 5 次完成一级荷载的试验观测。要求加载时间尽量短、测量位移时间间隔严格准确，且试验中途不得停歇。

对于受长期水平荷载作用的桩基，宜采用分级连续的加载方式，各级荷载的增量同上，各级荷载维持 10min 并记录百分表读数后即进行下一级荷载的试验。

3．终止加荷的条件

当出现下列情况之一时，即可终止试验：
(1) 桩身已断裂。

（2）桩顶水平位移超过 30～40mm（软土取 40mm）。

（3）桩侧地表出现明显裂缝或隆起。

4. 资料整理

试验结果整理成水平荷载（H_0）-时间（t）-水平位移（x_0）的曲线、水平荷载-位移梯度曲线和水平荷载-钢筋应力曲线，如图 4.17 所示。

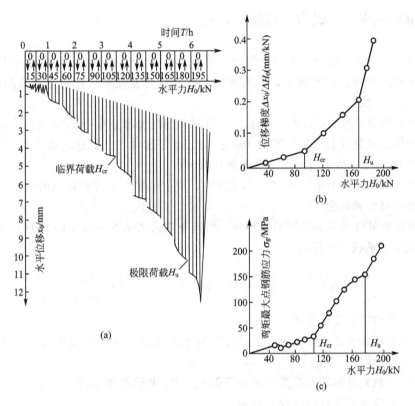

图 4.17　单桩水平静载荷试验成果分析曲线

（a）H_0-t-x_0曲线；（b）H_0-$\Delta x_0/\Delta H_0$曲线；（c）H_0-σ_g曲线

5. 水平临界荷载和水平极限荷载的确定

（1）水平临界荷载 H_{cr} 是相当于桩身开裂、受拉区混凝土不参加工作时的桩顶水平力，其值可按下列方法综合确定。

① 取 H_0-t-x_0曲线出现突变点（在荷载增量相同的条件下出现比前一级明显增大的位移增量）的前一级荷载。

② 取 H_0-$\Delta x_0/\Delta H_0$曲线的第一直线段终点所对应的荷载。

③ 取 H_0-σ_g曲线第一突变点对应的荷载。

（2）水平极限荷载 H_u 是相当于桩身应力达到强度极限时的桩顶水平力，其值可按下列方法取较小值确定。

① 取 H_0-t-x_0曲线明显陡降的第一级荷载，或按该曲线各级荷载下水平位移包络线的凹向确定。若包络线向上方凹曲，则表明在该级荷载下，桩的位移逐渐趋于稳定。若包

络线向下方凹曲，则表明在该级荷载下，随着加卸荷循环次数的增加，水平位移仍在增加，且不稳定。可认为该级水平荷载为破坏荷载，而其前一级荷载为极限荷载。

（2）取 $H_0 - \Delta x_0/\Delta H_0$ 曲线的第二直线段终点所对应的荷载。

（3）取桩身断裂或钢筋应力达到流限的前一级荷载。

水平极限荷载 H_u，除以安全系数 $K = 2.0$ 即得到水平承载力特征值 R_{ha}。

4.4.4 单桩的水平承载力特征值的确定

（1）对于受水平荷载较大的设计等级为甲级、乙级的建筑桩基，单桩水平承载力特征值应通过单桩水平静载试验确定，试验方法可按现行行业标准《建筑基桩检测技术规范》（JGJ 106—2003）执行。

（2）对于钢筋混凝土预制桩、钢桩、桩身正截面配筋率不小于 0.65% 的灌注桩，可根据静载试验结果取地面处水平位移为 10mm（对于水平位移敏感的建筑物取水平位移 6mm）所对应的荷载的 75% 为单桩水平承载力特征值。

（3）对于桩身配筋率小于 0.65% 的灌注桩，可取单桩水平静载试验的临界荷载的 75% 为单桩水平承载力特征值。

（4）当缺少单桩水平静载试验资料时，可按下列公式估算桩身配筋率小于 0.65% 的灌注桩的单桩水平承载力特征值：

$$R_{ha} = \frac{0.75\alpha\gamma_m f_t W_0}{\nu_M}(1.25 + 22\rho_g)\left(1 \pm \frac{\zeta_N \cdot N_k}{\gamma_m f_t A_n}\right) \tag{4-28}$$

式中　α——桩的水平变形系数；

$\quad\ R_{ha}$——单桩水平承载力特征值，"$\pm$" 号根据桩顶竖向力性质确定，压力取"＋"，拉力取"－"；

$\quad\ \gamma_m$——桩截面模量塑性系数，圆形截面 $\gamma_m = 2$，矩形截面 $\gamma_m = 1.75$；

$\quad\ f_t$——桩身混凝土抗拉强度设计值；

$\quad\ W_0$——桩身换算截面受拉边缘的截面模量，圆形截面为 $W_0 = \frac{\pi d}{32}[d^2 + 2(\alpha_E - 1)\rho_g d_0{}^2]$，

$\qquad$方形截面为 $W_0 = \frac{b}{6}[b^2 + 2(\alpha_E - 1)\rho_g b_0{}^2]$（其中 d 为桩直径；d_0 为扣除保护层厚度的桩直径；b 为方形截面边长；b_0 为扣除保护层厚度的桩截面宽度；α_E 为钢筋弹性模量与混凝土弹性模量的比值）；

$\quad\ \nu_M$——桩身最大弯矩系数，按表 4-17 取值，当单桩基础和单排桩基纵向轴线与水平力方向相垂直时，按桩顶铰接考虑；

$\quad\ \rho_g$——桩身配筋率；

$\quad\ A_n$——桩身换算截面积，圆形截面为 $A_n = \frac{\pi d^2}{4}[1 + (\alpha_E - 1)\rho_g]$，方形截面为 $A_n = b^2[1 + (\alpha_E - 1)\rho_g]$；

$\quad\ \zeta_N$——桩顶竖向力影响系数，竖向压力取 0.5，竖向拉力取 1.0；

$\quad\ N_k$——在荷载效应标准组合下桩顶的竖向力（kN）。

表 4-17 桩顶(身)最大弯矩系数 ν_M 和桩顶水平位移系数 ν_x

桩顶约束情况	桩的换算埋深(αh)	ν_M	ν_x
铰接、自由	4.0	0.768	2.441
	3.5	0.750	2.502
	3.0	0.703	2.727
	2.8	0.675	2.905
	2.6	0.639	3.163
	2.4	0.601	3.526
固接	4.0	0.926	0.940
	3.5	0.934	0.970
	3.0	0.967	1.028
	2.8	0.990	1.055
	2.6	1.018	1.079
	2.4	1.045	1.095

注：① 铰接(自由)的 ν_M 系桩身的最大弯矩系数，固接的 ν_M 系桩顶的最大弯矩系数。

② 当 $\alpha h > 4$ 时，取 $\alpha h = 0$。

（5）对于混凝土护壁的挖孔桩，计算单桩水平承载力时，其设计桩径取护壁内直径。

（6）当桩的水平承载力由水平位移控制，且缺少单桩水平静载试验资料时，可按下式估算预制桩、钢桩、桩身配筋率不小于 0.65% 的灌注桩单桩水平承载力特征值：

$$R_{ha} = 0.75 \frac{\alpha^3 EI}{\nu_x} x_{0a} \tag{4-29}$$

式中 EI——桩身抗弯刚度，对于钢筋混凝土桩，$EI = 0.85 E_c I_0$（其中 I_0 为桩身换算截面惯性矩，圆形截面为 $I_0 = W_0 d_0 / 2$；矩形截面为 $I_0 = W_0 b_0 / 2$）；

x_{0a}——桩顶允许水平位移；

ν_x——桩顶水平位移系数，按表 4-17 取值，取值方法同 ν_M。

（7）验算永久荷载控制的桩基的水平承载力时，应将上述(2)～(5)款方法确定的单桩水平承载力特征值乘以调整系数 0.80；验算地震作用桩基的水平承载力时，宜将按上述(2)～(5)款方法确定的单桩水平承载力特征值乘以调整系数 1.25。

（8）受水平荷载的一般建筑物和水平荷载较小的高大建筑物单桩基础和群桩中基桩应满足下式要求：

$$H_{ik} \leqslant R_h \tag{4-30}$$

式中 H_{ik}——在荷载效应标准组合下，作用于基桩 i 桩顶处的水平力；

R_h——单桩基础或群桩中基桩的水平承载力特征值，对于单桩基础，可取单桩的水平承载力特征值 R_{ha}。

【例 4.3】 某工程采用直径为 2.0m 的灌注桩，桩身配筋率为 0.68%，桩长 25m，桩顶铰接，桩顶允许水平位移 0.005m，桩侧土水平抗力系数的比例系数 $m = 25 MN/m^4$，钢筋混凝土桩的桩身抗弯刚度 $EI = 2.149 \times 10^4 MN/m^2$，求单桩水平承载力特征值。

【解】 根据公式 $R_{ha} = 0.75 \frac{\alpha^3 EI}{\nu_x} x_{0a}$ 计算，即

桩身计算宽度

$$b_0 = 0.9(d+1) = 0.9 \times (2+1) = 2.7\text{m}$$

$$\alpha = \sqrt[5]{\frac{mb_0}{EI}} = \sqrt[5]{\frac{25 \times 10^3 \times 2.7}{2.149 \times 10^7}} = 0.3158\text{m}^{-1}$$

$$\alpha h = 0.3158 \times 25 = 7.895 > 4.0，查表 4-17，得 \nu_x = 2.441$$

$$R_{\text{ha}} = 0.75\frac{\alpha^3 EI}{\nu_x}x_{0a} = 0.75 \times \frac{0.3158^3 \times 2.149 \times 10^7}{2.441} \times 0.005 = 10396\text{kN}$$

4.5 桩身结构设计

桩身应进行承载力和裂缝控制计算。计算时应考虑桩身材料强度、成桩工艺、吊运与沉桩、约束条件等因素，除本节有关规定外，尚应符合现行国家标准《混凝土结构设计规范》（GB 50010—2010）（以下简称《混凝土规范》）、《钢结构设计规范》（GB 50017—2003）和《抗震规范》的有关规定。

4.5.1 构造要求

1. 灌注桩

(1) 配筋率：当桩身直径为 300～2000mm 时，正截面配筋率可取 0.2%～0.65%（小直径桩取高值）；对受荷载特别大的桩、抗拔桩和嵌岩端承桩应根据计算确定配筋率，并不应小于上述规定值。

(2) 配筋长度规定如下。

① 端承型桩和位于坡地岸边的基桩应沿桩身等截面或变截面通长配筋。

② 桩径大于 600mm 的摩擦型桩配筋长度不应小于 2/3 桩长；当受水平荷载时，配筋长度尚不宜小于 $4.0/\alpha$（α 为桩的水平变形系数）。

③ 对于受地震作用的基桩，桩身配筋长度应穿过可液化土层和软弱土层。

④ 受负摩阻力的桩、因先成桩后开挖基坑而随地基土回弹的桩，其配筋长度应穿过软弱土层并进入稳定土层，进入的深度不应小于 2～3 倍桩身直径。

⑤ 专用抗拔桩及因地震、冻胀或膨胀力作用而受拔的桩，应等截面或变截面通长配筋。

(3) 对于受水平荷载的桩，主筋不应小于 $8\phi12$；对于抗压桩和抗拔桩，主筋不应少于 $6\phi10$；纵向主筋应沿桩身周边均匀布置，其净距不应小于 60mm。

(4) 箍筋应采用螺旋式，直径不应小于 6mm，间距宜为 200～300mm；受水平荷载较大桩基、承受水平地震作用的桩基以及考虑主筋作用计算桩身受压承载力时，桩顶以下 5 倍桩身直径范围内的箍筋应加密，间距不应大于 100mm；当桩身位于液化土层范围内时箍筋应加密；当考虑箍筋受力作用时，箍筋配置应符合现行国家标准《混凝土结构设计规范》（GB 50010—2010）的有关规定；当钢筋笼长度超过 4m 时，应每隔 2m 设一道直径不小于 12mm 的焊接加劲箍筋。

(5) 桩身混凝土及混凝土保护层厚度应符合下列要求。

① 桩身混凝土强度等级不得小于 C25，混凝土预制桩尖强度等级不得小于 C30。

② 灌注桩主筋的混凝土保护层厚度不应小于 35mm，水下灌注桩的主筋混凝土保护层厚度不得小于 50mm。

2. 混凝土预制桩

(1) 混凝土预制桩的截面边长不应小于 200mm；预应力混凝土预制实心桩的截面边长不宜小于 350mm。

(2) 预制桩的混凝土强度等级不宜低于 C30；预应力混凝土实心桩的混凝土强度等级不应低于 C40；预制桩纵向钢筋的混凝土保护层厚度不宜小于 30mm。

(3) 预制桩的桩身配筋应按吊运、打桩及桩在使用中的受力等条件计算确定。采用锤击法沉桩时，预制桩的最小配筋率不宜小于 0.8%。静压法沉桩时，最小配筋率不宜小于 0.6%，主筋直径不宜小于 φ14，打入桩桩顶以下 4~5 倍桩身直径长度范围内箍筋应加密，并设置钢筋网片。

(4) 预制桩的分节长度应根据施工条件及运输条件确定；每根桩的接头数量不宜超过 3 个。

(5) 预制桩的桩尖可将主筋合拢焊在桩尖辅助钢筋上，当持力层为密实砂和碎石类土时，宜在桩尖处包以钢板桩靴，以加强桩尖。

4.5.2 桩身承载力验算

1. 受压桩

钢筋混凝土轴心受压桩正截面受压承载力应符合下列规定：

(1) 当桩顶以下 5 倍桩身直径范围内桩身箍筋间距不大于 100mm 且符合相关构造要求的，才考虑纵向主筋对桩身受压承载力的作用：

$$N \leqslant \psi_c f_c A_{ps} + 0.9 f'_y A'_s \tag{4-31}$$

(2) 当桩身配筋不满足上述要求时：

$$N \leqslant \psi_c f_c A_{ps} \tag{4-32}$$

式中　N——荷载效应基本组合下的桩顶轴向压力设计值(kN)；

　　　f_c——混凝土轴心抗压强度设计值(kPa)；

　　　f'_y——纵向主筋抗压强度设计值(kPa)；

　　　A_{ps}——桩身的横截面面积(m^2)；

　　　A'_s——纵向主筋截面面积(m^2)；

　　　ψ_c——基桩成桩工艺系数，按表 4-18 取值。

表 4-18　基桩成桩工艺系数 ψ_c

桩型	ψ_c
混凝土预制桩、预应力混凝土空心桩	0.85
干作业非挤土灌注桩	0.9
泥浆护壁和套管护壁非挤土灌注桩、部分挤土灌注桩及挤土灌注桩	0.7~0.8
软土地区挤土灌注桩	0.6

2. 抗拔桩

钢筋混凝土轴心抗拔桩的正截面受拉承载力应符合下式规定：

$$N \leqslant f_y A_s + f_{py} A_{py} \tag{4-33}$$

式中　N——荷载效应基本组合下桩顶轴向拉力设计值；

f_y、f_{py}——普通钢筋、预应力钢筋的抗拉强度设计值；

A_s、A_{py}——普通钢筋、预应力钢筋的截面面积。

对于抗拔桩的裂缝控制计算应符合下列规定：

(1) 对于严格要求不出现裂缝的一级裂缝控制等级预应力混凝土基桩，在荷载效应标准组合下混凝土不应产生拉应力，应符合下式要求：

$$\sigma_{ck} - \sigma_{pc} \leqslant 0 \tag{4-34}$$

(2) 对于一般要求不出现裂缝的二级裂缝控制等级预应力混凝土基桩，在荷载效应标准组合下的拉应力不应大于混凝土轴心受拉强度标准值，应符合下列公式要求：

在荷载效应标准组合下：　　　　$\sigma_{ck} - \sigma_{pc} \leqslant f_{tk}$ 　　　　(4-35)

在荷载效应准永久组合下：　　　　$\sigma_{cq} - \sigma_{pc} \leqslant 0$ 　　　　(4-36)

(3) 对于允许出现裂缝的三级裂缝控制等级基桩，按荷载效应标准组合计算的最大裂缝宽度应符合下列规定：

$$w_{max} \leqslant w_{lim} \tag{4-37}$$

式中　σ_{ck}、σ_{cq}——荷载效应标准组合、准永久组合下正截面法向应力；

σ_{pc}——扣除全部应力损失后，桩身混凝土的预应力；

f_{tk}——混凝土轴心抗拉强度标准值；

w_{max}——按荷载效应标准组合计算的最大裂缝宽度，可按现行《混凝土规范》计算；

w_{lim}——最大裂缝宽度限值。

3. 受水平作用的桩

受水平荷载和地震作用的桩，其桩身受弯承载力和受剪承载力的验算应符合下列规定。

(1) 对于桩顶固端的桩，应验算桩顶正截面弯矩；对于桩顶自由或铰接的桩，应验算桩身最大弯矩截面处的正截面弯矩。

(2) 应验算桩顶斜截面的受剪承载力。

(3) 桩身所承受最大弯矩和水平剪力的计算，可按《桩基规范》附录 C 计算。

(4) 桩身正截面受弯承载力和斜截面受剪承载力，应按现行《混凝土规范》执行。

(5) 当考虑地震作用验算桩身正截面受弯和斜截面受剪承载力时，应根据现行《抗震规范》的规定，对作用于桩顶的地震作用效应进行调整。

4. 预制桩吊运和锤击验算

预制桩吊运时单吊点和双吊点的设置，应按吊点(或支点)跨间正弯矩与吊点处的负弯矩相等的原则进行布置。考虑预制桩吊运时可能受到冲击和振动的影响，计算吊运弯矩和吊运拉力时，可将桩身重力乘以 1.5 的动力系数。

对于裂缝控制等级为一级、二级的混凝土预制桩和预应力混凝土管桩，可按下列规定验算桩身的锤击压应力和锤击拉应力。

（1）最大锤击压应力 σ_p 可按下式计算：

$$\sigma_p = \frac{\alpha \sqrt{2eE\gamma_p H}}{\left[1 + \dfrac{A_c}{A_H}\sqrt{\dfrac{E_c \cdot \gamma_c}{E_H \cdot \gamma_H}}\right]\left[1 + \dfrac{A}{A_c}\sqrt{\dfrac{E \cdot \gamma_p}{E_c \cdot \gamma_c}}\right]} \tag{4-38}$$

式中　σ_p——桩的最大锤击压应力；

α——锤型系数，自由落锤为 1.0，柴油锤取 1.4；

e——锤击效率系数，自由落锤为 0.6，柴油锤取 0.8；

A_H、A_c、A——锤、桩垫、桩的实际断面面积；

E_H、E_c、E——锤、桩垫、桩的纵向弹性模量；

γ_H、γ_c、γ——锤、桩垫、桩的重度；

H——锤落距。

（2）当桩需穿越软土层或桩存在变截面时，可按表 4-19 确定桩身的最大锤击拉应力。

表 4-19　最大锤击拉应力 σ_t 建议值(kPa)

应力类别	桩类	建议值	出现部位
桩轴向拉应力值	预应力混凝土管桩	$(0.33\sim0.5)\sigma_p$	① 桩尖穿越软土层时 ② 距桩尖$(0.5\sim0.7)l$ 处
	混凝土及预应力混凝土桩	$(0.25\sim0.33)\sigma_p$	
桩截面环向拉应力 或侧向拉应力	预应力混凝土管桩	$0.25\sigma_p$	最大锤击压应力相应的 截面
	混凝土及预应力混凝土桩（侧向）	$(0.22\sim0.25)\sigma_p$	

（3）最大锤击压应力和最大锤击拉应力分别不应超过混凝土的轴心抗压强度设计值和轴心抗拉强度设计值。

【例 4.4】　某高层建筑物采用钢筋混凝土管桩，外径 $D=550\text{m}$，据现场静载荷试验知单桩竖向承载力特征值 $R_a=2750\text{kN}$，混凝土的强度等级为 C40，受力主筋采用 HPB300 级钢筋 $17\phi18$。验算桩身的抗压强度。

【解】　根据《桩基规范》，桩身抗压强度验算公式计算：

$$N \leqslant \psi_c f_c A_{ps} + 0.9 f'_y A'_s$$

式中　N——桩的轴向力设计值，取 $N=2750\text{kN}$；

ψ_c——基桩施工工艺系数，对于预制桩，$\psi_c=0.85$；

f_c——混凝土轴心抗压强度设计值，采用混凝土 C40 时，则 $f_c=19.1\text{N/mm}^2$；

A_{ps}——桩的横截面面积，管桩外径 $D=550\text{mm}$，得 $A_{ps}=\dfrac{550^2 \times \pi}{4}=237462.5\text{mm}^2$；

f'_y——钢筋抗压强度设计值，管桩用一级钢筋，则 $f'_y=270\text{N/mm}^2$；

A'_s——桩的全部纵向钢筋截面面积，因桩的主筋为 $17\phi18$，所以 $A'_s=4326\text{mm}^2$。

$$\psi_c f_c A_p + 0.9 f'_y A_g = 0.85 \times 19.1 \times 237462.5 + 0.9 \times 270 \times 4326$$
$$= 3855203.7 + 1051218 = 4906421.7\text{N} \approx 4906\text{kN}$$

$N=2750 < 4906\text{kN}$，即满足要求。

故此管桩的抗压强度安全可靠。

4.6 群桩基础设计

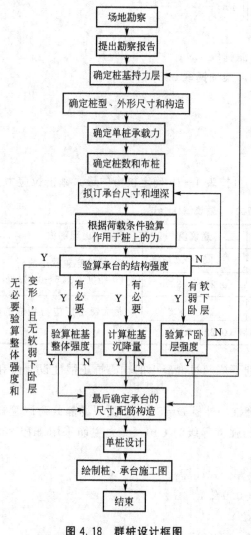

图 4.18 群桩设计框图

桩基础的设计的目的是使作为支承上部结构的地基和基础结构必须具有足够的承载能力,其变形不超过上部结构安全和正常使用所允许的范围;作为传递荷载的结构,桩和承台有足够的强度、刚度和耐久性;因此应力求选型恰当、经济合理、安全适用。其设计内容和步骤如图 4.18 所示。

(1) 进行调查研究,场地勘察,收集有关资料。

(2) 综合勘察报告、荷载情况、使用要求、上部结构条件等确定桩基持力层。

(3) 选择桩材,确定桩的类型、外形尺寸和构造。

(4) 确定单桩承载力特征值。

(5) 根据上部结构荷载情况,初步拟定桩的数量和平面布置。

(6) 根据桩的平面布置,初步拟订承台的轮廓尺寸及承台底标高。

(7) 验算作用于单桩上的竖向和横向荷载。

(8) 验算承台尺寸及结构强度。

(9) 必要时验算桩基整体承载力和沉降量,当持力层下有软弱下卧层时,验算软弱下卧层的地基承载力。

(10) 单桩设计,绘制桩和承台的结构及施工详图。

4.6.1 收集设计资料

设计桩基之前必须充分掌握设计原始资料,包括建筑类型、荷载、工程地质勘察资料、材料来源及施工技术设备等情况,并尽量了解当地使用桩基的经验。

桩基设计应具备的资料如下。

1. 岩土工程勘察文件

(1) 桩基按两类极限状态进行设计所需用岩土物理力学参数及原位测试参数。

(2) 对建筑场地的不良地质作用,如滑坡、崩塌、泥石流、岩溶、土洞等,有明确的判断、结论和防治方案。

（3）地下水位埋藏情况、类型和水位变化幅度及抗浮设计水位，土、水的腐蚀性评价，地下水浮力计算的设计水位。

（4）抗震设防区按设防烈度提供的液化土层资料。

（5）有关地基土冻胀性、湿陷性、膨胀性评价。

2. 建筑场地与环境条件有关的资料

（1）建筑场地现状，包括交通设施、高压架空线、地下管线和地下构筑物的分布。

（2）相邻建筑物安全等级、基础形式及埋置深度。

（3）附近类似工程地质条件场地的桩基工程试桩资料和单桩承载力设计参数。

（4）周围建筑物的防振、防噪声的要求。

（5）泥浆排放、弃土条件。

（6）建筑物所在地区的抗震设防烈度和建筑场地类别。

3. 建筑物的有关资料

（1）建筑物的总平面布置图。

（2）建筑物的结构类型、荷载，建筑物的使用条件和设备对基础竖向和水平位移的要求。

（3）建筑结构的安全等级。

4. 施工条件的有关资料

（1）施工机械设备条件，制桩条件，动力条件，施工工艺对地质条件的适应性。

（2）水、电及有关建筑材料的供应条件。

（3）施工机械的进出场及现场运行条件。

4.6.2 桩型的选择

确定桩基础方案后，合理地选择桩型是桩基设计的重要环节。桩型的选择应根据上部结构的要求、地质条件、环境要求、施工条件、质量控制及工程造价等因素，按照安全适用、经济合理的原则选择。

同一建筑物应尽量采用同一类型的桩，否则应用沉降缝分开。在场地土层分布比较均匀的条件下，采用质量易于保证的预应力高强混凝土管桩比较合理；一般高层建筑荷载大而集中，对沉降控制要求较严，水平荷载（风荷载或地震荷载）很大，应采用大直径桩，且支承于岩层（嵌岩桩）或坚实而稳定的砂层、卵砾石或硬土层（端承桩或摩擦端承桩）上；周围环境不允许打桩时，可选用钻孔桩或人工挖孔桩；当要穿过较厚砂层时则宜选用钢桩；多层建筑，选用较短的小直径桩，且宜选用廉价的桩型，当浅层有较好持力层时，夯扩桩更具有优势；当土中存在大孤石、废金属以及花岗岩残积层中有未风化的石英脉时，预制桩将难以穿越；当土层分布很不均匀时，混凝土预制桩的预制长度较难掌握，宜优先考虑各种灌注桩。具体可参照表 4-20 选择桩基础类型。

表 4-20　桩基础类型选择参照表

桩类型	建筑物类型	地层条件	施工条件
预制桩	重要的有纪念性的大型公共建筑或高层住宅；对基础沉降有严格要求的工业与民用建筑物和构筑物	表层土质及厚度不均匀；地下水位浅、有缩孔现象；在一定深度内有可利用的较好的持力层；上部无难以穿越的硬夹层	场地空旷，邻近无危险建筑，没有对噪声、振动及侧向挤压等限制
灌注桩	一般高层建筑及多层建筑	可供利用的桩端持力层起伏较大或持力层以上有不易穿透的硬夹层；无缩孔现象	① 要求有一定的场地，供施工机械装卸与运输 ② 施工时能解决出土堆放的问题 ③ 地下无障碍物
扩底短桩	一般 6 层以下建筑	表土较差，填土厚度在 4～6m 以下有可供利用的一般第四纪土，而硬层及地下水位都比较深	① 要求有一定的场地，供施工机械装卸与运输 ② 施工时能解决出土堆放的问题； ③ 地下无障碍物
大直径桩	重要的大型公共建筑或高层住宅，对基础沉降有严格要求的工业与民用建筑物和构筑物	表层土质及厚度不均匀，水位较深，不缩孔，在一定深度内有较好的持力层	如采用机械成孔要求有一定的场地，供施工机械装卸与运输，如采用人工成孔，应具有充分的安全及质量保障措施

4.6.3　桩长和截面尺寸的选择

桩基设计时，确定桩的类型后，需要进一步确定桩的长度和截面尺寸。

桩的长度主要取决于桩端持力层的选择，应选择较硬土层作为桩端持力层。持力层必须满足承载力和沉降两方面的要求。就承载力而言，单桩承载力和群桩承载力都须满足要求；对于沉降而言，一般情况下，在所选持力层和压缩层范围内不宜存在高压缩性土层，当存在高压缩性土层时，应验算群桩基础的沉降。

桩端全断面进入持力层的深度，对于黏性土、粉土不宜小于 $2d$，砂类土不宜小于 $1.5d$，碎石类土不宜小于 $1d$。当存在软弱下卧层时，桩端以下硬持力层厚度不宜小于 $3d$。当坚硬土层埋藏很深时，则宜采用摩擦桩，桩端应尽量达到低压缩性、中等强度的土层上。

对于嵌岩桩，嵌岩深度应综合荷载、上覆土层、基岩、桩径、桩长等因素确定；对于嵌入倾斜的完整和较完整岩的全断面深度不宜小于 $0.4d$ 且不小于 $0.5m$，倾斜度大于 30% 的中风化岩，宜根据倾斜度及岩石完整性适当加大嵌岩深度；对于嵌入平整、完整的坚硬岩和较硬岩的深度不宜小于 $0.2d$，且不应小于 $0.2m$。

同一基础相邻桩的桩底标高差，对于非嵌岩桩不宜超过相邻桩的中心距；对于摩擦型桩，在相同土层中不宜超过桩长的 1/10。

桩型及桩长初步确定后，桩的横截面尺寸通常根据桩顶荷载大小与当地施工机具及建筑经验确定。如为钢筋混凝土预制桩，中小工程常用 250mm×250mm 或 300mm×300mm；大工程常用 350mm×350mm 或 400mm×400mm。大工程用小截面桩，因单桩承载力低，需要的桩数较多，不仅桩的排列难、承台尺寸大，而且增加费用。一般若建筑物楼层高、荷载大，宜采用大直径桩，尤其是大直径人工挖孔桩比较经济实用，目前国内已用过的最大直径为 5m。

4.6.4 桩数的确定及桩位布置

在实际工程中，除了少量的独立柱基础下采用大直径单桩基础外，一般都是采用承台将多根桩连接的群桩基础。

1. 桩的根数

根据结构物对桩功能的要求及荷载特性，明确单桩承载力的类型，如抗压、抗拔及水平承载力等，根据 4.3 节、4.4 节的方法确定单桩承载力特征值。按照下式初步估算桩的根数：

当桩基轴心受压时：

$$n > \frac{F_k}{R_a} \qquad (4-39)$$

当桩基偏心受压时：

$$n > \mu \frac{F_k}{R_a} \qquad (4-40)$$

式中　n——桩的数量；

　　　F_k——作用于桩基承台顶面的竖向力标准值(kN)；

　　　R_a——单桩竖向承载力特征值(kN)；

　　　μ——桩基偏心受压系数，通常取 1.1～1.2。

承受水平荷载的桩基，在确定桩数时还应满足桩水平承载力的要求。此时，可粗略地以各单桩水平承载力之和作为桩基的水平承载力，这样偏于安全。

此外，在层厚较大的高灵敏度流塑黏土中，不宜采用桩距小而桩数多的打入式桩基。否则，软黏土结构破坏严重，使土体强度明显降低，加之相邻各桩的相互影响，桩基的沉降和不均匀沉降都将显著增加。

2. 桩的中心距

为了避免桩基施工可能引起土的松弛效应和挤土效应对相邻桩基的不利影响，布桩时应根据土类与成桩工艺、桩端排列按表 4-21 来确定桩的最小中心距。若桩的中心距过大，承台尺寸增加，会使造价提高；若中心距过小，桩的承载能力则不能充分发挥，且施工时互相干扰影响桩的质量，灌注桩成孔可能会相互打通，锤击法打预制桩时会使邻桩上抬。对于大面积桩群，尤其是挤土桩，桩的最小中心距还应按表列数值适当加大。当施工中采取减小挤土效应的可靠措施时，可根据当地经验适当减小。

表 4 - 21　桩的最小中心距

土类与成桩工艺		排数不少于3排且桩数不少于9根的摩擦型桩桩基	其他情况
非挤土灌注桩		3.0d	3.0d
部分挤土桩		3.5d	3.0d
挤土桩	非饱和土	4.0d	3.5d
	饱和黏性土	4.5d	4.0d
钻、挖孔扩底桩		2D 或 D+2.0m(当 D>2m)	1.5D 或 D+1.5m(当 D>2m)
沉管夯扩、钻孔挤扩桩	非饱和土	2.2D 且 4.0d	2.0D 且 3.5d
	饱和黏性土	2.5D 且 4.5d	2.2D 且 4.0d

注：① d 为圆桩直径或方桩边长，D 为扩大端设计直径。

　　② 当纵横向桩距不相等时，其最小中心距应满足"其他情况"一栏的规定。

　　③ 当为端承型桩时，非挤土灌注桩的"其他情况"一栏可减小至 2.5d。

3. 桩位的布置

桩在平面内可布置成方形（或矩形）、三角形和梅花形如图 4-19(a)所示。

为了使桩基中各桩受力比较均匀，排列基桩时，宜使桩群承载力合力点与竖向永久荷载合力作用点重合；并使基桩受水平力和力矩较大方向作为承台的长边，有较大抗弯截面模量。

(1) 对柱下单独桩基和整片式桩基，宜采用外密内疏的布置方式；对横墙下桩基，可在外纵墙之外布设一至二根"探头"桩，如图 4.20 所示。此外，在有门洞的墙下布桩应将桩设置在门洞的两侧，梁式或板式基础下的群桩，布置时应注意使梁板中的弯矩尽量减小，即多在柱、墙下布桩，以减少梁和板跨中的桩数。

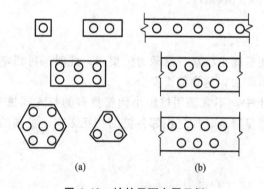

图 4.19　桩的平面布置示例

(a) 柱下桩基；(b) 墙下桩基

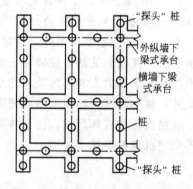

图 4.20　横墙下"探头"桩的布置

(2) 条形基础下的桩，通常布置成一字形，小型工程采用单排桩，大中型工程采用多排桩（图 4.19b），也可采用不等距布置。

(3) 烟囱、水塔基础通常为圆形，桩的平面布置成圆环形。

(4) 对于桩箱基础、剪力墙结构桩筏（含平板和梁板式承台）基础，宜将桩布置于墙下；带梁(肋)的桩筏基础，宜将桩布置于梁(肋)下。

(5) 对于框架－核心筒结构桩筏基础应按荷载分布考虑相互影响，将桩相对集中布置于核心筒和柱下，外围框架柱宜采用复合桩基，桩长宜小于核心筒下基桩(有合适桩端持力层时)。

(6) 大直径桩，宜采用一柱一桩。

4.6.5　承台设计

桩基承台可分为柱下独立承台、柱下或墙下条形承台(梁式承台)，以及筏板承台和箱形承台等；承台的作用是将桩联结成一个整体，并把建筑物的荷载传到桩上，因而承台应有足够的强度和刚度。

1. 承台构造

桩基承台的构造，应满足抗冲切、抗剪切、抗弯承载力和上部结构要求，尚应符合下列要求。

(1) 独立柱下桩基承台的最小宽度不应小于 500mm，边桩中心至承台边缘的距离不应小于桩的直径或边长，且桩的外边缘至承台边缘的距离不应小于 150mm。对于墙下条形承台梁，桩的外边缘至承台梁边缘的距离不应小于 75mm。承台的最小厚度不应小于 300mm。高层建筑平板式和梁板式筏形承台的最小厚度不应小于 400mm，墙下布桩的剪力墙结构筏形承台的最小厚度不应小于 200mm。

(2) 承台混凝土材料及其强度等级应符合结构混凝土耐久性的要求和抗渗要求。

(3) 承台的钢筋配置应符合下列规定。

① 柱下独立桩基承台纵向受力钢筋应通长配置 [图 4.21(a)]，对四桩以上(含四桩)承台宜按双向均匀布置，对三桩的三角形承台应按三向板带均匀布置，且最里面的三根钢筋围成的三角形应在柱截面范围内 [图 4.21(b)]。纵向钢筋锚固长度自边桩内侧(当为圆桩时，应将其直径乘以 0.8 等效为方桩)算起，不应小于 $35d_g$(d_g 为钢筋直径)；当不满足时应将纵向钢筋向上弯折，此时水平段的长度不应小于 $25d_g$，弯折段长度不应小于 $10d_g$。承台纵向受力钢筋的直径不应小于 12mm，间距不应大于 200mm。柱下独立桩基承台的最小配筋率不应小于 0.15%。

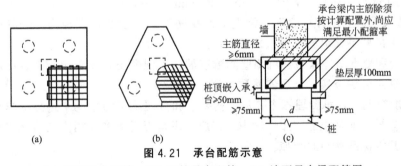

图 4.21　承台配筋示意

(a) 矩形承台配筋；(b) 三桩承台配筋；(c) 墙下承台梁配筋图

② 柱下独立两桩承台，应按现行《混凝土规范》中的深受弯构件配置纵向受拉钢筋、水平及竖向分布钢筋。承台纵向受力钢筋端部的锚固长度及构造应与柱下多桩承台的规定

相同。

③ 条形承台梁的纵向主筋应符合现行《混凝土规范》关于最小配筋率的规定[图 4.22(c)]，主筋直径不应小于 12mm，架立筋直径不应小于 10mm，箍筋直径不应小于 6mm。承台梁端部纵向受力钢筋的锚固长度及构造应与柱下多桩承台的规定相同。

④ 筏形承台板或箱形承台板在计算中当仅考虑局部弯矩作用时，考虑到整体弯曲的影响，在纵横两个方向的下层钢筋配筋率不宜小于 0.15%；上层钢筋应按计算配筋率全部连通。当筏板的厚度大于 2000mm 时，宜在板厚中间部位设置直径不小于 12mm、间距不大于 300mm 的双向钢筋网。

⑤ 承台底面钢筋的混凝土保护层厚度，当有混凝土垫层时，不应小于 50mm，无垫层时不应小于 70mm；此外尚不应小于桩头嵌入承台内的长度。

（4）桩与承台的连接构造应符合下列规定。

① 桩嵌入承台内的长度对中等直径桩不宜小于 50mm；对大直径桩不宜小于 100mm。

② 混凝土桩的桩顶纵向主筋应锚入承台内，其锚入长度不宜小于 35 倍纵向主筋直径。对于抗拔桩，桩顶纵向主筋的锚固长度应按现行《混凝土规范》确定。

③ 对于大直径灌注桩，当采用一柱一桩时可设置承台或将桩与柱直接连接。

（5）柱与承台的连接构造应符合下列规定。

① 对于一柱一桩基础，柱与桩直接连接时，柱纵向主筋锚入桩身内长度不应小于 35 倍纵向主筋直径。

② 对于多桩承台，柱纵向主筋应锚入承台不小于 35 倍纵向主筋直径；当承台高度不满足锚固要求时，竖向锚固长度不应小于 20 倍纵向主筋直径，并向柱轴线方向呈 90° 弯折。

③ 当有抗震设防要求时，对于一、二级抗震等级的柱，纵向主筋锚固长度应乘以 1.15 的系数；对于三级抗震等级的柱，纵向主筋锚固长度应乘以 1.05 的系数。

（6）承台与承台之间的连接构造应符合下列规定。

① 一柱一桩时，应在桩顶两个主轴方向上设置联系梁。当桩与柱的截面直径之比大于 2 时，可不设联系梁。

② 两桩桩基的承台，应在其短向设置联系梁。

③ 有抗震设防要求的柱下桩基承台，宜沿两个主轴方向设置联系梁。

④ 联系梁顶面宜与承台顶面位于同一标高。联系梁宽度不宜小于 250mm，其高度可取承台中心距的 1/15～1/10，且不宜小于 400mm。

⑤ 联系梁配筋应按计算确定，梁上下部配筋不宜少于 2 根直径为 12mm 的钢筋；位于同一轴线上的联系梁纵筋宜通长配置。

（7）承台和地下室外墙与基坑侧壁间隙应灌注素混凝土，或采用灰土、级配砂石、压实性较好的素土分层夯实，其压实系数不宜小于 0.94。

（8）一般情况下，承台埋深主要从结构要求和方便施工的角度来选择。季节性冻土上的承台埋深应根据地基土的冻胀性考虑，并应考虑是否需要采取相应的防冻害措施。膨胀土的承台，其埋深选择与此类似。

2. 承台计算

1）受弯计算

桩基承台应进行正截面受弯承载力计算。受弯承载力和配筋可按现行《混凝土规范》

的规定进行。

柱下独立桩基承台的正截面弯矩设计值可按下列规定计算。

(1) 两桩条形承台和多桩矩形承台弯矩计算截面取在柱边和承台变阶处 [图 4.22(a)]，可按下列公式计算：

$$M_x = \sum N_i y_i \qquad (4-41)$$

$$M_y = \sum N_i x_i \qquad (4-42)$$

式中 M_x、M_y——绕 X 轴和绕 Y 轴方向计算截面处的弯矩设计值；

$\quad x_i$、y_i——垂直 Y 轴和 X 轴方向自桩轴线到相应计算截面的距离；

$\quad\quad N_i$——不计承台及其上土重，在荷载效应基本组合下的第 i 基桩或复合基桩
竖向反力设计值。

(2) 三桩承台的正截面弯矩值应符合下列要求。

① 等边三桩承台 [图 4.22(b)]。

$$M = \frac{N_{\max}}{3}\left(s_a - \frac{\sqrt{3}}{4}c\right) \qquad (4-43)$$

式中 M——通过承台形心至各边边缘正交截面范围内板带的弯矩设计值；

$N_{\max}$——不计承台及其上土重，在荷载效应基本组合下三桩中最大基桩或复合基桩竖
向反力设计值；

$\quad s_a$——桩中心距；

$\quad c$——方柱边长，圆柱时 $c=0.8d$（d 为圆柱直径）。

② 等腰三桩承台 [图 4.22(c)]。

$$M_1 = \frac{N_{\max}}{3}\left(s_a - \frac{0.75}{\sqrt{4-\alpha^2}}c_1\right) \qquad (4-44)$$

$$M_2 = \frac{N_{\max}}{3}\left(\alpha s_a - \frac{0.75}{\sqrt{4-\alpha^2}}c_2\right) \qquad (4-45)$$

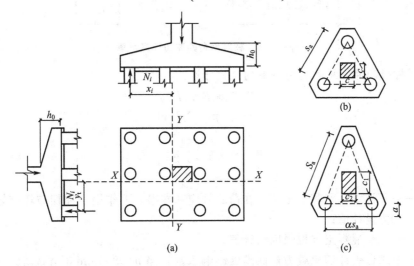

图 4.22 承台弯矩计算示意

(a) 矩形多桩承台；(b) 等边三桩承台；(c) 等腰三桩承台

式中 M_1、M_2——分别为通过承台形心至两腰边缘和底边边缘正交截面范围内板带的弯矩设计值；

s_a——长向桩中心距；

α——短向桩中心距与长向桩中心距之比，当 α 小于 0.5 时，应按变截面的二桩承台设计；

c_1、c_2——分别为垂直于、平行于承台底边的柱截面边长。

2) 受冲切计算

桩基承台厚度应满足柱(墙)对承台的冲切和基桩对承台的冲切承载力要求。轴心竖向力作用下桩基承台受柱(墙)的冲切，可按下列规定计算。

(1) 冲切破坏锥体应采用自柱(墙)边或承台变阶处至相应桩顶边缘连线所构成的锥体，锥体斜面与承台底面之夹角不应小于 45°(图 4.23)。

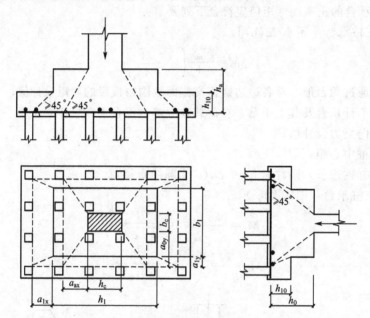

图 4.23　柱对承台的冲切计算示意

(2) 受柱(墙)冲切承载力可按下列公式计算：

$$F_l \leqslant \beta_{hp}\beta_0 u_m f_t h_0 \tag{4-46a}$$

$$F_l = F - \sum Q_i \tag{4-46b}$$

$$\beta_0 = \frac{0.84}{\lambda + 0.2} \tag{4-46c}$$

$$\lambda = a_0/h_0$$

式中 F_l——不计承台及其上土重，在荷载效应基本组合下作用于冲切破坏锥体上的冲切力设计值；

f_t——承台混凝土抗拉强度设计值；

β_{hp}——承台受冲切承载力截面高度影响系数，当 $h \leqslant 800mm$ 时，β_{hp} 取 1.0，当 $h \geqslant 2000mm$ 时，β_{hp} 取 0.9，其间按线性内插法取值；

u_m——承台冲切破坏锥体一半有效高度处的周长；

h_0——承台冲切破坏锥体的有效高度；

β_0——柱（墙）冲切系数；

λ——冲跨比，当 $\lambda<0.25$ 时，取 $\lambda=0.25$，当 $\lambda>1.0$ 时，取 $\lambda=1.0$；

a_0——柱（墙）边或承台变阶处到桩边的水平距离；

F——不计承台及其上土重，在荷载效应基本组合作用下柱（墙）底的竖向荷载设计值；

$\sum Q_i$——不计承台及其上土重，在荷载效应基本组合下冲切破坏锥体内各基桩或复合基桩的反力设计值之和。

（3）对于柱下矩形独立承台受柱冲切的承载力可按下列公式计算（图 4.23）。

$$F_l \leqslant 2\left[\beta_{0x}(b_c+a_{0y})+\beta_{0y}(h_c+a_{0x})\right]\beta_{\mathrm{hp}}f_t h_0 \tag{4-47}$$

式中　β_{0x}、β_{0y}——由式（4-45c）求得，$\lambda_{0x}=a_{0x}/h_0$，$\lambda_{0y}=a_{0y}/h_0$，λ_{0x}、λ_{0y} 均应满足 $0.25\sim$ 1.0 的要求；

h_c、b_c——分别为 x、y 方向的柱截面的边长；

a_{0x}、a_{0y}——分别为 x、y 方向柱边至最近桩边的水平距离。

（4）对于柱下矩形独立阶形承台受上阶冲切的承载力可按下列公式计算。

$$F_l \leqslant 2\left[\beta_{1x}(b_1+a_{1y})+\beta_{1y}(h_1+a_{1x})\right]\beta_{\mathrm{hp}}f_t h_{10} \tag{4-48}$$

式中　β_{1x}、β_{1y}——由式（4-46b）求得，$\lambda_{1x}=a_{1x}/h_{10}$，$\lambda_{1y}=a_{1y}/h_{10}$，$\lambda_{1x}$、$\lambda_{1y}$ 均应满足 $0.25\sim$ 1.0 的要求；

h_1、b_1——分别为 x、y 方向承台上阶的边长；

a_{1x}、a_{1y}——分别为 x、y 方向承台上阶边至最近桩边的水平距离。

对于圆柱及圆桩，计算时应将其截面换算成方柱及方桩，即取换算柱截面边长 $b_c=0.8d_c$（d_c 为圆柱直径），换算桩截面边长 $b_p=0.8d$（d 为圆桩直径）。

（5）对于柱下两桩承台，宜按深受弯构件（$l_0/h<5.0$，$l_0=1.15\,l_n$，l_n 为两桩净距）计算受弯、受剪承载力，不需要进行受冲切承载力计算。

（6）对位于柱（墙）冲切破坏锥体以外的基桩，可按下列规定计算承台受基桩冲切的承载力。

① 四桩以上（含四桩）承台受角桩冲切的承载力可按下列公式计算（图 4.24）。

$$N_l \leqslant \left[\beta_{1x}(c_2+a_{1y}/2)+\beta_{1y}(c_1+a_{1x}/2)\right]\beta_{\mathrm{hp}}f_t h_0 \tag{4-49a}$$

$$\beta_{1x}=\frac{0.56}{\lambda_{1x}+0.2} \tag{4-49c}$$

$$\beta_{1y}=\frac{0.56}{\lambda_{1y}+0.2} \tag{4-49d}$$

式中　N_l——不计承台及其上土重，在荷载效应基本组合作用下角桩（含复合基桩）反力设计值；

β_{1x}、β_{1y}——角桩冲切系数；

a_{1x}、a_{1y}——从承台底角桩顶内边缘引 45° 冲切线与承台顶面相交点至角桩内边缘的水平距离，当柱（墙）边或承台变阶处位于该 45° 线以内时，则取由柱（墙）边或承台变阶处与桩内边缘连线为冲切锥体的锥线；

h_0——承台外边缘的有效高度；

λ_{1x}、λ_{1y}——角桩冲跨比，$\lambda_{1x}=a_{1x}/h_0$，$\lambda_{1y}=a_{1y}/h_0$，其值应满足 0.25～1.0 的要求。

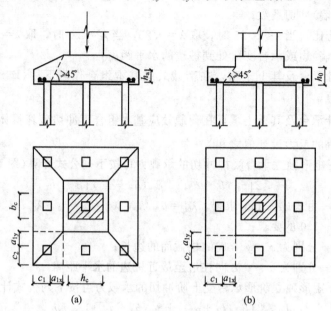

图 4.24 四桩以上(含四桩)承台角桩冲切计算示意

（a）锥形承台；（b）阶形承台

② 对于三桩三角形承台可按下列公式计算受角桩冲切的承载力(图 4.25)：

底部角桩：

$$N_l \leqslant \beta_{11}(2c_1+a_{11})\beta_{hp}\tan\frac{\theta_1}{2}f_t h_0 \qquad (4-50a)$$

$$\beta_{11}=\frac{0.56}{\lambda_{11}+0.2} \qquad (4-50b)$$

顶部角桩：

$$N_l \leqslant \beta_{12}(2c_2+a_{12})\beta_{hp}\tan\frac{\theta_2}{2}f_t h_0 \quad (4-51a)$$

$$\beta_{12}=\frac{0.56}{\lambda_{12}+0.2} \qquad (4-51b)$$

式中　λ_{11}、λ_{12}——角桩冲跨比，$\lambda_{11}=a_{11}/h_0$，$\lambda_{12}=a_{12}/h_0$，其值均应满足 0.25～1.0 的要求；

a_{11}、a_{12}——从承台底角桩顶内边缘引 45°冲切线与承台顶面相交点至角桩内边缘的水平距离，当柱(墙)边或承台变阶处位于该 45°线以内时，则取由柱

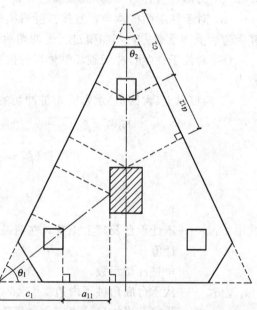

图 4.25 三桩三角形承台角桩冲切计算示意

(墙)边或承台变阶处与桩内边缘连线为冲切锥体的锥线。

3) 受剪计算

柱（墙）下桩基承台，应分别对柱（墙）边、变阶处和桩边连线形成的贯通承台的斜截面的受剪承载力进行验算。当承台悬挑边有多排基桩形成多个斜截面时，应对每个斜截面的受剪承载力进行验算。

柱下独立桩基承台斜截面受剪承载力应按下列规定计算。

(1) 承台斜截面受剪承载力可按下列公式计算（图 4.26）：

$$V \leqslant \beta_{hs} \alpha f_t b_0 h_0 \qquad (4-52a)$$

$$\alpha = \frac{1.75}{\lambda+1} \qquad (4-52b)$$

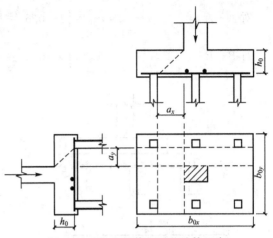

图 4.26 承台斜截面受剪计算示意

$$\beta_{hs} = \left(\frac{800}{h_0}\right)^{1/4} \qquad (4-52c)$$

式中　V——不计承台及其上土自重，在荷载效应基本组合下，斜截面的最大剪力设计值；

f_t——混凝土轴心抗拉强度设计值；

b_0——承台计算截面处的计算宽度；

h_0——承台计算截面处的有效高度；

α——承台剪切系数；

λ——计算截面的剪跨比，$\lambda_x = a_x/h_0$，$\lambda_y = a_y/h_0$，此处，a_x、a_y 为柱边（墙边）或承台变阶处至 y、x 方向计算一排桩的桩边的水平距离，当 $\lambda < 0.25$ 时，取 $\lambda = 0.25$，当 $\lambda > 3$ 时，取 $\lambda = 3$；

β_{hs}——受剪切承载力截面高度影响系数，当 $h_0 < 800mm$ 时，取 $h_0 = 800mm$，当 $h_0 > 2000mm$ 时，取 $h_0 = 2000mm$，其间按线性内插法取值。

(2) 对于阶梯形承台应分别在变阶处（A_1—A_1，B_1—B_1）及柱边处（A_2—A_2，B_2—B_2）进行斜截面受剪承载力计算（图 4.27）。

计算变阶处截面（A_1—A_1，B_1—B_1）的斜截面受剪承载力时，其截面有效高度均为 h_{10}，截面计算宽度分别为 b_{y1} 和 b_{x1}。

计算柱边截面（A_2—A_2，B_2—B_2）的斜截面受剪承载力时，其截面有效高度均为 $h_{10}+h_{20}$，截面计算宽度分别为：

对 A_2—A_2

$$b_{y0} = \frac{b_{y1} \cdot h_{10} + b_{y2} \cdot h_{20}}{h_{10}+h_{20}} \qquad (4-53)$$

对 B_2—B_2

$$b_{x0} = \frac{b_{x1} \cdot h_{10} + b_{x2} \cdot h_{20}}{h_{10}+h_{20}} \qquad (4-54)$$

对于锥形承台应对变阶处及柱边处（A—A 及 B—B）两个截面进行受剪承载力计算

（图 4.28），截面有效高度均为 h_0，截面的计算宽度分别为：

对 $A—A$
$$b_{y0} = \left[1 - 0.5\frac{h_{20}}{h_0}\left(1 - \frac{b_{y2}}{b_{y1}}\right)\right]b_{y1} \qquad (4-55)$$

对 $B—B$
$$b_{x0} = \left[1 - 0.5\frac{h_{20}}{h_0}\left(1 - \frac{b_{x2}}{b_{x1}}\right)\right]b_{x1} \qquad (4-56)$$

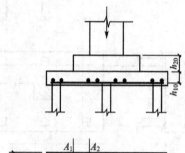

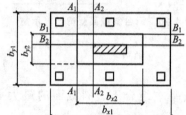

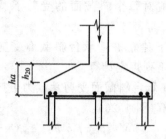

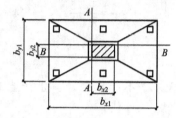

图 4.27　阶梯形承台斜截面受剪计算示意　　　图 4.28　锥形承台斜截面受剪计算示意

4）局部受压计算

对于柱下桩基，当承台混凝土强度等级低于柱或桩的混凝土强度等级时，应验算柱下或桩上承台的局部受压承载力。

4.6.6　桩基础承载力验算

1. 桩顶作用效应计算

对于一般建筑物和受水平力（包括力矩与水平剪力）较小的高层建筑群桩基础，应按下列公式计算柱、墙、核心筒群桩中基桩或复合基桩的桩顶作用效应。

1）竖向力

轴心竖向力作用下
$$N_k = \frac{F_k + G_k}{n} \qquad (4-57)$$

偏心竖向力作用下
$$N_{ik} = \frac{F_k + G_k}{n} \pm \frac{M_{xk}y_i}{\sum y_j^2} \pm \frac{M_{yk}x_i}{\sum x_j^2} \qquad (4-58)$$

2）水平力
$$H_{ik} = \frac{H_k}{n} \qquad (4-59)$$

式中　　　F_k——荷载效应标准组合下，作用于承台顶面的竖向力；

G_k——桩基承台和承台上土自重标准值，对稳定的地下水位以下部分应扣除水的浮力；

N_k——荷载效应标准组合轴心竖向力作用下，基桩或复合基桩的平均竖向力；

N_{ik}——荷载效应标准组合偏心竖向力作用下，第 i 基桩或复合基桩的竖向力；

M_{xk}、M_{yk}——荷载效应标准组合下，作用于承台底面，绕通过桩群形心的 x、y 主轴的力矩；

x_i、x_j、y_i、y_j——第 i、j 基桩或复合基桩至 y、x 轴的距离；

H_k——荷载效应标准组合下，作用于桩基承台底面的水平力；

H_{ik}——荷载效应标准组合下，作用于第 i 基桩或复合基桩的水平力；

n——桩基中的桩数。

2. 基桩竖向承载力特征值

采用单根桩的形式来承受和传递上部结构荷载的桩基础，称为单桩基础。但绝大多数桩基础都是由 2 根或以上桩组成的，称为群桩基础，群桩基础中的单桩称为基桩。

（1）对于端承型桩基、桩数少于 4 根的摩擦型柱下独立桩基，或由于地层土性、使用条件等因素不宜考虑承台效应时，基桩竖向承载力特征值应取单桩竖向承载力特征值。

（2）对于符合下列条件之一的摩擦型桩基，宜考虑承台效应确定其复合基桩的竖向承载力特征值：

① 上部结构整体刚度较好、体型简单的建(构)筑物；

② 对差异沉降适应性较强的排架结构和柔性构筑物；

③ 按变刚度调平原则设计的桩基刚度相对弱化区；

④ 软土地基的减沉复合疏桩基础。

（3）考虑承台效应的复合基桩竖向承载力特征值可按下列公式确定：

不考虑地震作用时

$$R = R_a + \eta_c f_{ak} A_c \tag{4-60}$$

考虑地震作用时

$$R = R_a + \frac{\zeta_a}{1.25} \eta_c f_{ak} A_c \tag{4-61a}$$

$$A_c = (A - nA_{ps})/n \tag{4-61b}$$

式中 η_c——承台效应系数，可按表 4-22 取值；

f_{ak}——承台下 1/2 承台宽度且不超过 5m 深度范围内各层土的地基承载力特征值按厚度加权的平均值；

A_c——计算基桩所对应的承台底净面积；

A_{ps}——为桩身截面面积；

A——为承台计算域面积，对于柱下独立桩基，A 为承台总面积；对于桩筏基础，A 为柱、墙筏板的 1/2 跨距和悬臂边 2.5 倍筏板厚度所围成的面积；桩集中布置于单片墙下的桩筏基础，取墙两边各 1/2 跨距围成的面积，按条基计算 η_c；

ζ_a——地基抗震承载力调整系数，应按现行《抗震规范》采用。

表 4-22　承台效应系数 η_c

B_c/l ＼ s_a/d	3	4	5	6	>6
≤0.4	0.06～0.08	0.14～0.17	0.22～0.26	0.32～0.38	
0.4～0.8	0.08～0.10	0.17～0.20	0.26～0.30	0.38～0.44	0.50～0.80
>0.8	0.10～0.12	0.20～0.22	0.30～0.34	0.44～0.50	
单排桩条形承台	0.15～0.18	0.25～0.30	0.38～0.45	0.50～0.60	

注：① 表中 s_a/d 为桩中心距与桩径之比；B_c/l 为承台宽度与桩长之比。当计算基桩为非正方形排列时，$s=\sqrt{A/n}$，A 为承台计算域面积，n 为总桩数。

　　② 对于桩布置于墙下的箱、筏承台，η_c 可按单排桩条基取值。

　　③ 对于单排桩条形承台，当承台宽度小于 $1.5d$ 时，η_c 按非条形承台取值。

　　④ 对于采用后注浆灌注桩的承台，η_c 宜取低值。

　　⑤ 对于饱和黏性土中的挤土桩基、软土地基上的桩基承台，η_c 宜取低值的 0.8 倍。

当承台底为可液化土、湿陷性土、高灵敏度软土、欠固结土、新填土时，沉桩引起超孔隙水压力和土体隆起时，不考虑承台效应，取 $\eta_c=0$。

3. 桩基竖向承载力验算

（1）荷载效应标准组合：

轴心竖向力作用下

$$N_k \leqslant R \tag{4-62}$$

偏心竖向力作用下除满足上式外，尚应满足下式的要求：

$$N_{kmax} \leqslant 1.2R \tag{4-63}$$

（2）地震作用效应和荷载效应标准组合：

轴心竖向力作用下

$$N_{Ek} \leqslant 1.25R \tag{4-64}$$

偏心竖向力作用下，除满足上式外，尚应满足下式的要求：

$$N_{Ekmax} \leqslant 1.5R \tag{4-65}$$

式中　N_k——荷载效应标准组合轴心竖向力作用下，基桩或复合基桩的平均竖向力；

　　N_{kmax}——荷载效应标准组合偏心竖向力作用下，桩顶最大竖向力；

　　N_{Ek}——地震作用效应和荷载效应标准组合下，基桩或复合基桩的平均竖向力；

　　N_{Ekmax}——地震作用效应和荷载效应标准组合下，基桩或复合基桩的最大竖向力；

　　R——基桩或复合基桩竖向承载力特征值。

（3）对于主要承受竖向荷载的抗震设防区低承台桩基，在同时满足下列条件时，桩顶作用效应计算可不考虑地震作用：

① 按现行《抗震规范》规定可不进行桩基抗震承载力验算的建筑物；

② 建筑场地位于建筑抗震的有利地段。

4. 软弱下卧层承载力验算

对于桩距不超过 $6d$ 的群桩基础，桩端持力层下存在承载力低于桩端持力层承载力1/3

的软弱下卧层时，可按下列公式验算软弱下卧层的承载力（图 4.29）。

$$\sigma_z + \gamma_m z \leqslant f_{az} \qquad (4-66a)$$

$$\sigma_z = \frac{(F_k + G_k) - \frac{3}{4} \times 2(A_0 + B_0) \cdot \sum q_{sik} l_i}{(A_0 + 2t \cdot tg\theta)(B_0 + 2t \cdot tg\theta)}$$

$$(4-66b)$$

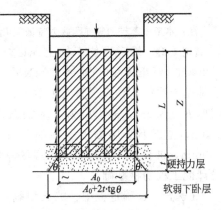

图 4.29 软弱下卧层承载力验算

式中 σ_z——作用于软弱下卧层顶面的附加应力；

γ_m——软弱层顶面以上各土层重度（地下水位以下取浮重度）的厚度加权平均值；

t——硬持力层厚度；

f_{az}——软弱下卧层经深度 z 修正的地基承载力特征值，且深度修正系数 $\eta_d = 1.0$；

A_0、B_0——桩群外缘矩形底面的长、短边边长；

q_{sik}——桩周第 i 层土的极限侧阻力标准值，无当地经验时，可根据成桩工艺按表 4-2 取值；

θ——桩端硬持力层压力扩散角，按表 4-23 取值；

$\frac{3}{4}$——考虑到极限侧阻力是沿实体基础外表面从上到下逐渐发挥，不是同时发生所采用的系数。

表 4-23 桩端硬持力层压力扩散角 θ

E_{s1}/E_{s2}	$t = 0.25B_0$	$t \geqslant 0.50B_0$
1	4°	12°
3	6°	23°
5	10°	25°
10	20°	30°

注：① E_{s1}、E_{s2} 为硬持力层、软弱下卧层的压缩模量。

② 当 $t < 0.25B_0$ 时，取 $\theta = 0°$，必要时，宜通过试验确定；当 $0.25B_0 < t < 0.50B_0$ 时，可内插取值。

对于存在软弱下卧层的桩基础，由于其沉降时间较长，除验算承载力是否满足要求外，还需特别验算变形是否满足要求，并考虑变形的时效性。当可穿透软弱下卧层时，宜采用穿透软弱下卧层的桩基方案；如不能穿透时，宜使硬持力层厚度 t 尽可能大，目的是减小作用在软弱下卧层上的附加压力。

5. 考虑负摩阻力的桩基承载力验算

当缺乏可参照的工程经验时，可按下列规定验算。

(1) 对于摩擦型基桩可取桩身计算中性点以上侧阻力为零，并可按下式验算基桩承载力：

$$N_k \leqslant R_a \qquad (4-67a)$$

(2) 对于端承型基桩除应满足上式要求外，尚应考虑负摩阻力引起基桩的下拉荷载

Q_g^n，并可按下式验算基桩承载力：

$$N_k + Q_g^n \leqslant R_a \qquad (4-67b)$$

注：本条中基桩的竖向承载力特征值 R_a 只计中性点以下部分侧阻值及端阻值。

【例4.5】 某工程位于软土地区，采用桩基础。已知基础顶面竖向荷载标准值 $F_k = 3120kN$，弯矩标准值 $M_k = 320kN \cdot m$。水平方向剪力标准值 $T_k = 40kN$。工程地质勘察查明地基土层如下：表层为人工填土，层厚 $h_1 = 2.0m$；第②层为软塑状态黏土，$I_L = 1.0$，层厚 $h_2 = 8.5m$；第③层为可塑状态粉质黏土，$I_L = 0.6$，层厚 $h_3 = 6.8$。地下水位埋深 $2.0m$，位于第②层黏土层顶面。采用钢筋混凝土预制桩，桩的截面面积为 $300mm \times 300mm$，桩长 $10m$。进行单桩现场静载荷试验，得到桩的竖向极限承载力为 $Q_{uk} = 620kN$。设计此工程的桩基础。

【解】 (1)确定桩型、桩长和截面尺寸。根据勘察资料，确定第③层粉质黏土为桩端持力层。采用与现场静载荷试验相同的桩，即钢筋混凝土预制桩，截面尺寸为 $300mm \times 300mm$，桩长为 $10m$。考虑到地下水位埋深和人工填土层厚度，取桩承台埋深为 $2.0m$；桩顶嵌入承台不宜小于 $50mm$，故取 $0.1m$；由此可知桩端进入持力层深度为 $1.4m$，满足桩端进入持力层不宜小于2倍桩径的构造要求。

(2) 桩身材料。混凝土强度等级 C30；HPB300 级钢筋 $4 \phi 16$。

(3) 单桩竖向承载力特征值计算。

① 按桩现场的静载荷试验。

复合基桩的竖向承载力特征值按计算：

$$R_a = \frac{Q_{uk}}{K} = \frac{620}{2} = 310kN$$

② 按土的物理指标经验计算。

$$Q_{uk} = Q_{sk} + Q_{pk} = u \sum q_{sik} l_i + q_{pk} A_p$$

Q_{sk} 为单桩总极限侧阻力，按下式计算：$Q_{sk} = u \sum q_{sik} l_i$。其中：桩周长 $u = 4 \times 0.3 = 1.2m$；q_{sik} 据 I_L 查表 $4-2$，第②层黏土 $I_L = 1.0$，$q_{s2k} = 40kPa$，第③层粉质黏土 $I_L = 0.6$，则 $q_{s3k} = 60kPa$，第②层中桩长 $l_2 = 8.5m$，第③层中桩长 $l_3 = 1.4m$。故 $Q_{sk} = 1.2 \times (40 \times 8.5 + 60 \times 1.4) = 508.8kN$。

Q_{pk} 为单桩总极限端阻力，按下式计算：$Q_{pk} = q_{pk} A_p$。其中：q_{pk} 据第③层粉质黏土 $I_L = 0.6$ 和桩入土深度为 $11.9m = 10m + 2m - 0.1m$，查表 $4-3$，内插得 $q_{pk} = 1860kPa$；A_p 为桩端横截面面积，即 $0.3^2 = 0.09m^2$；故 $Q_{pk} = 1860 \times 0.09 = 167.4kN$。

$$R_a = \frac{Q_{uk}}{K} = \frac{508.8 + 167.4}{2} = 338.1kN$$

单桩竖向承载力特征值取较低值，即 $R_a = 310kN$。

(4) 确定桩的数量和平面布置

① 桩的数量。

不计承台和承台上覆土重估算桩的数量。因偏心荷载，桩数初定为

$$n > \mu \frac{F_k}{R_a} = 1.1 \times \frac{3120}{310} = 1.1 \times 10.1 = 11.1 \text{ 根}$$

取桩数 $n = 12$ 根。

② 桩的中心距。

桩的中心距为 $s_a = 4d = 1.2\text{m}$。

③ 桩的布置。

采用行列式。桩基受弯矩方向排列 4 根，另一方向排列 3 根。桩基平面布置图见图 4.30。

④ 桩承台设计。

a. 桩承台尺寸。据桩的排列，桩的外缘每边外伸净距为 $\frac{1}{2}d = 150\text{mm}$。则桩承台长度 l 为 4200mm；承台宽度 b 为 3000mm。承台埋深设计为 2.0m，位于人工填土层底、黏土层顶面，承台高 1.5m。

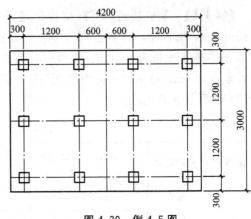

图 4.30 例 4.5 图

b. 承台及上覆土重。取承台及上覆土的平均重度 $\gamma_G = 20\text{kN/m}^3$，则承台及上覆土重为

$$G_k = \gamma_G Ad = 20 \times 4.2 \times 3.0 \times 2.0 = 504\text{kN}$$

（5）桩基承载力验算。

① 中心荷载作用下：

$$N_k = \frac{F_k + G_k}{n} \leqslant R_a$$

式中 N_k——荷载效应标准组合轴心竖向力作用下，基桩或复合基桩的平均竖向力；

F_k——荷载效应标准组合下，作用于承台顶面的竖向力；

G_k——桩基承台和承台上土自重标准值，对稳定的地下水位以下部分应扣除水的浮力；

n——桩基中的桩数；

R_a——基桩或复合基桩竖向承载力特征值。

$$N_k = \frac{3120 + 504}{12} = 302\text{kN} < R_a = 310\text{kN}$$

② 偏心荷载作用下。

$$N_{ik} = \frac{F_k + G_k}{n} \pm \frac{M_{xk} y_i}{\sum y_j^2} \pm \frac{M_{yk} x_i}{\sum x_j^2}$$

$$N_{kmax} \leqslant 1.2 R_a$$

计算承台四角边缘最不利的桩的受力情况：

$$N_{k\min}^{\max} = \frac{F_k + G_k}{n} \pm \frac{M_{yk} x_{max}}{\sum x_i^2}$$

$$= \frac{3120 + 504}{12} \pm \frac{(320 + 40 \times 1.5) \times 1.8}{6 \times (0.6^2 + 1.8^2)}$$

$$= 302 \pm 29.3 \genfrac{}{}{0pt}{}{331.3\text{kN}}{272.7\text{kN}}$$

$$N_{kmax} = 331.3\text{kN} < 1.2 R_a = 1.2 \times 310 = 372\text{kN}$$

$N_{kmin} = 272.7\text{kN} > 0$，桩不受上拔力。

在偏心荷载作用下，最边缘桩承载力满足要求，受力安全。

【例 4.6】 某桩基础，上部结构传递下来的荷载为 $F_k = 5500\text{kN}$，承台尺寸为：$A = 5.40\text{m}$，$B = 4.86\text{m}$，$H = 2.5\text{m}$，$A_0 = 4.80\text{m}$，$B_0 = 4.26\text{m}$。地质参数：地面标高为 27.31m，地下水位为 24.0m，桩顶标高为 20.67m，桩长为 16.5m，桩径为 600mm，桩顶嵌入承台 0.1m，桩端进入持力层（⑤层中砂）为 1.50m。土层参数如表 4-24 所示，试进行软弱下卧层承载力验算。

表 4-24　土层参数表

土层编号	土层名称	土层底面高程(m)	土层厚度 z_i(m)	重度 γ_i(kN/m³)	E_s(MPa)	f_{ak}(MPa)	q_{sik}(kPa)	q_{pk}(kPa)
①	填土	25.61	1.7	19.2	5.4	80	40	0
②	粉土	22.91	2.7	19.2	6.9	130	55	0
③1	粉质黏土	21.51	1.4	19.8	8.1	160	55	0
③2	黏土	20.71	0.8	18.7	5.3	150	50	0
③1	粉质黏土	19.31	1.4	19.8	8.1	160	55	0
③	粉土	18.61	0.7	20	30	170	50	0
④1	黏土	16.91	1.7	19.1	6.6	160	50	0
④	粉质黏土	15.51	1.4	20.3	10.5	180	55	0
④1	黏土	13.61	1.9	19.1	6.6	160	50	0
④	粉质黏土	8.91	4.7	20.3	10.5	180	55	0
⑤3	黏土	7.81	1.1	19.3	9.4	200	50	800
⑤1	粉质黏土	5.91	1.9	20	10.1	210	60	700
⑤	中砂	2.91	3.0	20	35	230	70	1300
⑤4	砾石	1.91	1.0	20	15	280	80	1800
⑥1	黏土	-2.59	4.5	19.4	4.4	100	35	400
⑥	粉质黏土	-5.49	2.9	20.3	14.2	240	60	1000
⑥1	黏土	-6.49	1.0	19.4	10.4	220	55	900
⑦	中砂	-10.69	4.2	20	40	260	70	1500

【解】 $\sigma_z = \dfrac{(F_k + G_k) - \dfrac{3}{4} \times 2(A_0 + B_0) \cdot \sum q_{sik} l_i}{(A_0 + 2t \cdot \tan\theta)(B_0 + 2t \cdot \tan\theta)}$

承台底标高为 20.57m，承台埋深

$$d = 27.31 - 20.57 = 6.74\text{m}$$

$$G_k = \gamma_G A d = 5.4 \times 4.86 \times (20 \times 3.31 + 10 \times 3.43) = 2637.52\text{kN}$$

$$F_k + G_k = 5500 + 2637.52 = 8137.52\text{kN}$$

$(A_0 + B_0) \cdot \sum q_{sik} l_i$ 的计算见表 4-25。

表 4-25 $(A_0+B_0) \cdot \sum q_{sik}l_i$ 的计算

土层编号	土层名称	土层底面高程(m)	土层厚度(m)	q_{sik}	$(A_0+B_0) \cdot q_{sik}l_i$
	桩顶标高	20.67			
③1	粉质黏土	19.31	1.36	55	677.69
③	粉土	18.61	0.7	50	317.1
④1	黏土	16.91	1.7	50	770.1
④	粉质黏土	15.51	1.4	55	697.62
④1	黏土	13.61	1.9	50	860.7
④	粉质黏土	8.91	4.7	55	2342.01
⑤3	黏土	7.81	1.1	50	498.3
⑤1	粉质黏土	5.91	1.9	60	1032.84
⑤	中砂 (桩底标高)	4.17	1.74	70	1103.51
	合计				8299.87

$$t=4.17-1.91=2.26\text{m}, \quad t/B_0=2.26/4.26=0.53$$

$$E_{s1}/E_{s2}=35/4.4=7.95$$

查表 2-11 得，$\theta=25°+5°×(7.95-5)/(10-5)=27.95°$

$$A_0+2t\tan\theta=4.8+2×2.26×\tan27.95°=7.2\text{m}$$

$$B_0+2t\tan\theta=4.26+2×2.26×\tan27.95°=6.66\text{m}$$

$$\sigma_z=\frac{(F_k+G_k)-\frac{3}{4}×2(A_0+B_0) \cdot \sum q_{sik}l_i}{(A_0+2t \cdot \tan\theta)(B_0+2t \cdot \tan\theta)}$$

$$=\frac{8137.52-\frac{3}{4}×2×8299.87}{7.2×6.66}$$

$$=-89.93\text{kPa}<0 \quad 取 \sigma_z=0$$

γ_m 的计算见表 4-26。

$$\gamma_m=\frac{\sum(\gamma_i-\gamma_w)z_i}{\sum z_i}=\frac{279.8}{25.4}=11.02$$

$$f_{az}=f_{ak}+\eta_d\gamma_m(d-0.5)=100+1.0×11.02×(25.4-0.5)=374.4\text{kPa}$$

表 4-26 γ_m 的计算

土层编号	土层名称	土层底面高程(m)	土层厚度 z_i(m)	重度 γ_i(kN/m³)	水的重度 γ_w (kN/m³)	$(\gamma_i-\gamma_w)z_i$
	地面标高	27.31				
①	填土	25.61	1.7	19.2	0	32.64
②	粉土	24	1.61	19.2	0	30.912

（续）

土层编号	土层名称	土层底面高程(m)	土层厚度 z_i(m)	重度 γ_i(kN/m³)	水的重度 γ_w (kN/m³)	$(\gamma_i-\gamma_w)z_i$
	地面标高	27.31				
②	粉土	22.91	1.09	19.2	10	10.028
③1	粉质黏土	21.51	1.4	19.8	10	13.72
③2	黏土	20.71	0.8	18.7	10	6.96
③1	粉质黏土	19.31	1.4	19.8	10	13.72
③	粉土	18.61	0.7	20	10	7
④1	黏土	16.91	1.7	19.1	10	15.47
④	粉质黏土	15.51	1.4	20.3	10	14.42
④1	黏土	13.61	1.9	19.1	10	17.29
④	粉质黏土	8.91	4.7	20.3	10	48.41
⑤3	黏土	7.81	1.1	19.3	10	10.23
⑤1	粉质黏土	5.91	1.9	20	10	19
⑤	中砂	2.91	3	20	10	30
⑤4	砾石	1.91	1	20	10	10
	合计		25.4			279.8

$$\gamma_m z = 11.02 \times (20.57 - 1.91) = 205.63 \text{kPa}$$
$$\sigma_z + \gamma_m z = 0 + 205.63 = 205.63 \text{kPa} < f_{az} = 374.4 \text{kPa}$$

满足要求。

4.6.7 桩基沉降验算

1. 基本要求

建筑桩基沉降变形计算值不应大于桩基沉降变形允许值。

（1）应进行沉降验算的桩基。

① 地基基础设计等级为甲级的建筑物桩基。

② 体型复杂、荷载不均匀或桩端以下存在软弱土层的设计等级为乙级的建筑物桩基。

③ 摩擦型桩基。

（2）桩基沉降变形可用下列指标表示。

① 沉降量：指基础的平均沉降，计算时一般计算基础的中点沉降。

② 沉降差：同一建筑物两点沉降量的差值，这个指标特别适用于柱基础，相邻柱基础沉降量之差除以两个柱子的中心距，就得到沉降差的相对值，与绝对值相比，便于相互比较，故通常采用相对值。

③ 整体倾斜：建筑物桩基础倾斜方向两端点的沉降差与其距离之比值。

④ 局部倾斜：墙下条形承台沿纵向某一长度范围内桩基础两点的沉降差与其距离之比值。

(3) 计算桩基沉降变形时，桩基变形指标应按下列规定选用。

① 由于土层厚度与性质不均匀、荷载差异、体型复杂、相互影响等因素引起的地基沉降变形，对于砌体承重结构应由局部倾斜控制。

② 对于多层或高层建筑和高耸结构应由整体倾斜值控制。

③ 当其结构为框架、框架-剪力墙、框架-核心筒结构时，尚应控制柱(墙)之间的差异沉降。

(4) 建筑桩基沉降变形允许值，应按表 4-27 规定采用。

表 4-27　建筑桩基沉降变形允许值

变形特征		允许值
砌体承重结构基础的局部倾斜		0.002
各类建筑相邻柱(墙)基的沉降差 (1) 框架、框架-剪力墙、框架-核心筒结构 (2) 砌体墙填充的边排柱 (3) 当基础不均匀沉降时不产生附加应力的结构		$0.002l_0$ $0.0007l_0$ $0.005l_0$
单层排架结构(柱距为 6m)桩基的沉降量(mm)		120
桥式吊车轨面的倾斜 (按不调整轨道考虑)	纵向	0.004
	横向	0.003
多层和高层建筑的整体倾斜	$H_g \leqslant 24$	0.004
	$24 < H_g \leqslant 60$	0.003
	$60 < H_g \leqslant 100$	0.0025
	$H_g > 100$	0.002
高耸结构桩基的整体倾斜	$H_g \leqslant 20$	0.008
	$20 < H_g \leqslant 50$	0.006
	$50 < H_g \leqslant 100$	0.005
	$100 < H_g \leqslant 150$	0.004
	$150 < H_g \leqslant 200$	0.003
	$200 < H_g \leqslant 250$	0.002
高耸结构基础的沉降量(mm)	$H_g \leqslant 100$	350
	$100 < H_g \leqslant 200$	250
	$200 < H_g \leqslant 250$	150
体型简单的剪力墙结构 高层建筑桩基最大沉降量(mm)	—	200

注：l_0 为相邻柱(墙)二测点间的距离；H_g 为自室外地面算起的建筑物高度。

2. 桩中心距不大于 6 倍桩径的桩基

对于桩中心距不大于 6 倍桩径的桩基，可将群桩按假想实体深基础计算，其最终沉降量计算可采用等效作用分层总和法。等效作用面位于桩端平面，等效作用面积为桩承台投影面积，等效作用附加压力近似取承台底平均附加压力。等效作用面以下的应力分布采用各向同性均质直线变形体理论。计算模式如图 4.31 所示。

（1）桩基任一点最终沉降量可用角点法按下式计算：

$$s = \psi \cdot \psi_e \cdot s' = \psi \cdot \psi_e \cdot \sum_{j=1}^{m} p_{0j} \sum_{i=1}^{n} \frac{z_{ij}\bar{\alpha}_{ij} - z_{(i-1)j}\bar{\alpha}_{(i-1)j}}{E_{si}} \qquad (4-68)$$

式中　　s——桩基最终沉降量（mm）；

s'——采用布辛奈斯克解，按实体深基础分层总和法计算出的桩基沉降量（mm）；

ψ——桩基沉降计算经验系数；

ψ_e——桩基等效沉降系数；

m——角点法计算点对应的矩形荷载分块数；

p_{0j}——第 j 块矩形底面在荷载效应准永久组合下的附加压力（kPa）；

n——桩基沉降计算深度范围内所划分的土层数；

E_{si}——等效作用面以下第 i 层土的压缩模量（MPa），采用地基土在自重压力至自重压力加附加压力作用时的压缩模量；

z_{ij}、$z_{(i-1)j}$——桩端平面第 j 块荷载作用面至第 i 层土、第 $i-1$ 层土底面的距离（m）；

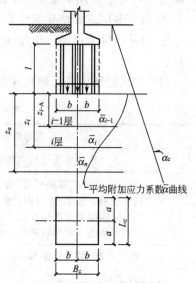

图 4.31　桩基沉降计算示意图

$\bar{\alpha}_{ij}$、$\bar{\alpha}_{(i-1)j}$——桩端平面第 j 块荷载计算点至第 i 层土、第 $i-1$ 层土底面深度范围内平均附加应力系数，可按《桩基规范》附录 D 选用。

（2）计算矩形桩基中点沉降时，桩基沉降量可按下式简化计算：

$$s = \psi \cdot \psi_e \cdot s' = 4 \cdot \psi \cdot \psi_e \cdot p_0 \sum_{i=1}^{n} \frac{z_i \bar{\alpha}_i - z_{i-1}\bar{\alpha}_{i-1}}{E_{si}} \qquad (4-69)$$

式中　　p_0——在荷载效应准永久组合下承台底的平均附加压力；

$\bar{a}_i$、$\bar{a}_{i-1}$——平均附加应力系数，根据矩形长宽比 a/b 及深宽比 $\dfrac{z_i}{b} = \dfrac{2z_i}{B_c}$，$\dfrac{z_{i-1}}{b} = \dfrac{2z_{i-1}}{B_c}$ 可按《桩基规范》附录 D 选用。

（3）桩基沉降计算深度 z_n 应按应力比法确定，即计算深度处的附加应力 σ_z 与土的自重应力 σ_c 应符合下列公式要求：

$$\sigma_z \leqslant 0.2\sigma_c \qquad (4-70)$$

$$\sigma_z = \sum_{j=1}^{m} \alpha_j p_{0j} \qquad (4-71)$$

式中　　α_j——附加应力系数，可根据角点法划分的矩形长宽比及深宽比按《桩基规范》附录 D 选用。

桩基等效沉降系数 ψ_e 可按下列公式简化计算：

$$\psi_e = C_0 + \frac{n_b - 1}{C_1(n_b - 1) + C_2} \qquad (4-72)$$

$$n_b = \sqrt{n \cdot B_c / L_c} \qquad (4-73)$$

式中　　n_b——矩形布桩时的短边布桩数；

C_0、C_1、C_2——根据群桩距径比 s_a/d、长径比 l/d 及基础长宽比 L_c/B_c，按《桩基规范》附录 E 确定；

L_c、B_c、n——分别为矩形承台的长、宽及总桩数。

当桩基形状不规则时，可采用等代矩形面积计算桩基等效沉降系数，等效矩形的长宽比可根据承台实际尺寸和形状确定。

当布桩不规则时，等效距径比可按下列公式近似计算：

圆形桩

$$s_a/d = \sqrt{A}/(\sqrt{n} \cdot d) \qquad (4-74)$$

方形桩

$$s_a/d = 0.886\sqrt{A}/(\sqrt{n} \cdot b) \qquad (4-75)$$

式中　A——桩基承台总面积；

　　　b——方形桩截面边长。

当无当地可靠经验时，桩基沉降计算经验系数 ψ 可按表 4-28 选用。对于采用后注浆施工工艺的灌注桩，桩基沉降计算经验系数应根据桩端持力土层类别，乘以 0.7（砂、砾、卵石）～0.8（黏性土、粉土）折减系数；饱和土中采用预制桩（不含复打、复压、引孔沉桩）时，应根据桩距、土质、沉桩速率和顺序等因素，乘以 1.3～1.8 挤土效应系数，土的渗透性低，桩距小，桩数多，沉降速率快时取大值。

表 4-28　桩基沉降计算经验系数 ψ

$\overline{E}_s$(MPa)	≤10	15	20	35	≥50
ψ	1.2	0.9	0.65	0.50	0.40

注：① $\overline{E}_s$ 为沉降计算深度范围内压缩模量的当量值，可按下式计算：$\overline{E}_s = \sum A_i / \sum \dfrac{A_i}{E_{si}}$，式中 A_i 为第 i 层土附加压力系数沿土层厚度的积分值，可近似按分块面积计算。

② ψ 可根据 $\overline{E}_s$ 内插取值。

计算桩基沉降时，应考虑相邻基础的影响，采用叠加原理计算；桩基等效沉降系数可按独立基础计算。

3. 单桩、单排桩、桩中心距大于 6 倍桩径的疏桩基础

1）沉降计算的基本规定

（1）承台底地基土不分担荷载的桩基。桩端平面以下地基中由基桩引起的附加应力，按考虑桩径影响的明德林解（《桩基规范》附录 F）计算确定。将沉降计算点水平面影响范围内各基桩对应力计算点产生的附加应力叠加，采用单向压缩分层总和法计算土层的沉降，并计入桩身压缩 s_e。桩基的最终沉降量可按下列公式计算：

$$s = \psi \sum_{i=1}^{n} \frac{\sigma_{zi}}{E_{si}} \Delta z_i + s_e \qquad (4-76a)$$

$$\sigma_{zi} = \sum_{j=1}^{m} \frac{Q_j}{l_j^2} [\alpha_j I_{p,ij} + (1-\alpha_j) I_{s,ij}] \qquad (4-76b)$$

$$s_e = \xi_e \frac{Q_j l_j}{E_c A_{ps}} \qquad (4-76c)$$

(2)承台底地基土分担荷载的复合桩基。将承台底土压力对地基中某点产生的附加应力按布辛奈斯克解(《桩基规范》附录 D)计算,与基桩产生的附加应力叠加,采用式(4-75)计算沉降。其最终沉降量可按下列公式计算:

$$s = \psi \sum_{i=1}^{n} \frac{\sigma_{zi} + \sigma_{zci}}{E_{si}} \Delta z_i + s_e \qquad (4-77a)$$

$$\sigma_{zci} = \sum_{k=1}^{u} \alpha_{ki} \cdot p_{ck} \qquad (4-77b)$$

式中　m——以沉降计算点为圆心,0.6 倍桩长为半径的水平面影响范围内的基桩数;

n——沉降计算深度范围内土层的计算分层数,分层数应结合土层性质,分层厚度不应超过计算深度的 0.3 倍;

σ_{zi}——水平面影响范围内各基桩对应力计算点桩端平面以下第 i 层土 1/2 厚度处产生的附加竖向应力之和,应力计算点应取与沉降计算点最近的桩中心点;

σ_{zci}——承台压力对应力计算点桩端平面以下第 i 计算土层 1/2 厚度处产生的应力,可将承台板划分为 u 个矩形块,可按《桩基规范》附录 D 采用角点法计算;

Δz_i——第 i 计算土层厚度(m);

E_{si}——第 i 计算土层的压缩模量(MPa),采用土的自重压力至土的自重压力加附加压力作用时的压缩模量;

Q_j——第 j 桩在荷载效应准永久组合作用下,桩顶的附加荷载(kN),当地下室埋深超过 5m 时,取荷载效应准永久组合作用下的总荷载为考虑回弹再压缩的等代附加荷载;

l_j——第 j 桩桩长(m);

A_{ps}——桩身截面面积;

α_j——第 j 桩总桩端阻力与桩顶荷载之比,近似取极限总端阻力与单桩极限承载力之比;

$I_{p,ij}$,$I_{s,ij}$——分别为第 j 桩的桩端阻力和桩侧阻力对计算轴线第 i 计算土层 1/2 厚度处的应力影响系数,可按《桩基规范》附录 F 确定;

E_c——桩身混凝土的弹性模量;

p_{ck}——第 k 块承台底均布压力,可按 $p_{ck} = \eta_{ck} \cdot f_{ak}$ 取值(其中 η_{ck} 为第 k 块承台底板的承台效应系数,按表 4-22 确定;f_{ak} 为承台底地基承载力特征值);

α_{ki}——第 k 块承台底角点处,桩端平面以下第 i 计算土层 1/2 厚度处的附加应力系数,可按《桩基规范》附录 D 确定;

s_e——计算桩身压缩;

ξ_e——桩身压缩系数(端承型桩,取 $\xi_e = 1.0$。摩擦型桩,当 $l/d \leqslant 30$ 时,取 $\xi_e = 2/3$;$l/d \geqslant 50$ 时,取 $\xi_e = 1/2$;介于两者之间可线性插值);

ψ——沉降计算经验系数,无当地经验时,可取 1.0。

2)最终沉降计算深度 Z_n 的确定

可按应力比法确定,即 Z_n 处由桩引起的附加应力 σ_z、由承台土压力引起的附加应力 σ_{zc} 与土的自重应力 σ_c 应符合下式要求:

$$\sigma_z + \sigma_{zc} = 0.2\sigma_c \qquad (4-78)$$

4.7 计算实例

【例4.7】 某一般民用建筑，已知由上部结构传至柱下端的荷载组合分别为：荷载标准组合，竖向荷载 $F_k = 3040$kN，弯矩 $M_k = 400$kN·m，水平力 $H_k = 80$kN；荷载准永久组合，竖向荷载 $F_Q = 2800$kN，弯矩 $M_Q = 250$kN·m，水平力 $H_Q = 80$kN；荷载基本组合，竖向荷载 $F = 3800$kN，弯矩 $M = 500$kN·m，水平力 $H = 100$kN。工程地质资料见表4-29，地下水位为-4.0m。柱截面为 0.8m×0.6m，采用直径 500mm、长 15.6m 的钻孔灌注桩进行试桩，由单桩竖向静载荷试验得竖向承载力极限值为 1000kN。试按柱下桩基础进行桩基有关设计计算。

表4-29 工程地质资料表

序号	土层名称	深度(m)	重度 γ(kN/m³)	孔隙比 e	液性指数 I_L	黏聚力 c(kPa)	内摩擦角 φ(°)	压缩模量 E_s(N/mm²)	承载力 f_{ak}(kPa)
1	杂填土	0~1	16						
2	粉土	1~4	18	0.9		10	12	4.6	120
3	淤泥质土	4~16	17	1.1	0.55	5	8	4.4	110
4	黏土	16~26	19	0.65	0.27	15	20	10	280

【解】 (1) 选择桩型、及桩长。

采用与试桩相同的直径为 500mm、长为 15.6m 的钻孔灌注桩，水下混凝土用 C25，钢筋采用 HPB300，经查表得 $f_c = 11.9$N/mm²，$f_t = 1.27$N/mm²；$f_y = f_y' = 270$N/mm²。初选第四层（黏土）为持力层，桩端进入持力层不得小于 1m（2倍桩径）；初选承台底面埋深 1.5m，桩顶嵌入承台不宜小于 50mm，此处取 0.1m。

(2) 确定单桩竖向承载力特征值 R_a。

① 根据桩身材料确定，初选配筋率 $\rho = 0.45\%$，$\psi_c = 0.8$，计算得

$R_a = \psi_c f_c A_{ps} + 0.9 f_y' A_s' = 0.8 \times 11.9 \times \pi \times 500^2/4 + 0.9 \times 270 \times 0.0045 \times \pi \times 500^2/4$

$= 2082899$N ≈ 2083kN

② 按经验参数法确定，查表4-2得，$q_{s2k} = 42$kPa，$q_{s3k} = 25$kPa，$q_{s4k} = 60$kPa；查表4-3得，$q_{pk} = 1100$kPa，则

$$Q_{uk} = Q_{sk} + Q_{pk} = u \sum q_{sik} l_i + q_{pk} A_p$$

$$= \pi \times 0.5 \times (42 \times 2.5 + 25 \times 12 + 60 \times 1) + 1100 \times 0.5^2 \times \pi/4 = 946\text{kN}$$

$$R_a = \frac{Q_{uk}}{2} = \frac{946}{2} = 473\text{kN}$$

③ 由单桩竖向静载试验确定。

$$R_a = \frac{Q_{uk}}{2} = \frac{1000}{2} = 500\text{kN}$$

在竖向荷载作用下，桩丧失承载能力一般表现为两种形式：①桩周土的阻力不足，桩发生急剧且量大的竖向位移；或者虽然位移不急剧增加，但因位移量过大而不适于继续承

载。②桩身材料的强度不够，桩身被压坏或拉坏。因此，桩身承载力应分别根据桩周土的阻力和桩身材料强度确定，采用其中的较小值。

单桩竖向承载力特征值取上述三者中的最小值，即取 $R_a=473kN$。

（3）确定桩的数量和平面布置。

① 桩的数量。

不计承台和承台上覆土重估算桩的数量。因偏心荷载，桩数初定为

$$n > \mu \frac{F_k}{R_a} = 1.1 \times \frac{3040}{473} = 1.1 \times 6.4 = 7.04 \text{ 根}$$

取桩数 $n=8$ 根。

② 桩的中心距。

通常桩的中心距为 $s_a=3d=1.5m$。

③ 桩的布置。

采用梅花形布置，如图 4.32 所示。

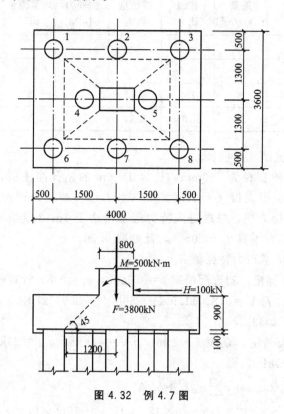

图 4.32 例 4.7 图

（4）桩承台设计。

① 桩承台尺寸。

根据桩的布置，桩的外缘每边外伸净距为 $\frac{1}{2}d=250mm$。则桩承台长度 l 为 4000mm；承台宽度 b 为 3600mm。承台埋深设计为 1.5m，承台高为 1.0m。

② 承台及上覆土重。

取承台及上覆土的平均重度 $\gamma_G=20kN/m^3$，则承台及上覆土重为

$$G_k = \gamma_G A d = 20 \times 4 \times 3.6 \times 1.5 = 432 \text{kN}$$

验算考虑承台效应的基桩竖向承载力特征值

不考虑地震作用时

$$R = R_a + \eta_c f_{ak} A_c$$

查表 4 - 22 得 $\eta_c = 0.07$，

基桩对应的承台底净面积 $A_c = (A - n A_{ps})/n$。

$$A_c = (4 \times 3.6 - 8 \times 0.5^2 \times \pi/4)/8 = 12.83/8 = 1.604 \text{m}^2$$

承台下 1/2 承台宽度且不超过 5m 深度范围内各层土的地基承载力特征值 $f_{ak} = 120 \text{kPa}$

$$R = R_a + \eta_c f_{ak} A_c = 473 + 0.07 \times 120 \times 1.604 = 486 \text{kN}$$

（5）桩基承载力验算

① 中心荷载作用下。

$$N_k = \frac{F_k + G_k}{n} \leqslant R$$

式中 N_k——荷载效应标准组合轴心竖向力作用下，基桩或复合基桩的平均竖向力；

$\quad\quad F_k$——荷载效应标准组合下，作用于承台顶面的竖向力；

$\quad\quad G_k$——桩基承台和承台上土自重标准值，对稳定的地下水位以下部分应扣除水的浮力；

$\quad\quad n$——桩基中的桩数；

$\quad\quad R$——基桩或复合基桩竖向承载力特征值。

$$N_k = \frac{3040 + 432}{8} = 434 \text{kN} < R = 486 \text{kN}$$

② 偏心荷载作用下。

$$N_{ik} = \frac{F_k + G_k}{n} \pm \frac{M_{xk} y_i}{\sum y_j^2} \pm \frac{M_{yk} x_i}{\sum x_j^2}$$

$$N_{kmax} \leqslant 1.2R$$

计算承台四角边缘最不利的桩的受力情况：

$$N_{k\,min}^{\,max} = \frac{F_k + G_k}{n} \pm \frac{M_{yk} x_{max}}{\sum x_i^2} = \frac{3040 + 432}{8} \pm \frac{(400 + 80 \times 1.0) \times 1.5}{2 \times 0.75^2 + 4 \times 1.5^2}$$

$$= 434 \pm 71 = \frac{505 \text{kN}}{363 \text{kN}}$$

$$N_{kmax} = 505 \text{kN} < 1.2R = 1.2 \times 486 = 583.2 \text{kN}$$

$$N_{kmin} = 363 \text{kN} > 0 \quad \text{因此，桩不受上拔力。}$$

偏心荷载作用下，最边缘桩承载力满足要求，受力安全。

（6）群桩沉降计算

桩的中心距 $s_a = 1.5 \text{m} < 6d = 3.0 \text{m}$，可将群桩作为假想的实体深基础，采用等效作用分层总和法计算群桩沉降。等效作用面位于桩端平面，等效作用面积为桩承台投影面积，等效作用附加压力近似取承台底平均附加压力。

计算矩形桩基中点沉降

$$s = \psi \cdot \psi_e \cdot s' = 4 \cdot \psi \cdot \psi_e \cdot p_0 \sum_{i=1}^{n} \frac{z_i \overline{\alpha_i} - z_{i-1} \overline{\alpha_{i-1}}}{E_{si}}$$

式中 p_0——在荷载效应准永久组合下承台底的平均附加压力。

$$p_0 = p - p_c$$

桩端位于地面下 17m，地下水位-4.0m，地下水位以上取 $\gamma_G = 20 \text{kN/m}^3$，地下水位以下取 $\gamma'_G = 10 \text{kN/m}^3$。

桩端平面的平均压力 $p = \dfrac{F+G}{A} = \dfrac{2800}{4 \times 3.6} + 20 \times 4 + 10 \times 13 = 404 \text{kPa}$

桩端平面土的自重压力 $p_c = 16 \times 1 + 18 \times 3 + 7 \times 12 + 9 \times 1 = 163 \text{kPa}$

$$p_0 = p - p_c = 404 - 163 = 241 \text{kPa}$$

$$\psi_e = C_0 + \frac{n_b - 1}{C_1(n_b - 1) + C_2}$$

查表知 $\psi = 1.2$。

根据群桩距径比 $s_a/d = 3.0$、长径比 $l/d = 15.6/0.5 = 31$，及基础长宽比 $L_c/B_c = 4/3.6 = 1.11$，按《桩基规范》附录 E 内插法查表确定可得 $C_0 = 0.0593$、$C_1 = 1.557$、$C_2 = 8.778$。

$$n_b = \sqrt{n \cdot B_c/L_c} = \sqrt{8 \times 3.6/4} = 2.6833$$

$$\psi_e = C_0 + \frac{n_b - 1}{C_1(n_b - 1) + C_2} = 0.0593 + \frac{2.6833 - 1}{1.557 \times 1.6833 + 8.778} = 0.207$$

沉降计算见表 4-30。

表 4-30　沉降计算表

i	z_i(m)	$\dfrac{z_i}{b} = \dfrac{2z_i}{B_c}$	α_i	$z_i\alpha_i$	E_{si}(MPa)	$\Delta s = 4\psi\psi_e p_0 \dfrac{z_i\alpha_i - z_{i-1}\alpha_{i-1}}{E_{si}}$	s(mm)
0	0	0	0.25	0	10	0	0
1	5	2.78	0.1485	0.7425	10	17.780	17.78
2	6	3.33	0.1318	0.7908	10	1.157	18.94
3	7	3.89	0.1180	0.8260	10	0.843	19.78
4	8	4.44	0.1067	0.8536	10	0.659	20.44

桩基沉降计算深度 z_n 按应力比法确定，即 $\sigma_z \leqslant 0.2\sigma_c$。

假定取 $z_n = 6$m，z_n 深处土的自重应力 $\sigma_c = p_c + \gamma z_n = 163 + 9 \times 6 = 217 \text{kPa}$。

$$\sigma_z = 4\alpha'_i p_0 = 4 \times 0.037 \times 241 = 35.7 \text{kPa} < 0.2\sigma_c = 0.2 \times 217 = 43.4 \text{kPa}$$

桩基最终沉降量为 $s = 18.94$mm。

(7) 桩身水平内力(弯曲抗压强度)计算(略)。

(8) 承台设计。承台混凝土强度 C25，采用等厚度承台，高度为 1m，底面钢筋保护层厚 0.1m(承台有效高度 0.9m)，圆桩直径换算为方桩的边长 0.4m。

① 受弯计算。单桩净反力(不计承台和承台上土重)的平均值为：$N = F/n = 3800/8 = 475 \text{kN}$

边角桩的最大和最小净反力为：

$$N_{\min}^{\max} = \frac{F}{n} \pm \frac{M_{yk}x_{\max}}{\sum x_i^2} = \frac{3800}{8} \pm \frac{(500 + 100 \times 1.0) \times 1.5}{2 \times 0.75^2 + 4 \times 1.5^2} = 475 \pm 89 = \begin{matrix} 564 \text{kN} \\ 386 \text{kN} \end{matrix}$$

边桩和轴向桩间的中间桩净反力为：

$$(475+564)/2=520\text{kN}$$

$$M_x=\sum N_iy_i=3\times475\times(1.3-0.6/2)=1425\text{kN}\cdot\text{m}$$

$$M_y=\sum N_ix_i=2\times564\times(1.5-0.8/2)+520\times(0.75-0.8/2)=1423\text{kN}\cdot\text{m}$$

承台长向配筋为：

$$A_{sy}=\frac{M_y}{\gamma_sf_yh_0}=\frac{1423\times10^6}{0.9\times270\times900}=6507\text{mm}^2$$

可选配 $18\phi22@200$ 钢筋，则 $A_s=380.1\times18=6841.8\text{mm}^2$。

承台短向配筋为：

$$A_{sx}=\frac{M_x}{\gamma_sf_yh_0}=\frac{1425\times10^6}{0.9\times270\times900}=6516\text{mm}^2$$

可选配 $18\phi22@200$ 钢筋，则 $A_s=380.1\times18=6841.8\text{mm}^2$。

② 受冲切计算。

$$F_l\leqslant2[\beta_{0x}(b_c+a_{0y})+\beta_{0y}(h_c+a_{0x})]\beta_{hp}f_th_0$$

作用在冲切破坏椎体上相应于荷载效应基本组合的冲切力设计值为：

$$F_l=F-\sum Q_i=3800-2\times520=2760\text{kN}$$

$$\lambda_x=a_x/h_0=0.9/0.9=1.0;\quad\lambda_y=a_y/h_0=0.8/0.9=0.889$$

$$\beta_{0x}=\frac{0.84}{\lambda_x+0.2}=\frac{0.84}{1.0+0.2}=0.7;\quad\beta_{0y}=\frac{0.84}{\lambda_y+0.2}=\frac{0.84}{0.889+0.2}=0.77$$

柱下矩形承台受冲切承载力为

$$2[\beta_{0x}(b_c+a_{0y})+\beta_{0y}(h_c+a_{0x})]\beta_{hp}f_th_0$$

$$=2\times[0.7\times(0.6+0.8)+0.77\times(0.8+0.9)]\times0.9\times1.27\times10^3\times0.9$$

$$=4709\text{kN}>F_l=2760\text{kN}$$

故柱对承台的冲切承载力满足要求。

角桩对承台的冲切验算：

$$N_l\leqslant\left[\beta_{1x}\left(c_2+\frac{a_{1y}}{2}\right)+\beta_{1y}\left(c_1+\frac{a_{1x}}{2}\right)\right]\beta_{hp}f_th_0$$

$$N_l=\frac{F}{n}=\frac{3800}{8}=475$$

$$\lambda_{1y}=0.889\quad\lambda_{1x}=1.0$$

$$\beta_{1x}=\frac{0.56}{1.0+0.2}=0.47\quad\beta_{1y}=\frac{0.56}{\lambda_{1y}+0.2}=\frac{0.56}{0.889+0.2}=0.51$$

$$c_1=c_2=0.5$$

$$a_{1y}=0.75\approx0.8\quad a_{1x}=0.85\approx0.9$$

公式右边即为：

$$\left[0.47\times\left(0.5+\frac{0.8}{2}\right)+0.51\times\left(0.5+\frac{0.9}{2}\right)\right]\times0.9\times1.27\times10^3\times0.9=933.5\text{kN}$$

$$N_l=475\text{kN}<933.5\text{kN}$$

故角桩对承台的冲切承载力满足要求。

③ 受剪切计算。

$$V\leqslant\beta_{hs}\alpha f_tb_0h_0$$

$$\alpha_x = \frac{1.75}{\lambda_x + 1} = \frac{1.75}{1.0 + 1.0} = 0.875; \quad \alpha_y = \frac{1.75}{\lambda_y + 1} = \frac{1.75}{0.889 + 1.0} = 0.926$$

$$\beta_{hs} = \left(\frac{800}{h_0}\right)^{1/4} = \left(\frac{800}{900}\right)^{1/4} = 0.97$$

斜截面的最大剪力设计值：

$$V_x = 564 \times 2 = 1128\text{kN}$$

$$V_y = 475 \times 3 = 1425\text{kN}$$

斜截面受剪承载力设计值为：

$$\beta_{hs}\alpha_x f_t b_{0x} h_0 = 0.9 \times 0.875 \times 1.27 \times 10^3 \times 3.6 \times 0.9 = 3492\text{kN}$$

$$V_x = 1128\text{kN} < \beta_{hs}\alpha_x f_t b_{0x} h_0 = 3492\text{kN}，满足要求。$$

$$\beta_{hs}\alpha_y f_t b_{0y} h_0 = 0.9 \times 0.926 \times 1.27 \times 10^3 \times 4 \times 0.9 = 4107\text{kN}$$

$$V_y = 1425\text{kN} < \beta_{hs}\alpha_y f_t b_{0y} h_0 = 4107\text{kN}，满足要求。$$

本例题采用等厚度承台，冲切验算和剪切验算均满足要求，且有较大余地，故承台可设计成锥形或阶梯形，但仍需满足冲切和剪切验算要求。

本 章 小 结

桩基础又称桩基，是由设置于岩土中的桩和与桩顶联结的承台共同组成的群桩基础或由柱与桩直接联结的单桩基础。单桩竖向承载力特征值的确定主要有静载荷试验法、经验参数法和静力触探法；单桩抗拔承载力的确定主要有单桩抗拔静载试验和经验公式法；单桩水平承载力的确定主要有常数法、k 法、m 法和 C 法。

桩身结构设计包括承载力和裂缝控制计算，计算时应考虑桩身材料强度、成桩工艺、吊运与沉桩、约束条件等因素，同时要符合构造要求。群桩基础的设计内容主要包括收集相关设计资料，在此基础上选择桩型、确定桩长和截面尺寸、确定桩数和桩位布置、确定承台尺寸和配筋。群桩基础的设计要满足承载力与变形的要求，需要验算竖向承载力和水平承载力是否满足要求；建筑桩基沉降变形计算值不应大于桩基沉降变形允许值，通常采用假想实体深基础法和明德林应力公式法。作为传递荷载的结构，桩和承台要有足够的强度、刚度和耐久性，桩身在满足构造要求的同时还需进行承载力验算；承台在满足构造要求的同时还需进行受弯承载力、受冲切承载力、受剪承载力验算。

习　　题

1. 简答题

(1) 试简述桩基的适用场合及设计原则。

(2) 试根据桩的承载性状对桩进行分类。

(3) 简述单桩在竖向荷载作用下的工作性能以及其破坏性状。

(4) 什么叫负摩阻力、中性点？如何确定中心点的位置及负摩阻力的大小？

(5) 如何确定单桩竖向承载力特征值？

(6) 在工程实践中如何选择桩的直径、桩长以及桩的类型？

(7) 如何确定承台的平面尺寸及厚度？设计时应做哪些验算？

2. 选择题

(1) 下列桩型中，(   )属于挤土桩。

① 钢筋混凝土预制桩　　　　② 钻孔灌注桩　　　　③ 带靴的沉管灌注桩

④ 钢管桩　　　　　　　　　⑤ 木桩　　　　　　　⑥ H 形钢桩

A. ①⑤⑥　　　　　B. ①③⑤　　　　　C. ①④⑤

(2) 由于某些原因使桩周在某一长度内产生负摩阻力，这时在该长度内，土层的水平面会产生相对于同一标高处的桩身截面的位移(或位移趋势)，其方向(   )。

A. 向上　　　　　　　　　　　　B. 向下

C. 向上或向下视负摩阻力的大小而定　　D. 与桩的侧面成某一角度

(3) 桩身中性点处的摩擦力为(   )。

A. 正　　　　　　　B. 负　　　　　　　C. 零

(4) 下列土中，容易产生负摩阻力的是(   )。

A. 密实的卵石　　　B. 密实的砂　　　C. 较硬的黏土　　　D. 新填土

(5) 桩侧产生负摩阻力的机理是(   )。

A. 土层相对于桩侧面向上位移　　　　　B. 土层相对于桩侧面无位移

C. 土层相对于桩侧面向下位移

(6) 某工程中采用直径为 700mm 的钢管桩，壁厚为 10mm，桩端带隔板开口桩，$n=2$，桩长 26.5m，承台埋深 1.5m。土层分布情况为：$0\sim3.0$m 填土，桩侧极限侧阻力标准值 $q_{sk}=15$kPa；$3.0\sim8.5$m 黏土层，$q_{sk}=45$kPa；$8.5\sim25.0$m 粉土层，$q_{sk}=70$kPa；$25.0\sim30.0$m 中砂，$q_{sk}=80$kPa；$q_{pk}=6000$kPa，则此钢管桩的竖向极限承载力为(   )。

A. 6580kN　　　　B. 4510kN　　　　C. 5050 kN　　　　D. 5510KN

(7) 桩基进行软弱下卧层验算时，桩端处承载面积如何计算？(   )

A. 按群桩外围桩中心点连线围成的面积计算

B. 按群桩外围桩外包线所围成的面积计算

C. 按群桩外侧倾角扩散至桩端平面所围成的面积计算

(8) 当桩设置于深层的软弱土层中，无硬土层作为桩端持力层，这类桩应按下列哪类桩进行设计？(   )

A. 摩擦桩　　　　B. 端承摩擦桩　　　C. 端承桩　　　D. 摩擦端承桩

(9) 桩基承台发生冲切破坏的原因是(   )。

A. 承台有效高度不够　　　　　B. 承台总高度不够

C. 承台平面尺寸太大　　　　　D. 承台底配筋率不够

(10) 计算桩基沉降时，荷载应采用(   )。

A. 基本组合　　　　　　　　　B. 基本组合和地震作用效应组合

C. 准永久组合　　　　　　　　D. 标准组合和地震作用效应组合

3. 计算题

(1) 对例 4.1 所述的高层建筑物所用的管桩，进行现场静载荷试验。其中第 126 号桩的桩顶荷载与桩顶沉降的实测数据见表 4-31。据此静载荷试验确定单桩竖向承载力。

表 4-31　第 126 号桩静载试验实测值

桩顶荷载 P/t	0	40	80	120	160	200	240	280
桩顶沉降 s/mm	0	0.94	2.48	4.2	6.38	7.87	12.69	18.6

桩顶荷载 P/t	320	340	360	380	400	420	440
桩顶沉降 s/mm	27.28	30.97	33.07	35.49	38.23	41.06	44.78

（2）某建筑工程混凝土预制桩截面为 350mm×350mm，桩长 12.5m，桩长范围内有两种土：第一层，淤泥层，厚 5m；第二层，黏土层，厚 7.5m，液性指数 $I_L = 0.275$。拟采用 3 桩承台，试确定该预制桩的基桩竖向承载力特征值。

（3）某框架结构办公楼柱下采用预制钢筋混凝土桩基。桩的截面尺寸为尺寸 300mm×300mm，柱的截面尺寸为 500mm×500mm，承台底标高 -1.70m，作用于室内地面标高 ±0.000 处的竖向力标准值 $F_k = 1800$kN，作用于承台顶标高的水平剪力标准值 $V_k = 40$kN，弯矩标准值 $M_k = 200$kN·m，如图 4.33 所示。基桩承载力特征值 $R_a = 230$kN，承台配筋采用 Ⅰ 级钢筋。试设计该桩基。

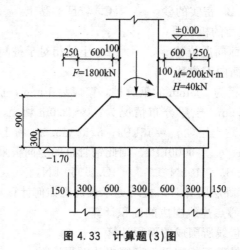

图 4.33　计算题(3)图

第 **5** 章
基坑工程

主要讲述基坑工程的特点、设计原则、设计依据、支护结构类型和设计内容,通过本章的学习,应达到以下目标:

(1) 了解基坑工程的特点、设计原则、设计依据和支护结构类型;

(2) 掌握水泥土桩墙支护结构的设计计算;

(3) 掌握土钉墙支护结构的设计计算;

(4) 掌握桩墙式支护结构的设计计算;

(5) 了解地下水的控制方法。

教学要求

知识要点	能力要求	相关知识
水泥土桩墙支护结构	(1) 了解水泥土桩墙设计内容 (2) 熟悉水泥土桩墙构造要求 (3) 掌握水泥土桩墙设计计算 (4) 掌握支护结构的稳定性验算	(1) 水、土压力的计算 (2) 水泥土桩的长度确定 (3) 墙体厚度的确定 (4) 稳定性验算内容
土钉墙支护结构	(1) 了解土钉墙设计内容 (2) 熟悉土钉墙结构参数 (3) 掌握土钉墙设计计算	(1) 土钉长度、间距、倾角、注浆材料等 (2) 土钉筋材抗拉强度验算 (3) 喷射混凝土面板验算
内支撑+桩墙支护结构	(1) 熟悉桩墙的构造要求 (2) 掌握桩墙的设计计算 (3) 熟悉内支撑系统的构造要求 (4) 掌握内支撑系统的设计计算	(1) 支护桩、地下连续墙 (2) 等值梁法 (3) 冠梁、腰梁、支撑、立柱
锚杆+桩墙支护结构	(1) 熟悉锚杆的构造要求 (2) 掌握锚杆的设计计算 (3) 掌握内支撑系统的设计计算	(1) 锚杆杆件材料及强度验算 (2) 锚杆的极限抗拔承载力验算 (3) 锚杆的腰梁、冠梁
地下水控制	(1) 了解地下水控制的方法 (2) 了解各种方法的使用要求	(1) 截水帷幕 (2) 明沟、集水井、沉淀池 (3) 轻型井点、管井井点、喷射井点

基本概念

水泥土桩墙、土钉墙、内支撑、锚杆、地下连续墙。

引例

随着大量高层建筑的建造及地下空间的开发，相应的基坑开挖深度不断加深、规模和复杂程度不断加大，基坑工程已经成为高、大建筑中的一个非常重大的课题，其设计与施工技术已成为广大设计、施工人员十分关注的技术热点。如南京紫峰大厦工程地处南京市鼓楼广场西北角，是南京城区的中心点和城市制高点。紫峰大厦主楼高度 450m，基坑面积达到 13500m²，挖土深度 24m，最深达到 30m（电梯井部位），土方量 35×10⁴m³，地下室建筑面积 65000m²。

5.1 概 述

5.1.1 基坑工程概念及现状

基坑是为进行建（构）筑物地下部分的施工由地面向下开挖出的空间。基坑的开挖必然对周边环境造成一定的影响，与基坑开挖相互影响的周边建（构）筑物、地下管线、道路、岩土体与地下水体统称为基坑周边环境。放坡大开挖，既经济又方便，适用于空旷场地；由于场地小而没有足够空间安全放坡时，就需要附加结构的基坑支护。为保护地下主体结构施工和基坑周边环境的安全，对基坑采用的临时性支挡、加固、保护与地下水控制的措施称为基坑支护。基坑工程是为保护基坑施工、地下结构的安全和周边环境不受损害而采取的支护、基坑土体加固、地下水控制、开挖等工程的总称，包括勘察、设计、施工、监测、试验等。

为满足地震及其他横向荷载作用下高层建筑的稳定要求，除岩石地基外，高层建筑的埋深不宜小于建筑物高度的 1/15。随着大量高层建筑的建造，相应的基坑开挖深度也越来越深。随着地下空间的开发，如地下管线、地下商场、停车场、地下铁道、地下存储空间等的修建也不可避免地涉及地下工程及基坑的开挖、支护和降水。当前，中国的深基坑工程在数量、开挖深度、平面尺寸及使用领域等方面都得到了高速发展。

深基坑工程通常地下土层分布复杂，土质软弱，地下水赋存形态及运动形式复杂，分布变化大。因此基坑的开挖及支护技术十分复杂，成为岩土工程中一个极具风险和挑战性的课题。如上海金茂大厦，主要为软土地基，基础采用钢管桩，基坑施工面积达 2×10⁴m²，主楼开挖深度为 19.65m，基坑支护结构采用地下连续墙，墙厚 1m，深 36m。

在我国，基坑工程迅速发展，但相应的理论和技术落后于工程实践，一方面设计可能偏于保守而造成财力和时间的浪费；另一方面，基坑工程事故频发，造成很大经济损失和人员伤亡。导致基坑工程事故的主要原因是：（1）设计理论不完善。许多计算方法尚处于半经验阶段，理论计算结果尚不能很好地反映工程实际情况。（2）设计者概念不清、方案不当、计算漏项或错误。（3）设计、施工人员经验不足。实践表明，工程经验在决定基坑支护设计方案和确保施工安全中起着举足轻重的作用。

基坑工程是实践性很强的岩土工程问题，发展至今天，固然需要依赖于岩土力学理论的发展完善和工程师们经验的积累；更需要在施工过程中，对基坑及支护结构进行严密精细的实时监测，用监测获得的信息及时修正设计并采取必要的工程措施以保证基坑的安全。

5.1.2 基坑工程的特点

1. 综合性很强的系统工程

基坑工程它不仅涉及结构、岩土、工程地质及环境等多门学科，而且还与勘察、设计、施工、监测等工作环环相扣，紧密相连。

2. 临时性、风险性大及灵活性高

一般情况下，基坑支护是临时结构，支护结构的安全储备较小，风险大；在我国的高层建筑总造价中，地基基础部分常占 1/4～1/3，地基基础的工期常占总工期的 1/3 以上。基坑工程是保证地基基础工程完成的关键，由于基坑工程一般是临时性工程，在设计施工中常有很大的节省造价和缩短工期的空间。因此基坑工程具有很大风险的同时还有很高的灵活性。

3. 很强的区域性和个案性

由场地的工程水文地质条件和岩土的工程性质以及周边环境条件的差异性所决定，因此，设计必须因地制宜，切忌生搬硬套。

4. 对周边环境会产生较大影响

基坑开挖、降水势必引起周边场地土的应力和地下水位发生改变，使土体产生变形，对相邻建(构)筑物和地下管线等产生影响，严重者将危及它们的安全和正常使用。

5. 较强的时空效应

支护结构所受荷载(如土压力)及其产生的应力和变形在时间上和空间上具有较强的变异性，在软黏土和复杂体型基坑工程中尤为突出。

以上特点决定了基坑工程设计、施工的复杂性。多种不确定因素，导致在基坑工程中经常发生概念性的错误，这是基坑事故的主要原因。

5.1.3 基坑工程的设计原则

1. 基坑支护应满足的功能要求

(1) 保证基坑周边建(构)筑物、地下管线、道路的安全和正常使用。
(2) 保证主体地下结构的施工空间。

2. 支护结构的安全等级

基坑支护设计时，应综合考虑基坑周边环境和地质条件的复杂程度、基坑深度等因素，按表 5-1 采用支护结构的安全等级。对同一基坑的不同部位，可采用不同的安全等级。

表 5-1　支护结构的安全等级

安全等级	破坏后果
一级	支护结构失效、土体过大变形对基坑周边环境或主体结构施工安全的影响很严重
二级	支护结构失效、土体过大变形对基坑周边环境或主体结构施工安全的影响严重
三级	支护结构失效、土体过大变形对基坑周边环境或主体结构施工安全的影响不严重

3. 支护结构设计时应采用的状态

1) 承载能力极限状态

(1) 支护结构构件或连接因超过材料强度而破坏，或因过度变形而不适于继续承受荷载，或出现压屈、局部失稳。

(2) 支护结构及土体整体滑动。

(3) 坑底土体隆起而丧失稳定。

(4) 对支挡式结构，坑底土体丧失嵌固能力而使支护结构滑移或倾覆。

(5) 对锚拉式支挡结构或土钉墙，土体丧失对锚杆或土钉的锚固能力。

(6) 重力式水泥土墙整体倾覆或滑移。

(7) 重力式水泥土墙、支挡式结构因其持力土层丧失承载能力而破坏。

(8) 地下水渗流引起的土体渗透破坏。

2) 正常使用极限状态

(1) 造成基坑周边建(构)筑物、地下管线、道路等损坏或影响其正常使用的支护结构位移。

(2) 因地下水位下降、地下水渗流或施工因素而造成基坑周边建(构)筑物、地下管线、道路等损坏或影响其正常使用的土体变形。

(3) 影响主体地下结构正常施工的支护结构位移。

(4) 影响主体地下结构正常施工的地下水渗流。

4. 支护结构、基坑周边建筑物和地面沉降、地下水控制的计算和验算式

1) 承载能力极限状态

(1) 支护结构构件或连接因超过材料强度或过度变形的承载能力极限状态设计，应符合下式要求：

$$\gamma_0 S_d \leqslant R_d \qquad\qquad (5-1)$$

式中　γ_0——支护结构重要性系数，对安全等级为一级、二级、三级的支护结构，其值分别不应小于 1.1、1.0、0.9；

　　　S_d——作用基本组合的效应(轴力、弯矩等)设计值；

　　　R_d——结构构件的抗力设计值。

对临时性支护结构，作用基本组合的效应设计值应按下式确定：

$$S_d = \gamma_F S_k \qquad\qquad (5-2)$$

式中　γ_F——作用基本组合的综合分项系数，不应小于 1.25；

　　　S_k——作用标准组合的效应。

(2) 坑体滑动、坑底隆起、挡土构件嵌固段推移、锚杆与土钉拔动、支护结构倾覆与

滑移、基坑土的渗透变形等稳定性计算和验算，应符合下式要求：

$$\frac{R_k}{S_k} \geqslant K \qquad (5-3)$$

式中　R_k——抗滑力、抗滑力矩、抗倾覆力矩、锚杆和土钉的极限抗拔承载力等抗力标准值；

S_k——滑动力、滑动力矩、倾覆力矩、锚杆和土钉的拉力等作用标准值的效应；

K——稳定性安全系数。

2）正常使用极限状态

由支护结构的位移、基坑周边建筑物和地面的沉降等控制的正常使用极限状态设计，应符合下式要求：

$$S_d \leqslant C \qquad (5-4)$$

式中　S_d——作用标准组合的效应（位移、沉降等）设计值；

C——支护结构的位移、基坑周边建筑物和地面的沉降的限值。

5. 支护结构内力设计值表达式

弯矩设计值 M

$$M = \gamma_0 \gamma_F M_k \qquad (5-5)$$

剪力设计值 V

$$V = \gamma_0 \gamma_F V_k \qquad (5-6)$$

轴向力设计值 N

$$N = \gamma_0 \gamma_F N_k \qquad (5-7)$$

式中　M_k——按作用标准组合计算的弯矩值（kN·m）；

V_k——按作用标准组合计算的剪力值（kN）；

N_k——按作用标准组合计算的轴向拉力或轴向压力值（kN）。

5.1.4　基坑工程设计内容

1. 基坑工程设计依据

基坑工程设计时，首先应掌握以下设计资料（即设计依据）。

（1）岩土工程勘察报告。

区别基坑工程的安全等级要进行专门的岩土工程勘察，可与主体建筑勘察一并进行，但应满足基坑工程勘察的深度和要求。区别基坑工程的规模和地质环境条件复杂程度，要进行分阶段勘察和施工勘察。

（2）建筑总平面图、工程用地红线图、地下工程的建筑、结构设计图。在基坑工程的设计中，支护结构、降水井、观测井及止水帷幕、锚拉系统等构件，均不得超越工程用地红线范围。

（3）邻近建筑物的平面位置，基础类型及结构图，埋深及荷载，周围道路、地下设施、市政管道及通信工程管线图，基坑周围环境对基坑支护结构系统的设计要求。

2. 基坑支护结构的设计内容

（1）支护结构体系的选型及地下水控制方式。

（2）支护结构的承载力、稳定和变形计算。

（3）基坑内外土体稳定性计算。

（4）基坑降水、止水帷幕设计以及围护墙的抗渗设计。

（5）基坑开挖与地下水位变化引起的基坑内外土体的变形及其对基础桩、邻近建筑物和周边环境的影响。

（6）基坑施工监测设计及应急措施的制订。

（7）施工期可能出现的不利工况验算。

5.1.5　支护结构的类型

支护结构由挡土结构、锚撑结构组成。当支护结构不能起到止水作用时，可同时设置止水帷幕或采取坑外降水。

1. 基坑支护结构的类型

1）放坡开挖及简易支护

放坡开挖是指选择合理的坡比进行开挖。放坡开挖施工简便、费用低，但挖土及回填土方量大。为了增加边坡稳定性和减少土方量，常采用简易支护（图5.1）。

2）土钉墙支护结构

土钉墙支护结构是由被加固的原位土体、布置较密的土钉和喷射于坡面上的混凝土面板组成（图5.2）。土钉一般是通过钻孔、插筋、注浆来设置的，但也可通过直接打入较粗的钢筋或型钢形成。

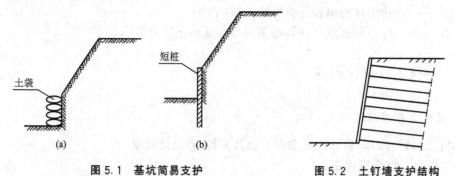

图5.1　基坑简易支护　　　　　　　图5.2　土钉墙支护结构
（a）土袋或块石堆砌支护；（b）短桩支护

3）喷（拉）锚式支护结构

喷（拉）锚式支护结构由支护桩或墙和锚杆组成。支护桩和墙同样采用钢筋混凝土桩和地下连续墙。锚杆通常有地面拉锚［图5.3（a）］和土层锚杆［图5.3（b）］两种。地面拉锚需要有足够的场地设置锚桩或其他锚固装置。土层锚杆因需要土层提供较大的锚固力，不宜用于软黏土地层中。

4）水泥土桩墙支护结构

利用水泥作为固化剂，通过特制的深层搅拌机械在地基深部将水泥和土体强制拌和，便可形成具有一定强度和遇水稳定的水泥土桩。水泥土桩与桩或排与排之间可相互咬合紧密排列，也可按网格式排列（图5.4）。

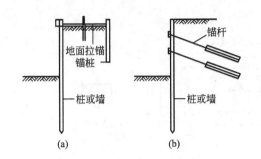

图 5.3　拉锚式支护结构示意图

（a）地面拉锚式；（b）土层拉锚式

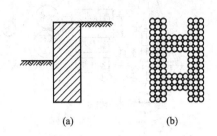

图 5.4　隔栅式水泥土桩墙

（a）水泥土桩墙剖面；（b）水泥土桩墙平面布置

5）桩墙式支护结构

由支护桩或墙和内支撑组成。桩墙式支护结构常采用钢板桩、钢筋混凝土板桩、柱列式灌注桩、地下连续墙等，如图 5.5 所示。支护桩、墙插入坑底土中一定深度（一般均插入至较坚硬土层），上部呈悬臂式或设置内支撑。悬臂式支护结构依靠其入土深度和抗弯能力来维持坑壁稳定和结构的安全。由于悬臂式支护结构的水平位移是深度的五次方，所以它对开挖深度很敏感，容易产生较大的变形，只适用于土质较好、开挖深度较浅的基坑工程。内支撑常采用木方、钢筋混凝土或钢管（或型钢）做成。内支撑支护结构适合各种地基土层，但设置的内支撑会占用一定的施工空间。

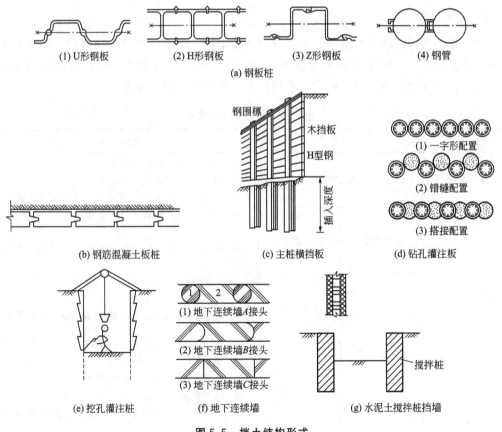

图 5.5　挡土结构形式

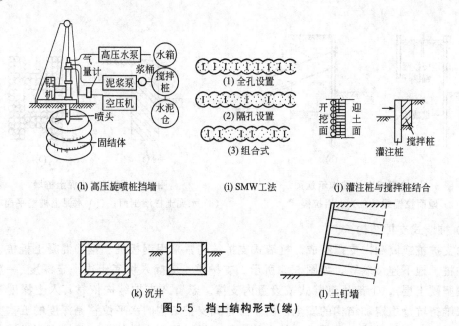

(h) 高压旋喷桩挡墙　　　(i) SMW工法　　　(j) 灌注桩与搅拌桩结合

(k) 沉井　　　　　　　(l) 土钉墙

图 5.5　挡土结构形式(续)

6) 其他支护结构

其他支护结构形式有双排桩支护结构、逆作拱墙支护、连拱式支护结构、加筋水泥土拱墙支护结构以及各种组合支护结构。

2. 支护结构选型

基坑开挖是否采用支护结构，采用何种支护结构，应根据基坑周边环境、地下结构的条件、开挖深度、工程地质和水文地质、施工作业设备、施工季节等条件，综合比较经济、技术、环境因素因地制宜确定。常用基坑支护结构选型表见表 5-2。

表 5-2　支护结构选型表

开挖方式	支护方式		适用条件
放坡开挖	无支护		① 基坑安全等级宜为三级 ② 施工场地应满足放坡要求 ③ 当地下水位高于坡脚时，应采用降水措施
支护开挖	锚式支护	土钉墙支护	① 基坑安全等级宜为二、三级的非软土场地 ② 基坑深度不宜大于 12m ③ 当地下水位高于基坑底面时，应采用降水或截水措施
	挡墙式支护	水泥土墙支护	① 基坑安全等级宜为二、三级 ② 基坑深度不宜大于 6m ③ 水泥土桩墙施工范围地基土承载力不宜大于 150kPa
		逆作拱墙支护	① 基坑安全等级宜为二、三级 ② 基坑深度不宜大于 12m ③ 淤泥和淤泥质土场地不宜采用 ④ 拱墙轴线的矢跨比不宜小于 1/8 ⑤ 当地下水位高于基坑底面时，应采用降水或截水措施

（续）

开挖方式	支护方式		适用条件
支护开挖	板桩支护		① 基坑安全等级为二、三级 ② 基坑深度不宜大于10m ③ 适于软弱的含水地层，采用榫槽连接
	排桩、地下连续墙支护	内支撑	① 基坑安全等级为一、二、三级 ② 悬臂式结构在软土场地中不宜大于5m ③ 当地下水位高于基坑底面时，应采用降水、排桩加截水帷幕或地下连续墙止水
		锚杆	① 基坑安全等级宜为二、三级的非软土场地 ② 基坑深度一般不超过18m，风化岩层可不受此限制 ③ 适用于地下水位较低或坑外有降水条件
	逆作法（用地下结构的梁、柱、墙作为支撑）		适用于四周建筑物林立、施工场地狭窄的条件

5.2 支护结构的设计荷载

支护结构的荷载应包括下列项目：①土压力；②水压力（静水压力、渗流压力、承压水压力）；③基坑周围的建筑物荷载、施工荷载、地震荷载以及其他附加荷载引起的侧向压力；④温度应力；⑤临水支护结构的波浪作用力和水流退落时的渗透力；⑥作为永久结构时的相关荷载。对一般支护结构而言，其荷载主要是土压力和水压力。

5.2.1 土、水压力的分、合算方法及土的抗剪强度指标类别选择规定

（1）对地下水位以上的各类土，土压力计算、土的滑动稳定性验算时，对黏性土、黏质粉土，土的抗剪强度指标应采用三轴固结不排水抗剪强度指标 c_{cu}、φ_{cu} 或直剪固结快剪强度指标 c_{cq}、φ_{cq}；对砂质粉土、砂土、碎石土，土的抗剪强度指标应采用有效应力强度指标 c'、φ'。

（2）对地下水位以下的黏性土、黏质粉土，可采用土压力、水压力合算方法，土压力计算、土的滑动稳定性验算可采用总应力法；此时，对正常固结和超固结土，土的抗剪强度指标应采用三轴固结不排水抗剪强度指标 c_{cu}、φ_{cu} 或直剪固结快剪强度指标 c_{cq}、φ_{cq}，对欠固结土，宜采用有效自重压力下预固结的三轴不固结不排水抗剪强度指标 c_{uu}、φ_{uu}。

（3）对地下水位以下的砂质粉土、砂土和碎石土，应采用土压力、水压力分算方法，土压力计算、土的滑动稳定性验算应采用有效应力法；此时，土的抗剪强度指标应采用有效应力强度指标 c'、φ'，对砂质粉土，缺少有效应力强度指标时，也可采用三轴固结不排水抗剪强度指标 c_{cu}、φ_{cu} 或直剪固结快剪强度指标 c_{cq}、φ_{cq}代替，对砂土和碎石土，有效应力强度指标 φ'可根据标准贯入试验实测击数和水下休止角等物理力学指标取值；土压力、水压力采用分算方法时，水压力可按静水压力计算；当地下水渗流时，宜按渗流理论计算

水压力和土的竖向有效应力；当存在多个含水层时，应分别计算各含水层的水压力。

（4）有可靠的地方经验时，土的抗剪强度指标尚可根据室内、原位试验得到的其他物理力学指标，按经验方法确定。

5.2.2　土压力、水压力的计算理论

作用于支护结构的土压力，工程中通常按朗肯土压力理论计算，然而，在基坑开挖过程中，作用在支挡结构上的土压力、水压力等是随着开挖的进程逐步形成的，其分布形式除与土性和地下水等因素有关外，更重要的是还与墙体的位移量及位移形式有关。而位移性状随着支撑和锚杆的设置及每步开挖施工方式的不同而不同，因此，土压力并不完全处于静止和主动状态。太沙基（Terzaghi）和佩克（Peck）根据实测和模型试验结果，提出了作用于板桩墙上的土压力分布经验图，如图 5.6 所示。

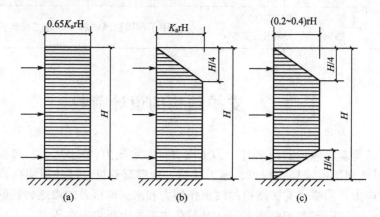

图 5.6　土压力模型图（Terzaghi-Peck）
（a）砂土层；（b）软-中硬黏土层；（c）硬黏土层

我国工程界常采用三角形分布土压力模式和经验的矩形土压力模式。当墙体位移比较大时，一般采用三角形土压力模式；否则采用矩形土压力模式。在用"m"法进行设计计算时，一般应采用矩形土压力模式。

在基坑支护结构中，当结构发生一定位移时，可按朗肯或库伦土压力理论计算主动土压力和被动土压力；当支护结构的位移有严格限制时，按静止土压力取值；当按变形控制原则设计支护结构时，土压力可按支护结构与土相互作用原理确定，也可按地区经验确定。

1. 静止土压力

静止土压力标准值，可按下式计算：

$$e_{0ik} = \Big(\sum_{j=1}^{i} \gamma_j h_j + q\Big) K_{0i} \qquad (5-8)$$

式中　e_{0ik}——计算点处的静止土压力标准值（kN/m²）；

γ_j——计算点以上第 j 层土的重度（kN/m³），地下水位以上取天然重度，地下水位以下取浮重度；

h_j——计算点以上第 j 层土的厚度（m）；

q——地面的均布荷载(kN/m^2);

K_{0i}——计算点处的静止土压力系数,宜由试验确定,当无试验条件时,对砂土可取 0.34~0.45,对黏性土可取 0.5~0.7。

2. 主动土压力和被动土压力

可按朗肯公式或库仑公式进行土压力的计算。

3. 水土分算法

按朗肯理论计算主动与被动土压力强度时,按下式计算:

$$e_{aik} = \left(\sum_{j=1}^{i} \gamma_j h_j + q \right) K_{ai} - 2c'_i \sqrt{K_{ai}} + \gamma_w z_i \qquad (5-9)$$

$$e_{pik} = \left(\sum_{j=1}^{i} \gamma_j h_j + q \right) K_{pi} + 2c'_i \sqrt{K_{pi}} + \gamma_w z_i \qquad (5-10)$$

式中 e_{aik}、e_{pik}——计算点处的主动、被动土压力标准值(kN/m^2),当 $e_{aik}<0$ 时,取 $e_{aik}=0$;

q——地面均布荷载(kN/m^2);

γ_j——计算点以上第 j 层土的重度(kN/m^3),地下水位以上取天然重度,地下水位以下取浮重度;

h_j——第 j 层土的厚度(m);

γ_w——水的重度(kN/m^3);

z_i——地下水位至计算点处的深度(m);

K_{ai}、K_{pi}——计算点处的朗肯主动、被动土压力系数,$K_{ai}=\tan^2(45°-\varphi'_i/2)$,$K_{pi}=\tan^2(45°+\varphi'_i/2)$;

c'_i、φ'_i——计算点处土的有效抗剪强度指标。

4. 水土合算法

按朗肯理论计算主动与被动土压力强度时,按下式计算:

$$e_{aik} = \left(\sum_{j=1}^{i} \gamma_j h_j + q \right) K_{ai} - 2c_i \sqrt{K_{ai}} \qquad (5-11)$$

$$e_{pik} = \left(\sum_{j=1}^{i} \gamma_j h_j + q \right) K_{pi} + 2c_i \sqrt{K_{pi}} \qquad (5-12)$$

式中 e_{aik}、e_{pik}——计算点处的主动、被动土压力标准值(kN/m^2),当 $e_{aik}<0$ 时,取 $e_{aik}=0$;

q——地面均布荷载(kN/m^2);

γ_j——计算点以上第 j 层土的重度(kN/m^3),地下水位以上取天然重度,地下水位以下取饱和重度;

h_j——第 j 层土的厚度(m);

γ_w——水的重度(kN/m^3);

K_{ai}、K_{pi}——计算点处的朗肯主动、被动土压力系数,$K_{ai}=\tan^2(45°-\varphi_i/2)$,$K_{pi}=\tan^2(45°+\varphi_i/2)$;

c_i、φ_i——计算点处土的总应力抗剪强度指标。

5.3 水泥土桩墙支护结构设计计算

水泥土桩是通过深层搅拌机将水泥固化剂和原状土就地强制搅拌而成。水泥土桩墙是由水泥土桩相互搭接形成的壁状、格栅状、拱状等形式的重力式结构，它利用墙体自重和嵌入基坑底面以下的嵌固深度对基坑进行支护。它既可单独作为一种支护方式使用，也可与混凝土灌注桩、预制桩、钢板桩等相结合，形成组成式支护结构，同时还可作为其他支护方式的止水帷幕。由水泥土桩形成的支护墙具有造价低、无振动、无噪声、无污染、施工简便和工期短等优点，适合于对环境污染要求较严，对隔水要求较高且施工场地较宽敞的软土地层。支护深度一般不大于 6m，如果采用加筋水泥土桩墙等复合式水泥土桩墙，则支护深度可达到 10m。

水泥土桩墙类似于重力式挡土墙，设计时一般按重力式挡土墙考虑。

5.3.1 设计内容

1. 根据适用条件选择水泥土桩的类型

水泥土桩的类型有搅拌桩和旋喷桩两类。

2. 初步选择水泥土桩的长度和墙体的厚度

水泥土桩的长度和墙体的厚度与基坑开挖深度、范围、地质条件、周围环境、地面荷载以及基坑等级有关。初步设计时可按经验确定，一般墙厚可取开挖深度的 0.6～0.8 倍，水泥土桩在坑底以下的插入深度可取开挖深度的 0.8～1.2 倍。

3. 根据基坑形状、场地尺寸及地质条件布置水泥土桩墙

宜采用水泥土搅拌桩相互搭接形成的格栅状结构形式，也可采用水泥土搅拌桩相互搭接成实体的结构形式。搅拌桩的施工工艺宜采用喷浆搅拌法。

5.3.2 水泥土桩墙构造要求

在进行水泥土桩墙设计时，尚应满足如下构造要求。

(1) 重力式水泥土墙的嵌固深度，对淤泥质土，不宜小于 $1.2H$，对淤泥，不宜小于 $1.3H$；重力式水泥土墙的宽度(b)，对淤泥质土，不宜小于 $0.7H$，对淤泥，不宜小于 $0.8H$；此处，H 为基坑深度。

(2) 水泥土桩墙采用格栅式布置时，水泥土格栅的面积置换率，对淤泥质土，不宜小于 0.7；对淤泥，不宜小于 0.8；对一般黏性土、砂土，不宜小于 0.6。格栅内侧的长宽比不宜大于 2。

(3) 水泥土墙体 28d 无侧限抗压强度不宜小于 0.8MPa。当需要增强墙身的抗拉性能时，可在水泥土桩内插入杆筋。杆筋可采用钢筋、钢管或毛竹。杆筋的插入深度宜大于基坑深度。杆筋应锚入面板内。

（4）水泥土墙顶面宜设置混凝土连接面板，面板厚度不宜小于150mm，混凝土强度等级不宜低于C15。

（5）水泥土桩与桩之间的搭接应视挡土及抗渗的不同要求而定。水泥土搅拌桩的搭接宽度不宜小于150mm，采用水泥土搅拌桩作止水帷幕时，搅拌桩桩径宜取450～800mm，搅拌桩的搭接宽度应符合下列规定。

① 单排搅拌桩帷幕的搭接宽度，当搅拌深度不大于10m时，不应小于150mm；当搅拌深度为10～15m时，不应小于200mm；当搅拌深度大于15m时，不应小于250mm。

② 对地下水位较高、渗透性较强的地层，宜采用双排搅拌桩截水帷幕；搅拌桩的搭接宽度，当搅拌深度不大于10m时，不应小于100mm；当搅拌深度为10～15m时，不应小于150mm；当搅拌深度大于15m时，不应小于200mm。

5.3.3 稳定性和强度验算

初步确定墙体的宽度、深度、平面布置及材料后，要进行抗倾覆验算、抗滑移验算、抗渗验算、整体圆弧滑动稳定验算、抗隆起验算、墙体结构强度验算，保证挡土墙满足强度、变形及稳定性的要求。

1. 水、土压力计算

对于水泥土桩墙支护结构，作用在其上的土压力通常按朗肯土压力理论计算，但也有按梯形土压力分布形式计算的（如图5.7中虚线）。水压力的计算既可与土压力合算也可分开计算。

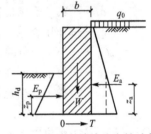

图5.7 水泥土桩墙稳定性验算

2. 抗倾覆稳定性验算

水泥土桩墙绕墙趾 O 的抗倾覆稳定安全系数（图5.7）：

$$K_q = \frac{抗倾覆力矩}{倾覆力矩} = \frac{\frac{b}{2}W + z_p \cdot E_p}{z_a E_a} \qquad (5-13)$$

式中 W——墙体自重(kN)，墙体平均重度一般取18～19kN/m³；

E_a——墙后主动土压力(kN)；

E_p——墙前被动土压力(kN)；

z_a——主动土压力作用线至墙趾的距离(m)；

z_p——被动土压力作用线至墙趾的距离(m)；

b——水泥土桩墙厚度(m)；

K_q——抗倾安全系数，根据基坑的坑壁安全等级、结构形式以及采用的计算理论和相应的土工参数进行确定，一般取 $K_q \geqslant 1.3$。

3. 抗滑移稳定性验算

水泥土桩墙沿墙底抗滑移安全系数由下式确定

$$K_h = \frac{墙体抗滑力}{墙体滑动力} = \frac{W \mathrm{tg}\varphi_0 + c_0 b + E_p}{E_a} \qquad (5-14)$$

式中 c_0——墙底土层的黏聚力(kPa)；

φ_0——墙底土层的内摩擦角(°)；

K_h——墙底抗滑移安全系数，一般取 $K_h \geqslant 1.2$。

墙底抗滑移安全系数也可根据水泥土桩墙结构基底的摩擦系数进行计算：

$$K_h = \frac{\mu W + E_p}{E_a} \qquad (5-15)$$

式中　μ——墙体基底与土的摩擦系数，当无试验资料时，可按经验取值，一般对淤泥质土 $\mu = 0.20 \sim 0.25$；黏性土 $\mu = 0.25 \sim 0.40$；砂土 $\mu = 0.25 \sim 0.50$。

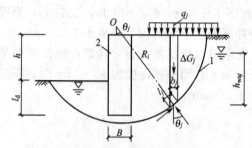

图 5.8　整体滑动稳定性验算

1—滑动面；2—桩墙

4. 整体滑动稳定性验算

采用圆弧滑动条分法时，其稳定性应符合下式规定（图 5.8）：

$$\frac{\sum \{c_j l_j + [(q_j b_j + \Delta G_j)\cos\theta_j - u_j l_j]\tan\varphi_j\}}{\sum (q_j b_j + \Delta G_j)\sin\theta_j} \geqslant K_s$$

$$(5-16)$$

式中　K_s——圆弧滑动稳定安全系数，其值不应小于 1.3；

c_j、φ_j——第 j 土条滑弧面处土的黏聚力(kPa)、内摩擦角(°)；

b_j——第 j 土条的宽度(m)；

q_j——作用在第 j 土条上的附加分布荷载标准值(kPa)；

ΔG_j——第 j 土条的自重(kN)，按天然重度计算，分条时，水泥土墙可按土体考虑；

u_j——第 j 土条在滑弧面上的孔隙水压力(kPa)(对地下水位以下的砂土、碎石土、粉土，当地下水是静止的或渗流水力梯度可忽略不计时，在基坑外侧，可取 $u_j = \gamma_w h_{waj}$，在基坑内侧，可取 $u_j = \gamma_w h_{wpj}$；对地下水位以上的各类土和地下水位以下的黏性土，取 $u_j = 0$)；

γ_w——地下水重度(kN/m³)；

h_{waj}——基坑外地下水位至第 j 土条滑弧面中点的深度(m)；

h_{wpj}——基坑内地下水位至第 j 土条滑弧面中点的深度(m)；

θ_j——第 j 土条滑弧面中点处的法线与垂直面的夹角(°)。

当墙底以下存在软弱下卧土层时，稳定性验算的滑动面中尚应包括由圆弧与软弱土层层面组成的复合滑动面。

5. 抗隆起稳定性验算

对饱和软黏土，抗隆起稳定性的验算是基坑设计的一个主要内容。基坑底土隆起，将会导致支护桩后地面下沉，影响环境安全和正常使用。隆起稳定性验算的方法很多，可按《地基规范》推荐的以下公式进行验算（图 5.9）：

$$\frac{N_c \tau_0 + \gamma t}{\gamma(h+t)+q} \geqslant 1.6 \qquad (5-17)$$

式中　N_c——承载力系数，条形基础时 $N_c = 5.14$；

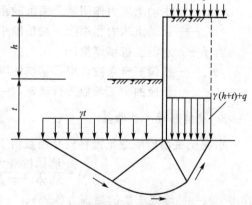

图 5.9　基坑底抗隆起稳定性验算

τ_0——抗剪强度，由十字板试验或三轴不固结不排水试验确定(kPa)；

γ——土的重度(kN/m³)；

t——支护结构入土深度(m)；

h——基坑开挖深度(m)；

q——地面荷载(kPa)。

6. 基坑渗流稳定性验算

基坑采用悬挂式截水帷幕或坑底以下存在水头高于坑底的承压含水层时，基坑渗流稳定性验算包括坑底抗流砂稳定性验算和抗承压水突涌稳定性验算。

当渗流力(或动水压力)大于土的浮重度时，土粒则处于流动状态，即流土(或流砂)。当坑底土上部为不透水层，坑底下部某深度处有承压水层时，应进行承压水对坑底土产生突涌的验算。

1) 坑底抗流土(流砂)稳定性验算

如图 5.10 所示地下水由高处向低处渗流，在基坑底部，当向上的动水压力(渗透力)$j \geqslant \gamma'$(γ'为土的有效重度)时，将会产生流砂现象。

试验证明，流土(或流砂)首先发生在离坑壁大约为挡土结构嵌入深度一半的范围内($h_d/2$)，近似地按紧贴挡土结构的最短路线来计算最大渗流力，则渗流力(或动水压力)$j = \dfrac{h'}{h'+2h_d}\gamma_w$，则抗

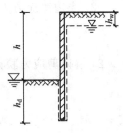

图 5.10 基坑抗流砂验算

砂稳定安全系数应满足：

$$K_{LS} = \frac{\gamma'}{j} = \frac{(h-h_w+2h_d)\gamma'}{(h-h_w)\gamma_w} \geqslant 1.5 \sim 2.0 \qquad (5-18)$$

式中 h_w——墙后地下水位埋深(m)；

γ_w——地下水重度(kN/m³)；

h_d——挡土结构入土深度(m)；

h'——坑内外水头差(m)，$h' = h - h_w$；

h——基坑深度(m)。

2) 基坑底土抗突涌稳定性验算

如果在基底下的不透水层较薄，而且在不透水层下面存在有较大水压的滞水层或承压水层时，当上覆土重不足以抵挡下部的水压时，基坑底土体将会发生突涌破坏，如图 5.11 所示。

坑底以下有水头高于坑底的承压水含水层，且未用截水帷幕隔断其基坑内外的水力联系时，应进行抗突涌稳定性验算。

$$\frac{D\gamma}{(\Delta h + D)\gamma_w} \geqslant K_{ty} \qquad (5-19)$$

式中 K_{ty}——突涌稳定性安全系数，K_{ty}不应小于1.1；

D——承压含水层顶面至坑底的土层厚度(m)；

γ——承压含水层顶面至坑底土层的天然重度(kN/m³)，对成层土，取按土层厚度加权的平均天然重度；

Δh——基坑内外的水头差(m)；

γ_w——水的重度(kN/m³)。

若基坑底土抗突涌稳定性不满足要求，可采用隔水挡墙隔断滞水层，加固基坑底部地基等处理施。

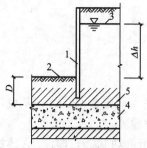

图 5.11　坑底土体的突涌稳定性验算
1—截水帷幕；2—基底；3—承压水测管水位；4—承压水含水层；5—隔水层

7. 墙体强度验算

水泥土桩墙的墙体强度验算包括正应力与剪应力验算两个方面。

1）墙体正应力验算

计算截面应包括以下部位：①基坑面以下主动、被动土压力强度相等处；②基坑底面处；③水泥土墙的截面突变处。

（1）当边缘应力为拉应力时，即

$$\frac{6M_i}{b^2} - \gamma_{cs} z \leqslant 0.15 f_{cs} \qquad (5-20)$$

（2）当边缘应力为压应力，即

$$\gamma_0 \gamma_F \gamma_{cs} z + \frac{6M_i}{b^2} \leqslant f_{cs} \qquad (5-21)$$

2）墙体剪应力验算

$$\frac{E_{ak,i} - \mu G_i - E_{pk,i}}{b} \leqslant \frac{1}{6} f_{cs} \qquad (5-22)$$

式中　M_i——水泥土墙验算截面的弯矩设计值（kN·m/m）；

b——验算截面处水泥土墙的宽度（m）；

γ_{cs}——水泥土墙的重度（kN/m³）；

z——验算截面至水泥土墙顶的垂直距离（m）；

f_{cs}——水泥土开挖龄期时的轴心抗压强度设计值（kPa），应根据现场试验或工程经验确定；

γ_F——荷载综合分项系数；

E_{aki}、E_{pki}——验算截面以上的主动土压力标准值、被动土压力标准值（kN/m），验算截面在基底以上时，取 $E_{pki}=0$；

G_i——验算截面以上的墙体自重（kN/m）；

μ——墙体材料的抗剪断系数，取 0.4～0.5。

【例 5.1】　某基坑开挖深度 $h=5.0$m，采用水泥土搅拌桩墙进行支护，墙体宽度 $b=4.5$m，墙体入土深度（基坑开挖面以下）$h_d=6.5$m，墙体与土体摩擦系数 $\mu=0.3$，墙体重度 $\gamma_0=20$kN/m³。基坑土层重度 $\gamma=19.5$kN/m³，内摩擦角 $\varphi=24°$，黏聚力 $c=0$，地面超载为 $q_0=20$kPa。试验算支护墙的抗倾覆、抗滑移稳定性。

【解】　沿墙体纵向取 1 延米进行计算。则主动和被动土压力系数为：

$$K_a = \tan^2\left(45° - \frac{24°}{2}\right) = 0.42, \quad K_p = \tan^2\left(45° - \frac{24°}{2}\right) = 2.37$$

地面超载引起的主动土压力为：

$$E_{a1} = q_0(h + h_d)K_a = 20 \times (5 + 6.5) \times 0.42 = 96.6 \text{kN}$$

E_{a1} 的作用点距墙趾的距离为：

$$z_{a1} = \frac{1}{2}(h + h_d) = \frac{1}{2} \times (5 + 6.5) = 5.75 \text{m}$$

墙后的主动土压力为：

$$E_{a2}=\frac{1}{2}\gamma(h+h_d)^2K_a=\frac{1}{2}\times19.5\times(5+6.5)^2\times0.42=541.56kN$$

E_a 的作用点距墙趾的距离为：

$$z_{a2}=\frac{1}{3}(h+h_d)=\frac{1}{3}\times(5+6.5)=3.83m$$

墙前的被动土压力为：

$$E_p=\frac{1}{2}\gamma h_d^2K_p=\frac{1}{2}\times19.5\times6.5^2\times2.37=976.29kN$$

E_p 的作用点离墙趾的距离为：

$$z_p=\frac{1}{3}h_d=\frac{1}{3}\times6.5=2.17m$$

墙体自重为：

$$W=b(h+h_d)\gamma_0=4.5\times(5+6.5)\times20=1035kN$$

抗倾覆安全系数：

$$K_q=\frac{\frac{1}{2}BW+E_pz_p}{E_{a1}z_{a1}+E_{a2}z_{a2}}=\frac{\frac{1}{2}\times4.5\times1035+976.29\times2.17}{96.60\times5.75+541.56\times3.83}=1.69>1.6$$

满足要求。

抗滑移安全系数：

$$K_h=\frac{E_p+\mu W}{E_{a1}+E_{a2}}=\frac{976.29+0.3\times1035}{96.60+541.56}=2.02>1.3$$

满足要求。

5.4 土钉墙支护结构设计计算

土钉墙是用于土体开挖和边坡稳定的一种挡土结构，它以土钉作为主要受力构件，由被加固的原位土体、放置于原位土体中密集的土钉群、附着于坡面上的混凝土面层和必要的防排水系统组成，形成一个类似于重力式挡土墙的支护结构。土钉是在土中钻孔、置入变形钢筋并沿孔全长注浆的方法形成的细长杆件。

土体的抗剪强度较低，抗拉强度几乎为零，但原位土体一般具有一定的结构整体性。如在土体中放置土钉，土钉具有箍束骨架、分担荷载、传递和扩散应力、坡面变形约束等作用，使之与土体形成复合土体，则可有效地提高土体的整体强度。土钉支护设计应满足规定的强度、稳定性、变形和耐久性等要求。

5.4.1 土钉墙的组成及设计内容

土钉墙(图5.12)一般由土钉、面层、防排水系统等几部分组成，常用的土钉有钻孔注浆土钉、击入式土钉。前者先钻孔，然后置入变形钢筋，最后沿全长注浆；后者多用角钢、圆钢或钢管，击入方式一般有振动冲击、液压锤击、高压喷射和气动射击。面层由喷射混凝土、纵横主筋、网筋构成。地下水位高于基坑底面时，应采取降水或截水措施。坡顶和坡脚应设排水措施，坡面可根据具体情况设置泄水孔。坡面泄水孔为插入坡面的内填滤水材料的带孔塑料管。

图 5.12　土钉墙

土钉通过与承压板或加强钢筋螺栓连接或焊接连接把压力传到面层，土钉与面层的连接如图 5.13 所示。

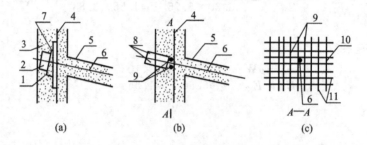

图 5.13　土钉与面层的连接

1—垫块；2—螺母；3—喷射混凝土；4—钢筋网；5—土钉钻孔；6—土钉钢筋；

7—钢垫板；8—锁定筋；9—井字形钢筋；10—网筋；11—纵横主筋

土钉墙支护设计内容包括如下：

(1) 确定基坑侧壁的平面和剖面尺寸以及分段施工高度。

(2) 设计土钉的布置方式和间距以及直径、长度、倾角及在空间的方向。

(3) 设计土钉内钢筋的类型、直径及构造。

(4) 注浆配方设计、注浆方式、浆体强度指标。

(5) 喷射混凝土面层设计。

(6) 坡顶防护措施。

(7) 土钉抗拔力验算及整体稳定性验算。

(8) 现场监测与反馈设计。

5.4.2　土钉支护结构参数的确定

土钉墙支护结构参数包括土钉的长度、直径、间距、倾角以及支护面层厚度等。

1. 土钉长度

一般对非饱和土，土钉长度 L 与开挖深度 H 之比取 $L/H = 0.6 \sim 1.2$；密实砂土及干硬性黏土取小值。为减小变形，顶部土钉长度宜适当增加。非饱和土底部土钉长度可适当减少，但不宜小于 $0.5H$。对于饱和软土，由于土体抗剪能力很低，设计时取 L/H 值大于 1 为宜。

2. 土钉间距

土钉间距的大小影响土体的整体作用效果，目前尚不能给出有足够理论依据的定量指标。土钉的水平间距和垂直间距一般宜为 $1.2 \sim 2.0m$。垂直间距依土层及计算确定，且与开挖深度相对应。上下插筋交错排列，遇局部软弱土层间距可小于 $1.0m$。

3. 土钉筋材尺寸

土钉中采用的筋材有钢筋、角钢、钢管等，其常用尺寸如下。
(1) 当采用钢筋时，一般为直径 $18 \sim 32mm$，Ⅱ 级以上螺纹钢筋。
(2) 当采用角钢时，一般为∟5×50 角钢。
(3) 当采用钢管时，一般为 $\phi 50$ 钢管。

4. 土钉倾角

土钉与水平线的倾角称为土钉倾角，一般在 $0° \sim 20°$ 之间，其值取决于注浆钻孔工艺与土体分层特点等多种因素。研究表明，倾角越小，支护的变形越小，但注浆质量较难控制；倾角越大，支护的变形越大，但有利于土钉插入下层较好土层，注浆质量也易于保证。

5. 注浆材料

用水泥砂浆或素水泥浆。水泥采用不低于 $425^{\#}$ 的普通硅酸盐水泥，水灰比 $1 : (0.40 \sim 0.50)$。

6. 支护面层

临时性土钉支护的面层通常用 $50 \sim 150mm$ 厚的钢筋网喷射混凝土，混凝土强度等级不低于 C20。钢筋网常用 $\phi 6 \sim 8mm$，Ⅰ 级钢筋焊成 $150 \sim 300mm$ 方格网片。

永久性土钉墙支护面层厚度为 $150 \sim 250mm$，可设两层钢筋网，分两层喷成。

5.4.3 土钉的设计计算

假定土钉为受拉工作，不考虑其抗弯刚度。土钉设计内力可按图 5.14 所示的侧压力分布图式算出。

1. 土钉所受的侧压力

$$e = e_m + e_q \tag{5-23}$$

式中　e——土钉长度中点所处深度位置上的侧压力(kPa)；

　　　e_q——地表均布荷载引起的侧压力(kPa)；

　　　e_m——土钉长度中点所处深度位置上土钉土体自重引起的侧压力〔对砂土和粉土，

$e_m = 0.55 K_a \gamma h$；对一般黏性土，$0.2 \gamma h \leqslant e_m = (1 - 2c / \sqrt{K_a} \gamma h) K_a \gamma h \leqslant 0.55 K_a \gamma h$] (kPa)。

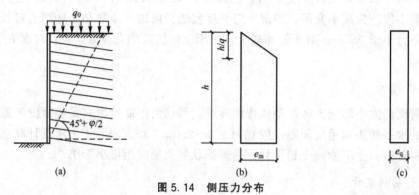

图 5.14 侧压力分布

（a）土钉所受荷载；（b）土体自重引起的土压力；（c）地面均布荷载引起的土压力

2. 土钉拉力计算

在土体自重和地表均布荷载作用下，土钉所受最大拉力或设计内力 N 可由下式求出：

$$N = \frac{1}{\cos\theta} e S_v S_h \qquad (5-24)$$

式中　θ——土钉倾角(°)；

$\quad\quad e$——土钉长度中点所处深度位置上的侧压力(kPa)；

$\quad\quad S_v$——土钉垂直间距(m)；

$\quad\quad S_h$——土钉水平间距(m)。

3. 土钉筋材抗拉强度验算

土钉在拉应力作用下不发生屈服破坏，故各层土钉在设计内力作用下应满足下列强度条件：

$$F_{s,d} N \leqslant 1.1 \frac{\pi d^2}{4} f_{yk} \qquad (5-25)$$

式中　$F_{s,d}$——土钉的局部稳定性安全系数，取 1.2~1.4，基坑深度较大时取较大值；

$\quad\quad N$——土钉设计拉力(kN)，由式(5-24)确定；

$\quad\quad d$——土钉钢筋直径(m)；

$\quad\quad f_{yk}$——钢筋抗拉强度标准值(kN/m²)。

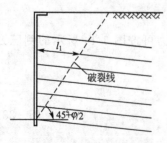

图 5.15 土钉长度的确定

4. 土钉抗拔出验算

为防止土钉从破裂面内侧土体中拔出，各排土钉的长度 l 宜满足以下要求：

$$l \geqslant l_1 + F_{s,d} N / \pi d_0 \tau \qquad (5-26)$$

式中　l_1——破裂线内土钉长度(m)，见图 5.15；

$\quad\quad d_0$——土钉孔径(m)；

$\quad\quad \tau$——土钉与土体之间的界面黏结强度(kPa)；由试验确定，无实测资料时，可按表 5-3 取用。

表 5-3 界面黏结强度标准值

土层种类		τ(kPa)	土层种类		τ(kPa)
素填土		30～60	粉土		50～100
黏性土	软塑	15～30	砂土	松散	70～90
	可塑	30～50		稍密	90～120
	硬塑	50～70		中密	120～160
	坚硬	70～90		密实	160～200

注：表中数据作为低压注浆时的极限黏结强度标准值。

5. 土钉的极限抗拉承载力标准值 R_k

R_k 取以下三者中的较小值。

(1) 按土钉筋材强度，即

$$R_k = 1.1\pi d^2 f_{yk}/4 \tag{5-27}$$

(2) 按破坏面外土钉体抗拔出能力，即

$$R_k = \pi d_0 l_a \tau \tag{5-28}$$

式中 l_a——破坏面外土钉锚固长度。

(3) 按破坏面内土钉体抗拔出能力，即

$$R_k = \pi d_0 (l - l_a)\tau + R_1 \tag{5-29}$$

式中 R_1——土钉端部与混凝土面层联结处的极限抗拔力。

5.4.4 土钉墙整体稳定性验算

土钉与原位土体组成复合土体，形成类似重力式挡墙的土钉墙，其整体稳定性分析包括抗倾覆稳定、抗滑移稳定及圆弧破坏面失稳等三方面。

1. 按倾覆稳定性验算(图 5.16)

抗倾覆安全系数 K_q 应满足

$$K_q = \frac{M_R}{M_S} = \frac{\frac{1}{2}B(W+q_0B)+E_{ay}B}{E_{ax}z_{Ea}} \geqslant 1.3 \tag{5-30}$$

式中 E_{ay}——作用于土钉墙后主动土压力垂直分量(kN)；

z_{Ea}——土钉墙后主动土压力作用点离墙底的垂直距离(m)。

2. 抗滑移稳定性验算(图 5.16)

抗滑移安全系数 K_h 应满足

$$K_h = \frac{F_t}{E_{ax}} \geqslant 1.2 \tag{5-31}$$

式中 E_{ax}——作用于土钉墙后主动土压力水平分量(kN)；

F_t——土钉墙底面上产生的抗滑力，由下式给出：

$$F_t = (W+q_0B)\tan\varphi + cB \tag{5-32}$$

$$B = (11/12)L\cos\alpha \qquad (5-33)$$

式中　W——墙体自重(kN)；

　　　B——土钉墙计算宽度(m)；

　　　α——土钉与水平面之间的夹角。

3. 整体滑动稳定性验算

土钉墙支护整体稳定性验算是指边坡土体中可能出现的破坏面发生在支护内部并穿过全部或部分土钉。

假定破坏面上的土钉只承受拉力且达到极限抗拉能力 R_k，土钉支护的内部整体稳定性验算采用圆弧破裂面简单条分法。如图5.17所示在土条 i 上作用有土体自重 W_i，地表荷载 Q_i，土钉抗拉力 R_k。

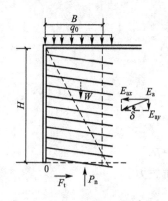

图5.16　土钉墙抗倾覆、抗滑移稳定性分析简图　　图5.17　整体滑动稳定性分析计算简图

土钉支护整体稳定性安全系数为：

$$F_s = \frac{\sum\left[(W_i+Q_i)\cos\alpha_i\tan\varphi_j+\left(\dfrac{R_k}{S_{hk}}\right)\sin\beta_k\tan\varphi_j+c_j(\Delta_i/\cos\alpha_i)+\left(\dfrac{R_k}{S_{hk}}\right)\cos\beta_k\right]}{\sum\left[(W_i+Q_i)\sin\alpha_i\right]}$$

$$(5-34)$$

式中　α_i——土条 i 底面中点切线与水平面之间的夹角(°)；

　　　Δ_i——土条 i 的宽度(m)；

　　　φ_j——土条 i 底面所处第 j 层土的内摩擦角(°)；

　　　c_j——土条 i 底面所处第 j 层土的黏聚力(kPa)；

　　　R_k——破坏面上第 k 排土钉的最大抗力；

　　　β_k——第 k 排土钉轴线与该处破坏面切线之间的夹角(°)；

　　　S_{hk}——第 k 排土钉的水平间距(m)；

　　　F_s——内部稳定安全系数，$H\leqslant 6m$ 时，$F_s\geqslant 1.2$；$H=6\sim12m$，$F_s\geqslant 1.3$；$H\geqslant 12m$，$F_s\geqslant 1.4$。

如果整个土钉支护连同外部土体沿深部的圆弧滑动面失稳，此时可能破坏面在土钉设置范围外，取土钉抗力为零。

当基坑面以下存在软弱下卧土层时，整体稳定性验算滑动面中尚应包括由圆弧与软弱土层层面组成的复合滑动面。

4. 抗隆起稳定性验算

基坑底面下有软土层的土钉墙结构应进行坑底隆起稳定性验算,验算可采用下列公式(图5.18)。

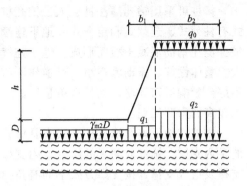

图 5.18 基坑底面下有软土层的土钉墙抗隆起稳定性验算

$$\frac{\gamma_{m2}DN_q+cN_c}{(q_1b_1+q_2b_2)/(b_1+b_2)}\geqslant K_{he} \qquad (5-35)$$

$$N_q=\text{tg}^2\left(45°+\frac{\varphi}{2}\right)e^{\pi\tan\varphi} \qquad (5-36)$$

$$N_c=(N_q-1)/\tan\varphi \qquad (5-37)$$

$$q_1=0.5\gamma_{m1}h+\gamma_{m2}D \qquad (5-38)$$

$$q_2=\gamma_{m1}h+\gamma_{m2}D+q_0 \qquad (5-39)$$

式中 q_0——地面均布荷载(kPa);

γ_{m1}——基坑底面以上土的重度(kN/m³),对多层土取各层土按厚度加权的平均重度;

h——基坑深度(m);

γ_{m2}——基坑底面至抗隆起计算平面之间土层的重度(kN/m³),对多层土取各层土按厚度加权的平均重度;

D——基坑底面至抗隆起计算平面之间土层的厚度(m),当抗隆起计算平面为基坑底平面时,取 D 等于 0;

N_c、N_q——承载力系数;

c、φ——抗隆起计算平面以下土的黏聚力(kPa)、内摩擦角(°);

b_1——土钉墙坡面的宽度(m),当土钉墙坡面垂直时取 b_1 等于 0;

b_2——地面均布荷载的计算宽度(m),可取 b_2 等于 h;

K_{he}——抗隆起安全系数,安全等级为二级、三级的土钉墙,K_{he} 分别不应小于 1.6、1.4。

5. 喷射混凝土面板验算

喷射混凝土面板是以连续板按混凝土结构设计规范的要求进行板的跨中和支座截面的受弯以及支座截面的受冲切验算。

支座分为两种情况:首先沿土钉的布置设置梁(明或暗),此时连续板以梁为支座;其次未设置梁,此时连续板以土钉为点支座。无论以梁为支座还是以土钉为点支座,其支座力均为土钉的抗拉力。

5.5 桩墙式支护结构的设计计算

5.5.1 概述

若施工场地狭窄、地质条件较差、基坑较深,或对开挖引起的变形控制较严,则可采用排桩或地下连续墙支护结构。

排桩可采用钻孔灌注桩、人工挖孔桩、预制钢筋混凝土板桩和钢板桩等。桩的排列方式有柱列式、连续式和组合式。地下连续墙是采用成槽机械在泥浆护壁下，逐段开挖出沟槽并浇注钢筋混凝土板而形成。地下连续墙能挡土、止水，可作地下结构外墙，具有刚度大、整体性好、振动噪声小、可逆作法施工以及适用各种地质条件等优点，但废泥浆处理不好会影响城市环境，而且造价也较高，因此，适合于开挖深度大于 10m、对变形控制要求较高的重要工程。

排桩或地下连续墙支护方式有悬臂式支护、单层支点支护和多层支点支护等，支点指的是内支撑、锚杆或两者的组合。内支撑按材料不同有钢筋混凝土支撑、钢管支撑、型钢支撑及组合支撑，按支撑方式不同有角撑、对撑等。支撑结构的常用形式如图 5.19 所示。

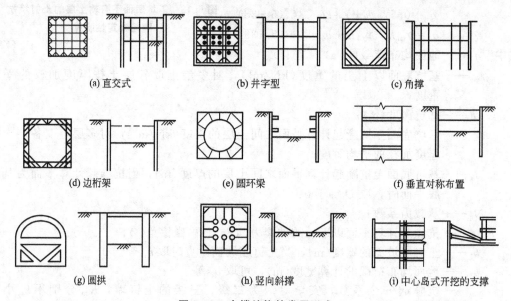

(a) 直交式　　　　　　　　(b) 井字型　　　　　　　　(c) 角撑

(d) 边桁架　　　　　　　　(e) 圆环梁　　　　　　　　(f) 垂直对称布置

(g) 圆拱　　　　　　　　(h) 竖向斜撑　　　　　　　(i) 中心岛式开挖的支撑

图 5.19　支撑结构的常用形式

当地基土质较好、基坑开挖深度较浅时，通常采用施工方便、受力简单的悬臂式支护结构；当土质较差、基坑开挖深度较深时，悬臂式支护结构无法满足强度和变形要求，则采用单层或多层支点支护结构。

桩、墙式支护结构的设计计算包括以下内容。

(1) 支护桩(墙)嵌固深度的计算。

(2) 桩(墙)内力与截面承载力计算。

(3) 内支撑体系设计计算。

(4) 锚杆设计计算。

(5) 基坑内外土体的稳定性验算。

(6) 基坑降水设计和渗流稳定验算。

(7) 基坑周围地面变形的控制措施。

(8) 施工监测设计。

桩墙式支护结构设计，应按基坑开挖过程的不同深度、基础底板施工完成后逐步拆除支撑的工况设计。

5.5.2 桩墙式支护结构的构造要求

1. 支护桩

支护桩按材料分为钢筋混凝土、型钢、钢管、钢板支护桩。

(1) 采用混凝土灌注桩时，对悬臂式排桩，支护桩的桩径宜大于或等于 600mm；对锚拉式排桩或支撑式排桩，支护桩的桩径宜大于或等于 400mm；排桩的中心距不宜大于桩直径的 2.0 倍。

(2) 采用混凝土灌注桩时，支护桩的桩身混凝土强度等级、钢筋配置和混凝土保护层厚度应符合下列规定。

① 桩身混凝土强度等级不宜低于 C25。

② 支护桩的纵向受力钢筋宜选用 HRB400、HRB335 级钢筋，单桩的纵向受力钢筋不宜少于 8 根，净间距不应小于 60mm；支护桩顶部设置钢筋混凝土构造冠梁时，纵向钢筋锚入冠梁的长度宜取冠梁厚度；冠梁按结构受力构件设置时，桩身纵向受力钢筋伸入冠梁的锚固长度应符合现行国家标准《混凝土结构设计规范》(GB 50010—2010)(以下简称《混凝土规范》)对钢筋锚固的有关规定；当不能满足锚固长度的要求时，其钢筋末端可采取机械锚固措施。

③ 箍筋可采用螺旋式箍筋，箍筋直径不应小于纵向受力钢筋最大直径的 1/4，且不应小于 6mm；箍筋间距宜取 100～200mm，且不应大于 400mm 及桩的直径。

④ 沿桩身配置的加强箍筋应满足钢筋笼起吊安装要求，宜选用 HPB235、HRB335 级钢筋，其间距宜取 1000～2000mm。

⑤ 纵向受力钢筋的保护层厚度不应小于 35mm；采用水下灌注混凝土工艺时，不应小于 50mm。

⑥ 当采用沿截面周边非均匀配置纵向钢筋时，受压区的纵向钢筋根数不应少于 5 根；当施工方法不能保证钢筋的方向时，不应采用沿截面周边非均匀配置纵向钢筋的形式。

⑦ 当沿桩身分段配置纵向受力主筋时，纵向受力钢筋的搭接应符合现行《混凝土规范》的相关规定。

(3) 在有主体建筑地下管线的部位，排桩冠梁宜低于地下管线。

(4) 支护桩顶部应设置混凝土冠梁。冠梁的宽度不宜小于桩径，高度不宜小于桩径的 0.6 倍。冠梁钢筋应符合现行《混凝土规范》对梁的构造配筋要求。冠梁用作支撑或锚杆的传力构件或按空间结构设计时，尚应按受力构件进行截面设计。

(5) 排桩的桩间土应采取防护措施。桩间土防护措施宜采用内置钢筋网或钢丝网的喷射混凝土面层。喷射混凝土面层的厚度不宜小于 50mm，混凝土强度等级不宜低于 C20，混凝土面层内配置的钢筋网的纵横向间距不宜大于 200mm。钢筋网或钢丝网宜采用横向拉筋与两侧桩体连接，拉筋直径不宜小于 12mm，拉筋锚固在桩内的长度不宜小于 100mm。钢筋网宜采用桩间土内打入直径不小于 12mm 的钢筋钉固定，钢筋钉打入桩间土中的长度不宜小于排桩净间距的 1.5 倍且不应小于 500mm。

2. 地下连续墙

(1) 地下连续墙的墙体厚度宜按成槽机的规格，选取 600mm、800mm、1000mm

或 1200mm。

(2) 一字形槽段长度宜取 4～6m。当成槽施工可能对周边环境产生不利影响或槽壁稳定性较差时,应取较小的槽段长度。必要时,宜采用搅拌桩对槽壁进行加固。

(3) 地下连续墙的转角处或有特殊要求时,单元槽段的平面形状可采用 L 形、T 形等。

(4) 地下连续墙的混凝土设计强度等级宜取 C30～C40。地下连续墙用于截水时,墙体混凝土抗渗等级不宜小于 P6,槽段接头应满足截水要求。当地下连续墙同时作为主体地下结构的构件时,墙体混凝土抗渗等级应满足现行国家标准《地下工程防水技术规范》(GB 50108—2001)及其他相关规范的要求。

(5) 地下连续墙的纵向受力钢筋应沿墙身每侧均匀配置,可按内力大小沿墙体纵向分段配置,且通长配置的纵向钢筋不应小于 50%;纵向受力钢筋宜采用 HRB335 级或 HRB400 级钢筋,直径不宜小于 16mm,净间距不宜小于 75mm。水平钢筋及构造钢筋宜选用 HPB235、HRB335 或 HRB400 级钢筋,直径不宜小于 12mm,水平钢筋间距宜取 200～400mm。冠梁按构造设置时,纵向钢筋锚入冠梁的长度宜取冠梁厚度。冠梁按结构受力构件设置时,桩身纵向受力钢筋伸入冠梁的锚固长度应符合现行《混凝土规范》对钢筋锚固的有关规定。当不能满足锚固长度的要求时,其钢筋末端可采取机械锚固措施。

(6) 地下连续墙纵向受力钢筋的保护层厚度,在基坑内侧不宜小于 50mm,在基坑外侧不宜小于 70mm。

(7) 钢筋笼两侧的端部与槽段接头之间、钢筋笼两侧的端部与相邻墙段混凝土接头面之间的间隙应不大于 150mm,纵筋下端 500mm 长度范围内宜按 1∶10 的斜度向内收口。

(8) 地下连续墙墙顶应设置混凝土冠梁。冠梁宽度不宜小于墙厚,高度不宜小于墙厚的 0.6 倍。冠梁钢筋应符合现行《混凝土规范》对梁的构造配筋要求。冠梁用作支撑或锚杆的传力构件或按空间结构设计时,尚应按受力构件进行截面设计。

5.5.3　嵌固深度和桩(墙)内力计算

排桩、地下连续墙支护结构的计算主要包括结构内力(弯矩和剪力)和支点力。

排桩、地下连续墙支护结构的内力与变形计算是十分复杂的问题,其计算的合理模型是考虑支护结构—土—支点三者共同作用的空间分析。只有当支护结构周边条件完全相同,支撑体系才可简化为平面问题计算。根据受力条件分段按平面问题计算时,分段长度可根据具体结构及土质条件确定。一般情况下的水平荷载,对于排桩其计算宽度可取桩的中心距,地下连续墙由于其连续性可取单位宽度。地下连续墙按照竖向弹性地基梁法计算。

桩墙式支护结构可能出现倾覆、滑移、踢脚等破坏现象,也产生很大的内力和变位,其内力与变形计算常用的方法有:极限平衡法和弹性抗力法两种。其中极限平衡法在工程设计中较为常用。

极限平衡法假设基坑外侧土体处于主动极限平衡状态,基坑内侧土体处于被动极限平衡状态,桩在水、土压力等侧向荷载作用下满足平衡条件,常用的有静力平衡法和等值梁法。静力平衡法和等值梁法分别适用于特定条件;另外,静力平衡法和等值梁法计算支护结构内力时假设:①施工自上而下;②上部锚杆内力在开挖下部土时不变;③立柱在锚杆处为不动点。

1. 悬臂式支护结构

悬臂式支护桩主要靠插入土内深度形成嵌固端，以平衡上部土压力、水压力及地面荷载形成的侧压力。

静力平衡法假设支护桩在侧向荷载作用下可以产生向坑内移动的足够的位移，使基坑内外两侧的土体达到极限平衡状态。悬臂桩在主动土压力作用下，绕支护桩上某一点转动，形成在基坑开挖深度范围外侧的主动区及在插入深度区内的被动区，悬臂式支护桩的土压力分布如图 5.20 所示。

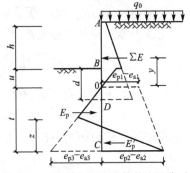

图 5.20 悬臂式桩墙计算静力平衡法

对于悬臂式支护结构，可采用三角形分布土压力模式，其计算简图如图 5.20 所示。当单位宽度桩墙两侧所受的净土压力相平衡时，桩墙则处于稳定状态，相应的桩墙入土深度即为其保证稳定所需的最小入土深度，可根据静力平衡条件求出。具体计算步骤如下。

(1) 计算桩墙底端后侧主动土压力 e_{a3} 及前侧被动土压力 e_{p3}，然后叠加求出第一个土压力为零的点 O 至基坑底面的距离 u。

(2) 计算 O 点以上土压力合力 $\sum E$，求出 $\sum E$ 作用点至 O 点的距离 y。

(3) 计算桩、墙底端前侧主动土压力 e_{a2} 和后侧被动土压力 e_{p2}。

(4) 计算 O 点处桩墙前侧主动土压力 e_{a1} 及后侧被动土压力 e_{p1}。

(5) 根据作用在支护结构上的全部水平作用力平衡条件($\sum X = 0$)和绕墙底端力矩平衡条件($\sum M = 0$)可得：

$$\sum E + [(e_{p3} - e_{a3}) + (e_{p2} - e_{a2})] \frac{z}{2} - (e_{p3} - e_{a3}) \frac{t}{2} = 0 \tag{5-40}$$

$$\sum (t + y) E + [(e_{p3} - e_{a3}) + (e_{p2} - e_{a2})] \frac{z}{2} \cdot \frac{z}{3} - (e_{p3} - e_{a3}) \frac{t}{2} \cdot \frac{t}{3} = 0 \tag{5-41}$$

上两式中，只有 z 和 t 两个未知数，将 e_{a2}、e_{p2}、e_{a3}、e_{p3} 计算公式代入并消去 z，可得一个关于 t 的方程式，求解该方程，即可求出 O 点以下桩墙的入土深度(即有效嵌固深度)t。

为安全起见，实际嵌入基坑底面以下的入土深度为：

$$t_c = u + (1.1 \sim 1.2)t \tag{5-42}$$

(6) 计算桩墙最大弯矩 M_{max}。根据最大弯矩点剪力为零，求出最大弯矩点 D 至基坑底的距离 d，再根据 D 点以上所有力对 D 点取矩，可求得最大弯矩 M_{max}。

【例 5.2】 某基坑开挖深度 $h = 5.0m$。土层重度为 $20kN/m^3$，内摩擦角 $\varphi = 20°$，黏聚力 $c = 10kPa$，地面超载 $q_0 = 10kPa$。现拟采用悬臂式排桩支护，试确定桩的最小长度和最大弯矩。

【解】 沿支护墙长度方向取 1 延米进行计算，则有：

主动土压力系数：

$$K_a = \tan^2\left(45° - \frac{\varphi}{2}\right) = \tan^2\left(45° - \frac{20°}{2}\right) = 0.49$$

被动土压力系数：

$$K_p = \tan^2\left(45° + \frac{\varphi}{2}\right) = \tan^2\left(45° + \frac{20°}{2}\right) = 2.04$$

基坑开挖底面处土压力强度

$$e_a=(q_0+\gamma h)K_a-2c\sqrt{K_a}=(10+20\times5)\times0.49-2\times10\times\sqrt{0.49}=39.90\text{kN/m}^2$$

土压力零点距开挖面的距离

$$u=\frac{(q_0+\gamma h)K_a-2c(\sqrt{K_a}+\sqrt{K_p})}{\gamma(K_p-K_a)}=\frac{11.33}{31.00}=0.37\text{m}$$

开挖面以上桩后侧地面超载引起的侧压力 E_{a1} 为

$$E_{a1}=q_0K_ah=10\times0.49\times5=24.5\text{kN}$$

其作用点距地面的距离 h_{a1} 为

$$h_{a1}=\frac{1}{2}h=\frac{1}{2}\times5=2.5\text{m}$$

开挖面以上桩后侧主动土压力 E_{a2} 为

$$E_{a2}=\frac{1}{2}\gamma h^2K_a-2ch\sqrt{K_a}+\frac{2c^2}{\gamma}$$

$$=\frac{1}{2}\times20\times5^2\times0.49-2\times10\times5\times\sqrt{0.49}+\frac{2\times10^2}{20}=62.5\text{kN}$$

其作用点距地面的距离 h_{a2} 为

$$h_{a2}=\frac{2}{3}\left(h-\frac{2c}{\gamma\sqrt{K_a}}\right)=\frac{2}{3}\left(5-\frac{2\times10}{20\times\sqrt{0.49}}\right)=2.38\text{m}$$

桩后侧开挖面至土压力零点净土压力为 E_{a3} 为

$$E_{a3}=\frac{1}{2}e_au^2=\frac{1}{2}\times39.90\times0.37^2=2.73\text{kN}$$

其作用点距地面的距离 h_{a3} 为

$$h_{a3}=h+\frac{1}{3}u=5+\frac{1}{3}\times0.37=5.12\text{m}$$

作用于桩后的土压力合力 $\sum E$ 为

$$\sum E=E_{a1}+E_{a2}+E_{a3}=24.5+62.5+2.73=89.73\text{kN}$$

$\sum E$ 的作用点距地面的距离

$$h_a=\frac{E_{a1}h_{a1}+E_{a2}h_{a2}+E_{a3}h_{a3}}{\sum E}=\frac{24.5\times2.5+62.5\times2.38+2.73\times5.12}{89.73}=2.50\text{m}$$

将上述计算得到的 K_a、K_p、u、$\sum E$、h_a 值代入式(5-41)得

$$t^3-\frac{5\times89.73}{20\times(2.04-0.49)}t-\frac{5\times89.73\times(5+0.37-2.50)}{20\times(2.04-0.49)}=0$$

即

$$t^3-14.47t-41.54=0$$

由此可解得 $t=4.81\text{m}$。

取增大系数 $K_t'=1.3$，则桩得最小长度为

$$l_{\min}=h+u+1.3\times t=5+0.37+1.3\times4.81=11.62\text{m}$$

最大弯矩点距土压力零点得距离 x_m 为：

$$x_m=\sqrt{\frac{2\sum E}{(K_p-K_a)\gamma}}=\sqrt{\frac{2\times89.73}{(2.04-0.49)\times20}}=2.41\text{m}$$

最大弯矩：

$$M_{\max} = 89.73 \times (5 + 0.37 + 2.41 - 2.50) - \frac{20 \times (2.04 - 0.49) \times 2.41^3}{6} = 401.45 \text{kN} \cdot \text{m}$$

2. 单层支点桩、墙计算

单层支点桩、墙支护结构因在顶端附近设有一支撑或拉锚，可认为在支锚点处无水平移动而简化成一简支支撑，但桩、墙下端的支承情况则与其入土深度有关，因此，单支点桩墙支护结构的计算与桩墙的入土深度有关。

1）入土较浅时单支点桩墙支护结构计算

当支护桩、墙入土深度较浅时，桩、墙前侧的被动土压力全部发挥，墙的底端可能有少许向前位移的现象发生。桩、墙前后的被动和主动土压力对支锚点的力矩相等，墙体处于极限平衡状态。此时桩墙可看作在支锚点铰支而下端自由的结构（图5.21）。

取单位墙宽分析，对于排桩则以每根桩的控制宽度作为分析单元。

桩墙的有效嵌固深度 t，根据对支点 A 的力矩平衡条件（$M_A = 0$）求得：

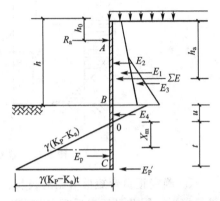

图5.21 单支点桩墙计算简图

$$\sum E(h_a - h_0) - E_p\left(h - h_0 + u + \frac{2}{3}t\right) = 0 \tag{5-43}$$

由上式经试算可求出 t。

桩墙在基坑底以下的最小插入深度 $t_c = u + (1.1 \sim 1.2)t$。

支点 A 处的水平力 R_a 根据水平力平衡条件求出：

$$R_a = \sum E - E_p \tag{5-44}$$

根据最大弯矩截面的剪力等于零，可求得最大弯矩截面距土压力零点的距离 x_m：

$$x_m = \sqrt{\frac{2(\sum E - R_a)}{\gamma(K_p - K_a)}} \tag{5-45}$$

由此可求出最大弯矩：

$$M_{\max} = \sum E(h - h_a + u + x_m) - R_a(h - h_0 + u + x_m) - \frac{1}{6}\gamma(K_p - K_a)x_m^3 \tag{5-46}$$

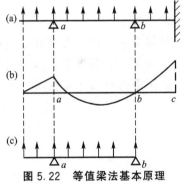

图5.22 等值梁法基本原理

（a）均布荷载作用下的梁 ab；

（b）梁 ab 的弯矩图；（c）等值梁 ab

2）入土较深时单支点桩墙支护结构计算

当支护桩、墙入土深度较深时，桩、墙的底端向后倾斜，墙前墙后均出现被动土压力，支护桩在土中处于弹性嵌固状态，相当于上端简支而下端嵌固的超静定梁。工程上常采用等值梁法来计算。

等值梁法的基本原理如图5.22所示。一端固定另一端简支的梁 ab [图5.22(a)]，由弯矩图可知，反弯点在 b 点，该点弯矩为零 [图5.22(b)]。如果讲梁在 b 点切开，并加一个自由支撑形成简支点，这样在 ab 段内的弯矩将保持不变，由此，简支梁 ab 称之为图5.22(a)中 ac 梁 ab 段的等值梁。

对于单层支点的支护结构，当底端为固定端时，其弯矩包络图将有一个反弯点 O，将等值梁法应用于单支点桩墙计算(图 5.23)，其计算步骤如下。

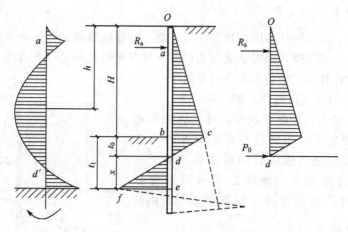

图 5.23 单支点支护结构等值梁法计算简图

① 确定正负弯矩反弯点的位置。实测结果表明净土压力为零点的位置与弯矩零点位置很接近，因此可假定反弯点就在净土压力为零的 d 点处。它距基坑底面的距离 t_0 根据 d 点的主、被动土压力强度相当的条件求出。

$$\gamma t_0 K_p = \gamma (H + t_0) K_a \tag{5-47}$$

$$t_0 = \frac{H K_a}{K_p - K_a} \tag{5-48}$$

② 由等值梁 od 按简支梁方法根据静力平衡方程计算支点反力 R_a 和 d 点剪力 P_0 以及最大弯矩 M_{max}。

③ 取桩墙下段 de 为隔离体，取 $\sum M_e = 0$，可求出有效嵌固深度 x。

由 $p_0 x = \frac{1}{6} \gamma (K_p - K_a) x^3$，得

$$x = \sqrt{\frac{6 p_0}{\gamma (K_p - K_a)}} \tag{5-49}$$

④ 求出桩墙的有效嵌固深度 t。为了保证桩墙的稳定，基坑底面以下的最小插入深度 t_1 为：$t_1 = t_0 + x$，实际入土深度为 $t = (1.1 \sim 1.2) t_1$。

等值梁法计算的关键是明确反弯点的位置，即弯矩为零的位置。

【例 5.3】 某基坑工程开挖深度 $h = 8.0m$，采用单支点桩锚支护结构，支点离地面距离 $h_0 = 1m$，支点水平间距为 $S_h = 2.0m$。地基土层参数加权平均值为：黏聚力 $c = 0$，内摩擦角 $\varphi = 28°$，重度 $\gamma = 18.0 kN/m^3$。地面超载 $q_0 = 20 kPa$。试用等值梁法计算桩墙的入土深度 t_c、水平支锚力 R_a 和最大弯矩 M_{max}。

【解】 取每根桩的控制宽度 S_h 作为计算单元。

主动和被动土压力系数分别为 $K_a = 0.36$，$K_p = 2.77$。

墙后地面处土压力强度

$$e_{a1} = q_0 K_a - 2c \sqrt{K_a} = 20 \times 0.36 - 2 \times 0 \times \sqrt{0.38} = 7.20 kPa$$

墙后基坑底面处土压力强度

$$e_{a2} = (20 + 18 \times 8) \times 0.36 - 2 \times 0 \times \sqrt{0.38} = 59.04 \text{kPa}$$

净土压力零点至基坑底的距离

$$u = \frac{e_{a2}}{\gamma(K_p - K_a)} = \frac{59.04}{18 \times (2.77 - 0.38)} = 1.36 \text{m}$$

墙后净土压力

$$\sum E = \frac{1}{2} \times (7.20 + 59.04) \times 8 \times 2 + \frac{1}{2} \times 59.04 \times 1.36 \times 2 = 610.21 \text{kN}$$

$\sum E$ 作用点至地面的距离

$$h_a = \frac{\frac{1}{2} \times 7.2 \times 8^2 \times 2 + \frac{1}{3} \times (59.04 - 7.2) \times 8^2 \times 2 + \frac{1}{2} \times 59.04 \times 1.36 \times \left(2 + \frac{1}{3} \times 2\right)}{610.21} = 4.94 \text{m}$$

支点水平锚固拉力

$$R_a = \frac{\sum E(h + u - h_a)}{h + u - h_0} = \frac{610.21 \times (8 + 1.36 - 4.94)}{8 + 1.36 - 1} = 322.62 \text{kN}$$

土压力零点(即弯矩为零点)剪力

$$Q_0 = \frac{\sum E(h_a - h_0)}{h + u - h_0} = \frac{610.21 \times (4.94 - 1.0)}{8 + 1.36 - 1.0} = 287.59 \text{kN}$$

桩的有效嵌固深度

$$t = \sqrt{\frac{6Q_0}{\gamma(K_p - K_a)S_h}} = \sqrt{\frac{6 \times 287.59}{18 \times (2.77 - 0.36) \times 2.0}} = 4.46 \text{m}$$

桩的最小长度

$$l = h + u + 1.4t = 8 + 1.36 + 1.4 \times 4.46 = 15.6 \text{m}$$

求剪力为零点离地面距离 h_q，由 $R_a - \sqrt{\frac{1}{2} \gamma h_q^2 K_a S_h} - q_0 K_a S_h = 0$ 得：

$$h_q = \sqrt{\frac{2R_a - q_0 K_a S_h}{\gamma K_a S_h}} = \sqrt{\frac{2 \times 322.62 - 20 \times 0.36 \times 2.0}{18 \times 0.36 \times 2.0}} = 6.98 \text{m}$$

最大弯矩

$$M_{max} = 322.62 \times (6.98 - 1.0) - \frac{1}{6} \times 18 \times 6.98^3 \times 0.36 \times 2.0 - \frac{1}{2} \times 20 \times 6.98^2 \times 0.36 \times 2.0$$

$$= 843.93 \text{kN} \cdot \text{m}$$

3. 多层支点支护结构

目前对多支点支护结构的计算方法通常采用等值梁法、连续梁法、支撑荷载 1/2 分担法、弹性支点法以及有限单元法等。以下对其中主要的几种方法予以简单介绍。

1) 连续梁法

多支撑支护结构可当作刚性支承(支座无位移)的连续梁，如图 5.24 所示，应按以下各施工阶段的情况分别计算。

(1) 在设置支撑 A 以前的开挖阶段 [图 5.24(a)]，可将挡墙作为一端嵌固在土中的悬臂桩。

(2) 在设置支撑 B 以前的开挖阶段 [图 5.24(b)]，挡墙是两个支点的静定梁，两个支点分别是支撑 A 及净土压力为零的一点。

(3) 在设置支撑 C 以前的开挖阶段 [图 5.24(c)]，挡墙是具有三个支点的连续梁，三

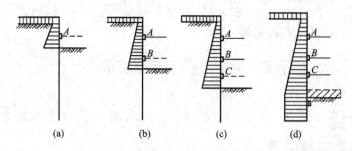

图 5.24　各施工阶段的计算简图

（a）设置支撑 A 以前；（b）设置支撑 B 以前；（c）设置支撑 C 以前；（d）浇筑底板以前图

个支点分别为 A、B 及净土压力零点。

（4）在浇筑底板以前的开挖阶段［图 5.24(d)］，挡墙是具有四个支点的三跨连续梁。

2）支撑荷载 1/2 分担法

对多支点的支护结构，若支护墙后的主动土压力分布采用太沙基和佩克假定的图式，则支撑或拉锚的内力及其支护墙的弯矩，可按以下经验法计算：

（1）每道支撑或拉锚所受的力是相应于相邻两个半跨的土压力荷载值。

（2）假设土压力强度用 q 表示，对于按连续梁计算，最大支座弯矩（三跨以上）为 $M=\dfrac{ql^2}{10}$，最大跨中弯矩为 $M=\dfrac{ql^2}{20}$。

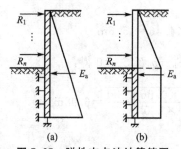

图 5.25　弹性支点法计算简图

（a）三角形土压力模式；（b）矩形土压力模式

3）弹性支点法

弹性支点法，工程界又称为弹性抗力法、地基反力法。其计算方法如下：

（1）墙后的荷载既可直接按朗肯主动土压力理论计算［即三角形分布土压力模式，图 5.25(a)］，也可按矩形分布的经验土压力模式［图 5.25(b)］计算。后者在我国基坑支护结构设计中被广泛采用。

（2）基坑开挖面以下的支护结构受到的土体抗力用弹簧模拟：

$$x=k_s y \tag{5-50}$$

式中　k_s——地基土的水平基床系数（kN/m³）；

　　　y——土体的水平变形（m）。

（3）支锚点按刚度系数为 k_z 的弹簧进行模拟。以"m"法为例，基坑支护结构的基本挠曲微分方程为：

$$EI\frac{\mathrm{d}^4 y}{\mathrm{d}z^4}+m \cdot z \cdot b \cdot y-e_a \cdot b_s=0 \tag{5-51}$$

式中　EI——支护结构的抗弯刚度（kN·m²）；

　　　y——支护结构的水平挠曲变形（m）；

　　　z——竖向坐标（m）；

　　　b——支护结构宽度（m）；

e_a——主动侧土压力强度(kPa)；

m——地基土的水平抗力系数 k_s 的比例系数(kN/m⁴)；

b_s——主动侧荷载宽度(m)；排桩取桩间距，地下连续墙取单位宽度。

求解式(5-51)即可得到支护结构的内力和变形，通常可用杆系有限元法求解。首先将支护结构进行离散，支护结构采用梁单元，支撑或锚杆用弹性支撑单元，外荷载为支护结构后侧的主动土压力和水压力，其中水压力既可单独计算，即采用水土分算模式，也可与土压力一起算，即水土合算模式，但需注意的是水土分算和水土合算时所采用的土体抗剪强度指标不同。

5.5.4　内支撑系统设计计算

内支撑结构可选用钢支撑、混凝土支撑、钢与混凝土的混合支撑。通常应优先采用钢结构支撑，对于形状比较复杂或环境保护要求较高的基坑，宜采用现浇混凝土结构支撑。如图 5.26 所示为钢筋混凝土内支撑；如图 5.27 所示为钢管内支撑。

图 5.26　钢筋混凝土内支撑

图 5.27　钢管内支撑

1. 内支撑系统的构造要求

1）内支撑的形式

内支撑结构应综合考虑基坑平面的形状、尺寸、开挖深度、周边环境条件、主体结构的形式等因素，选用的内支撑形式主要有：①水平对撑或斜撑，可采用单杆、桁架、八字形支撑；②正交或斜交的平面杆系支撑；③环形杆系或板系支撑；④竖向斜撑。一般情况下应优先采用平面支撑体系，对于开挖深度不大、基坑平面尺度较大或形状比较复杂的基坑也可以采用竖向斜撑体系。一般情况下，平面支撑体系应由腰梁、水平支撑和立柱三部分构件组成。竖向斜撑体系通常由斜撑、腰梁和斜撑基础等构件组成；当斜撑长度大于15m 时，宜在斜撑中部设置立柱。

2）内支撑的平面布置应符合下列规定

(1)内支撑的布置应满足主体结构的施工要求，宜避开地下主体结构的墙、柱。

(2)相邻支撑的水平间距应满足土方开挖的施工要求；采用机械挖土时，应满足挖土机械作业的空间要求，且不宜小于4m。

(3)基坑形状有阳角时，阳角处的斜撑应在两边同时设置。

(4)当采用环形支撑时，环梁宜采用圆形、椭圆形等封闭曲线形式；并应按使环梁弯矩、剪力最小的原则布置辐射支撑；宜采用环形支撑与腰梁或冠梁交汇的布置形式。

（5）水平支撑应设置与挡土构件连接的腰梁；当支撑设置在挡土构件顶部所在平面时，应与挡土构件的冠梁连接；在腰梁或冠梁上支撑点的间距，对钢腰梁不宜大于 4m，对混凝土腰梁不宜大于 9m。

（6）当需要采用相邻水平间距较大的支撑时，宜根据支撑冠梁、腰梁的受力和承载力要求，在支撑端部两侧设置八字斜撑杆与冠梁、腰梁连接，八字斜撑杆宜在主撑两侧对称布置，且斜撑杆的长度不宜大于 9m，斜撑杆与冠梁、腰梁之间的夹角宜取 45°～60°。

（7）当设置支撑立柱时，临时立柱应避开主体结构的梁、柱及承重墙；对纵横双向交叉的支撑结构，立柱宜设置在支撑的交汇点处；对用作主体结构柱的立柱，立柱在基坑支护阶段的负荷不得超过主体结构的设计要求；立柱与支撑端部及立柱之间的间距应根据支撑构件的稳定要求和竖向荷载的大小确定，且对混凝土支撑不宜大于 15m，对钢支撑不宜大于 20m。

（8）当采用竖向斜撑时，应设置斜撑基础，但应考虑与主体结构底板施工的关系。

3）内支撑的竖向布置应符合下列规定

（1）支撑与挡土构件之间不应出现拉力。

（2）支撑应避开主体地下结构底板和楼板的位置，并应满足主体地下结构施工对墙、柱钢筋连接的要求；当支撑下方的主体结构楼板在支撑拆除前施工时，支撑底面与下方主体结构楼板间的净距不宜小于 700mm。

（3）支撑至基底的净高不宜小于 3m。

（4）采用多层水平支撑时，各层水平支撑宜布置在同一竖向平面内，层间净高不宜小于 3m。

4）混凝土支撑的构造应符合下列规定

（1）混凝土的强度等级不应低于 C25。

（2）支撑构件的截面高度不宜小于其竖向平面内计算长度的 1/20；腰梁的截面高度（水平方向）不宜小于其水平方向计算跨度的 1/10，截面宽度不应小于支撑的截面高度。

（3）支撑构件的纵向钢筋直径不宜小于 16mm，沿截面周边的间距不宜大于 200mm；箍筋的直径不宜小于 8mm，间距不宜大于 250mm。

5）钢支撑的构造应符合下列规定

（1）钢支撑构件可采用钢管、型钢及其组合截面。

（2）钢支撑受压杆件的长细比不应大于 150，受拉杆件长细比不应大于 200。

（3）钢支撑连接宜采用螺栓连接，必要时可采用焊接连接。

（4）当水平支撑与腰梁斜交时，腰梁上应设置牛腿或采用其他能够承受剪力的连接措施。

（5）采用竖向斜撑时，腰梁和支撑基础上应设置牛腿或采用其他能够承受剪力的连接措施；腰梁与挡土构件之间应采用能够承受剪力的连接措施；斜撑基础应满足竖向承载力和水平承载力要求。

6）立柱的构造应符合下列规定

（1）立柱可采用钢格构、钢管、型钢或钢管混凝土等形式。

（2）当采用灌注桩作为立柱的基础时，钢立柱锚入桩内的长度不宜小于立柱长边或直径的 4 倍。

（3）立柱长细比不宜大于 25。

（4）立柱与水平支撑的连接可采用铰接。

（5）立柱穿过主体结构底板的部位，应有有效的止水措施。

2. 冠梁和腰梁设计计算

冠梁通常作为连系梁，其主要目的是协调桩（墙）顶变形，其设计按构造要求。

腰梁的截面承载力计算，一般情况下按以支撑为支座的多跨连续梁计算，计算跨度可取相邻支撑点的中心距；现浇混凝土腰梁的支座弯矩，可乘以 0.8～0.9 的调幅系数，但跨中弯矩需相应增加。当腰梁与水平支撑斜交，或腰梁作为边桁架的弦杆时，尚应计算支撑轴力在腰梁长度方向所引起的轴向力，按偏心受压构件进行验算，此时腰梁的受压计算长度可取相邻支撑点的中心距。钢结构腰梁宜按简支梁计算，计算跨度取相邻支撑中心距。

3. 支撑设计计算

支撑内力的计算包括竖向荷载和水平荷载作用产生的内力。

支撑上的竖向荷载包括构件自重及施工荷载。在竖向荷载作用下内支撑结构宜按空间框架计算，当作用在内支撑结构上的施工荷载较小时，可按多跨连续梁计算，计算跨度可取相邻立柱的中心距。

支撑上的水平荷载可沿冠梁、腰梁长度方向分段简化为均布荷载，支撑的轴向压力可近似取支点力乘以支撑点中心距。

1）内支撑结构分析应符合下列原则

（1）水平对撑、水平斜撑和竖向斜撑，应按偏心受压构件进行计算。

（2）矩形平面形状的正交支撑，可分解为纵横两个方向的结构单元，并分别按偏心受压构件进行计算。

（3）不规则平面形状的平面杆系支撑、环形杆系或环形板系支撑，可按平面杆系结构采用平面有限元法进行计算；对环形支撑结构，计算时应考虑基坑不同方向上的荷载不均匀性；当基坑各边的土压力相差较大时，在简化为平面杆系时，尚应考虑基坑各边土压力的差异产生的土体被动变形的约束作用，此时，可在水平位移最小的角点设置水平约束支座，在基坑阳角处不宜设置支座。

（4）当有可靠经验时，宜采用三维结构分析方法，对支撑、腰梁与冠梁、挡土构件进行整体分析。

2）内支撑结构分析时，应考虑下列作用

（1）当简化为平面结构计算时，由挡土构件传至内支撑结构的水平荷载。

（2）支撑结构自重；当支撑作为施工平台时，尚应考虑施工荷载。

（3）当温度改变引起的支撑结构内力不可忽略不计时，应考虑温度应力。

（4）当支撑立柱下沉或隆起量较大时，应考虑支撑立柱与挡土构件之间差异沉降产生的作用。

3）支撑构件的受压计算长度应按下列规定确定

（1）水平支撑在竖向平面内的受压计算长度，不设置立柱时，取支撑的实际长度；设置立柱时，取相邻立柱的中心间距。

（2）水平支撑在水平平面内的受压计算长度，对无水平支撑杆件交汇的支撑，取支撑的实际长度;对有水平支撑杆件交汇的支撑,取与支撑相交的相邻水平支撑杆件的中心间距;当水平支撑杆件的交汇点不在同一水平面内时,其水平平面内的受压计算长度宜取与支撑相交的相邻水平支撑杆件中心间距的 1.5 倍。

4. 立柱设计计算

(1)在竖向荷载作用下,内支撑结构按框架计算时,立柱应按偏心受压构件计算;内支撑结构按连续梁计算时,立柱可按轴心受压构件计算。

(2)立柱的受压计算长度应按下列规定确定。

① 单层支撑的立柱、多层支撑底层立柱的受压计算长度应取底层支撑至基坑底面的净高度与立柱直径或边长的 5 倍之和。

② 相邻两层水平支撑间的立柱受压计算长度应取水平支撑的中心间距。

(3)开挖面以下立柱的竖向承载力可按单桩竖向和水平承载力验算。立柱的基础应满足抗压和抗拔的要求。

(4)立柱的偏心弯矩包括:竖向荷载对立柱截面形心的偏心距;使水平支撑纵向稳定所需的横向作用力对立柱计算截面的弯矩,此项横向作用力可取支撑轴向力的 1/50;作用于立柱的单向土压力对验算截面的弯矩。

5.5.5 锚杆设计

锚杆是在岩土层中钻孔,再在孔中安放钢拉杆,并在拉杆尾部一定长度范围内注浆,形成锚固体,形成抗拔锚杆。深基坑支护工程中,为增强锚杆的锚固作用减少变形,通常采用预应力土层锚杆,土层锚杆的施工可达 30m 以上,在黏性土中最大锚固力已可达 1000kN。锚杆通过腰梁对支护桩施加拉力。在基坑工程中采用锚杆,其使用期限不超过两年,属于临时性锚杆工程。如图 5.28 所示为中空注浆锚杆;如图 5.29 所示为锚杆施工。

图 5.28 中空注浆锚杆

图 5.29 锚杆施工

土层锚杆由外露的锚头(包括锚具、承压板、腰梁和台座)和埋在土体中的锚杆杆体组成,锚杆杆体由提供锚固力的锚固段和不提供锚固力的自由段组成。其剖面形状一般为圆柱形,当需要提供较大的锚杆轴向受拉承载力时,可采用扩孔工艺将锚固段端部扩大。如图 5.30 所示为锚杆加支护桩。

图 5.30　锚杆加支护桩

锚杆设计内容包括以下各方面：

（1）调查研究，掌握设计资料，作出可行性判断；

（2）确定锚杆设计轴向力，锚杆的抗力安全系数及极限承载力；

（3）确定锚杆布置和安设角度；

（4）确定锚杆施工工艺并进行锚固体设计（长度、直径、形状等），确定锚杆结构和杆件断面；

（5）计算自由段长度和锚固段长度；

（6）外锚头及腰梁设计，确定锚杆锁定荷载值、张拉荷载值；

（7）必要时应进行整体稳定性验算；

（8）浆体强度设计并提出施工技术要求；

（9）对试验和监测的要求。

1. 锚杆的可行性

根据场地的工程地质及水文地质条件判断是否适宜采用锚杆支护结构，尤其是锚杆对周围环境及邻近场地后期开发使用的影响。锚杆锚固段不宜设置在淤泥、淤泥质土、泥炭、泥炭质土及松散填土层内。

2. 锚杆的构造要求

（1）锚杆成孔直径宜取 100～150mm。

（2）普通钢筋锚杆的杆体宜选用 HRB335、HRB400 级螺纹钢筋。

（3）应沿锚杆杆体全长设置定位支架；定位支架应能使相邻定位支架中点处锚杆杆体的注浆固结体保护层厚度不小于 10mm；定位支架的间距宜根据锚杆杆体的组装刚度确定，对自由段宜取 1.5～2.0m，对锚固段宜取 1.0～1.5m；定位支架应能使各根钢绞线相互分离。

（4）锚杆注浆应采用水泥浆或水泥砂浆，注浆固结体强度不宜低于 20MPa。

3. 锚杆布置

（1）锚固体的上覆土层的厚度不宜小于 4.0m，锚固区离现有建筑物的距离不小于 5～6m。

（2）锚杆的水平间距不宜小于 1.5m；多层锚杆，其竖向间距不宜小于 2.0m；当锚杆的间距小于 1.5m 时，应根据群锚效应对锚杆抗拔承载力进行折减或相邻锚杆应取不同的倾角。

（3）锚杆倾角宜取 15°～25°，且不应大于 45°，不应小于 10°；锚杆的锚固段宜设置在土的黏结强度高的土层内。

（4）当锚杆穿过的地层上方存在天然地基的建筑物或地下构筑物时，宜避开易塌孔、变形的地层。

4. 锚杆杆件材料及强度验算

锚杆杆件可选用普通钢筋和预应力钢筋，预应力钢筋宜选用钢绞线、高强钢丝或高强螺纹钢筋。材料强度的验算应满足锚杆杆体的受拉承载力要求：

$$N \leqslant f_{py} A_p \tag{5-52}$$

式中　N——锚杆轴向拉力设计值（kN）；

f_{py}——预应力钢筋抗拉强度设计值（kPa），当锚杆杆体采用普通钢筋时，取普通钢筋强度设计值（f_y）；

A_p——预应力（普通）钢筋的截面面积（m^2）。

5. 锚杆的极限抗拔承载力验算

$$\frac{R_k}{N_k} \geqslant K_t \tag{5-53}$$

式中　K_t——锚杆抗拔安全系数，安全等级为一级、二级、三级的支护结构，K_t 分别不应小于 1.8、1.6、1.4；

N_k——锚杆轴向拉力标准值（kN）；

R_k——锚杆极限抗拔承载力标准值（kN）。

（1）锚杆的轴向拉力标准值应按下式计算：

$$N_k = \frac{F_h s}{b_a \cos\alpha} \tag{5-54}$$

式中　N_k——锚杆的轴向拉力标准值（kN）；

F_h——挡土构件计算宽度内的弹性支点水平反力（kN）；

s——锚杆水平间距（m）；

b_a——结构计算宽度（m）；

α——锚杆倾角（°）。

（2）锚杆极限抗拔承载力的确定应符合下列规定。

① 锚杆极限抗拔承载力应通过抗拔试验确定。

② 锚杆极限抗拔承载力标准值也可按下式估算，但应按抗拔试验进行验证。

$$R_k = \pi d \sum q_{sik} l_i \tag{5-55}$$

式中　d——锚杆的锚固体直径（m）；

l_i——锚杆的锚固段在第 i 土层中的长度（m），锚固段长度（l_a）为锚杆在理论直线滑动面以外的长度；

q_{sik}——锚固体与第 i 土层之间的极限黏结强度标准值（kPa），应根据工程经验并结合表 5-4 取值。

表5-4 锚杆的极限黏结强度标准值

土的名称	土的状态或密实度	q_{sik}(kPa)	
		一次常压注浆	二次压力注浆
填土		16～30	30～45
淤泥质土		16～20	20～30
黏性土	$I_L>1$	18～30	25～45
	$0.75<I_L\leq1$	30～40	45～60
	$0.50<I_L\leq0.75$	40～53	60～70
	$0.25<I_L\leq0.50$	53～65	70～85
	$0<I_L\leq0.25$	65～73	85～100
	$I_L\leq0$	73～90	100～130
粉土	$e>0.90$	22～44	40～60
	$0.75\leq e\leq0.90$	44～64	60～90
	$e<0.75$	64～100	80～130
粉细砂	稍密	22～42	40～70
	中密	42～63	75～110
	密实	63～85	90～130
中砂	稍密	54～74	70～100
	中密	74～90	100～130
	密实	90～120	130～170
粗砂	稍密	80～130	100～140
	中密	130～170	170～220
	密实	170～220	220～250
砾砂	中密、密实	190～260	240～290
风化岩	全风化	80～100	120～150
	强风化	150～200	200～260

注：① 采用泥浆护壁成孔工艺时，应按表取低值后再根据具体情况适当折减。
② 采用套管护壁成孔工艺时，可取表中的高值。
③ 采用扩孔工艺时，可在表中数值基础上适当提高。
④ 采用分段劈裂二次压力注浆工艺时，可在二次压力注浆数值基础上适当提高。
⑤ 当砂土中的细粒含量超过总质量的30%时，按表取值后应乘以0.75的系数。
⑥ 对有机质含量为5%～10%的有机质土，应按表取值后适当折减。
⑦ 当锚杆锚固段长度大于16m时，应对表中数值适当折减。

6. 锚杆的长度计算

锚杆杆体的下料长度应为锚杆自由段、锚固段及外露长度之和。根据构造要求：锚杆

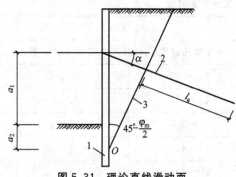

图 5.31 理论直线滑动面

1—挡土构件；2—锚杆；3—理论直线滑动面

自由段的长度不应小于 5m，且穿过潜在滑动面进入稳定土层的长度不应小于 1.5m；土层中的锚杆锚固段长度不宜小于 6m；锚杆杆体的外露长度应满足腰梁、台座尺寸及张拉锁定的要求。如图 5.31 所示为理论直线滑动面。

自由段长度为：

$$l_f \geqslant \frac{(a_1 + a_2 - d\tan\alpha)\sin\left(45° - \dfrac{\varphi_m}{2}\right)}{\sin\left(45° + \dfrac{\varphi_m}{2} + \alpha\right)} + \frac{d}{\cos\alpha} + 1.5$$

$$(5-56)$$

式中　l_f——锚杆自由段长度(m)；

　　　α——锚杆的倾角(°)；

　　　a_1——锚杆的锚头中点至基坑底面的距离(m)；

　　　a_2——基坑底面至挡土构件嵌固段上基坑外侧主动土压力强度与基坑内侧被动土压力强度等值点 O 的距离(m)，对多层土地层，当存在多个等值点时应按其中最深处的等值点计算；

　　　d——挡土构件的水平尺寸(m)；

　　　φ_m——O 点以上各土层按厚度加权的内摩擦角平均值(°)。

7. 锚杆腰梁、冠梁的设计计算

锚杆的混凝土腰梁、冠梁宜采用斜面与锚杆轴线垂直的梯形截面；腰梁、冠梁的混凝土强度等级不宜低于 C25。采用梯形截面时，截面的上边水平尺寸不宜小于 250mm。

锚杆腰梁可采用型钢组合梁或混凝土梁。锚杆腰梁应按受弯构件设计。锚杆腰梁的正截面、斜截面承载力，对混凝土腰梁，应符合现行《混凝土规范》的规定；对型钢组合腰梁，应符合现行国家标准《钢结构设计规范》(GB 50017—2011)的规定。当锚杆锚固在混凝土冠梁上时，冠梁应按受弯构件设计，其截面承载力应符合上述国家标准的规定。

锚杆腰梁应根据实际约束条件按连续梁或简支梁计算。计算腰梁的内力时，腰梁的荷载应取结构分析时得出的支点力设计值。

型钢组合腰梁可选用双槽钢或双工字钢，槽钢之间或工字钢之间应用缀板焊接为整体构件，焊缝连接应采用贴角焊。双槽钢或双工字钢之间的净间距应满足锚杆杆体平直穿过的要求。采用型钢组合腰梁时，腰梁应满足在锚杆集中荷载作用下的局部受压稳定与受扭稳定的构造要求。当需要增加局部受压和受扭稳定性时，可在型钢翼缘端口处配置加劲肋板。

5.5.6　稳定性验算

1. 抗倾覆、抗滑移稳定性验算

1) 桩墙式悬臂支护结构

抗倾覆和抗滑移稳定性验算如图 5.32 所示，应满足下列条件：

抗倾覆验算：

$$\frac{E_p b_p}{E_a b_a} \geqslant K_{em} \tag{5-57}$$

抗滑移验算：

$$\frac{E_p}{E_a} \geqslant 1.2 \tag{5-58}$$

式中 E_p、b_p——被动侧土压力的合力及合力对支护结构底端的力臂；

$\quad\quad E_a$、b_a——主动侧土压力的合力及合力对支护结构底端的力臂；

$\quad\quad K_{em}$——抗倾覆稳定安全系数，安全等级为一级、二级、三级的悬臂式支挡结构，K_{em}分别不应小于 1.25、1.2、1.15。

2）桩墙式锚撑支护结构

抗倾覆和抗滑移稳定性验算如图 5.33 所示，应满足下列条件：

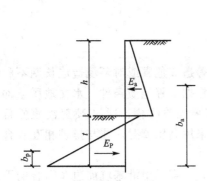

图 5.32　桩墙式悬臂支护结构抗倾覆及滑移稳定验算计算简图

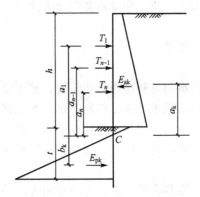

图 5.33　桩墙式锚撑式支护结构抗倾覆及滑移稳定性验算计算简图

抗倾覆验算：

$$\frac{E_{pk} b_k + \sum T_i a_i}{E_{ak} a_k} \geqslant 1.3 \tag{5-59}$$

抗滑移验算：

$$\frac{E_{pk} + \sum T_i}{E_{ak}} \geqslant 1.2 \tag{5-60}$$

式中 E_{pk}、b_k——被动侧土压力的合力及合力对支护结构底端的力臂；

$\quad\quad E_{ak}$、a_k——主动侧土压力的合力及合力对支护结构底端的力臂；

$\quad\quad T_i$、a_i——第 i 层锚撑的支点力及其对转动轴的力臂；

$\quad\quad K_{em}$——抗倾覆稳定安全系数，安全等级为一级、二级、三级的悬臂式支挡结构，K_{em}分别不应小于 1.25、1.2、1.15。

2. 整体滑动稳定性验算

悬臂式支护结构的验算可采用式（5-16）；锚撑式支护结构无需此验算。

3. 抗隆起稳定性验算

悬臂式支护结构可不进行抗隆起稳定性验算。锚撑式支护结构可采用式（5-17）。

4. 基坑渗流稳定性验算

可采用式(5-18)、式(5-19)。

5.6 地下水控制

当地下水位高于基坑坑底高程时，开挖中可能因基坑积水影响施工，扰动地基土，增加支护结构上的荷载，甚至发生渗流破坏。为此常常需要降低地下水位，一方面降低地下水位可能因此导致附近地面及邻近建筑物、管线的沉降和变形；另一方面大量地抽取地下水并排出是对水资源的严重浪费。因而需要对地下水进行控制。

地下水控制应根据工程地质和水文地质条件、基坑周边环境要求及支护结构形式选用截水、降水、集水明排或其组合方法。

5.6.1 截水

当降水会对基坑周边建筑物、地下管线、道路等造成危害或对环境造成长期不利影响时，应采用截水方法控制地下水。基坑截水方法应根据工程地质条件、水文地质条件及施工条件等，选用水泥土搅拌桩帷幕、高压旋喷或摆喷注浆帷幕、搅拌-喷射注浆帷幕、地下连续墙或咬合式排桩。支护结构采用排桩时，可采用高压喷射注浆与排桩相互咬合的组合帷幕。

截水帷幕宜采用沿基坑周边闭合的平面布置形式。当采用沿基坑周边非闭合的平面布置形式时，应对地下水沿帷幕两端绕流引起的基坑周边建筑物、地下管线、地下构筑物的沉降进行分析。

采用水泥土搅拌桩帷幕时，搅拌桩桩径宜取 $450 \sim 800\text{mm}$，搅拌桩的搭接宽度应符合下列规定。

(1) 单排搅拌桩帷幕的搭接宽度，当搅拌深度不大于 10m 时，不应小于 150mm；当搅拌深度为 $10 \sim 15\text{m}$ 时，不应小于 200mm；当搅拌深度大于 15m 时，不应小于 250mm。

(2) 对地下水位较高、渗透性较强的地层，宜采用双排搅拌桩截水帷幕；搅拌桩的搭接宽度，当搅拌深度不大于 10m 时，不应小于 100mm；当搅拌深度为 $10 \sim 15\text{m}$ 时，不应小于 150mm；当搅拌深度大于 15m 时，不应小于 200mm。

(3) 搅拌桩水泥浆液的水灰比宜取 $0.6 \sim 0.8$。搅拌桩的水泥掺量宜取土的天然重度的 $15\% \sim 20\%$。

5.6.2 集水明排法

当基坑深度不大，降水深度小于 5m，地基土为黏性土、粉土、砂土或填土，地下水为上层滞水或水量不大的潜水时，可考虑集水明排法。首先在地表采用截水、导流措施，然后在坑底沿基坑侧壁距拟建建筑物基础 0.4m 以外设排水沟，排水沟比挖土面低 0.3～

0.4m，沿排水沟宜每隔 30～50m 设置一口集水井，在基坑排水与市政管网连接前设置沉淀池，形成明排系统。

对基底表面汇水、基坑周边地表汇水及降水井抽出的地下水，可采用明沟排水；对坑底以下的渗出的地下水，可采用盲沟排水；当地下室底板与支护结构间不能设置明沟时，基坑坡脚处也可采用盲沟排水；对降水井抽出的地下水，也可采用管道排水。

明沟和盲沟坡度不宜小于 0.3%。采用明沟排水时，沟底应采取防渗措施。采用盲沟排出坑底渗出的地下水时，其构造、填充料及其密实度应满足主体结构的要求。

集水井的净截面尺寸应根据排水流量确定。集水井应采取防渗措施。采用盲沟时，集水井宜采用钢筋笼外填碎石滤料的构造形式。

采用管道排水时，排水管道的直径应根据排水量确定。排水管的坡度不宜小于 0.5%。排水管道材料可选用钢管、PVC 管。排水管道上宜设置清淤孔，清淤孔的间距不宜大于 10m。

明沟、集水井、沉淀池使用时应排水畅通并应随时清理淤积物。

5.6.3 降水法

基坑降水可采用轻型井点法、管井、真空井点、喷射井点和深井泵井点等方法，选择降水方法时，一般中粗砂以上粒径的土用水下开挖或堵截法；中砂和细砂颗粒的土用井点法和管井法；淤泥或黏土用真空法或电渗法。降水方法必须经过充分调查，并注意含水层埋藏条件及其水位或水压，含水层的透水性(渗透系数、导水系数)及富水性，地下水的排泄能力，场地周围地下水的利用情况，场地条件(周围建筑物及道路情况、地下水管线埋设情况)等。并宜按表 5-5 的适用条件选用。

表 5-5 各种降水方法的适用条件

降水方法	土类	渗透系数(m/d)	降水深度(m)
轻型井点	黏性土、粉土、砂土	0.1～20.0	单级井点<6 多级井点<20
管井	粉土、砂土、碎石土	0.1～200.0	不限
真空井点	黏性土、粉土、砂土	0.005～20.0	单级井点<6 多级井点<20
喷射井点	黏性土、粉土、砂土	0.005～20.0	<20

基坑内的设计降水水位应低于基坑底面 0.5m。当主体结构的电梯井、集水井等部位使基坑局部加深时，应按其深度考虑设计降水水位或对其另行采取局部地下水控制措施。基坑采用截水结合坑外减压降水的地下水控制方法时，尚应规定降水井水位的最大降深值。

各降水井井位应沿基坑周边以一定间距形成闭合状。当地下水流速较小时，降水井宜等间距布置；当地下水流速较大时，在地下水补给方向宜适当减小降水井间距。对宽度较小的狭长形基坑，降水井也可在基坑一侧布置。

真空井点降水的井间距宜取 0.8～2.0m；喷射井点降水的井间距宜取 1.5～3.0m；当

真空井点、喷射井点的井口至设计降水水位的深度大于 6m 时，可采用多级井点降水，多级井点上下级的高差宜取 4~5m。

采用悬挂式帷幕时，应同时采用坑内降水，并宜根据水文地质条件结合坑外回灌措施。

5.6.4 回灌

基坑降水时，在周围会形成降水漏斗，在降水漏斗范围内的地基土由于有效应力的增加而产生压缩沉降，对基坑周边环境产生不利影响时，宜采用回灌方法减少地层变形量。回灌方法宜采用管井回灌，回灌应符合下列规定。

（1）回灌井应布置在降水井外侧，回灌井与降水井的距离不宜小于 6m；回灌井的间距应根据回灌水量的要求和降水井的间距确定。

（2）回灌井深度宜进入稳定水面以下 1m，回灌井过滤器应位于渗透性强的土层中，其长度不应小于降水井过滤器的长度。

（3）回灌水量应根据水位观测孔中水位变化进行控制和调节，回灌后的地下水位不应超过降水前的水位。采用回灌水箱时，其距地面的水头高度应根据回灌水量的要求确定。

（4）回灌用水应采用清水，宜用降水井抽水进行回灌。回灌水质应符合环境保护要求。

本 章 小 结

基坑工程是一个复杂的系统工程。基坑工程的特点决定了其设计、施工的复杂性，不仅依赖于理论的指导，更离不开工程师们丰富的经验。因此基坑工程注重概念设计。

水泥土桩墙类似重力式挡土墙，设计时一般按重力式挡土墙考虑。需要设计墙体的宽度、深度和布桩形式；土钉墙支护结构的设计参数包括土钉的长度、直径、间距、倾角以及支护面层厚度等，在土体自重和地表均布荷载产生的土压力作用下，要防止土钉从破裂面内侧稳定土体中拔出；排桩或地下连续墙支护方式有悬臂式支护、单层支点支护和多层支点支护等，支点指的是内支撑、锚杆或两者的组合，其设计计算包括：①支护桩（墙）嵌固深度的计算；②桩（墙）内力与截面承载力计算；③内支撑体系设计计算；④锚杆设计计算。地下水控制应根据工程地质和水文地质条件、基坑周边环境要求及支护结构形式选用截水、降水、集水明排或其组合方法。

习 题

1. 简答题

（1）支护结构有哪些类型？各适用于什么条件？

（2）基坑支护结构中土压力的计算模式有哪些？适用条件是什么？

（3）排桩和地下连续墙支护结构计算中的静力平衡法和等值梁法有何区别？各有什么局限性？

（4）如何布置土钉墙和选用土钉材料？

（5）水泥土桩墙支护结构的抗倾覆稳定和抗滑移稳定，哪个更容易满足？条件是什么？

（6）支护结构中，锚杆的下料长度如何确定？

（7）内支撑系统主要有哪些构件组成？如何进行截面承载力计算？

2. 选择题

（1）水泥土桩墙支护抗倾覆稳定性验算时，倾覆力矩和抗倾覆力矩的圆心位置在（ ）。

A. 通过试算确定最危险滑动面圆心　　　B. 墙趾点

C. 基坑面与墙身交点

（2）对地下水位以下的砂质粉土、砂土和碎石土，应采用土压力、水压力分算方法，此时，土的抗剪强度指标应采用（ ）。

A. c'、φ'　　　　　　　　　　　B. c_{cu}、φ_{cu}

C. c_{cq}、φ_{cq}　　　　　　　　　D. c_{uu}、φ_{uu}

（3）抗流砂稳定安全系数 $K_{LS} = \dfrac{(h - h_w + 2h_d)\gamma'}{(h - h_w)\gamma_w}$ 中的 h_d 是指（ ）。

A. 墙后地下水位埋深　　　　　　　　B. 挡土结构入土深度

C. 坑内外水头差　　　　　　　　　　D. 基坑深度

（4）悬臂式桩墙支护结构，采用混凝土灌注桩时，支护桩的桩径宜大于或等于（ ）。

A. 300mm　　　B. 400mm　　　C. 500mm　　　D. 600mm

（5）悬臂式桩墙支护结构，最大弯矩位置在（ ）。

A. 基坑底面处　　　　　　　　　　B. 土压力零点处

C. 土压力零点以下

（6）地下连续墙的混凝土设计强度等级不宜低于（ ）。

A. C20　　　B. C25　　　C. C30

（7）锚杆锚固段的长度不应小于（ ）。

A. 3m　　　B. 4m　　　C. 5m　　　D. 6m

3. 计算题

（1）土地层中开挖深 5m 的基坑，采用悬臂式灌注桩支护，$\gamma = 19.5\text{kN/m}^3$，黏聚力 $c = 10\text{kPa}$，内摩擦角 $\varphi = 18°$。地面施工荷载 $q_0 = 20\text{kPa}$，不计地下水影响，试计算支护桩入土深度 t、桩身最大弯矩 M_{max} 及最大弯矩点位置 x_m。

（2）开挖深度 8m，采用下端自由支撑、上部有锚拉支点的板桩支护结构，锚拉支点距地表 1.5m，水平间距 2.0m。基坑周围土层重度为 19kN/m³，内摩擦角为 28°，黏聚力为 10kPa。试按静力平衡法计算板桩的插入深度、板桩的最大弯矩和锚拉力。

（3）挖深度 $h = 6m$ 的基坑，采用一道锚杆的板桩支护，锚杆支点距地表 1.5m，水平间距 2.0m，基坑周围土层重度 $\gamma = 20.0\text{kN/m}^3$，内摩擦角 $\varphi = 24°$，黏聚力 $c = 0$。地面施

工荷载 $q_0=20$kPa。试按等值梁法计算板桩的入土深度、锚杆拉力和最大弯矩。

（4）挖深度 $h=5$m 的基坑，采用水泥土桩墙支护，墙体宽度 3.2m，墙体入土深度（基坑开挖面以下）5.5m，墙体重度 $\gamma=20.0$kN/m³，墙体与土体摩擦系数 $\mu=0.3$。基坑周围土层重度为 $\gamma=18.0$kN/m³，内摩擦角 $\varphi=12°$，黏聚力 $c=10$kPa。试计算水泥土桩墙抗倾覆稳定和抗滑移稳定性安全系数。

第**6**章
地 基 处 理

主要讲述换土垫层法、排水固结法、深层水泥搅拌法、高压喷射注浆法、强夯法、振冲法等地基处理的原理、设计要点和施工工艺。通过本章学习，应达到以下目标：

(1) 掌握地基处理的目的，了解地基处理的各种方法及其适应性；

(2) 掌握换土垫层法原理及计算；

(3) 掌握排水固结法的原理和设计要点，熟悉其施工监测方法；

(4) 掌握深层水泥搅拌法原理，熟悉其设计要点及施工工艺；

(5) 熟悉高压喷射注浆法的原理与应用设计；

(6) 熟悉强夯法的加固机理与设计要点；

(7) 熟悉振冲法原理、计算以及施工要点；

(8) 熟悉托换技术的几种方法。

知识要点	能力要求	相关知识
概述	(1) 掌握软土地基的利用与处理 (2) 掌握地基处理的土类特性 (3) 了解常用地基处理方法分类	(1) 地基处理的目的 (2) 地基处理的土类特性 (3) 常用地基处理方法分类
换填垫层法	(1) 掌握垫层的主要作用 (2) 掌握垫层设计 (3) 了解垫层的材料选择	(1) 垫层的主要作用 (2) 垫层厚度的确定 (3) 砂垫层底面尺寸的确定 (4) 垫层的材料选择
排水固结法	(1) 掌握排水固结法的原理与应用 (2) 掌握地基固结度计算 (3) 掌握考虑井阻作用的固结度计算 (4) 掌握土体固结抗剪强度增减计算 (5) 掌握砂井堆载预压法设计计算 (6) 了解排水固结施工简介与现场观测 (7) 了解真空预压设计 (8) 了解真空—堆载联合预压设计	(1) 排水固结法原理 (2) 瞬时加荷条件下地基固结度计算 (3) 逐渐加荷条件下地基固结度的计算 (4) 考虑井阻作用的固结度计算 (5) 土体固结抗剪强度增减计算 (6) 砂井布置 (7) 堆载预压基本要求和预压荷载计算 (8) 排水固结施工简介与现场观测 (9) 真空预压和真空一堆载联合预压设计
水泥土搅拌法	(1) 掌握水泥土形成的机理及其性质 (2) 掌握水泥土搅拌复合地基的设计计算 (3) 了解水泥土搅拌桩的施工和质量检验	(1) 水泥土搅拌法特点 (2) 水泥加固软土的作用机理和水泥土的力学性质 (3) 单桩竖向承载力特征值的计算 (4) 竖向承载水泥土搅拌桩复合地基承载力特征值的计算 (5) 下卧层强度的验算 (6) 复合地基的变形计算 (7) 竖向承载搅拌桩的平面布置 (8) 水泥土搅拌桩的施工和质量检验
高压喷射注浆法	(1) 掌握高压喷射注浆法基本原理，了解喷射浆的类型 (2) 掌握喷射注浆法的应用设计 (3) 了解高压喷射注浆的施工与质量检验	(1) 高压喷射注浆法基本原理 (2) 高压喷射注浆法设计 (3) 喷射注浆直径的估计 (4) 地基承载力的确定 (5) 地基沉降计算 (6) 地基稳定性分析 (7) 防渗帷幕设计 (8) 高压喷射注浆的施工与质量检验
强夯法与强夯置换法	(1) 掌握强夯法的加固机理 (2) 掌握强夯法设计计算	(1) 强夯法的加固机理 (2) 强夯设计 (3) 有效加固深度 (4) 夯锤和落距 (5) 夯击点布置与间距 (6) 单点夯击击数与夯击遍数 (7) 垫层铺设 (8) 夯击间歇时间
振冲法	(1) 掌握振冲密实法 (2) 掌握振冲置换法 (3) 了解振冲法工程应用的条件	(1) 振冲密实作用原理 (2) 振冲密实设计计算 (3) 振冲置换作用原理 (4) 振冲置换设计计算 (5) 工程应用的条件
托换技术	(1) 了解基础托换 (2) 了解建筑物纠偏	(1) 基础加宽、加深法 (2) 桩式托换 (3) 顶桩掏土法 (4) 排土纠偏法

基本概念

换填垫层法、排水固结法、水泥土搅拌法、高压喷射注浆法、强夯法与强夯置换法、振冲法、托换技术。

引例

在工程建设中，有时会不可避免地遇到地质条件不良或软弱地基，在这类地基上修筑建筑物，则不能满足其设计和正常使用的要求，往往要对这类地基进行处理，地基处理的方法有很多种，包括换填垫层法、排水固结法、水泥土搅拌法、高压喷射注浆法等，通过地基处理能够改善地基土的不良工程性质，防止工程事故发生。

6.1 概　述

6.1.1　软土地基的利用与处理

若天然地基很软弱，不能满足地基承载力和变形等要求，则先要经过人工加固后再建造基础，这种人工处理地基的方法称为软弱地基处理。据调查统计，地基处理不当常常是造成各种土木工程事故的主要原因，并与整个工程的质量、投资和进度等密切相关。因此，在建筑物的设计和施工过程中都应予以高度重视。

对于新建工程，原则上首先应考虑利用天然地基，若天然地基软弱或不良，不能满足要求，则需进行处理。根据工程情况及地基土质条件或组成的不同，处理的目的如下：

（1）提高土的抗剪强度，保持地基稳定性。

（2）降低土的压缩性或改善地基组成，使地基的沉降和不均匀沉降控制在容许范围内。

（3）降低土的渗透性或渗流的水力梯度，防止或减少水的渗漏，避免渗流造成地基破坏。

（4）改善土的动力性能，防止地基产生震陷变形或因土的振动液化而丧失稳定性。

（5）消除或减少土的湿陷性或胀缩性引起的地基变形，避免建筑物破坏或影响其正常使用。

对任一工程来讲，处理目的可能是单一的，也可能需同时在几个方面达到一定要求。

地基处理除用于新建工程的软弱和不良地基外，也作为事后补救措施用于已建工程加固。

6.1.2　地基处理的土类特性

地基处理的内容与方法来自工程实践，来自各种土类中出现的地基问题。处理内容与方法与各类工程对地基的工程性能要求和地基土层的分布与土类的性质有关。因此在讨论地基处理内容与方法时，应先了解被处理土类的基本性质，以便有的放矢。工程上常需要处理的土类主要有如下几种：淤泥与淤泥质土、粉质黏土、细粉砂土、砂砾石类土、膨胀土、黄土、红黏土以及岩溶等。下面将与地基处理有关的几种土类特性简要阐述如下。

1. 软土

淤泥及淤泥质土称为软土。它是在静水或非常缓慢的流水环境中沉积，经生物化学作用形成的，天然含水率大于液限、天然孔隙比大于或等于 1.0 的黏性土。当天然孔隙比大于或等于 1.0 而小于 1.5 时为淤泥质土；当天然孔隙比大于或等于 1.5 时为淤泥。软土广泛分布在我国沿海地区、内陆地区以及江河湖泊处。软土具有显著的结构性和明显的流变性，以及抗剪强度低、压缩性较高和透水性较差等特性，因此，在软土地基上修建建筑物，必须重视地基的变形和稳定问题。

2. 冲填土

冲填土是在整治和疏通江河时，用挖泥船或泥浆泵把江河或港湾底部的泥砂用水力冲填或吹填形成的沉积土。在我国长江、黄浦江和珠江两岸以及天津等地分布着不同性质的冲填土。冲填土的物质成分比较复杂，如以粉土、黏土为主，则属于欠固结的软弱土，而主要由中砂粒以上的粗颗粒组成的，则不属于软弱土。冲填土的工程性质主要取决于颗粒组成、均匀性和排水固结条件。

3. 杂填土

杂填土是由于人类活动而产生的人工杂物，包括建筑垃圾、工业废料和生活垃圾等。杂填土的成因没有规律，组成的物质杂乱，分布极不均匀，结构松散。其主要特性是强度低、压缩性高和均匀性差，一般还具有浸水湿陷性。即使在同一建筑场地的不同位置，地基承载力和压缩性也有较大差异。对有机质含量较多的生活垃圾和对地基有侵蚀性的工业废料等杂填土，设计时尤应注意。杂填土一般未经处理不宜作为地基持力层。

4. 其他类土

饱和松散粉细砂（包括部分粉土）也应属于软弱地基范畴。其在动力荷载（机械振动、地震等）重复作用下将产生液化；基坑开挖时也会产生管涌。

黄土具有湿陷性，膨胀土具有涨缩性，红黏土具有特殊的结构性，以及岩溶易出现塌陷等，它们的地基处理方法应针对其特殊的性质进行处理。

6.1.3 常用地基处理方法分类

地基处理方法众多，按其处理原理和效果大致可分为置换法、拌入法、排水固结法、振密和挤密法、灌浆法、加筋法及其他等类型，以下仅作简要说明。

1. 置换法

置换法是用砂、碎石、矿渣或其他合适的材料置换地基中的软弱或不良土层，夯压密实后作为基底垫层，或用上述材料填筑成一根根桩体，由桩群和桩间土组成复合地基，从而达到处理目的。它包括开挖置换法（或称换土垫层法）和振冲置换法，常用于处理软弱地基，前者也可用于处理湿陷黄土地基和膨胀土地基。从经济合理的角度考虑，开挖置换法一般适用于处理浅层地基(深度通常不超过 3m)。

2. 拌入法

此类方法是在土中掺入水泥浆或能固化的其他浆液，或者直接掺入水泥、石灰等能固化的材料，经拌和固化后，在地基中形成一根根柱状固化体，并与周围土体组成复合地基而达到处理目的。其中主要有高压喷射注浆法、深层喷浆搅拌法、深层喷粉搅拌法等，可适用于软弱黏性土、冲填土、砂土及砂砾石等多种地基。

3. 排水固结法

它是采用预压、降低地下水位、电渗等方法促使土层排水固结，以减小地基的沉降和不均匀沉降，提高其承载力。当采用预压法时，通常在地基内设置一系列就地灌筑砂井、袋装砂井或塑料排水板，形成竖向排水通道，以加速土层固结。为处理软弱黏性土地基常用的方法之一。

4. 振密或挤密法

振密或挤密法是借助于机械、夯锤或爆破产生的振动和冲击使土的孔隙比减小，或在地基内打砂桩、碎石桩、土桩或灰土桩，挤密桩间土体而达到处理目的。其中主要有重锤夯实法、强夯法、振冲挤密法以及砂桩、土桩或灰土桩挤密法等，可用于处理无黏性土、杂填土、非饱和黏性土及湿陷性黄土等地基，但振冲挤密法的适用范围一般只限于砂土和黏粒含量较低的黏性土。

5. 灌浆法

是靠压力传送或利用电渗原理，把含有胶结物质并能固化的浆液灌入土层，使其渗入土的孔隙或充填土岩中的裂缝和洞穴中，或者把很稠的浆体压入事先打好的钻孔中，借助于浆体传递的压力挤密土体并使其上抬，达到加固或处理目的。其适用性与灌浆方法和浆液性能有关，一般可用于处理砂土、砂砾石、湿陷性黄土及黏性土等地基。

6. 加筋法

它是在土中埋设土工聚合物(即土工织物)或拉筋，形成加筋土或各种复合土工结构，或沿不同方向设置直径为 75~250mm 的桩，形成树根状桩群，即所谓树根桩，以减小地基沉降，提高地基承载力或增强土体稳定性。土工聚合物还可起到排水、反滤和隔离作用。在地基处理中，加筋法可用于处理软弱地基。

7. 托换技术(或称基础托换)

托换技术是指需对原有建筑物地基和基础进行处理、加固或改建，或在原有建筑物基础下修建地下工程或因邻近建造新工程而影响到原有建筑物的安全时，所采取的技术措施的总称。

6.2 换填垫层法

当建筑物基础下持力土层比较软弱，不能满足设计荷载或变形的要求时，而软弱土厚度又不是很大时，可将基础底面下处理范围内的软弱土层部分或全部挖去，然后分层换填强度较大的砂、碎石、素土、灰土、高炉干渣、粉煤灰或其他性能稳定、无侵蚀性的材料，并夯实或振实至要求的密实度为止，这种地基处理方法称为换土垫层法。按回填材料可分为砂垫层、碎石垫层、素土垫层、灰土垫层等。

换土垫层法适用于淤泥、淤泥质土、湿陷性黄土、素填土、杂填土地基及暗沟、暗塘等不良地基的浅层处理。

6.2.1 垫层的主要作用

1. 提高地基承载力

地基中的剪切破坏是从基础底面开始，随着基底压力的增大，逐渐向纵深发展。故强度较大的砂石等材料代替可能产生剪切破坏的软弱土，就可避免地基的破坏。

2. 减少地基沉降量

一般基础下浅层部分的沉降量在总沉降量中所占的比例较大，若以密实的砂石替换上部软弱土层，就可减少这部分沉降量。此外，砂石垫层对基底压力的扩散作用，使作用在软弱下卧层上的压力减小，也相应地减少软弱下卧层的沉降量。

3. 垫层用透水材料可加速软弱土层的排水固结

透水材料做垫层，为基底下软土提供了良好的排水面，不仅可使基础下面的孔隙水迅速消散，避免地基土的塑性破坏，还可加速垫层下软土层的固结及强度提高。但固结效果仅限于表层，对深部的影响并不显著。

4. 防止冻胀

砂、石本身为不冻胀土，垫层切断了下卧软弱土中地下水的毛细管上升，因此可以防止冬季结冰造成的冻胀。

5. 消除膨胀土的涨缩作用

在膨胀土地基中采用换土垫层法，应将基础底面与两侧的膨胀土挖除一定的范围，换填非膨胀材料，则可消除涨缩作用。

6.2.2 垫层设计

垫层设计的主要内容是确定断面的合理宽度和厚度。设计的垫层不但要求满足建筑物对地基变形及稳定的要求，而且应符合经济合理的原则。

1. 垫层厚度的确定

从上述垫层的作用原理出发，垫层的厚度必须满足如下要求：当上部荷载通过垫层按一定的扩散角传至下卧软弱土层时，该下卧软弱土层顶面所受的自重压力与附加应力之和不大于该处软弱土层经深度修正后的地基承载力特征值，如图 6.1 所示。其表达式为：

$$p_z + p_{cz} \leqslant f_{az} \qquad (6-1)$$

式中　p_z——垫层底面处的附加应力(kPa)；

　　　　p_{cz}——垫层底面处土的自重压力(kPa)；

　　　　f_{az}——垫层底面处软弱土层经深度修正后的地基承载力特征值(kPa)；

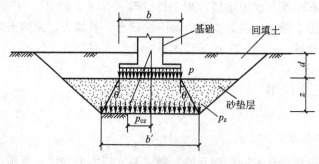

图 6.1　砂垫层剖面图

垫层底面处的附加应力值 p_z，除了可用弹性理论土中应力的计算公式求得外，也可按应力扩散角 θ 进行简化计算：

条形基础

$$p_z = \frac{b(p_k - p_c)}{b + 2z\tan\theta} \qquad (6-2a)$$

矩形基础

$$p_z = \frac{bl(p_k - p_c)}{(b + 2z\tan\theta)(l + 2z\tan\theta)} \qquad (6-2b)$$

式中　b——矩形基础或条形基础底面的宽度(m)；

　　　　l——矩形基础底面的长度(m)；

　　　　p_k——相应于荷载效应标准组合时基础底面平均压力(kPa)；

　　　　p_c——基础底面处土的自重压力(kPa)

　　　　z——基础底面下垫层的厚度(m)；

　　　　θ——垫层的压力扩散角(°)，见表 6-1。

表 6-1　压力扩散角 θ(°)

z/b	换填材料	中砂、粗砂、砾砂、圆砾、角砾、卵石、碎石	黏性土和粉土 ($8 < I_p < 14$)	灰土
0.25		20	6	28
≥0.50		30	23	28

注：① 表中当 $z/b < 0.25$ 时，除灰土仍取 $\theta = 28°$ 外，其余材料均取 $\theta = 0°$。

　　② 当 $0.25 \leqslant z/b < 0.5$ 时，θ 值可内插求得。

一般计算时，先根据初步拟定的垫层厚度，再用式(6-2)进行复核。如不符合要求，则需加大或减小厚度，重新验算，直至满足为止。垫层厚度一般为 1～2m 左右，不宜大于 3m，太厚施工困难；也不宜小于 0.5m，太薄则换土垫层的作用不显著。

2. 砂垫层底面尺寸的确定

垫层底面尺寸的确定，应从两方面考虑：一方面要满足应力扩散的要求；另一方面要防止基础受力时，因垫层两侧土质较软弱出现砂垫层向两侧土挤出，使基础沉降增大。关于垫层宽度的计算，目前还缺乏可行的理论方法，在实践中常常按照当地某些经验数据（考虑砂垫层两侧土的性质）或按经验方法确定。常用的经验方法是扩散角法。此时（图6.1）矩形基础的垫层底面的长度 l' 及宽度 b' 为：

$$l' \geqslant l + 2z\tan\theta \qquad\qquad (6-3\text{a})$$

$$b' \geqslant b + 2z\tan\theta \qquad\qquad (6-3\text{b})$$

式中　b'、l'——垫层底面宽度及长度；

　　　　θ——垫层的压力扩散角，仍按表6-1取值。

条形基础则只按式(6-3b)计算垫层底面宽度 b'。

垫层顶面每边最好比基础底面大300mm，或从垫层底面两侧向上按当地开挖基坑经验的要求放坡延伸至地面。整片垫层的宽度可根据施工的要求适当加宽。当垫层的厚度、宽度和放坡线一经确定，即得垫层的设计断面。

至于垫层的承载力一般应通过现场试验确定，对一般工程，当无试验资料时，可按表6-2选用，并应验算下卧层的承载力。

表6-2　各种垫层的承载力

施工方法	换填材料类别	压实系数 λ_c	承载力标准值 f_k(kPa)
碾压或振密	碎石、卵石	0.94~0.97	200~300
	砂夹石（其中碎石、卵石占全重的30%~50%）		200~250
	土夹石（其中碎石、卵石占全重的30%~50%）		150~200
	中砂、粗砂、砾砂、石屑		150~200
	黏性土和粉土（8<I_p<14）		130~180
	灰土	0.93~0.95	200~250
重锤夯实	土或灰土	0.93~0.95	150~200

注：① 压实系数小的垫层，承载力标准值取低值，反之取高值。

② 重锤夯实土的承载力标准值取低值，灰土取高值。

③ 压实系数 λ_c 为土的控制干密度 ρ_d 与最大干密度 ρ_{dmax} 的比值；土的最大干密度采用击实试验确定，碎石或卵石的最大干密度可取 $2.0 \times 10^3 \sim 2.2 \times 10^3 \text{kg/m}^3$。

砂垫层剖面确定后，对于比较重要的建筑，还要求按分层总和法计算基础的沉降量，以便使建筑物基础的最终沉降量小于建筑物的容许沉降值。建筑物沉降由两部分组成：一部分是垫层的沉降，另一部分是垫层下压缩层范围内的软弱土层的沉降。验算时可不考虑垫层的压缩变形，仅计算下卧软土层引起的基础沉降。

6.2.3　垫层的材料选择

目前，常用的垫层有：砂垫层、碎石垫层、素土垫层、灰土垫层、矿渣垫层、粉煤灰垫层以及用其他性能稳定、无侵蚀性的材料做的垫层等。垫层可选用下列材料：砂石、粉质黏土、灰土、矿渣、粉煤灰、其他工业废渣、土工合成材料等。但应注意：①对湿陷性黄土地基，不得选用砂石等透水材料；②用于湿陷性黄土或膨胀土地基的粉质黏土垫层，土料中不得夹有砖、瓦和石块；③易受酸、碱影响的基础或地下管网不得采用矿渣垫层；④作为建筑物垫层的粉煤灰和矿渣应符合有关放射性安全标准的要求，大量填筑粉煤灰和矿渣时，应考虑对地下水或土壤的环境影响；⑤所用土工合成材料的品种与性能及填料的土类应根据工程特性和地基土条件，按照现行国家标准《土工合成材料应用技术规范》(GB 50290—1998)的要求，通过设计并进行现场试验后确定。

【例 6.1】 某四层砖混结构的住宅建筑，承重墙下为条形基础，宽 1.2m，埋深 1m，上部建筑物作用于基础的荷载为 120kN/m，基础的平均重度为 20kN/m³。地基土表层为粉质黏土，厚度为 1m，重度为 17.5kN/m³；第二层为淤泥，厚 15m，重度为 17.8kN/m³，地基承载力特征值 $f_{ak}=50$kPa；第三层为密实的砂砾石。地下水距地表为 1m。因为地基土较软弱，不能承受建筑物的荷载，拟采用砂垫层换填基底下的淤泥，砂垫层重度 $\gamma=19$kN/m³，试设计此砂垫层。

【解】 (1) 先假设砂垫层的厚度为 1m，并要求分层碾压夯实，干密度达到大于 1.5t/m³。

(2) 砂垫层厚度的验算：根据题意，基础底面平均压力为：

$$p_k=\frac{F_k+G_k}{b}=\frac{120+1.2\times1\times20}{1.2}=120\text{kPa}$$

砂垫层底面的附加应力由式(6-2a)得：

$$p_z=\frac{1.2(120-17.5\times1)}{1.2+2\times1\times\tan30°}=52.2\text{kPa}$$

$$p_{cz}=17.5\times1+(19-10)\times1=26.5\text{kPa}$$

根据下卧层淤泥地基承载力特征值 $f_{ak}=50$kPa，再经深度修正后得地基承载力特征值：

$$f_{az}=50+\frac{17.5\times1+(17.8-10)\times1}{2}\times1\times(2-0.5)=69\text{kPa}$$

则 $p_z+p_{cz}=52.2+26.5=78.7\text{kPa}>f_{az}=69\text{kPa}$

这说明所设计的垫层厚度不够，再假设垫层厚度为 1.5m，同理可得

$$p_z+p_{cz}=42.0+31=73\text{kPa}<f_{az}=73.4\text{kPa}$$

(3) 确定砂垫层的底宽 b' 为：

$$b'=b+2z\tan\theta=1.2+2\times1.5\times\tan30°=2.93\text{m}$$

取 $b'=3\text{m}$。

(4) 绘制砂垫层剖面图，如图 6.2 所示。

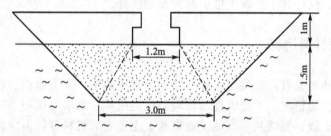

图 6.2 砂垫层设计剖面图

6.3 排水固结法

我国东南沿海和内陆广泛分布着饱和软黏土，该地基土的特点是含水量大、孔隙比大、颗粒细，因而压缩性高、强度低、透水性差。在该地基上直接修建筑物或进行填方工程时，由于在荷载作用下会产生很大的固结沉降和沉降差，且地基土强度不够，其承载力和稳定性也往往不能满足工程要求，在工程实践中，常采用排水固结法对软黏土地基进行处理。

排水固结法是对地基进行堆载或真空预压，使地基土固结的地基处理方法。该法常用于解决饱和软黏土地基的沉降和稳定问题，可使地基的沉降在加载期间基本完成或大部分完成，使建筑物在使用期间不致产生过大的沉降量和沉降差。同时，可增加地基土的抗剪强度，从而提高地基的承载力和稳定性。

排水固结法是由排水系统和加压系统两部分共同组成的(见图 6.3)。

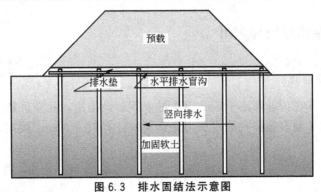

图 6.3 排水固结法示意图

排水系统，主要用于改变原有地基的排水条件，缩短排水距离。该系统是由水平排水垫层和竖向排水体构成的。当软土层较薄，或土的渗透性较好而施工期较长时，可仅在地面铺设一定厚度的砂垫层，然后加载。当软土层较厚且土的渗透性较差时，可在地基中设置砂井等竖向排水体(见图 6.4)，地面连以砂垫层，构成排水系统，加快土体固结。

图 6.4 袋装砂井施工图

加压系统，是指对地基施加预压的荷载，它使地基土的附加压力增加而产生固结。其材料有固体（土石料等）、液体（水等）、真空负压力荷载等。根据所施加的预压荷载不同，预压法可分为堆载预压法、真空预压法和降低地下水位法。堆载预压法是直接在地基上加载而使地基固结的方法；真空预压法是通过对覆盖于竖井地基表面的不透气薄膜内抽真空，而使地基固结的方法；降低地下水位法是通过降低地基土中的地下水位，增加土的有效自重应力，促使地基固结的方法。在实际工程中，可单独使用一种方法，也可将几种方法联合使用。

预压法适用于处理淤泥、淤泥质土和冲填土等饱和软黏土地基。对于砂类土和粉土，以及软土层厚度不大或软土层含较多薄粉砂夹层，且固结速率能满足工期要求时，可直接用堆载预压法；对深厚软黏土地基，应设置塑料排水带或砂井等排水竖井。真空预压法适用于能在加固区形成（包括采取措施后形成）稳定负压边界条件的软土地基；降低地下水位法适用于砂性土地基，也适用于软黏土层上存在砂性土的情况。

6.3.1 排水固结法原理与应用

1. 排水固结法原理

饱和软黏土地基在荷载作用下，孔隙中的水逐渐地排出，孔隙体积不断减小，地基发生固结变形，同时，随着超静孔隙水压力逐渐消散，有效应力逐渐提高，地基土的强度逐渐增长。

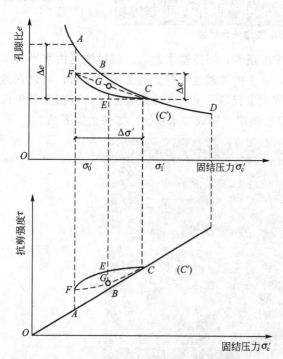

图 6.5　排水固结法加固地基的原理

如图 6.5 所示，当土体的天然固结压力为 σ_0'，其孔隙比为 e_0，在 $e-\sigma_c'$ 曲线上为相应的 A 点。当压力增加 $\Delta\sigma'$，达到固结终了的 C 点，孔隙比减少了 Δe，曲线 ABC 称为土的压缩曲线。与此同时，在 $\tau-\sigma_c'$ 曲线上，土的抗剪强度由 A 点上升至 C 点。由此可见，土体在受固结压力时，因孔隙比的减少，使其抗剪强度得到提高。

由 C 点开始卸荷至 F 点，卸下压力为 $\Delta\sigma'$，土体产生膨胀，见图 6.5 中 CEF 卸荷膨胀曲线。如从 F 点再加压 $\Delta\sigma'$，使土体产生再压缩，沿虚线变化到 C'，从再压缩曲线 FGC' 可看出，固结压力又从 σ_0' 增加至 σ_1'，增幅为 $\Delta\sigma'$，相应的孔隙比减小值为 $\Delta e'$（比 Δe 小）。同样，在土体卸荷及再压缩过程中，其抗剪强度与孔隙比变化相似，也经历了下降与上升恢复。

根据以上排水固结法加固地基的原理，如果在建筑场地先加一个和上部建筑物相同的压力进行预压，使土层固结完后卸除荷载再建造建筑物，这样，建筑物所引起的沉降即可大大减小。如果预压荷载大于建筑物荷载，即所谓超载预压，则效果更好，经过超载预压，固结压力大于使用荷载下的固结压力时，原来的正常固结黏土层将处于超固结状态，从而使土层在使用荷载下的变形大为减小。但超载过快易发生地基失稳，工程施工中需逐步施加超载压力。

土层的排水固结效果和它的排水边界条件有关。当土层厚度相对荷载宽度（或直径）比较小时，土层中孔隙水将向上下的透水层排出而使土层发生固结，如图 6.6(a)所示，称为竖向排水固结。根据太沙基固结理论，黏性土固结所需时间与排水距离的平方成正比。因此，为了加速土层的固结，常在被加固地基中置入砂井、塑料排水板等竖向排水体，如图 6.6(b)所示，以增加土层的排水途径，缩短排水距离，达到加速地基固结的目的。

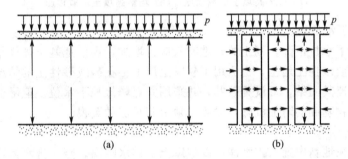

图 6.6 排水固结法的排水原理
(a) 天然地基竖向排水；(b) 砂井地基竖向排水

2. 用排水固结原理加固地基的方法

排水固结法的实施有两个方面，一方面是加载预压；另一方面是排水，即在地基中做排水通道，以缩短孔隙水渗流距离，加速地基土固结过程。

1) 预压方法

预压方法有堆载法、真空法、降低地下水位法等。在实际工程中，可单独使用一种方法，也可将几种方法联合使用。

(1) 堆载预压法。

堆载预压法是工程上常用的有效方法，堆载一般用填土、砂石等散粒材料(图 6.7)，当采用加载预压时必须控制加载速度，制订出分级加载计划，以防地基在预压过程中丧失稳定性，因而所需工期较长。

(2) 真空预压法。

真空预压法是在需要加固的软黏土地基内设置砂井，然后在地面铺设砂垫层，其上覆盖不透气的密封膜，使与大气隔绝，通过埋设于砂垫层中的吸水管道，用真空装置进行抽气，将膜内空气排出，因而在膜内产生一个负压，促使孔隙水从砂井排出，达到固结的目的。

真空预压法适用于一般软黏土地基，但在黏土层与透水层相间的地基，抽真空时地下水会大量流入，不可能得到规定的负压，故不宜采用此法。

(a)   (b)

图 6.7　堆载预压

（a）桥头高填土堆载预压；（b）场地高填土堆载预压

（3）降低地下水位法。

地基土中地下水位下降，则土的自重有效应力增加，促使地基土体固结。降低地下水位法最适宜于砂或砂性土地基，也适用于软黏土层上存在砂或砂性土的情况。对于深厚的软黏土层，为加速其固结，可设置砂井，并采用井点降低地下水位。但降低地下水位，可能引起邻近建筑物基础的附加沉降，对此必须引起足够的重视。

2）排水方法

排水方法是在地基中置入排水体，以缩短土层排水距离。竖向排水体可用砂井、袋装砂井、塑料排水板等做成。水平排水体一般由地基表面的砂垫层组成。当软黏土层较薄，或土的渗透性较好而施工期又较长时，可仅在地表铺设一定厚度的砂垫层，当加载后，土层中的孔隙水竖向流入砂垫层而排出。对于厚度大、透水性又很差的软黏土，需同时用水平排水体和竖向排水体构成排水系统，使土层孔隙水由竖向排水体流入水平排水体。

一般工程应用总是综合考虑预压和排水两种措施，最常用的方法是砂井预压固结法。

6.3.2　地基固结度计算

1. 瞬时加荷条件下地基固结度计算

在地面堆载作用下，随着地基土孔隙水排出，土体产生固结和强度增长。土层的固结过程就是超静孔隙水压力消散和有效应力增长的过程。在总应力 σ 不变的情况下，超静水压力 u 的减小，使有效应力 σ' 增大。为估算出固结产生的沉降占总沉降的百分比，需要计算地基的固结度。一般以 K·太沙基（Terzaghi，1925 年）提出的一维固结理论为基础计算固结度。

1）固结度定义式

$$U = \frac{s_t}{s} = \frac{\sigma'}{\sigma} = \frac{\sigma - u}{\sigma} = 1 - \frac{u}{\sigma} \tag{6-4}$$

2）竖向排水平均固结度计算

$$\overline{U_z} = 1 - \frac{8}{\pi^2} e^{-\frac{\pi^2 T_v}{4}} \tag{6-5}$$

式中　T_v——竖向排水固结时间因子，$T_v = c_v t / H^2$；

　　　t——固结时间(s)；

　　　H——土层竖向排水距离(cm)，单面排水时为土层厚度，双面排水为土层厚度的一半；

　　　c_v——土的竖向固结系数(cm^2/s)，$c_v = \dfrac{k_v(1+e)}{\gamma_w a}$；

　　　k_v——土层竖向渗透系数(cm/s)；

　　　e——渗透固结前土的孔隙比；

　　　γ_w——水的重度($\mathrm{kN/cm}^3$)；

　　　a——土的压缩系数(kPa^{-1})。

3）径向固结度计算

$$\overline{U_r} = 1 - e^{-\frac{8T_h}{F_n}} \qquad\qquad (6-6)$$

式中　T_h——径向排水固结时间因子，$T_h = c_h t / d_e^2$；

　　　c_h——土的径向固结系数(cm^2/s)，$c_h = \dfrac{k_h(1+e)}{\gamma_w a}$；

　　　k_h——土层径向渗透系数(cm/s)，各向同性土层，$k_h = k_v$；

　　　F_n——与 n 有关的系数，$F_n = \dfrac{n^2}{n^2-1}\ln n - \dfrac{3n^2-1}{4n^2}$；

　　　n——井径比，$n = d_e / d_w$；

　　　d_e——每个砂井有效影响范围的直径(cm)；

　　　d_w——砂井直径(cm)。

4）总平均固结度计算

$$\overline{U_{rz}} = 1 - (1 - \overline{U_z})(1 - \overline{U_r}) \qquad\qquad (6-7)$$

土层的平均固结度普遍表达式为：

$$\overline{U} = 1 - \alpha e^{-\beta t} \qquad\qquad (6-8)$$

表 6-3 列出了不同条件下的 α、β 值及固结度的计算公式。

表 6-3　不同条件下的 α、β 值及固结度计算式

序号	条件	α	β	平均固结度计算
1	竖向排水固结($\overline{U_z} > 30\%$)	$\dfrac{8}{\pi^2}$	$\dfrac{\pi^2 c_v}{4H^2}$	$\overline{U_z} = 1 - \dfrac{8}{\pi^2} e^{-\frac{\pi^2}{4} \times \frac{c_v t}{H^2}}$
2	向内径向排水固结	1	$\dfrac{8c_h}{F_n d_e^2}$	$\overline{U_r} = 1 - e^{-\frac{8}{F_n} \times \frac{c_h}{d_e^2} t}$
3	竖向和内径向排水组合固结	$\dfrac{8}{\pi^2}$	$\dfrac{8c_h}{F_n d_e^2} + \dfrac{\pi^2 c_v}{4H^2}$	$\overline{U_{rz}} = 1 - \dfrac{8}{\pi^2} e^{-\left(\frac{8}{F_n}\frac{c_h}{d_e^2} + \frac{\pi^2}{4}\frac{c_v}{H^2}\right)t}$
4	砂井未打穿软土层的总平均固结度	$\dfrac{8}{\pi^2}\lambda$	$\dfrac{8c_h}{F_n d_e^2}$	$\overline{U} = 1 - \dfrac{8\lambda}{\pi^2} e^{-\frac{8}{F_n} \times \frac{c_h}{d_e^2} t}$
5	向外径向排水固结($\overline{U_r} > 60\%$)	0.692	$\dfrac{5.78 c_h}{R^2}$	$\overline{U_r} = 1 - 0.692 e^{-\frac{5.78 c_h}{R^2} t}$

注：$\lambda = \dfrac{H_1}{H_1 + H_2}$；$H_1$ 为砂井长度；H_2 为砂井以下压缩土层厚度；R 为上柱体半径。

2. 逐渐加荷条件下地基固结度的计算

以上计算固结度的理论公式都是假设荷载是一次瞬时加足的。实际工程中，荷载总是分级逐渐施加的。因此，根据上述理论方法求得的固结时间关系或沉降时间关系都必须加以修正。修正的方法有改进的太沙基法和改进的高木俊介法。《地基处理规范》建议采用改进的高木俊介法直接求得修正后的平均固结度。

如图 6.8 所示，在一级或多级等速加荷条件下，当固结时间为 t 时，对应于累加荷载 $\sum \Delta p$（即总荷载）的地基平均固结度可按式 6 - 9 计算：

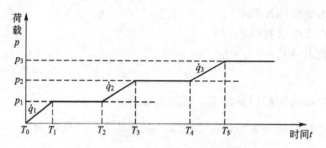

图 6.8　排水固结法多级等速加载图

$$\overline{U_t} = \sum_{i=1}^{n} \frac{\dot{q}_i}{\sum \Delta p} \left[(T_i - T_{i-1}) - \frac{\alpha}{\beta} e^{-\beta t} (e^{\beta T_i} - e^{\beta T_{i-1}}) \right] \tag{6-9}$$

式中　$\overline{U_t}$——t 时间地基的平均固结度；

　　　$\dot{q}_i$——第 i 级荷载的加载速率（kPa/d），$\dot{q}_i = \Delta p_i / (T_i - T_{i-1})$；

　　$\sum \Delta p$——与一级或多级等速加载历时 t 相对应的累加荷载（kPa）；

　T_{i-1}，T_i——第 i 级荷载加载的起始和终止时间（从零点起算），当计算第 i 级荷载加载过程中某实际 t 的平均固结度时，T_i 改为 t；

　　　α，β——两个参数，根据地基土的排水条件确定（见表 6 - 3，对竖井地基，表中所列 β 为不考虑涂抹和井阻影响的参数值）。

6.3.3　考虑井阻作用的固结度计算

当排水竖井采用挤土方式施工时，由于井壁涂抹及对周围土的扰动而使土的渗透系数降低，因而影响土层的固结速率，此即为涂抹影响。涂抹对土层固结速率的影响大小取决于涂抹区直径 d_s 以及涂抹区土的水平向渗透系数 k_s 与天然土层水平向渗透系数 k_h 的比值。当竖井纵向通水量 q_w 与天然土层水平向渗透系数 k_h 比值较小，且长度又较长时，尚应考虑井阻影响。

瞬时加载条件下，考虑涂抹和井阻影响时，竖井地基径向排水平均固结度可按下式计算：

$$\overline{U_r} = 1 - e^{-\frac{8}{F} \times \frac{c_h}{d_e^2} t} \tag{6-10}$$

$$F = F_n + F_s + F_r \tag{6-11}$$

$$F_n = \ln n - \frac{3}{4} \quad (n \geqslant 15) \tag{6-12}$$

$$F_s = \left(\frac{k_h}{k_s} - 1\right)\ln s \tag{6-13}$$

$$F_r = \frac{\pi^2 L^2}{4} \frac{k_h}{q_w} \tag{6-14}$$

式中　$\overline{U}_r$——固结时间 t 时竖井地基径向排水平均固结度；

　　　F_n——与 n 有关的系数，当井径比 $n<15$ 时，可按式(6-6)规定计算；

　　　F_s——考虑涂抹影响的参数；

　　　k_h——天然土层水平向渗透系数(cm/s)；

　　　k_s——涂抹区土的水平向渗透系数，可取 $k_s = (1/5\sim1/3)k_h$；

　　　s——涂抹区直径 d_s 与竖井直径 d_w 的比值，可取 $s=2.0\sim3.0$，对中等灵敏黏性土取低值，对高灵敏黏性土取高值；

　　　F_r——考虑井阻影响的参数；

　　　L——竖井深度(cm)；

　　　q_w——竖井纵向通水量(cm³/s)，为单位水力梯度下单位时间的排水量。

在一级或多级等速加荷条件下，考虑涂抹和井阻影响时竖井穿透受压土层地基之平均固结度可按式(6-9)计算，其中 $\alpha = \frac{8}{\pi^2}$，$\beta = \frac{8c_h}{Fd_e^2} + \frac{\pi^2 c_v}{4H^2}$。

对砂井，其纵向通水量可按下式计算：

$$q_w = k_w A_w = k_w \pi d_w^2/4 \tag{6-15}$$

式中　k_w——砂料渗透系数。

6.3.4　土体固结抗剪强度增减计算

在设计时，为了预计预压排水固结引起的地基承载力与稳定性提高的程度，首先要估算地基强度的增长。根据土力学原理，天然地基在自重作用下固结，本身具有天然强度；在外加荷载的作用下，一方面由于地基排水固结，土中有效应力增大，引起地基强度的增长，另一方面，地基由于剪切变形或蠕变，又会引起地基强度的衰减。因此，预压排水固结引起地基强度的增长可用下式来表示：

$$\tau_{ft} = \tau_{f0} + \Delta\tau_{fc} - \Delta\tau_{fs} \tag{6-16}$$

式中　τ_{f0}——地基中某点初始抗剪强度；

　　　$\Delta\tau_{fc}$——由于排水固结而增长的抗剪强度增量；

　　　$\Delta\tau_{fs}$——由于土体蠕变引起的抗剪强度减小的数量。

考虑到因土体蠕变引起的抗剪强度减小的数量 $\Delta\tau_{fs}$ 难以计算，将式(6-16)改写为：

$$\tau_{ft} = \eta(\tau_{f0} + \Delta\tau_{fc}) \tag{6-17}$$

式中　η——由于剪切蠕动和剪切速率减慢引起地基强度折减的系数，$\eta = 0.75\sim0.90$。

根据总应力法，也是《地基处理规范》建议的计算方法。对于正常固结饱和软黏土，其强度变化为：

$$\tau_f = \sigma_c' \tan\varphi_{cu} \tag{6-18}$$

式中　σ_c'——土体剪切前的有效固结压力，$\sigma_c' = \sigma_c U$，U 为固结度，σ_c 为总应力；

　　　φ_{cu}——固结不排水剪切试验测定的土体内摩擦角，也可根据天然地基十字板剪切试验值与测点土自重应力的比值确定。

由此，因固结而增长的强度，可按下式计算：

$$\Delta\tau_{fc} = \Delta\sigma'_c \tan\varphi_{cu} = \Delta\sigma_z U_t \tan\varphi_{cu} \tag{6-19}$$

则地基土某点某一时间的抗剪强度为：

$$\tau_{ft} = \eta(\tau_{f0} + \Delta\sigma_z U_t \tan\varphi_{cu}) \tag{6-20}$$

式中　τ_{ft}——预压荷载作用下，历时 t 对应的地基土抗剪强度(kPa)；

　　　η——由于剪切蠕动和剪切速率减慢引起地基强度折减的系数，$\eta=0.75\sim0.90$；

　　　τ_{f0}——地基土的天然抗剪强度(kPa)；

　　　$\Delta\sigma_z$——预压荷载引起的该点附加竖向应力(kPa)；

　　　U_t——该点土的固结度，为简便起见，可用平均固结度代替。

6.3.5　砂井堆载预压法设计计算

砂井堆载预压法的设计计算，其实质是合理安排排水系统与预压荷载之间的关系，使地基通过该排水系统在逐级加载过程中排水固结，地基强度逐渐增长，以满足每级加载条件下地基的稳定性要求，并加速地基固结沉降，在尽可能短的时间内，使地基承载力达到设计要求。

砂井堆载预压法设计计算内容包括：

(1) 初步确定砂井布置方案。

(2) 初步拟定加荷计划，即每级加载增量、范围及加载延续时间。

(3) 计算每级荷载作用下，地基的固结度、强度增长量。

(4) 验算每一级荷载下地基土的抗滑稳定性。

(5) 验算地基沉降量是否满足要求。

若上述验算不满足要求，则需调整加荷计划。

1. 砂井布置

砂井布置包括砂井直径、间距和深度的选择，确定砂井的排列以及排水砂垫层的材料和厚度等。通常砂井直径、间距和深度的选择应满足在预压过程中，在不太长的时间内，地基能达到 $70\%\sim80\%$ 以上的固结度。

1) 砂井直径

(1) 普通砂井直径 $d_w=300\sim500\text{mm}$。直径越小，越经济，但要防止颈缩。

(2) 袋装砂井直径 $d_w=70\sim100\text{mm}$。

(3) 塑料排水带，由于其截面呈条带状，而固结计算是用圆形截面的砂井理论计算的，所以要把条带截面换算成相当于砂井的直径，以两者的周长相等用下式计算：

其当量换算直径：

$$D_P = \alpha\frac{2(b+\delta)}{\pi} \tag{6-21}$$

式中，D_P——排水带的当量砂井直径；

　　　b、δ——排水带截面的宽度与厚度；

　　　α——系数，约为 $0.75\sim1$，可取 $\alpha=1$。

2) 砂井的平面布置

一般砂井的平面布置有梅花形(或正三角形)和正方形两种，如图 6.9 所示。在大面积荷载作用下，假设每根砂井(直径为 d_w)为一独立排水体系统，正方形布置时，每根砂井的影响范围为一正方形；而梅花形布置时则为一正六边形。为简化起见，每根砂井的影响范围以等面积圆代替，其等效影响直径为 d_e 与间距 l 的关系为：

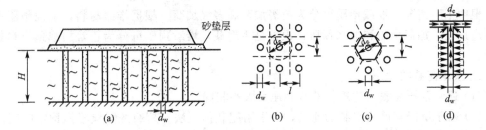

图 6.9 砂井布置图

（a）剖面图；（b）方形布置；（c）梅花形布置；（d）砂井排水

梅花形布置时：

$$d_e = \sqrt{\frac{2\sqrt{3}}{\pi}}\, l = 1.05l \qquad\qquad (6-22)$$

正方形布置：

$$d_e = \sqrt{\frac{4}{\pi}}\, l = 1.128l \qquad\qquad (6-23)$$

式中　d_e、l——砂井等效影响直径和布置间距。

3）砂井的间距 l

l 根据地基土的固结特性和预定时间内所要求达到的固结度确定。通常按井径比 $n = \dfrac{d_e}{d_w}$ 确定。

（1）普通砂井的间距，可按 $n = 6\sim8$ 选用。

（2）袋装砂井或塑料排水带的间距，可按 $n = 15\sim20$ 选用。

4）砂井的深度

砂井的深度，应根据建筑物对地基的稳定性和变形的要求确定。

（1）以地基抗滑稳定性控制的工程，砂井深度至少应超过最危险滑动面 2m。

（2）以沉降控制的建筑物，如压缩土层厚度不大，砂井宜贯穿压缩土层；对深厚的压缩土层，砂井深度应根据在限定的预压时间内应消除的变形量确定。

砂井的布置范围，一般比建筑物基础为大。

5）砂井的砂料

宜用中粗砂，含泥量应小于 3%。

6）排水砂垫层和砂沟

在砂井顶面应铺设排水砂垫层或砂沟，以连通砂井，引出从软土层排入砂井的渗流水，砂垫层的厚度宜大于 40cm（水下砂垫层厚为 100cm 左右）。平面上每边伸出砂井区外边线的宽度一般应不小于 $2d_w$，如砂料缺乏，可采用砂沟，一般在纵向或横向每排砂井设置一条砂沟，在另一方向按中间密两侧疏的原则设置，并使之连通。砂沟的高度可参照砂垫层厚度确定，其宽度应大于砂井直径。

2. 堆载预压基本要求

1) 堆载预压分类

根据土质情况，堆载预压可分为单级加荷和多级加荷；根据堆载材料，堆载预压可分为自重预压、加荷预压和加水预压；根据是否超载，堆载预压可分为正常加载预压和超载预压。

2) 预压荷载的大小

(1) 通常预压荷载与建筑物的基底压力大小相同。

(2) 对于沉降有严格限制的建筑，应采用超载预压法。超载的数量根据预定时间内要求消除的沉降量确定，并使超载在地基中的有效应力大于或等于建筑物的附加应力。

(3) 预压荷载应小于极限荷载 p_u，以免地基发生滑动破坏。

3) 堆载的平面范围

略大于建筑物基础外缘所包围的范围。

4) 加载的速率

应分级加载，控制加载速率与地基土的强度增长相适应。尤其在预压后期更应严格控制加载速率，各阶段均应进行地基稳定计算并应每天进行现场观测，要求：竖向变形每天不应超过 10mm；边桩水平位移每天不应超过 4mm。

3. 预压荷载计算

在加载预压中，任何情况下所加的荷载均不得超过当时软土层的承载力。为此，要拟定加载计划，对于正常预压加载，设计时可按以下步骤初步拟定加载计划：

(1) 利用地基的天然抗剪强度估算第一级容许施加的荷载。

① 用斯开普顿极限荷载半经验公式计算：

$$p_1 = \frac{5c_u}{k}\left(1+0.2\frac{B}{A}\right)\left(1+0.2\frac{D}{B}\right)+\gamma D \qquad (6-24)$$

式中 c_u——天然地基不排水抗剪强度(kPa)，由无侧限、三轴不排水试验或原位十字板剪切试验测定；

   k——安全系数，建议采用 $k=1.1\sim1.5$；

 $A，B$——分别为基础的长边和短边(m)；

   D——基础埋置深度；

   γ——基底以上土的重度(kN/m³)。

② 对于饱和软黏土可采用下式估算：

$$p_1 = \frac{1}{k}5.14c_u+\gamma D \qquad (6-25)$$

③ 对于堤坝地基或长条形基础，可按 Fellenius 公式估算：

$$p_1 = \frac{1}{k}5.52c_u \qquad (6-26)$$

(2) 估算加荷速率 $\dot{q}$ 和预压固结时间。根据工程经验，加荷速率 $\dot{q}$ 不宜太快，以防止产生局部剪切破坏，为此应控制加荷速率 $\dot{q}\leqslant4\sim8$kPa/d，则图 6.8 中的 $T_1=p_1/\dot{q}_1$。

(3) 计算第一级荷载下地基强度增长值。

在 p_1 荷载作用下，经过一段时间预压地基强度会提高，提高后的地基强度 c_{u1} 为：

$$c_{u1}' = \eta(c_u + \Delta c_u') \qquad (6-27)$$

式中 $\Delta c_u'$——p_1 荷载作用下地基因固结而增长的强度,它与土层固结度有关,一般可先假定一固结度,通常可假定为 70%,然后求出强度增量 $\Delta c_u'$;

η——由于剪切蠕动和剪切速率减慢引起地基强度折减的系数,$\eta=0.75\sim0.90$;

c_u——天然地基土的不排水抗剪强度(kPa)。

(4)计算 p_1 作用下达到所确定固结度需要的时间及 p_2 加载开始时间。

(5)根据第二步所得到的地基强度 c_{u1} 计算第二级所施加的荷载 p_2。

$$p_2 = \frac{1}{k} 5.52 c_{u1} \qquad (6-28)$$

并求出 p_2 下地基固结度达 70% 时的强度所需的时间,然后依次计算各级荷载。

4. 稳定性分析

由于地基土在预压荷载作用下可能失稳破坏,因此,预压加载过程中必须验算每级荷载下地基的稳定性。

进行稳定分析时,通常假定地基的滑动面为圆筒面,可采用圆弧法(条分法)进行。

6.3.6 排水固结法施工简介与现场观测

1. 施工

应用排水固结法加固软黏土地基,其施工顺序如下:①铺设水平排水垫层;②设置竖向排水体;③埋设观测设备;④实施预压;⑤检查预压效果;⑥若不满足设计要求,则更改设计至满足设计要求为止。从施工角度分析,要保证排水固结法的加固效果,主要要做好三个环节,即铺设水平排水垫层、设置竖向排水体、施加固结压力。

2. 现场观测

在采用排水固结法加固地基时,应根据现场观测资料分析地基在堆载预压过程中和竣工后的固结、强度和沉降的变化,其不仅是发展理论及评价处理效果的依据,同时也可及时防止因设计和施工不完善而引起的意外工程事故。工程上通常应进行孔隙水压力观测、沉降观测、侧向位移观测等。

【例 6.2】 设有某一饱和软黏土层,厚度为 12m,其下卧层为不透水层,现在此软黏土层中设置砂井贯穿至不透水层,砂井的直径 $d_w=0.3$m,梅花形布置,间距 $l=1.5$m,$C_v=C_h=1.0\times10^{-3}$ cm²/s,试求在一次加荷后,砂井地基历时 90d 的平均固结度。

【解】 竖向平均固结度:

$$\overline{U_z} = 1 - \frac{8}{\pi^2} e^{-\frac{\pi^2}{4} \times \frac{c_v t}{H^2}} = 1 - \frac{8}{\pi^2} e^{\left(-\frac{\pi^2 \times 1.0 \times 10^{-3} \times 90 \times 86400}{4 \times 1200^2}\right)} = 20\%$$

径向平均固结度:

$$d_e = 1.05l = (1.05 \times 150)\text{cm} = 157.5\text{cm}, \quad n = d_e/d_w = 157.5/30 = 5.25$$

$$F_n = \frac{n^2}{n^2-1}\ln n - \frac{3n^2-1}{4n^2} = \frac{5.25^2}{5.25^2-1}\ln(5.25) - \frac{3 \times 5.25^2 - 1}{4 \times 5.25^2} = 0.979$$

$$\overline{U_r}=1-\mathrm{e}^{-\frac{8}{F_n}\times\frac{c_h}{d_e^2}t}=1-\mathrm{e}^{\left(-\frac{8\times1.0\times10^{-3}\times90\times86400}{0.979\times157.5^2}\right)}=92.3\%$$

砂井地基历时 90d 的平均固结度：

$$\overline{U_{rz}}=1-(1-\overline{U_z})(1-\overline{U_r})=1-(1-0.2)(1-0.923)=93.8\%$$

【例 6.3】 某高速公路路基为淤泥质黏性土层，水平向渗透系数 $k_h=1\times10^{-7}\,\mathrm{cm/s}$，$c_h=c_v=1.8\times10^{-3}\,\mathrm{cm^2/s}$，袋装砂井的直径 $d_w=70\mathrm{mm}$，砂料渗透系数 $k_w=2\times10^{-2}\,\mathrm{cm/s}$，涂抹区土的渗透系数 $k_s=k_h/5=0.2\times10^{-7}\,\mathrm{cm/s}$。取 $s=2$，袋装砂井等边三角形排列，间距 $l=1.4\mathrm{m}$，打入深度 $H=20\mathrm{m}$，砂井底部为不透水层，砂井打穿受压土层。预压总荷载 $p=100\mathrm{kPa}$，分两级等速加载如图 6.10 所示。计算加载 120d 后受压土层平均固结度。

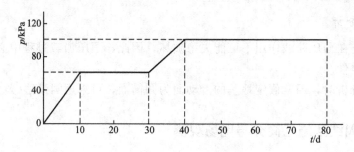

图 6.10　预压法加荷过程

【解】 袋装砂井纵向通水量：

$$q_w=k_w\pi d_w^2/4=2\times10^{-2}\,\mathrm{cm/s}\times3.14\times(7\mathrm{cm})^2/4=0.769\mathrm{cm^3/s}$$

$$d_e=1.05l=1.05\times140=147\mathrm{cm}；井径比\ n=\frac{147}{7}=21$$

$$F_n=\ln n-\frac{3}{4}=\ln21-\frac{3}{4}=2.29$$

$$F_r=\frac{\pi^2L^2}{4}\frac{k_h}{q_w}=\frac{3.14^2\times2000^2}{4}\times\frac{1\times10^{-7}}{0.769}=1.28$$

$$F_s=\left(\frac{k_h}{k_s}-1\right)\ln s=\left(\frac{1\times10^{-7}}{0.2\times10^{-7}}-1\right)\ln2=2.77$$

$$F=F_n+F_s+F_r=2.29+2.77+1.28=6.34$$

$$\alpha=\frac{8}{\pi^2}=0.81$$

$$\beta=\frac{8c_h}{F_nd_e^2}+\frac{\pi^2c_v}{4H^2}=\frac{8\times1.8\times10^{-3}}{6.34\times147^2}+\frac{3.14^2\times1.8\times10^{-3}}{4\times2000^2}=1.06\times10^{-7}\mathrm{s^{-1}}=0.0092\mathrm{d^{-1}}$$

第一级加荷速率

$$\dot{q}_1=(60/10)\mathrm{kPa/d}=6\mathrm{kPa/d}$$

第二级加荷速率

$$\dot{q}_2=(40/10)\mathrm{kPa/d}=4\mathrm{kPa/d}$$

$$\overline{U}_t = \frac{\dot{q}_1}{\sum \Delta p}\left[(t_1 - t_0) - \frac{\alpha}{\beta}e^{-\beta t}(e^{\beta t_1} - e^{\beta t_0})\right] + \frac{\dot{q}_2}{\sum \Delta p}\left[(t_3 - t_2) - \frac{\alpha}{\beta}e^{-\beta t}(e^{\beta t_3} - e^{\beta t_2})\right]$$

$$= \frac{6}{100}\left[(10 - 0) - \frac{0.81}{0.0092}e^{-0.0092 \times 120}(e^{0.0092 \times 10} - 0)\right] +$$

$$\frac{4}{100}\left[(40 - 30) - \frac{0.81}{0.0092}e^{-0.0092 \times 120}(e^{0.0092 \times 40} - e^{0.0092 \times 30})\right] = 0.68$$

计算结果分析可知,当考虑竖井井阻和涂抹影响时,120d 后土层平均固结度仅为 0.68,而不考虑井阻和涂抹作用时,相同的加荷过程其受压土层平均固结度可达 0.93。从计算中发现影响因子 F_s 所占比例较大,因此在施工过程中应尽量减少井壁扰动,以提高固结效果。

6.3.7 真空预压设计

1. 真空预压排水固结原理

真空预压法是利用大气压力作为预压荷载的一种排水固结法,其作用原理如图 6.11 所示。

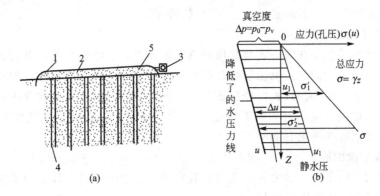

图 6.11 真空预压法原理示意图

(a) 预压布置图;(b) 预压原理

1—密封膜;2—铺砂;3—真空泵;4—竖向排水体;5—抽气排水管

在拟加固的软土地基场地上,先打设竖向排水体和铺设砂垫层,并在其上覆盖一层不透气的薄膜,四周埋入土中,形成封闭。利用埋在垫层内的管道将薄膜与土体间的水抽出,形成真空的负压界面,使地基土体排水固结。在抽气之前,薄膜内外都受一个大气压的作用。抽真空之后,薄膜内的压力逐渐下降,稳定后的压力为 p_v,薄膜内外形成一个压力差 $\Delta p = p_0 - p_v$,称为真空度。此时,地基中形成负的超静孔隙水压力,使土体排水固结。在形成真空度的瞬间,设 $t = 0$,超静孔隙水压力 $\Delta u = -\Delta p$,有效应力 $\Delta \sigma' = 0$。随着抽气的延续,设 $0 < t < \infty$ 时,地基在负压力作用下,超静孔隙水压力逐渐消散,有效应力逐渐增长。最后固结结束($t \to \infty$)时,$\Delta u = 0$,$\Delta \sigma' = \Delta p$。这是真空预压的过程。由此可见,其排水固结过程与堆载预压相似,相当于在真空压力(吸力)下排水固结。但是其固结机理有所不同,堆载预压是正压力固结,正压荷载作用于土体引起孔隙水压力升高,并逐

渐消散转化为有效应力作用于土骨架，使土体压缩；而真空预压则为负压(吸力)荷载固结，吸力把土中水吸出，把土骨架颗粒吸密，使土体压缩。因此，固结计算仍可以沿用砂井理论公式计算，但固结系数不能用常规的正压固结的固结系数，应采用负压条件下固结试验测定的固结系数。少数室内试验证明：负压固结系数比正压的大。同样情况，负压固结的压缩系数也比正压固结的压缩系数大。目前，我国真空预压技术相对比较先进，真空度可达 $600\sim700$mm 汞柱，约相当于施加 $80\sim90$kPa 的预压荷载，每一次预压加固的面积可达 1300m²。真空预压的优点主要是不需笨重的堆载，不会因施加预压荷载而失稳。此外，它可以和堆载预压联合使用。

2. 真空预压设计的内容

1) 确定真空预压排水体系的布置尺寸和性能要求

竖向排水体的布置间距及打入深度和水平排水层的厚度及范围等可按照前述堆载预压的情况考虑。采用塑料排水带为真空预压排水体时，其尺寸和通水量等性能应适当增大，即宜用宽 $150\sim200$mm、厚 $8\sim12$mm，通水能力大于 1600cm³$/$s 并具有一定强度和抗弯刚度的热粘复合排水带，目的是保证排水带在真空预压条件下排水通畅。在水平排水层上应布置真空预压排水管，其作用是传递真空负压力以及把预压固结流入的水排走。排水管有主管和支管，每一预压区内沿纵向布置 $1\sim2$ 根直径为 $75\sim90$mm 的 PVC 硬管，沿横向每隔 6m 有一根直径为 $50\sim75$mm 的滤水 PVC 软管支管。

2) 真空预压密封装置设计

真空预压密封装置是在每一真空预压处理区范围内，上覆密封膜，并在四周开挖密封沟，将密封膜通过密封沟埋入黏土层内，把预压固结土层密封。密封膜一般用聚乙烯或聚氯乙烯制成，二、三层叠制成真空预压密封膜。密封膜应埋入黏土层内深度不少于 1.5m。若浅层有透水的砂层，应用薄膜将其隔断；若地基处理土层范围内有透水性良好的透水层，应注意用水泥搅拌桩把它隔断。

3) 膜下真空度的确定

根据工程的具体条件，参考我国先进的真空预压技术经验，设计膜内真空度最低应达 600mm 汞柱(相当于预压荷载 80kPa)。

4) 确定真空预压分块的面积

根据预压加固地基工程场地的具体条件，把需要进行预压加固的范围，按便于实施真空预压技术出发，划分为若干分块，每一分块面积尽可能大一些，形状尽可能为正方形。一般真空预压面积每块宜控制不超过 1300m²。

5) 确定真空预压设备需要的数量

真空预压设备需要的数量取决于预压处理地基的面积和形状以及土层的结构特点。一般情况下，根据预压加固地基需要处理的面积，按每台 7.5kW 的真空泵设备可控制 1500m² 来考虑确定所需的设备，再根据实际施工的条件作必要的增减。

6) 真空预压设计与计算

为提高地基承载力的真空预压设计和为消除或减少基底沉降的真空预压设计，两者的设计方法可以参照堆载预压的设计方法进行。但是必须注意，在进行固结、沉降和强度增长的计算时，则分别按真空预压情况下计算，即分别采用真空预压条件下的固结系数。这样才能获得符合实际情况的结果，否则将会获得偏小或偏大的结果。

6.3.8 真空-堆载联合预压设计

1. 真空-堆载联合预压的原理

真空-堆载联合预压是利用真空预压和堆载预压两种荷载同时作用，增大预压荷载，加快土中孔隙水的排除，降低土中孔隙水压力，增大有效应力，增大土体的压缩量和沉降量，加快地基强度的增长，形成两种荷载叠如作用的效果，是提高预压效果的一种新方法。它弥补了单一真空预压荷载偏小的缺陷，也弥补了堆载预压增大荷载过于笨重，易出现剪切蠕变和剪切滑动的缺陷。其作用机理如图 6.12 所示。

从图 6.12(b)可以看出：OA' 线为地基中的天然静水压力线，施加真空预压后，形成负压荷载 $-u_f$ 线(BB' 线)，施加堆载预压后形成正压荷载 γH(CC' 线)，两者联合作用后，随着时间发展，孔隙水压力消散，分别形成真空预压孔隙水压力线(左侧弧线)和堆载预压孔隙水压力线(右侧弧线)。两弧线包围的面积(中间空白部分)为真空-堆载联合预压固结后剩余孔隙水压力面积，两荷载线(BB' 和 CC' 线)包围的面积($BB'C'C$)为真空-堆载预压荷载的总面积，总荷载面积($BB'C'C$)减去空白部分孔隙水压力面积则为总有效应力面积。配合预压荷载与沉降曲线图 [图 6.12(c)] 可见，真空-堆载联合预压两种不同的预压荷载(正压和负压)是可以叠加的(两者叠加后沉降增大)。两者联合预压，增大了预压荷载、有效应力面积，加速了孔隙水压力的消散，相应增大了预压固结效果，因而也能增大地基的强度。

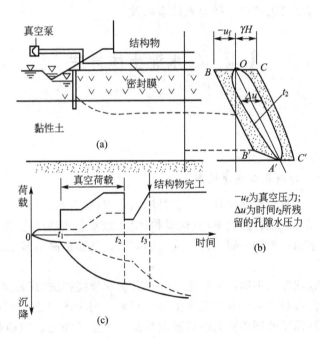

图 6.12 真空-堆载联合预压加固地基原理

(a) 真空堆载联合预压布置图；

(b) 联合预压孔隙水压力与有效应力分布图；(c) 预压荷载与沉降曲线

2. 联合预压的设计

(1) 选择联合预压合理的实施顺序。一般情况下先进行真空预压，然后进行堆载预压，先在真空预压荷载作用下固结，达到沉降渐趋于减缓、地基强度有所提高后，才开始进行分级堆载预压。这样做地基比较稳定，不易出现剪切蠕变及塑性剪切破坏，能有效地提高预压效果。

(2) 合理布置联合预压的排水体系。真空预压单独预压阶段，预压排水系统的布置尺寸及质量要求均可按真空预压法的要求设计；对于单独堆载预压阶段，施加荷载的大小分级、加荷的速率及预压的时间等均应在真空预压的基础上，按单独进行堆载预压的方法进行预压设计，确定分级加荷的大小和分级加荷的速率及预压时间等。联合预压的固结、沉降、强度增长和承载力稳定性的分析计算应分别采用相应的方法和参数计算。即堆载预压应采用常规的固结系数、压缩系数、抗剪强度参数分别计算固结度、沉降和地基的稳定性与承载力；真空预压则用负压条件的固结、压缩和强度增长参数，所有的材料也相应有所变化。

(3) 联合预压应注意的问题，主要有：①为防止堆载过程中损坏密封膜，应在膜上和膜下分别增铺一层无纺土工布或编织布，进行有效的保护；②开始堆填第一层预压填土，应在真空预压达到设计标准后，稳定 5～10d 才能开始填筑，当下卧土层比较软弱时，压实度不宜要求过高，一般只要求达到 0.88～0.90；③施加每一级堆载前，均应进行固结度、强度增长和稳定性的分析与验算，并配合现场监测结果，确定满足要求后，方能施加下一级荷载；对在一些特殊地段(如桥头高填土)和特殊的堆载(水等)采用联合预压法，应根据实际情况，布置必要的监测，防止意外事故发生。

6.4 水泥土搅拌法

6.4.1 概述

1. 水泥土搅拌法的概念及适用范围

水泥土搅拌法，又称为深层搅拌法，它是利用水泥(或石灰)等材料作为固化剂，通过特制的深层搅拌机械，就地将固化剂(浆体或粉体)和地基土强制搅拌(图 6.13)，使软土硬结成具有整体性、水稳定性和一定强度的水泥加固土，从而提高地基土的强度和增大变形模量。

根据固化剂掺入状态的不同，水泥土搅拌法分为深层搅拌法(简称湿法)和粉体喷搅法(简称干法)两种。前者是用浆液和地基土搅拌，后者是用粉体和地基土搅拌。

水泥土搅拌法适用于处理正常固结的淤泥与淤泥质土、粉土、饱和黄土、素填土、黏性土以及无流动地下水的饱和松散砂土地基。当地基土的天然含水量小于 30%(黄土含水量小于 25%)、大于 70% 或地下水的 pH 值小于 4 时不宜采用干法。冬季施工时，应注意负温对处理效果的影响。

水泥土搅拌桩法形成的水泥土加固体，可作为竖向承载的复合地基，基坑工程围护挡

图 6.13 水泥搅拌法施工

墙、被动区加固、防渗帷幕，大体积水泥稳定土等。美国在第二次世界大战后研制成功一种就地搅拌桩，以后日本开发、研制出加固原理、机械规格和施工效率各异的深层搅拌机械，常在港口建筑中的防波堤、码头岸边及高速公路高填方下的深厚层软土地基加固工程中应用。我国从 20 世纪 80 年代开始在软土地基的加固处理中使用，取得了良好效果。

水泥土搅拌法加固软土技术具有如下特点。

(1) 水泥土搅拌法是将固化剂和原地基软土就地搅拌混合的，可最大限度地利用原土。

(2) 在地基加固过程中无振动、无噪声、对周围环境无污染，可在密集建筑群中进行施工，搅拌时对软土无侧向挤压，对邻近建筑物及地下沟管影响很小。

(3) 可按照不同地基土的性质及工程设计要求，合理选择固化剂及其配方，设计比较灵活。

(4) 土体加固后重度基本不变，软弱下卧层不致产生附加沉降。

(5) 可根据上部结构需要，可灵活地采用柱状、壁状、格栅状和块状等加固形式。

(6) 与钢筋混凝土桩基相比，可节约钢材并降低造价。

(7) 受搅拌机安装高度及土质条件影响，其桩径及加固深度受到一定限制。单轴水泥土搅拌桩桩径一般在 0.5~0.6m。SJB-1 型双轴深层搅拌机加固桩的外形呈 "∞" 形，桩径 0.7~0.8m，加固深度一般为 15m 以内。而 SJB-2 型双轴深层搅拌机加固深度可达 18m 左右。国外除用于陆地软土地基外，还用于海底软土加固，最大桩径 1.5m 以上，加固深度达 60m。

6.4.2 水泥土形成的机理及其性质

1. 水泥土的固化原理

1) 固化剂的种类

固化剂是深层搅拌加固软土地基的主要材料，其性能应根据软土和土中水的化学成分进行选择，使之固化后能把软土的力学强度提高到设计要求的量值。通常使用的固化剂种类有水泥类、石灰类、沥青类及化学材料类等。其中，水泥类和石灰材料应用最广泛。

2) 水泥加固软土的作用机理

水泥加固土的物理化学反应过程与混凝土的硬化机理不同，后者主要是在粗填充料（比表面不大、活性很弱的介质）中进行水解和水化作用，其凝结速度很快。而在水泥加固土中，由于水泥掺量很小，一般仅为土重的 7%～15%，水泥的水解和水化反应完全是在具有一定活性的介质——土的围绕下进行的，所以水泥加固土的强度增长比混凝土慢。

普通硅酸盐水泥主要由氧化钙、二氧化硅、三氧化二铝、三氧化二铁及三氧化硫等组成，并由这些不同的氧化物分别组成不同的水泥矿物：硅酸三钙、硅酸二钙、铝酸二钙、铝酸三钙、铁铝酸四钙、硫酸钙等。用水泥加固软土时，水泥颗粒表面的矿物很快与软土中的水发生水解和水化反应，生成氢氧化钙、含水硅酸钙、含水铝酸钙及含水铁酸钙等化合物。

（1）离子交换和团粒化作用。黏土和水结合时就可表现出一种胶体特征，如土中含量最多的 SiO_2 遇水后，形成硅酸胶体微粒，其表面带钠离子 Na^+ 和钾离子 K^+，它们能和水泥水化生成的氢氧化钙中的钙离子 Ca^{2+}，进行当量吸附交换，使较小的土颗粒形成较大的土团粒，从而使土体强度提高。

水泥水化生成的凝胶粒子的比表面积约比原水泥颗粒大 1000 倍，因而产生很大的表面能，有强大的吸附活性，能使较大的土团粒进一步结合起来，形成水泥土的团粒结构，并封闭各土团的空隙，联结坚固，因此也就使水泥土的强度大为提高。

（2）硬凝反应。随着水泥水化反应的深入，溶液中析出大量的 Ca^{2+}，当其数量超过离子交换的需要量后，在碱性环境中，能使组成黏土矿物的 SiO_2 和 Al_2O_3 的一部分或大部分与 Ca^{2+} 进行化学反应，逐渐生成不溶于水的稳定的结晶化合物，增大了水泥土的强度。其反应式如下：

$$SiO_2 + Ca(OH)_2 + nH_2O \rightarrow CaO \cdot SiO_2 \cdot (n+1)H_2O$$

或 $$Al_2O_3 + Ca(OH)_2 + nH_2O \rightarrow CaO \cdot Al_2O_3 \cdot (n+1)H_2O$$

（3）碳酸化作用。水泥水化物游离的 $Ca(OH)_2$ 能吸收水和空气中的 CO_2，发生碳酸化反应，生成不溶于水的碳酸钙。其反应式如下：

$$Ca(OH)_2 + CO_2 \rightarrow CaCO_3 + H_2O$$

这种反应也能使水泥土增加强度，但增长的速度较慢，幅度也较小。

2. 水泥土的力学性质

1) 无侧限抗压强度

水泥土的无侧限抗压强度 q_u 在 0.3～4.0MPa 之间，比原状土提高几十倍乃至几百倍。

2) 抗拉强度

水泥土的抗拉强度 σ_t 随无侧限抗压强度 q_u 的增长而提高。当水泥土的无侧限抗压强度 $q_u = 0.55～4.0MPa$ 时，其抗拉强度 $\sigma_t = 0.05～0.7MPa$，即有：

$$\sigma_t = (0.06～0.30)q_u \tag{6-29}$$

3) 抗剪强度

水泥土的抗剪强度随抗压强度的增加而提高。当 $q_u = 0.3～4.0MPa$ 时，其黏聚力 $c = 0.1～1.0MPa$，为 q_u 的 20%～30%，其内摩擦角变化在 20°～30°。水泥土在三轴剪切试验中受剪破坏时，试件有清楚而完整的剪切面，剪切面与最大主应力面夹角约为 60°。

4）变形模量

当垂直应力达到 50％无侧限抗压强度时，水泥土的应力与应变的比值称为水泥土的变形模量 E_{50}。水泥土的变形模量 $E_{50}=(80\sim150)q_u$，水泥土破坏时的轴向应变 $\xi_f=1\%\sim2\%$，呈脆性破坏。

5）水泥土的压缩系数和压缩模量

水泥土的压缩系数为 $(2.0\sim3.5)\times10^{-5}kPa^{-1}$，压缩模量 $E_s=60\sim100MPa$。

6）水泥土的渗透系数

水泥掺入比为 $7\%\sim15\%$ 时，水泥土的渗透系数可达到 $10^{-8}cm/s$ 的数量级，具有明显的抗渗、隔水作用。

上述经验数值仅仅适用于一般的软黏土，不适用于高有机质土和泥炭土。

3. 影响水泥土力学性质的因素

1）水泥掺入比 a_w

单位土体的湿重掺和水泥质量的百分比 $[a_w=a/\rho_t$，a 为水泥的掺和重量（kg/m³），ρ_t 为土的湿密度（kg/m³）]。水泥土的强度随着水泥掺入比的增加而增大，当 $a_w<5\%$ 时，由于水泥与土的反应过弱，水泥土固化程度低，强度离散性也较大，故在水泥土搅拌法的实际施工中，选用的水泥掺入比必须大于 5%。

2）龄期

水泥土的强度随着龄期的增长而提高，一般在龄期超过 28d 后仍有明显增长，根据试验结果的回归分析，得到在其他条件相同时，不同龄期的水泥土无侧限抗压强度间关系大致呈线性关系，这些关系式如下。

$$q_{u7}=(0.47\sim0.63)q_{u28}；\quad q_{u14}=(0.62\sim0.80)q_{u28}$$

$$q_{u60}=(1.15\sim1.46)q_{u28}；\quad q_{u90}=(1.43\sim1.80)q_{u28}$$

$$q_{u90}=(2.37\sim3.73)q_{u7}；\quad q_{u90}=(1.73\sim2.82)q_{u14}$$

3）水泥标号

水泥土的强度随水泥标号的提高而增加。水泥强度等级提高 10 级，水泥土的强度 q_u 约增大 $20\%\sim30\%$。如要求达到相同强度，水泥强度等级提高 10 级可降低水泥掺入比 $2\%\sim3\%$。

4）土样含水量

水泥土的无侧限抗压强度 q_u 随着土样含水量的降低而增大。一般情况下，土样含水量每降低 10%，则强度可增加 $10\%\sim50\%$。

5）土样有机质含量

有机质含量少的水泥土强度比有机质含量高的水泥土强度大得多。由于有机质使土体具有较大的水溶性和塑性，较大的膨胀性和低渗透性，并使土具有酸性，这些因素都阻碍水泥水化反应的进行。因此，有机质含量高的软土，单纯用水泥加固的效果变差。

6）外掺剂

早强剂可选用三乙醇胺、氯化钙、碳酸钠或水玻璃等材料，其掺入量宜分别取水泥质量的 0.05%、2%、0.5%、2%；减水剂可选木质素磺酸钙，掺入量取水泥质量的 2% 为宜。掺加粉煤灰的水泥土，其强度可提高 10% 左右。

7) 养护方法

养护方法对水泥土的强度影响主要表现在养护环境的湿度和温度。国内外试验资料都说明，养护方法对短龄期水泥土强度的影响很大，随着时间的增长，不同养护方法下的水泥土无侧限抗压强度趋于一致，说明养护方法对水泥土后期强度的影响较小。

6.4.3 水泥土搅拌桩复合地基的设计计算

1. 固化剂和掺入比的确定

固化剂宜选用强度等级为 32.5 级及以上的普通硅酸盐水泥。水泥掺量除块状加固时可用被加固湿土质量的 7%～12% 外，其余宜为 12%～20%，湿法水泥浆水灰比可选用 0.45～0.55。外掺剂可根据工程需要和土质条件选用具有早强、缓凝、减水以及节省水泥等作用的材料，但应避免污染环境。

2. 桩长和桩径的确定

竖向承载搅拌桩的长度应根据上部结构对承载力和变形的要求确定，并宜穿透软弱土层到达承载力相对较高的土层；为提高抗滑稳定性而设置的搅拌桩，其桩长应超过危险滑弧以下 2m。湿法的加固深度不宜大于 20m；干法的加固深度不宜大于 15m。水泥土搅拌桩的桩径不应小于 500mm。

3. 单桩竖向承载力特征值的计算

水泥土搅拌桩单桩竖向承载力特征值应通过现场载荷试验确定。初步设计时也可按式(6-30)估算，并应同时满足式(6-31)的要求，应使用桩身材料强度确定的单桩承载力大于(或等于)由桩周土和桩端土的抗力所提供的单桩承载力。

$$R_a = u_p \cdot \sum_{i=1}^{n} q_{si} \cdot l_i + \alpha \cdot A_p \cdot q_p \tag{6-30}$$

$$R_a = \eta \cdot f_{cu} \cdot A_p \tag{6-31}$$

式中　f_{cu}——与搅拌桩桩身水泥土配比相同的室内加固土试块(边长为 70.7mm 的立方体，也可采用边长为 50mm 的立方体)，在标准养护条件下 90d 龄期的立方体抗压强度平均值(kPa)；

η——桩身强度折减系数，干法可取 0.20～0.30，湿法可取 0.25～0.33；

u_p——桩的周长(m)；

n——桩长范围内所划分的土层数；

q_{si}——桩周第 i 层土侧阻力特征值，淤泥可取 4～7kPa，淤泥质土可取 6～12kPa，软塑状态黏性土可取 10～15kPa，可塑状态的黏性土可以取 12～18kPa；

l_i——桩长范围内第 i 层土的厚度(m)；

q_p——桩端地基土未经修正的承载力特征值(kPa)，可按《地基规范》的有关规定确定；

α——桩端天然地基土的承载力折减系数，可取 0.4～0.6，承载力高时取低值。

4. 竖向水泥土搅拌桩复合地基承载力特征值的计算

竖向水泥土搅拌桩复合地基的承载力特征值应通过现场单桩或多桩复合地基载荷试验

确定。初步设计时也可按式(6-32)估算

$$f_{spk} = m \cdot \frac{R_a}{A_P} + \beta(1-m)f_{sk} \tag{6-32}$$

式中　f_{spk}——复合地基承载力特征值(kPa);

　　　f_{sk}——桩间土承载力特征值(kPa);

　　　m——桩土面积置换率,$m = d^2/d_e^2$;

　　　β——桩间土承载力折减系数,当桩端为软土时,取 $0.5\sim0.9$;当桩端为硬土时,可取 $0.1\sim0.4$。

根据设计要求的单桩竖向承载力特征值 R_a 和复合地基承载力特征值 f_{spk},计算搅拌桩的置换率 m 和总桩数 n 为:

$$m = \frac{f_{spk} - \beta f_{sk}}{R_a - \beta A_p f_{sk}} A_p \tag{6-33}$$

$$n = mA/A_p \tag{6-34}$$

式中　A——地基加固的面积(m^2)。

根据求得的总桩数 n 进行搅拌桩的平面布置。桩的平面布置以充分发挥桩侧摩阻力和便于施工为原则。

5. 下卧层强度的验算

当所设计的搅拌桩为摩擦桩,桩的置换率较大(一般 $m \geqslant 20\%$),且不是单行竖向排列时,由于每根桩不能充分发挥单桩的承载力作用,故应按群桩作用原理进行下卧层验算。假想基础底面(下卧层基础)的承载力为:

$$f' = \frac{f_{spk} \cdot A + G - f_{sk}(A - A_1) - q_s \cdot A_s}{A_1} \leqslant f \tag{6-35}$$

式中　f'——假想实体基础底面处的平均压力(kPa);

　　　A——建筑物基础的底面积(m^2);

　　　A_1——假想实体基础底面积(m^2);

　　　G——假想实体基础自重(kN);

　　　A_s——假想实体基础侧表面积(m^2);

　　　q_s——作用在假想实体基础侧壁上的平均允许摩擦力(kPa);

　　　f_{sk}——假想实体基础边缘的承载力(kPa);

　　　f——假想实体基础底面修正后的地基土承载力特征值(kPa)。

竖向承载搅拌桩复合地基中的桩长超过 10m 时,可采用变掺量设计。在全桩水泥总掺量不变的前提下,桩身上部 1/3 桩长范围内可适当增加水泥掺量及搅拌次数,桩身下部 1/3 桩长范围内可适当减少水泥掺量。

6. 褥垫层的设计

竖向承载搅拌桩复合地基应在基础和桩之间设置褥垫层。褥垫层厚度可取 200~300mm。其材料可选用中砂、粗砂、级配砂石等,最大粒径不宜大于 20mm。

在刚性基础和桩之间设置一定厚度褥垫层后,可以保证基础始终通过褥垫层把一部分荷载传到桩间土上,调整桩和土的荷载分配,充分发挥桩间土的作用,增大 β 值。

7. 复合地基的变形计算

竖向承载搅拌桩复合地基的变形包括搅拌桩复合土层的平均压缩变形 s_1 和桩端下未加固土层的压缩变形 s_2。大量工程实测表明，群桩体的压缩变形 s_1 在 10～50mm 变化。

$$s = s_1 + s_2 \qquad (6-36)$$

1）搅拌桩复合土层的压缩变形 s_1

$$s_1 = \frac{(p_z + p_{z1})l}{2E_{sp}} \qquad (6-37)$$

$$E_{sp} = mE_p + (1-m)E_s \qquad (6-38)$$

式中　p_z——搅拌桩复合土层顶面的附加压力值(kPa)；

　　　p_{z1}——搅拌桩复合土层底面的附加压力值(kPa)；

　　　E_{sp}——搅拌桩复合土层的压缩模量(kPa)；

　　　E_p——搅拌桩的压缩模量，可取 $(100～120)f_{cu}$(kPa)，对桩较短或桩身强度较低者可取低值，反之可取高值；

　　　E_s——桩间土的压缩模量(kPa)；

　　　l——搅拌桩桩长(m)。

2）桩端下未加固土层的压缩变形 s_2

桩端以下未加固土层的压缩变形可按现行国家标准《地基规范》的有关规定进行计算。

8. 竖向承载搅拌桩的平面布置

布桩形式可根据上部结构特点及对地基承载力和变形的要求，采用柱状、壁状、格栅状或块状等不同形式。桩可只在基础平面范围内布置，独立基础下的桩数不宜少于 3 根。柱状加固可采用正方形、等边三角形等布桩形式。

1）柱状

每隔一定距离打设一根水泥土桩，形成柱状加固形式，适用于单层工业厂房独立柱基础和多层房屋条形基础下的地基加固，它可充分发挥桩身强度与桩周侧阻力。

2）壁状

将相邻桩体部分重叠搭接成为壁状加固形式，适用于深基坑开挖时的边坡加固以及建筑物长高比大、刚度小、对不均匀沉降比较敏感的多层房屋条形基础下的地基加固。

3）格栅状

它是纵横两个方向的相邻桩体搭接而形成的加固形式，适用于对上部结构单位面积荷载大和对不均匀沉降要求控制严格的建（构）筑物的地基加固。

4）长短桩相结合

当地质条件复杂，同一建筑物坐落在两类不同性质的地基土上时，可用 3m 左右的短桩将相邻长桩连成壁状或格栅状，借以调整和减小不均匀沉降量。

水泥土桩的强度和刚度是介于柔性桩（砂桩、碎石桩等）和刚性桩（钢管桩、混凝土桩等）间的一种半刚性桩，它所形成的桩体在无侧限情况下可保持直立，在轴向力作用下又有一定的压缩性，但其承载性能又与刚性桩相似，因此在设计时可仅在上部结构基础范围内布桩，不必像柔性桩一样需在基础外设置护桩。

6.4.4　水泥土搅拌桩的施工与质量检验

1. 施工前准备

（1）水泥土搅拌法施工现场事先应予以平整，必须清除地上和地下的障碍物。遇有明浜、池塘及洼地时应抽水和清淤，回填黏性土料并予以压实，不得回填杂填土或生活垃圾。

（2）施工前应根据设计进行工艺性试桩，数量不得少于2根。当桩周为成层土时，应对相对软弱土层增加搅拌次数或增加水泥掺量。

（3）搅拌头翼片的枚数、宽度、与搅拌轴的垂直夹角、搅拌头的回转数、提升速度应相互匹配，以确保加固深度范围内土体的任何一点均能经过20次以上的搅拌。

2. 施工步骤

（1）搅拌机械就位、调平。

（2）预搅下沉至设计加固深度。

（3）边喷浆（粉）、边搅拌提升直至预定的停浆（灰）面。

（4）重复搅拌下沉至设计加固深度。

（5）根据设计要求，喷浆（粉）或仅搅拌提升直至预定的停浆（灰）面。

（6）关闭搅拌机械。

在预（复）搅下沉时，也可采用喷浆（粉）的施工工艺，但必须确保全桩长上下再重复搅拌一次。

竖向承载搅拌桩施工时，停浆（灰）面应高于桩顶设计标高300～500mm。在开挖基坑时，应将搅拌桩顶端施工质量较差的桩段用人工挖除。施工中应保持搅拌桩基底盘的水平和导向架垂直，搅拌桩的垂直偏差不得超过1%；桩位的偏差不得大于50mm；成桩直径和桩长不得小于设计值。

3. 竣工质量检验

水泥土搅拌桩成桩质量检验方法有浅部开挖、轻型动力触探、载荷试验和钻心取样等。

1）浅部开挖

成桩7d后，采用浅部开挖桩头［深度宜超过停浆（灰）面下0.5m］，目测检查搅拌的均匀性，量测成桩直径。检查量为总桩数的5%。对相邻桩搭接要求严格的工程，应在成桩15d后，选取数根桩进行开挖，检查搭接情况。

2）轻型动力触探

成桩后3d内，可用轻型动力触探（N_{10}）检查每米桩身的均匀性。检验数量为施工总桩数的1%，且不少于3根。

3）标准贯入试验

用捶击数估算桩体强度需积累足够的工程资料，Terzghi和Peck的经验公式为：

$$f_{cu} = N_{63.5}/80 \qquad\qquad (6-39)$$

式中　f_{cu}——桩体无侧限抗压强度（MPa）；

$N_{63.5}$——标准贯入试验的贯入击数。

4）静力触探试验

静力触探可连续检查桩体强度内的强度变化，或用式（6-40）估算桩体无侧限抗压强度值：

$$f_{cu} = p_s/10 \qquad (6-40)$$

式中 p_s——静力触探贯入比阻力（kPa）。

5）载荷试验

复合地基载荷试验和单桩载荷试验是检测水泥土搅拌桩加固效果最可靠的方法之一，一般宜在龄期28d后进行。检验数量为桩总数的0.5%～1%，且每项单体工程不应少于3点。

6）钻芯取样

经触探和载荷试验检验后对桩身质量有怀疑时，应在成桩28d后，用双管单动取样器钻取芯样做抗压强度检验，检验数量为施工总桩数0.5%，且不少于3根。钻孔直径不宜小于108mm。

【例6.4】 某6层混合结构住宅楼总面积为1848.4m²。地基土的上层为厚8m的淤泥，含水量 $w=70\%$，天然地基承载力特征值 $f_{sk}=60kPa$；下层为厚14m的淤泥质黏土，含水量 $w=58\%$。该房屋的墙下为条形基础，其设计荷载，背立面纵墙为66kN/m；正立面纵墙为90kN/m，山墙为125kN/m，间隔墙为165kN/m。拟用水泥土搅拌桩处理地基。试对荷载最大的间隔墙地基处理进行设计分析，间隔墙条基设计宽度取 $b=1m$，基底面积 $A=38.3m²$，基底压力 $p_k=165kN/m²$。

【解】 （1）按水泥土配方的原理，对淤泥及淤泥质土，其基本配方可选用普通硅酸盐水泥为固化剂，2%水泥量的石膏及0.2%的木质素磺酸钙为外加剂。由于淤泥土含水量较大（70%），故增加水泥量10%的磷石膏作为增强剂，并以渗和比 $a_w=12\%$、14%、15%、18%，水灰比为0.6的试样进行室内无侧限抗压强度试验，从而测得相应的无侧限抗压强度（90天龄期）为 $q_{u12}=1200kPa$，$q_{u14}=1800kPa$，$q_{u15}=2200kPa$，$q_{u16}=2800kPa$。

对于墙下条形基础，宜采用桩式水泥土均匀布置。

（2）根据基础荷载的大小，预设若干面积置换率 $m=0.15$、0.2、0.25，按式（6-30）、式（6-32）和式（6-35）计算设计所需的单桩承载力、桩长、桩体水泥土的无侧限抗压强度、水泥掺合比（可用室内无侧限抗压强度试验结果）和所需的桩数，并进行群桩体底面软土层承载力验算和复合地基的沉降计算等。计算时，采用的搅拌桩的直径为500mm，截面积 $A_p=0.196m²$。计算结果见表6-4。

表6-4 间隔墙水泥搅拌法设计计算表

项目	算式与参数	公式号	预选值或计算值		
预选面积置换率	$m=nA_p/A$ n 待定，$A_p=0.196m²$，$A=38.31m²$	（定义）	0.15	0.20	0.25
设计要求的单桩承载力 R_a（kN）	$R_a = \dfrac{AP}{m}\left[f_{spk} - \beta(1-m)f_{sk}\right]$ $f_{spk}=165kN/m²$，$\beta=0.8$ $f_{sk}=60kPa$	（6-32）	162	124	101

（续）

项目	算式与参数	公式号	预选值或计算值		
设计桩长 l(m)（取整值）	$l=\dfrac{R_a-\alpha A_p q_p}{q_{si}u_p}$ $\alpha=0.5$，$q_p=60$kPa，$q_{si}=6$kPa，$u_p=1.5$m	(6-30)	17.34（18）	13.12（14）	10.56（11）
设计要求的强度 f_{cu}(kPa)	$f_{cu}=R_a/\eta A_p$，$\eta=0.3$	(6-31)	2755	2108	1717
设计要求的水泥掺和比相应的抗压强度(kPa)	$a_w=\dfrac{a}{\rho_t}\times100\%$ q_u(kPa)	测定值	18%（2800）	15%（2200）	14%（1800）
所需的桩数 n（根）（取整值）	$n=\dfrac{mA}{A_p}$		29.3（30）	30.1（40）	48.5（50）
设计要求的总桩长 L(m)	$L=nl$		540	560	550
所需的水泥掺和量 a(kg/m^3)	$a=a_w\rho_t=a_w(\rho_c-a)$，$a=\dfrac{a_w}{1+a_w}\rho_c$ 水泥土的密度 $\rho_c=2$t/m^3		305	261	246
所需的水泥总量(t)	总水泥量$=LA_p a$		32.48	28.64	26.51
群桩底面软弱层验算	$f'=\dfrac{f_{spk}\cdot A+G-f_{sk}(A-A_1)-q_s\cdot A_s}{A_1}\leqslant f$	(6-35)	60<205	114<170	138<172
复合地基沉降量 s(mm)	$s=s_1+s_2$ $E_s=1.2$MPa，$E_p=10$MPa	(6-36)	120	150	178

（3）计算结果考虑到沉降不宜过大，桩数不宜过多和便于排列等因素，最终选用置换率 $m=0.2$ 的方案，单极承载力大于 124kN，要求水泥土室内试验的无侧限抗压强度值大于 2108kPa，相应的水泥的掺和比为 0.15。

6.5 高压喷射注浆法

6.5.1 基本原理与喷射浆的类型

高压喷射注浆法于 20 世纪 70 年代始于日本，是在化学注浆的基础上采用高压水射流切割技术发展起来的一种地基处理方法。一般用钻机成孔至预定深度后，再用高压注浆流体发生设备，使水和浆液通过装在钻杆末端的特制喷嘴喷出，以高压脉动的喷射流向土体四周喷射，把一定范围内土的结构破坏，并强制与化学浆液混合，形成注浆体，同时钻杆按一定方向旋转和提升，待浆液凝固后在土中制成具有一定强度和防渗性能的圆柱状、板状、连续墙等的固结体，与周围土体共同作用加固地基。

根据高压喷射注浆试验和理论研究，喷射流体对土体的破坏与高压喷射时的动压力和喷射流的结构及其特性有关。喷射的动压力愈大，对土的破坏力愈大。喷射流对土破坏的有效范围如图 6.14 所示，主要是在喷射结构的初期区域和主要区域内，有效破坏范围越大，所形成的加固体越大；单一浆液喷射流体对土的破坏能力在土中容易衰减，对土破坏

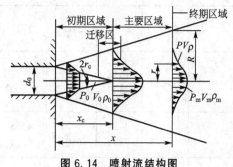

图 6.14　喷射流结构图

的有效射径较短，双相(浆液和气体)或多相(水、气、浆液)同轴喷射，有效喷射流衰减较缓慢，形成范围较大的有效喷射区，增大了对土切割破坏搅拌的范围，形成直径较大的喷射加固体。因此高压注浆喷射技术首先要求具备产生高压流体的设备系统(高压>20MPa)，能产生较大的平均喷射流速，形成较大的喷射压力；其次是采用多相喷射直径的加固体。目前按工程需要固结体的大小，制成了四种喷管。

(1) 单喷管。单一水泥浆喷射，所形成固结体的直径约为 0.3～0.8m。

(2) 二重喷管。浆液和气体同轴喷射，以浆液作为喷射核，外包一层同轴气流形成复合喷射流，其破坏能力和范围显著增大，所形成固结体的直径约为 0.8～1.2m。

(3) 三重喷射管。以水和气形成复合同轴喷射流，破坏土体形成中空，然后注浆形成固结体，其直径约为 1～2m。

(4) 多重喷射管。以多管水气同轴喷射把土体冲空，然后以浆管注浆充填，所形成的固结体直径可达 2～4m。

喷射所形成加固体的形状与钻杆转动的方向有关，一般有如下三种形式。

(1) 旋转喷射注浆。简称为旋喷法，在旋喷施工时，喷嘴喷射随提升而旋转，所形成的固结体呈圆柱状，常称旋喷桩。也可把圆柱体搭接形成连续墙体或其他形状。

(2) 定喷注浆。简称定喷，喷射注浆时，喷射方向随提升而不变，所形成的固结体呈壁状体，按喷射孔位排列形成不同形状的连续壁。

(3) 摆喷注浆。简称摆喷，喷射注浆时随喷嘴提升按一定角度摆动，所形成固结体的形状呈扇形体。

固结体的强度与渗透性与所用浆液的配方有关。高压喷射的浆液有多种，大多数品种因带毒性被禁用，工程上常用的是水泥系浆液。它的配方与硬化机理和水泥搅拌法类似。水泥系浆液主要由普通硅酸盐水泥(32.5R 或 42.5R)按 1∶1 或 1.5∶1 的水灰比制成，并按其使用的目的分别配制成促凝早强型水泥浆液、高强型水泥浆液和抗渗型水泥浆液。促凝早强型水泥浆液除水泥浆液外，外加氯化钙、水玻璃和三乙醇胺等，用量为水泥量的 1%～4%，应用于饱和土地基中；高强型则应选用 42.5R 水泥，外加扩散剂 NNO、NR_3、Na_2SiO_3、$NaNO_2$ 等；抗渗型则外加 2%～4% 的水玻璃。此外还有充填型、抗冻型等。

喷射注浆固结体的主要特征见表 6-5。由于旋喷形成加固体的强度受多种因素的影响，强度的大小存在一定的分散性，应用表中强度时，应考虑适当的折减，在黏土中一般为 1～5MPa，在砂土中约为 4～10MPa。

表 6-5 喷射注浆固结体特性

固结体性质 \ 土类	砂类土	黏性土	其他
最大抗压强度(MPa)	10~20	5~10	砂砾:
弹性模量(MPa)		2~5	最大抗压强度 8~20MPa
干重度(kN/m³)	16~20	14~15	渗透系数 10^{-7}~10^{-6} cm/s
渗透系数(cm/s)	10^{-7}~10^{-6}	10^{-6}~10^{-5}	黄土:
黏聚力 c(MPa)	0.4~0.5	0.7~1.0	最大抗压强度 5~10MPa
内摩擦角(°)	30~40	20~30	干重度 13~15kN/m³
标准贯入击数 N	30~50	20~30	
单桩垂直荷载(kN)	500~600(单管) 1000~1200(双管) 2000(三重管)		

6.5.2 喷射注浆的应用设计

1. 应用

该法在工程上的应用主要有两方面：①利用加固体形成桩体、块体等与地基土共同作用，提高地基的承载力，改善地基的变形特性，也可用于加固边坡、基坑底部、深部地基，提高基底的强度和边坡的稳定性；②利用旋喷、定喷和摆喷在地基土体中形成防渗帷幕，提高地基的抗渗防渗能力和防止渗漏等。前者主要应用于淤泥质土和黄土，后者则应用于砂土和砂砾石地基。此外，该法既可应用于拟建建筑物的地基加固，也可用于已建建筑物的地基加固和基础托换技术，施工时，可在原基础上穿孔加固基础下的软土，避免破损原结构物。

2. 设计

按其应用目的，对于以地基加固为目的的设计，其内容应包括：加固体的布置与范围，喷射浆液的配方与加固体强度的要求，并进行分析与计算；对以抗渗或防渗为目的的设计则根据防渗抗渗要求进行布置，相应采用抗渗的浆液配方。综合起来主要的内容如下。

1) 喷射注浆直径的估计

根据设计对加固体尺寸大小与布置的要求，首先要估算喷射注浆应达到的直径。它与所用的喷射浆液、喷射管的类型和地基土层的性质有关，往往很难准确估算。所以有效的喷射直径应通过现场试验来确定。当现场无试验资料时，可参考表 6-6 选用，表中 N 为标准贯入击数，定喷和摆喷为表中数据的 1~1.5 倍。

表 6-6 旋喷桩的设计直径(m)

土质及标贯击数 N \ 方法		单管法	二重管法	三重管法
黏性土	0<5	0.5~0.8	0.8~1.2	1.2~1.8
	6<10	0.4~0.7	0.7~1.1	1.0~1.6
	11<20	0.3~0.5	0.6~0.9	0.7~1.2

（续）

方法 土质及标贯击数 N		单管法	二重管法	三重管法
砂土	0<20	0.6~1.0	1.0~1.4	1.5~2.0
	11<30	0.5~0.9	0.9~1.3	1.2~1.8
	21<30	0.4~0.8	0.8~1.2	0.9~1.5

2）确定地基的承载力

喷射注浆形成的加固体地基常看作为复合地基，通过现场试验求出复合地基的承载力。当无现场荷载资料时，可按式 6-30 或式 6-32 计算。计算时，其中参数 $\beta=0\sim0.5$，$\alpha=0.2\sim1.0$，$\eta=0.35\sim0.5$。相应的分析计算方法可按上一节水泥搅拌桩方法进行。

3）沉降计算

可采用常规分层总和法计算，参照《地基规范》有关规定进行。其中复合地基压缩模量可按下式计算：

$$E_{sp}=mE_p+(1-m)E_s \tag{6-41}$$

式中　E_{sp}——喷射注浆加固范围内复合压缩模量；

　　E_s、E_p——地基土和加固体的压缩模量；

　　　　m——旋喷桩面积置换率。

4）稳定性分析

当喷射注浆法应用于加固岸坡和基坑底部时，可采用常规的圆弧滑动法分析其稳定性。对于滑弧通过加固体时，加固体的抗剪强度应考虑一定的安全度。同时，还要考虑渗透力。

5）防渗帷幕设计

以旋喷或定喷加固体作为防渗帷幕时，主要的任务是合理确定布孔的形式和间距并注意相互搭接连续。一般布置两排或三排注浆孔，孔距为 $0.866R$（R 为旋喷桩有效半径），排距为 $0.75R$，喷射形成防渗帷幕。对用定喷或摆喷形成的防渗帷幕，要求前后搭接良好，可用直线和交叉对折喷射。防渗帷幕的厚度、深度和位置则根据工程的要求，通过防渗计算来确定。

6.5.3　高压喷射注浆的施工与质量检验

1. 施工机具

主要的施工机具有高压发生装置（空气压缩机和高压泵等）和注浆喷射装置（钻机、钻杆、注浆管、泥浆泵、注浆输送管等）两部分。其中关键的设备是注浆管，由导流器钻杆和喷头所组成，有单管、二重喷管、三重喷管和多重喷管四种，其中单管喷头和三重喷头如图 6.15 所示。导流器的作用是将高压水泵、高压水泥浆和空压机送来的水、浆液和气分头送到钻杆内；然后通过喷头实现浆、水、气同轴流喷射；钻杆把这两部分连接起来，三者组成注浆系统。喷嘴是由硬质合金并按一定形状制成，使之产生一定结构的高速喷射流，且在喷射过程中不易被磨损。

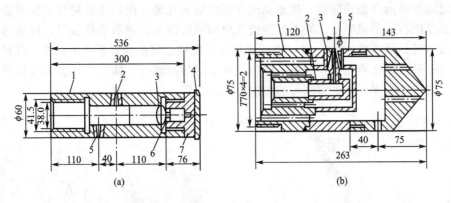

图6.15　喷射头结构图(单位：mm)

(a) 单管喷射的结构图

1—喷嘴管；2—喷嘴；3—钢球ϕ18；4—钨合金钢块；5—喷嘴；6—球座；7—钻头

(b) 三重喷管头

1—内母接头；2—内管总成；3—内管喷嘴；4—中管喷嘴；5—外管

2. 施工顺序

高压喷射注浆工序施工顺序如图6.16所示。喷射注浆分段进行，由下而上，逐渐提升，速度为0.1～0.25m/min，转速为10～20rpm。当注浆管不能一次提升完毕时，可卸管后再喷射，但需增加搭接长度，不得小于0.1m，以保持连续性。如需要加大喷射的范围和提高强度，可采用复喷。如遇到大量冒浆时，则需查明原因，及时采取措施。当喷射注浆完毕后，必须立即把注浆管拔出，防止浆液凝固而影响桩顶的高度。

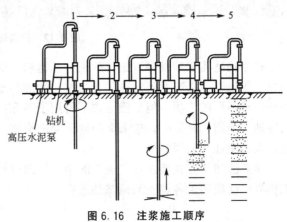

图6.16　注浆施工顺序

1—开始钻进；2—钻进结束；
3—高压旋喷开始；4—喷嘴边旋转边提升；5—旋喷结束

3. 质量检验

检验的内容主要是抗压强度和渗透性，可通过钻孔取试样到室内试验，或在现场用标准贯入试验和载荷试验确定其强度和变形性质，用压水试验检验其渗透性。检验的测点应布置在工程关键部位。检测的数量应为总桩数的2%～5%。检验的时间应在施工完毕四周后进行。

6.6 强夯法与强夯置换法

强夯法是通过8～40t的重锤(最重可达200t)和8～25m的落距(最高可达40m)，对地基土反复施加冲击和振动能量，将地基土夯实的地基处理方法；强夯置换法是将重锤提到高处使其自由落下形成夯坑，并不断夯击坑内回填的砂石、钢渣等硬粒料，使其形成密实的墩体的地基处理方法（图6.17）。强夯法和强夯置换法可提高地基土的强度、降低土的压缩性、改善砂土的抗液化条件、消除湿陷性黄土的湿陷性等。同时，冲击和振动能量还可提高土层的均匀程度，减少将来可能出现的差异沉降。

图6.17　强夯法施工

强夯法适用于处理碎石土、砂土、低饱和度的粉土与黏性土、湿陷性黄土、素填土和杂填土等地基。强夯置换法适用于高饱和度的粉土与软塑～流塑的黏性土等地基上对变形控制要求不严的工程。但是强夯法不得用于不允许对工程周围建筑物和设备有振动影响的场地地基加固，必需时，应采取防振、隔振措施。强夯置换法在设计前必须通过现场试验确定其适用性和处理效果。

强夯法和强夯置换法具有施工简单、加固效果好、使用经济等优点，因而被世界各国工程界广泛应用于各类土的地基处理中。

6.6.1　强夯法的加固机理

强夯法加固地基有三种不同的加固机理：动力密实、动力固结和动力置换，它取决于地基土的类别和强夯法的施工工艺。

1. 动力密实

采用强夯法加固多孔隙、粗颗粒、非饱和土是基于动力密实的机理，即用冲击型动力荷载，使土体中的孔隙减小，土体变得密实，从而提高地基土强度。非饱和土的夯实过程，就是土中的气相（空气）被挤出的过程，夯实变形主要是由于土颗粒的相对位移引起的。

2. 动力固结

用强夯法处理细颗粒饱和土时，则是借助于动力固结的理论，即巨大的冲击能量在土中产生很大的应力波，破坏土体原有结构，使土体局部发生液化并产生裂隙，从而增加排水通道，加速孔隙水排出，随着超静孔隙水压力的消散，土体逐渐固结。由于软土的触变性，强度得到提高。

3. 动力置换

动力置换是利用夯击时产生的冲击力，强行将砂、碎石等挤填到饱和软土层中，置换原饱和软土，形成"桩柱"或密实砂石层。与此同时，未被置换的下卧层饱和软土，在动力作用下排水固结，变得更加密实，从而使地基承载力提高，沉降减小。

6.6.2 强夯设计

1. 有效加固深度

有效加固深度既是选择地基处理方法的重要依据，又是反映处理效果的重要参数。强夯法的有效加固深度(H)一般可按下列公式估算：

$$H \approx \alpha \sqrt{Wh} \tag{6-42}$$

式中　W——夯锤重量(kN)；

　　　h——落距(m)；

　　　α——系数，根据所处理地基土的性质而定，对软土可取 0.5，对黄土可取 0.34～0.5。

实际上影响强夯法有效加固深度的因素很多，除了锤重和落距外，还有地基土的性质、不同土层的厚度和埋藏顺序、地下水位以及强夯法的其他设计参数等都与有效加固深度有着密切的关系。因此，强夯法的有效加固深度应根据现场试夯或当地经验确定。在缺少试验资料或经验时，也可按表 6-7 预估。

表 6-7　强夯法的有效加固深度(m)

单击夯击能(kN·m)	碎石土、砂土等粗颗粒土	粉土、黏性土、湿陷性黄土等细颗粒土
1000	5.0～6.0	4.0～5.0
2000	6.0～7.0	5.0～6.0
3000	7.0～8.0	6.0～7.0
4000	8.0～9.0	7.0～8.0
5000	9.0～9.5	8.0～8.5
6000	9.5～10.0	8.5～9.0
8000	10.0～10.5	9.0～9.5

注：强夯法的有效加固深度应从最初起夯面算起。

强夯置换墩的深度由土质条件决定，对淤泥、泥炭等黏性软弱土层，置换墩应穿透软土层，坐落在较好的土层上；对深厚饱和粉土、粉砂，墩身可不穿透该层。强夯置换墩的深度一般不超过 7m。

2. 夯锤和落距

强夯锤质量可取 10～40t，单击夯击能为夯锤重(W)与落距(h)的乘积，一般应根据加固土层的厚度、地基状况和土质成分确定，有时也取决于现有起重机的起重能力和臂杆的长度，一般为 $1000\sim8000kN\cdot m$。单位夯击能为整个加固场地的总夯击能量（即锤重×落距×总夯击数）除以加固面积，一般根据地基土类别、结构类型、荷载大小和需处理深度等综合考虑，并通过现场试夯确定。对粗颗粒土可取 $1000\sim3000kN\cdot m/m^2$；细颗粒土取 $1500\sim4000kN\cdot m/m^2$。

夯锤重量确定后，根据要求的单击夯击能，就能确定夯锤的落距。国内通常采用的落距是 $8\sim25m$。

3. 夯击点布置与间距

强夯和强夯置换处理范围应大于建筑物基础范围，具体的放大范围，可根据建筑物类型和重要性等因素考虑决定。对一般建筑物，每边超出基础外缘的宽度宜为基底下设计处理深度的 $1/2\sim2/3$，并不宜小于 $3m$。

夯击点布置应根据基础的形式和加固要求而定，对大面积地基一般采用等边三角形、等腰三角形或正方形；对条形基础夯击点可成行布置；对独立柱基础可按柱网设置采取单点或成组布置。

夯击点间距（夯距）的确定，一般根据地基土的性质和要求处理的深度而定，以保证使夯击能量传递到深处和邻近夯坑免遭破坏为基本原则。

第一遍夯击点间距可取夯锤直径的 $2.5\sim3.5$ 倍，以后各遍可适当减小。对处理深度较大或单击夯击能较大的工程，第一遍夯击点间距宜适当增大。

强夯置换墩间距应根据荷载大小和原土的承载力选定，当满堂布置时可取夯锤直径的 $2\sim3$ 倍。对独立基础或条形基础可取夯锤直径的 $1.5\sim2.0$ 倍。墩的计算直径可取夯锤直径的 $1.1\sim1.2$ 倍。

4. 单点夯击击数与夯击遍数

单点夯击击数指单个夯点一次连续夯击的次数，强夯法夯点的单点夯击击数应按现场试夯得到的夯击击数和夯沉量关系曲线确定，且应同时满足如下要求。

(1) 最后两击的平均夯沉量：当单击夯击能小于 $4000kN\cdot m$ 时为 $50mm$；当单击夯击能为 $4000\sim6000kN\cdot m$ 时为 $100mm$；当单击夯击能大于 $6000kN\cdot m$ 时为 $200mm$。

(2) 周围地面不应发生过大的隆起。

(3) 不因夯坑过深而发生起锤困难。每夯击点之夯击击数一般为 $3\sim10$ 击。

强夯置换法夯点的夯击击数应通过现场试夯确定，且应同时满足下列条件：①墩底穿透软弱土层，且达到设计墩长；②累计夯沉量为设计墩长的 $1.5\sim2.0$ 倍；③最后两击的平均夯沉量不大于强夯的规定值。每夯击点之夯击击数一般为 $4\sim10$ 击。

夯击遍数应根据地基土的性质确定，一般可取 $2\sim3$ 遍，对于渗透性较差的细颗粒土，必要时夯击遍数可适当增加。最后再以低能量（如前几遍能量的 $1/4\sim1/5$）满夯 2 遍，以夯实前几遍之间的松土和被振松的表层土。

5. 垫层铺设

强夯前要求拟加固的场地必须具有一层稍硬的表层，使其能支承起重设备，同时也可加大地下水位与地面的距离。因此有时需铺设垫层。垫层厚度随场地的土质条件、夯锤重量及其形状等条件而定。垫层厚度一般为 $0.5\sim2.0m$，铺设的垫层不能含有黏土。

6. 间歇时间

两遍夯击之间应有一定的时间间隔，以利于土中超静孔隙水压力的消散，待地基稳定后再夯下遍，一般两遍之间间隔 1~4 周。对渗透性较差的黏性土不少于 3~4 周；对于渗透性好的地基可连续夯击。

6.7 振 冲 法

利用振动和水力冲切原理加固地基的方法称为振冲法。这一方法首创于德国。在混凝土振捣器的基础上制成加固地基的振冲器，如图 6.18 所示。最初利用振冲器冲切下沉并振动使砂土密实，后来发展应用于黏性土地基，利用振冲成孔把黏土冲出，置换砂砾石并振密形成碎石桩体，与原地基土共同作用，提高地基的承载力和改善变形性质。显然，两种振冲法加固地基的机理是不同的。前者为振冲密实，后者为振冲置换，分别适用于砂类土和黏性土。

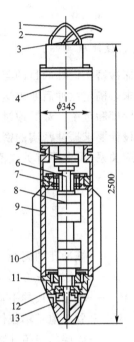

图 6.18　振冲器图

1—吊具；2—水管；
3—电缆；4—电机；
5—联轴器；6—轴；
7—轴承；8—偏心块；
9—壳体；10—翅片；
11—轴承；12—头部；13—水管

6.7.1　振冲密实

1. 作用原理

振冲器在砂土中振冲对地基土施加水平向的振动和挤压，使土体由松散变为密实或者使孔隙压力升高而液化，其主要作用就是振动密实和振动液化。砂土的振动液化与振冲器在砂土中的振动加速度有关，而振动加速度又随离振冲器的距离增大而衰减。按加速度的大小划分为剪胀区、流态区和挤密区，挤密区外为弹性区，如图 6.19 所示。在过渡区和挤密区内的振冲起加密作用，而在流态区内砂土不易密实，甚至会产生液化，反而使砂土由密变松，在弹性区无加密的效果。所以在砂土中振冲应设法减少流态区和增大过渡区的范围，使之获得好的振冲挤密效果。工程实测结果表明：振冲密实和液化与振冲器的性能（振动频率、振动的历时）和砂土的性质（密度、颗粒大小、级配、渗透性和上覆压力）有关。在一般振冲器振动条件下，砂土的平均有效粒径在 $d_{10}=0.2~2.0$mm 时，振动的效果较好。细粒土振冲易产生较大的液化区，不易振密。所以，在细粒土中振冲密实需要添加碎石以减少液化区或流态区的范围。若采用振冲器的动力过大，会使流态区增大，振密的效果往往不理想。

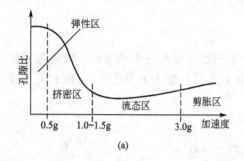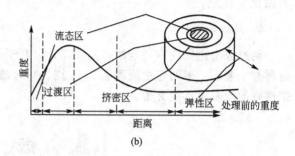

图 6.19 砂土振动理想化反应

(a) 按加速度分区；(b) 按距离分区

2. 设计原理

振冲密实设计的目的与内容主要是根据设计工程对砂土地基的承载力、沉降和抗液化的要求，确定振冲后要求达到的密实度或孔隙比。然后按此要求估算振冲布置的形式、间距、深度和范围。最后通过试验检验是否满足设计的要求。

设计要求振冲密实的密实度或孔隙比可根据工程要求的地基承载力及其与砂土密实度的对应关系(可参照有关规范和工程经验)来确定。设计的间距可按下式估算：

$$d = \alpha \sqrt{V_v / V} \qquad (6-43)$$

$$V = \frac{(1+e_p)(e_0 - e_1)}{(1+e_0)(1+e_1)} \qquad (6-44)$$

式中 d——振冲孔的间距(m)；

α——系数，正方形布置 $\alpha = 1$，三角形布置 $\alpha = 1.075$；

V_v——单位桩长的平均填料量，一般为 $0.3 \sim 0.5 m^3$；

V——砂土地基单位体积所需的填料量；

e_0——砂层的初始孔隙比；

e_1——振冲后要求达到的孔隙比；

e_p——碎石桩体的孔隙比。

根据工程经验，使用 30kW 的振冲器，间距一般为 $1.8 \sim 2.5m$，使用 75kW 的振冲器的间距可增大至 $2.5 \sim 3.5m$。平面布置的方式可用正三角形或正方形。打入深度，如砂土层不厚时，应尽量贯穿，但不宜太深，除特殊要求加密外，一般不超过 8m，因为砂层本身的密实度是随深度增大的。振冲加固的范围约向基础边缘放宽不得少于 5m。如用加料振冲时，所用的填料一般为粗砂、碎石和砾石等，使用 30kW 的振器时，可用粒径不大于 50mm 的砂砾石料，使用 75kW 的振冲器则可用不大于 100mm 粒径的砂砾石料。

振冲密实加固后地基承载力和沉降以及抗液化的性能，不易用理论公式准确计算，可通过现场标准贯入试验的锤击数(修正后的 N 值)按《地基规范》求得。

3. 施工与检验

施工的主要机具是振冲器(图 6.18)，并配有吊车和水泵。振冲器系一电动机带动一组偏心铁块转动产生一定频率和振幅的器具，中轴为一高压水喷管。振动产生水平振动，配合中轴喷水管喷出高压水流形成振冲。

加料振冲密实施工一般可按如下工序进行：①清理场地，布置振冲点；②机具就位，振冲器对准护筒中心；③启动水泵振冲器，水量可用 200～400L/min，水压控制在 400～600kPa，下沉速度为 1～2m/min；④振动水冲下沉至预定深度后，将水压降低至孔口高程，保持一定的水流；⑤投料振动，填料从护筒下沉至孔底，待振密实达到控制电流值（密实电流值）后，提 0.3～0.5m；⑥重复上述步骤，直至完孔，并记录各深度的电流和填料量；⑦关闭振冲器和水泵。

不加料的振冲密实施工方法与加料的大体相同，仅在振冲器下沉至预定深度后，不加料留振至砂土密实达到规定电流后，按 0.3～0.5m 逐步提升至完孔为止。

由于振冲密实的效果和振冲的各项技术参数不易准确决定，因此，在施工之前应先进行现场试验，确定振冲孔位的间距、填料以及振冲时的控制电流值。确定振冲加固的效果可通过多个试验方案，比较确定合理的施工方案，然后进行施工。

施工完毕后要求进行效果检验，可通过现场试验或室内试验，测定土的孔隙比和密实度；也可用标准贯入试验、旁压试验，或用动力触探推算砂层的密实度，必要时用载荷试验检验地基承载力和进行抗液化试验。

4. 工程应用

在工程上主要的应用有：①处理多层建筑物的松砂地基，提高地基的承载力，减少沉降；②处理堤坝可液化的细粉砂地基；③处理其他类建筑物的可液化地基。

6.7.2 振冲置换

1. 作用原理

在黏性土地基中振冲加固地基的作用机理主要是通过振冲成孔，以碎石置换并振动密实，形成碎石桩体，与地基土共同作用，提高地基的承载力，改善其变形性质。工程实践证明：振冲置换加固地基的作用是不容怀疑的，但是，这是有条件的。这就是在振冲过程中形成的密实碎石桩体必须要求地基土具有足够的侧向土压力，抵抗振冲的侧向动压力。如果地基土的抗剪强度不足，侧向土压力太小，就难以形成密实的碎石桩体，且振冲使地基中的孔隙水压力升高，进一步降低土的强度和侧压力，使地基土被振冲破坏。同时地基土的强度过低，侧压力过小，常在建筑物荷载作用下产生桩体侧向膨胀而破坏，难以实现桩土共同作用，承受建筑物荷载。有人认为：黏土地基中碎石桩是良好的排水体，它像排水砂井一样排水加固地基，提高地基的承载力。无疑碎石土是一个良好的竖向排水体，但是在荷载的作用下压力主要集中于桩体，地基土中的固结压力甚小，固结效果甚微。由此可见，振冲置换加固软土地基与原地基土的抗剪强度有密切关系，必须具备一定的抗剪强度，才能使振冲置换形成碎石桩，与土共同作用加固地基，反之，地基强度较低就不能起加固地基的作用。工程实测的结果证明，当地基土的不排水抗剪强度 c_u<20kPa 时，复合地基的承载力基本上不提高，甚至有所降低；当地基土的不排水抗剪强度 c_u>20kPa 时，复合地基的承载力就有显著的增大。所以一些国家，包括我国《建筑地基处理技术规范》（JGJ 79—2002）规定振冲置换法适用于处理 c_u 不小于 20kPa 的黏性土。这是必须注意的一个应用条件。

2. 设计的基本原理

振冲置换设计的内容应包括：根据涉及场地地质土层的性质和工程要求来确定碎石桩的合理布置范围、直径的大小、间距、加固的深度和填料的规格等；验算或试验加固后地基的承载力、沉降与地基的稳定性等。

地基处理的范围应根据设计建筑物的特点和场地条件来确定，一般在建筑物基础外围增加 1～2 排桩；布置形式可用方形、正三角形布置。碎石桩的间距，一般为 1.5～2.0m，并通过验算或试验满足设计工程荷载的要求或按复合地基所需的置换率，结合布置确定间距。加固的深度则按设计建筑物的承载力、稳定性和沉降的要求来确定，当软土层的厚度不大时，应贯穿软土层。碎石桩的材料应选用坚硬的碎石、卵石或角砾等，一般粒径为 20～50mm，最大不超过 80mm。

地基承载力、稳定性和沉降的分析与检验，常通过现场试验来确定，或者按半经验公式进行估算，下面仅介绍实用的分析方法。

1) 复合地基承载力的估算

(1) 按现场复合地基载荷试验确定，试验方法按《建筑地基处理技术规范》(JGJ 79—2002)载荷试验要点进行。

(2) 初步设计时也可用单桩和处理后桩间土承载力特征值按下式估算：

$$f_{spk} = m f_{pk} + (1-m) f_{sk} \tag{6-45}$$
$$E_{sp} = [1+m(n-1)] E_s \tag{6-46}$$

式中　　f_{spk}——振冲桩复合地基承载力特征值(kPa)；

　　　　f_{pk}——桩体承载力特征值(kPa)，宜通过单桩载荷试验确定；

　　　　f_{sk}——处理后桩间土地基承载力特征值(kPa)，宜按当地经验取值，如无经验时，可取天然地基承载力特征值；

　　　　m——桩土面积置换率，$m = \dfrac{d^2}{d_e^2}$；

　　　　d——桩身平均直径(m)；

　　　　d_e——一根桩分担的处理地基面积的等效圆的直径(等边三角形布桩，$d_e = 1.05s$；正方形布桩，$d_e = 1.13s$；矩形布桩，$d_e = 1.13\sqrt{s_1 s_2}$。其中 s 为桩的间距；s_1 和 s_2 分别为矩形布置桩的纵向及横向间距)。

(3) 半经验式估算。当小型工程的黏性土地基如无现场载荷试验资料，初步设计时复合地基的承载力特征值也可按下式估算：

$$f_{spk} = [1+m(n-1)f_{sk}] \tag{6-47}$$

式中　　n——桩土应力比，在无实测资料时，可取 $n = 2～4$，原地基强度较低的取大值，较高的取小值。

2) 复合地基沉降计算

应符合现行国家标准《地基规范》有关规定。复合土层的压缩模量按下式计算：

$$E_{sp} = [1+m(n-1)] E_s \tag{6-48}$$

式中　　E_{sp}——复合土层压缩模量(MPa)；

　　　　E_s——桩间土的压缩模量(MPa)，宜按当地经验取值，如无经验时，可取天然地

基压缩模量;

m，n——为面积置换率和桩土应力比，$n=2\sim4$(黏性土)和$n=1.5\sim3$(粉土和砂土)，原地基强度高者取小值，反之则取大值。

3. 施工要点

振冲的一般施工技术方法已在振冲挤密施工要点中阐述了，这里仅补充说明振冲置换碎石桩施工的要点。

(1) 合理安排振冲桩的顺序。为了避免振冲工程中对软土的扰动与破坏，施打碎石桩时，应采取"由里向外"，或"由一边向另一边"的顺序施工，将软土朝一个方向向外挤出，保护桩体以免被挤破坏。必要时可采取朝一个方向间隔跳打的方式。

(2) 宜用"先护壁后振密，分段投料，分段振密"的振冲工艺。即先振冲成孔，清孔护壁，然后投料一段，厚约1m，下降振冲器振动密实后，提升振冲器出孔口，再投料1m，再振密，直至终孔，以保证桩体密实。不宜采用边振冲边加料振密的方法。

(3) 严格控制施工过程中水冲的流量、水压、电流值、投料量和留振的时间，水压和流量以保证护壁的要求为原则，过小则不利于护壁，过大则投料会被冲出；振冲密实时应控制电流稳定在密度电流值(约10~15A)内，以保证碎石桩密实；投料以"少吃多餐"为原则，每次投料不宜超过1m。其中关键是要认真控制每次的投料量、密实电流值和留振持续的时间。具体控制值要通过现场试验或根据工程经验来确定。

施工完毕后，必须及时检验制桩的质量。检验的方法主要是用载荷试验和动力触探，可按有关规范规定进行。

6.7.3 工程应用的条件

振冲置换法主要适用于处理不排水抗剪强度大于20kPa的黏土、粉质黏土地基，如水池、房屋、堤坝、油罐、路堤、码头等类工程地基处理。对不排水抗剪强度较低(<20kPa)的淤泥、淤泥质土，一般不宜采用，因为强度太低，不能承受桩体自身的侧限压力，不易振冲密实形成良好的碎石桩体，反而因振冲而破坏桩间土，严重降低其承载力，除非振冲挤淤，全部置换软体层，否则难以成功。然而对于不排水抗剪强度大于20kPa到25kPa的粉质黏土，利用振冲置换处理，提高地基承载力和改善变形性质却是十分显著的。

6.8 托换技术

托换技术又称基础托换，其内容包括：①解决对原有建筑物的地基处理、基础加固或改建的问题；②由于建筑物基础下需要修建地下工程以及在其邻近建造新建筑，使原有建筑的安全受到影响时，需采取的地基处理或基础加固措施。由此可知，托换的基本原理和根本目的在于加强地基与基础的承载力，有效传递建筑物荷载，从而控制沉降与差异沉降，使建(构)筑物恢复安全使用。

6.8.1 基础托换

基础托换主要有基础加宽、加深技术，桩式托换等。

1. 基础加宽、加深法

通过基础加宽，扩大基础底面积，有效降低基底接触压力。

基础加宽应注意加宽部分与原有基础部分的连接。通常通过钢筋锚杆（植筋）将加宽部分与原有基础部分连接，并将原有基础凿毛、刷洗干净，铺一层高标号水泥浆或涂混凝土界面剂，使两部分混凝土能较好地连成一体，对刚性基础和柔性基础都要进行计算，刚性基础应满足刚性角要求，柔性基础应满足抗弯要求。钢筋锚杆应有足够的锚固长度，有条件时可将加固筋与原基础钢筋焊牢。有时也可将柔性基础改为刚性基础，独立基础改成条形基础，条形基础扩大成片筏基础，片筏基础改成箱形基础等。

基础加深采用坑式托换，是直接在被托换建筑物的基础下挖坑后浇筑混凝土的托换加固方法，也称墩式托换，如图 6.20 所示。坑式托换的适用条件是：土层易于开挖，地下水位较低，否则施工时会发生邻近土的流失；建筑物的基础最好为条形，便于在纵向对荷载进行调整，起到梁的作用。

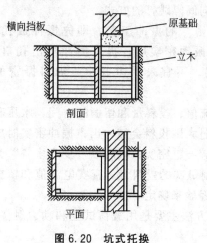

图 6.20 坑式托换

2. 桩式托换

桩式托换的内容，包括各种采用桩基的形式进行托换的方法。内容十分广泛，以下介绍几种常用且行之有效的桩式托换方法。

1) 压入桩

(1) 顶承式静压桩。顶承式静压桩是利用建筑物上部结构自重作支承反力，采用普通千斤顶，将桩分节压入土中（图 6.21），接桩用电焊，从压力传感器上可观察到桩贯入到设计土层时的阻力，当桩所承受的荷载超过设计单桩承载力的 150% 时，停止加荷撤出千斤顶，并在基础下支模浇注混凝土，使桩和基础浇注成整体，如图 6.21(b) 所示。

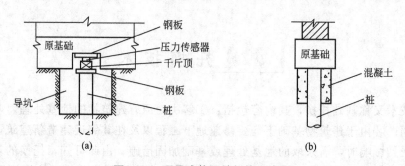

图 6.21 顶承式静压桩托换示意图

（2）锚杆式静压桩。锚杆式静压桩的工作原理是利用建筑物自重，先在基础上埋设锚杆，借锚杆的反力，通过反力架用千斤顶将预制好的桩逐节经基础开凿出来的桩孔压入至设计土层，最后在不卸载的情况下用强度等级为C30的微膨胀早强混凝土将桩与原基础浇灌在一起。

2）树根桩

树根桩实际上是一种小直径的就地灌注钢筋混凝土桩，其钻孔直径一般为7.5～25cm，其穿越原有建筑物进入到地基土层中。树根桩可以是垂直或倾斜的，也可是单根或成排的。用树根桩进行托换时，可认为施工时树根桩不起作用。但当建筑物产生极小沉降时，树根桩就能迅速反应，承受建筑物的部分荷载，同时使基底下土反力相应地减小。若建筑物继续下沉，则树根桩将继续分担荷载，直至全部荷载由树根桩承受为止。

树根桩托换可应用于加固已有建筑，包括房屋、桥梁墩台；也可用于修建地下铁道时的托换和加固土坡、整治滑坡等。其适用于砂性土、黏性土和岩石等各种类型的地基土。

3）灌注桩托换

用于托换工程的灌注桩，按其成孔方法可分为钻孔灌注桩和人工挖孔灌注桩两种。根据桩材又可分为混凝土、钢筋混凝土、灰土桩等。

图6.22(a)为一厂房桩基础用灌注桩托换的实例，承台支承被托换的上部结构并将荷载传至灌注桩；图6.22(b)为一灰土桩托换墙下基础，托梁支承上部结构并将荷载传至灌注桩。

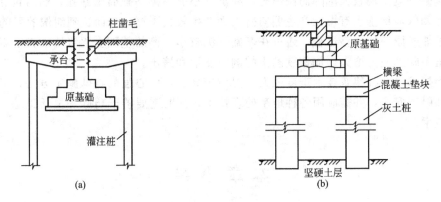

图 6.22 灌注桩托换

（a）灌注桩托换厂房桩基础；（b）灰土桩托换墙下基础

6.8.2 建筑物纠偏

在建筑工程中，某些建筑物或构筑物经常不可避免地建在承载力低、土层厚度变化大的较软弱地基上，或因地基局部浸水湿陷，或因建筑物荷载偏心等因素，往往使建筑物、构筑物或工业设备基础产生过大的沉降或不均匀沉降。此外，对大面积堆料的厂房，还会引起桩基础倾斜和吊车卡轨等现象。通常的处理方法有加深加大基础、加固地基、凿开基础矫正柱子、基础加压、基础减压以及增大结构刚度等方法。近几年，我国在基础纠偏工程中创造出一些新的方法，实践证明，这些新方法简便、效果良好。以下简要介绍顶桩掏土法和排土纠偏法。

1．顶桩掏土法

该法是将锚杆静压桩和水平向掏土技术相结合。其工作原理是先在建筑物基础沉降多的一侧压桩，并立即将桩与基础锚固在一起，迅速制止建筑物的下沉，然后在沉降少的一侧基底下掏土，以减少基底受力面积，增加基底压力，从而增大该处土中应力，使建筑物缓慢而又均匀地下沉，产生回倾，必要时可在掏土一侧设置少量保护桩，以提高回倾的稳定性，最后达到纠偏矫正的目的。在施工过程中必须加强对建筑物沉降和裂缝的观测。

2．排土纠偏法

排土纠偏法的形式有多种，现介绍以下几种。

1）抽砂纠偏法

为了纠正建筑物在使用期间可能出现的不均匀沉降，可在建筑物基底预先做一层 70～100cm 厚的砂垫层，在预估沉降量较小的部位，每隔一定距离（约 1m）预留砂孔一个。当建筑物出现不均匀沉降时，可在沉降量较小的部位，用铁管在预留孔中取出一定数量的砂体，从而使建筑物强迫下沉，达到沉降均匀的目的。

2）钻孔取土纠偏法

当软黏土地基上的建筑物发生倾斜时，用钻孔取土纠偏法能收到良好的效果。其方法是利用软土中应力变化后将产生侧向挤出这一特性来调整变形和纠正倾斜。

当基础一侧出现较大沉降而倾斜时，在沉降小的一侧基础周围钻孔，然后再在孔中掏土，使此侧软弱地基土有可能产生侧向挤出而产生较大下沉，从而达到纠偏的目的。

为了加速倾斜的调整过程，还可在基础下沉较小一侧的基础上逐级增加偏心荷载，使该处地基中附加应力增大，加速软黏土的侧向变形和挤出。

托换技术是一种建筑技术难度较大、费用较高、责任心强的特殊施工方法，其可能危及生命和财产安全，并需应用各种地基处理技术，同时需要善于巧妙和灵活地综合选用各种托换技术。

本 章 小 结

地基常用的处理方法有换土垫层法、排水固结法、水泥土搅拌桩法、高压喷射注浆法、强夯法与强夯置换法、振冲法、托换技术等方法。本章主要讲述上述各种处理方法的概念、加固机理、计算理论和适用范围并简单介绍了一些方法的施工技术和质量检测。

本章的重点是掌握每种地基处理方法的加固机理和计算理论。

习　　题

1．简答题

（1）地基处理方法一般分哪几类？其目的主要是解决什么工程问题的？

(2) 什么是换填垫层法? 其适用范围是什么? 如何确定垫层的厚度和宽度?

(3) 试述排水固结法的加固原理与设计要点。

(4) 试述水泥土搅拌法的特点。

(5) 什么是强夯法? 试述其加固机理。

(6) 什么是高压喷射注浆法?

(7) 什么是振冲法? 试述其加固地基的机理。

(8) 托换技术根据加固托换的方法如何进行分类?

2. 选择题

(1) 换填法不适用于( )。

A. 湿陷性黄土   B. 杂填土

C. 深层松砂地基   D. 淤泥质土

(2) 砂井堆载预压法不适合于( )。

A. 砂土   B. 淤泥

C. 饱和软黏土   D. 冲填土

(3) 强夯法不适用于( )。

A. 软散砂土   B. 杂填土

C. 饱和软黏土   D. 湿陷性黄土

(4) 砂井或塑料排水板的作用是( )。

A. 预压荷载下的排水通道   B. 提高复合模量

C. 起竖向增强体的作用   D. 形成复合地基

(5) 在既有建筑物地基加固与基础托换技术中,( )是通过地基处理改良地基土体,提高地基土体抗剪强度,改善压缩性,以满足建筑物对地基承载和变形的要求。

A. 树根桩   B. 锚杆静压桩   C. 压力注浆   D. 灌注桩

(6) 对于松砂地基最不适用的处理方法是( )。

A. 强夯   B. 堆载预压   C. 挤密碎石桩   D. 真空预压

(7) 在采用灰土的换填垫层法中,在验算垫层底面的宽度时,当 $z/b<0.25$,其扩散角 θ 采用( )。

A. $20°$ B. $28°$ C. $6°$ D. $0°$

(8) 水泥土搅拌桩单桩容许承载力的计算公式:$R_a = u_p \cdot \sum q_{si} \cdot l_i + \alpha \cdot A_p \cdot q_p$,其中 u_p 是( )。

A. 水泥土强度安全系数   B. 桩周周长

C. 单桩截面面积   D. 桩长

3. 计算题

(1) 某五层砖石混合结构的住宅建筑,墙下为条形基础,宽 1.2m,埋深 1m,上部建筑物作用于基础上的荷载为 150kN/m。地基土表层为粉质黏土,厚 1m,厚度 $\gamma = 17.8kN/m^3$;第二层为淤泥质黏土,厚 15m,重度 $\gamma = 17.5kN/m^3$,地基承载力 $f_{ak} = 50kPa$;第三为密实砂砾石。地下水距地表面为 1m。因地基土比较软弱,不能承受上部建筑荷载,拟采用砂垫层换填基底下的淤泥质土,已知砂垫层 $\gamma_{sat} = 19.5kN/m^3$,$\gamma = 19kN/m^3$,试设计砂垫层的厚度和宽度。

（2）某海港工程为软黏土地基，厚度为 16m，下卧层为不透水层，$C_v = C_h = 1.5 \times 10^{-3} \text{cm}^2/\text{s}$，采用砂井堆载预压法加固，砂井长 $H = 16\text{m}$，直径 $d_w = 30\text{cm}$，梅花形布置，间距 $l = 1.5\text{m}$。求一次加荷 2 个月时砂井地基的平均固结度。

（3）某松散砂土地基的承载力特征值为 90kPa，拟采用旋喷桩法加固。现分别用单管法、双重管法和三重管法进行试验，桩径分别为 1m、1.5m 和 2m，单桩轴向承载力特征值分别为 200kN、350kN 和 620kN，三种方法均按正方形布桩，间距为桩径的 3 倍。试分别求出加固后复合地基承载力特征值的大小。

第7章
特殊土地基

教学目标

主要讲述软土、湿陷性黄土、膨胀土、红黏土等特殊土地基的特性、评价指标、工程措施。通过本章的学习，应达到以下目标：
(1) 掌握软土的工程特性与评价指标；
(2) 掌握湿陷性黄土的评价和工程措施；
(3) 掌握膨胀土的评价和工程措施；
(4) 掌握红黏土的评价和工程措施；
(5) 熟悉山区地基的特性和工程措施；
(6) 掌握冻土的评价和工程措施；
(7) 熟悉盐渍土的评价和工程措施。

教学要求

知识要点	能力要求	相关知识
软土地基	(1) 了解软土成因类型及分布 (2) 掌握软土的工程特性及其评价 (3) 了解软土地基的工程措施	(1) 软土地基及其分布 (2) 软土的工程特性 (3) 软土地基的工程评价 (4) 软土地基的工程措施
湿陷性黄土地基	(1) 了解黄土的特征和分布 (2) 掌握影响黄土地基湿陷性的主要因素 (3) 掌握湿陷性黄土地基的评价 (4) 掌握黄土地基的工程措施	(1) 黄土的湿陷机理 (2) 影响黄土湿陷性的因素 (3) 湿陷性黄土地基的评价 (4) 湿陷系数 (5) 黄土湿陷性的判定 (6) 湿陷起始压力 (7) 建筑场地湿陷类型的划分 (8) 黄土地基湿陷等级的确定 (9) 湿陷性黄土地基的工程措施
膨胀土地基	(1) 了解膨胀土的特点 (2) 掌握膨胀土地基的评价 (3) 掌握膨胀土地基的工程措施	(1) 膨胀土的工程特性指标 (2) 自由膨胀率 (3) 膨胀率 (4) 膨胀力 (5) 线缩率 (6) 收缩系数 (7) 原状土的缩限 (8) 膨胀土地基的工程措施
红黏土地基处理	(1) 了解红黏土的形成和分布 (2) 掌握红黏土的工程特性 (3) 了解红黏土地区的岩溶和土洞 (4) 掌握红黏土地基的评价 (5) 掌握红黏土地基的工程措施	(1) 红黏土的工程特性 (2) 红黏土的地基稳定性评价 (3) 红黏土的地基承载力评价 (4) 红黏土的地基均匀性评价 (5) 红黏土地基的工程措施
山区地基	(1) 掌握土岩组合地基的工程特性和地基处理 (2) 掌握岩溶地基概念和稳定性评价 (3) 了解岩溶地基的处理措施 (4) 掌握土洞地基概念 (5) 了解土洞地基处理措施	(1) 土岩组合地基的工程特性 (2) 土岩组合地基的处理 (3) 岩溶地基的稳定性评价 (4) 岩溶地基的处理措施 (5) 土洞地基概述和处理措施
冻土地基	(1) 掌握冻土的物理和力学性质 (2) 掌握冻土的融陷性分级 (3) 了解冻土岩土工程地质评价与地基处理	(1) 冻土的物理和力学性质 (2) 冻土的总含水量 (3) 冻土的重度 (4) 冻土的含冰量和未冻水含量 (5) 冻土的融沉系数和冻胀量 (6) 冻土的法向和切向冻胀力 (7) 冻土的抗剪强度和冻结力 (8) 冻土的融陷性分级 (9) 冻土岩土工程地质评价与地基处理
盐渍土地基处理	(1) 了解盐渍土的形成和分布 (2) 了解盐渍土的工程特征 (3) 掌握盐渍土地基的溶陷性、盐胀性和腐蚀性 (4) 了解盐渍土的工程评价及防护措施	(1) 盐渍土的工程特征 (2) 盐渍土的评价 (3) 盐渍土地基的溶陷性和溶陷系数 (4) 盐渍土地基的盐胀性 (5) 盐渍土路基的腐蚀性 (6) 盐渍土的工程评价及防护措施

基本概念

软土、湿陷性黄土、膨胀土、红黏土、山区地基、冻土、盐渍土。

 引例

我国地域辽阔，存在很多具有特殊性质的地基土，包括软土、湿陷性黄土、膨胀土、红黏土、山区地基、冻土、盐渍土等。这类土与一般的土相比工程性质有很大差异，如黄土有湿陷性，膨胀土有涨缩性，软土有高压缩性，当在特殊土地基上进行工程建设时，应注意其特殊性，采取必要的措施，防止发生工程事故。

软 土 地 基

7.1.1 软土成因类型及分布

主要受力层由软土组成的地基称为软土地基。软土一般指外观以灰色为主，天然空隙比大于或等于 1.0，且天然含水量大于液限的细粒土。它包括淤泥、淤泥质土（淤泥质黏性土、粉土）、泥炭和泥炭质土等，其压缩系数一般大于 $0.5MPa^{-1}$，不排水抗剪强度小于 20kPa。

淤泥及淤泥质土是在静水或非常缓慢的流水环境中沉积，经生物化学作用形成的，天然含水率大于液限、天然孔隙比大于或等于 1.0 的黏性土。当天然孔隙比大于或等于 1.0 而小于 1.5 时为淤泥质土；当天然孔隙比大于或等于 1.5 时为淤泥。它广泛分布在我国沿海地区、内陆地区以及江河湖泊处，形成滨海相、三角洲相、泻湖相、溺谷相和沼泽相等沉积。

以滨海相沉积为主的软土，沿海岸线由北至南分布在大连湾、天津塘沽、连云港、舟山、温州湾、厦门、香港、湛江等地；泻湖相沉积的软土以温州、宁波地区软土为代表；溺谷相软土则分布在福州、泉州一带；三角洲相软土主要分布在长江下游的上海地区和珠江下游的广州地区；河漫滩相沉积软土在长江中下游、珠江下游、淮河平原、松辽平原等地区有分布；内陆软土主要为湖相沉积，在洞庭湖、洪泽湖、太湖、鄱阳湖四周以及昆明滇池地区有分布；贵州六盘水地区的洪积扇和煤系地区分布区的山间洼地也有软土分布。不同成因类型的软土具有一定的分布规律和特征，详见表 7-1。

表 7-1 软土的成因类型

成因类型		特征
滨海沉积	滨海相	常与海浪岸流及潮汐的水动力作用形成较粗的颗粒（粗、中、细砂）相掺杂，在沿岸与垂直岸边方向有较大的变化，土质疏松且具不均匀性，增加了淤泥和淤泥质土的透水性能
	浅海相	多位于海湾区域内，在较平静的海水中沉积而成，细粒物质来源于入海河流携带的泥砂和浅海中动植物残骸，经海流搬运分选和生物化学作用，形成灰色或灰绿色的软弱淤泥质土和淤泥

（续）

成因类型		特征
滨海沉积	泻湖相	沉积物颗粒细微，分布范围较宽阔，常形成海滨平原，表层为较薄的黏性土，其下为厚层淤泥层，在泻湖边缘常有泥炭堆积
	溺谷相	分布范围略窄，结构疏松，在其边缘表层常有泥炭堆积
	三角洲相	由于河流及海湖的复杂交替作用，而使软土层与薄层砂交错沉积，多交错成不规则的尖灭层或透镜体夹层，分选程度差，结构疏松，颗粒细。表层为褐黄色黏性土，其下则为厚层的软土或软土夹薄层砂
湖泊沉积	湖相	是近代盆地的沉积。其物质来源与周围岩体基本一致，在稳定的湖水期逐渐沉积而成，沉积物中夹有粉砂颗粒，呈现明显的层理，淤泥结构松软，呈暗灰、灰绿或黑色，表层硬度不规律，时而有泥炭透镜体
河滩沉积	河漫滩相牛轭湖相	成层情况较为复杂，其成分不均一，走向和厚度变化大，平面分布不规则，软土常呈带状或透镜状，间与砂或泥炭互层，其厚度不大
沼泽沉积	沼泽相	分布在水流排泄不畅的低洼地带，在蒸发量不足以疏干淹水地面的情况下，形成一种沉积物。多半以泥炭为主，且常出露于地表。下部分布有淤泥层或底部与泥炭互层

　　按软土工程性质，结合自然地质地理环境，在我国可划分为三个软土分布区域，自北向南分别为Ⅰ—北方地区；Ⅱ—中部地区；Ⅲ—南方地区。沿秦岭走向向东至连云港以北的海边一线，为Ⅰ、Ⅱ地区界线；沿苗岭、南岭走向向东至莆田海边一线，作为Ⅱ、Ⅲ地区界线。各区域都分布着不同成因类型的软土。

7.1.2　软土的工程特性及评价

1. 软土的工程特性

　　软土的主要特征是含水量高（$w=35\%\sim80\%$）、孔隙比大（$e\geqslant1$）、压缩性高、强度低、渗透性差，并含有机质，一般具有如下工程特性。

　　1）触变性

　　尤其是滨海相软土一旦受到扰动（振动、搅拌、挤压或搓揉等），原有结构破坏，土的强度明显降低或很快变成稀释状态。触变性的大小，常用灵敏度 S_t 来表示，一般 S_t 在 $3\sim4$ 之间，个别可达 $8\sim9$。故软土地基在振动荷载下，易产生侧向滑动、沉降及基底向两侧挤出等现象。

　　2）流变性

　　软土除排水固结引起变形外，在剪应力作用下，土体还会发生缓慢而长期的剪切变形，对地基沉降有较大影响，对斜坡、堤岸、码头及地基稳定性不利。

　　3）高压缩性

　　软土的压缩系数大，一般 $a_{1-2}=0.5\sim1.5\text{MPa}^{-1}$，最大可达 4.5MPa^{-1}；压缩指数 C_c 约为 $0.35\sim0.75$，软土地基的变形特性与其天然固结状态相关，欠固结软土在荷载作用下沉降较大，天然状态下的软土层大多属于正常固结状态。

4）低强度

软土的天然不排水抗剪强度一般小于 20kPa，其变化范围约为 5～25kPa，有效内摩擦角 φ' 约为 $12°～35°$，固结不排水剪内摩擦角 $\varphi_{cu} = 12°～17°$，软土地基的承载力常为50～80kPa。

5）低透水性

软土的渗透系数一般约为 $i×10^{-6}～i×10^{-8}$ cm/s，在自重或荷载作用下固结速率很慢。同时，在加载初期地基中常出现较高的孔隙水压力，影响地基的强度，延长建筑物的沉降时间。

6）不均匀性

由于沉降环境的变化，黏性土层中常局部夹有厚薄不等的粉土使水平和垂直分布上有所差异，使建筑物地基易产生差异沉降。

2. 软土地基的工程评价

对软土地区拟建场地和地基进行岩土工程地质勘察时，应按《软土地区工程地质勘察规范》（JGJ 83—1991）的要求进行。在下达勘察任务时，宜布置多种原位测试手段代替部分钻探工作，部分常规钻探鉴别孔可用静力探孔替代，宜用十字板试验测定软土抗剪强度、灵敏度等，或采用旁压试验、螺旋板载荷试验等确定土的极限承载力，估算土的变形模量或旁压模量等参数，对软土地基中的砂层或中密粉土应辅以标准贯入试验。软土层中宜采用回转式提土钻探，应根据工程要求所需试样的质量等级选择采样方法及取土器，宜采用静压法以薄壁取土器采取原状土试样，并在试样运输、保存以及制备等过程中防止试样扰动。只有较准确取得场地和地基岩土层资料和计算参数，结合拟建建筑物具体情况，经综合分析，才能对软土地基作出正确评价。

1）场地和地基稳定性评价

地质条件复杂地区，综合分析的首要任务是评价场地和地基的稳定性，然后才是地基的强度和变形问题。当拟建建筑物位于抗震设防烈度 7 度或 7 度以上地区，应分析场地和地基的地震效应，对饱和砂土和粉土进行地震液化判别，并对场地软土震陷可能性作出判定；当拟建建筑物离河岸、海岸、池塘等边坡较近时，应分析软土侧向塑性挤出或滑移的可能性；在地基土受力范围内有基岩或硬土层，其顶面倾斜度大时，应分析上部软土层沿倾斜面产生滑移或不均匀变形的可能性。软土地区地下水一般较高，应根据场地地下水位变化幅度、水头梯度或承压水头等判别其对软土地基稳定性和变形的影响。

2）地基持力层选择

对不存在威胁场地稳定的不良地质现象的建筑地段，地基基础设计必须满足地基承载力和地基沉降这两个基本要求，而且应该充分发挥地基的潜力。在软土地区，在表层有硬壳层时，一般应充分利用，采用宽基浅埋天然地基基础方案。在选择地基持力层时，合理地确定地基土的承载力特征值，是选择地基持力层的关键，而地基承载力实际上取决于许多因素，单纯依靠某种方法确定承载力值未必十分合理，软土地区地基土承载力特征值应通过多种测试手段，并结合实践经验适当予以增减。软土地区确定地基承载力方法：①用理论公式计算一般宜采用临塑荷载公式，不考虑基础宽度修正，可采用固结快剪试验确定土的内摩擦角和黏聚力，取值时可根据地区经验折减；②结合当地经验，根据软土的天然含水量查表确定；③利用静力触探及其他原位测试资料，经与荷载试验结果对比而建立地区性相关公式确定；④对于缺乏建筑经验和一级建筑物地基，宜以载荷试验确定。

在地基持力层承载力特征值确定后，还须进行地基变形验算。地基变形值按《地基规范》的有关沉降公式计算，但应参照当地已有建筑物的沉降观测资料与经验确定沉降计算经验系数；在软土地区如有欠固结土存在，应计算土的自重压密固结产生的附加变形，宜进行高压固结试验提供先期固结压力、压缩指数 C_c 等指标；地基压缩层厚度计算自基底底面算起，算至附加力等于土层自重应力的 10% 处，并应考虑邻近地面堆载和相邻基础的影响。

7.1.3 软土地基的工程措施

在软土地基上修建各种构筑物时，要特别重视地基的变形和稳定问题，并考虑上部结构与地基的共同作用、采用必要的建筑及结构措施，确定合理的施工顺序和地基处理方法，并应采取下列措施。

（1）充分利用表层密实的黏性土（一般厚约 1～2 m）作为持力层，基底尽可能浅埋（埋深 d =300～800mm），但应验算下卧层软土的强度。

（2）尽可能设法减小基底附加应力，如采用轻型结构、轻质墙体、扩大基础底面、设置地下室或半地下室等。

（3）采用换土垫层或桩基础等，但应考虑欠固结软土产生的桩侧负摩阻力。

（4）采用砂井预压，加速土层排水固结。

（5）采用高压喷射、深层搅拌、粉体喷射等处理方法。

（6）使用期间，对大面积地面堆载划分范围，避免荷载局部集中、直接压在基础上。

当遇到暗塘、暗沟、杂填土及冲填土时，须查明范围、深度及填土成分。较密实均匀的建筑垃圾及性能稳定的工业废料可作为持力层，而有机质含量大的生活垃圾和对地基有侵害作用的工业废料，未经处理不宜作为持力层，并应根据具体情况，选用如下处理方法。

（1）不挖土，直接打入短桩。如上海地区通常采用长约 7m、断面为 200mm×200mm 的钢筋混凝土桩，每桩承载力为 30～70kN；并认为承台底土与桩共同承载，土承受该桩所受荷载的 70% 左右，但不超过 30kPa，对暗塘、暗沟下有强度较高的土层效果更佳。

（2）填土不深时，可挖去填土，将基础落深，或用毛石混凝土、混凝土等加厚垫层，或用砂石垫层处理。若暗塘、暗沟不宽，也可设置基础梁直接跨越。

（3）对于低层民用建筑可适当降低地基承载力，直接利用填土作为持力层。

（4）冲填土一般可直接作为地基。若土质不良时，可选用上述方法加以处理。

【例 7.1】 某院校首期工程兴建 5～7 层教学和宿舍大楼及附属建筑物，建筑物安全等级为二级，拟建场地和地基的复杂程度为二级，属抗震设防烈度 7 度区，场内勘察孔间距、钻孔深度和测试项目等按岩土工程勘察乙级考虑。

拟建场地位于珠江三角洲中部，地势平坦，河网发育，覆盖层有 7 层：①冲填细砂层，褐黄色，松散，湿—饱和，厚度 1.5～2.5m；②淤泥，灰黑色，流塑，局部夹薄层粉细砂，局部地段相变为淤泥质粉土，厚度 8～12m；③粉砂，灰黑色，饱和，稍密—中密，局部夹黏性土薄层或相变为细砂，厚度 3.5～5.2m；④粉质黏土，黄红色有白色斑点，可塑，厚度 2.5～3.1m；⑤淤泥质土，灰黑色，软塑，厚度 4.0～4.8m；⑥中砂层，褐黄色，中密，厚度 4.5～6.0m；⑦砂质黏性土，残积，褐黄色，硬塑状，厚度 2.0～2.5m；⑧基岩为花岗岩，其全风化和强风化带不厚，中风化岩带岩质坚硬，裂隙发育，顶面深埋 35.0～39.0m。场地岩土层主要物理力学性质指标及其承载力特征值的经验值，见表 7-2。

场地内地下水主要有第四系土层孔隙水及基岩裂隙水，孔隙水主要赋存在①冲填细砂层、③粉砂和⑥中砂层，粉砂和中砂层地下水水量丰富，具有承压性质，基岩裂隙水微弱，水量不大。地下水深埋 1.20m。

1) 场地稳定性评价

本区域主要断裂有北北东至北东、北西西至近东西以及北北西至北西三组，拟建场地均没有上述断裂通过。本区抗震设防烈度为 7 度，设计基本地震加速度值为 0.10g，据已有的地震安全性评价岩土层波速资料，综合判定场地土以软土为主，属Ⅲ类建筑场地，特征周期值 0.45s，场地内①细砂、③粉砂局部地段经液化判别为液化砂层，液化等级为轻微—中等，为建筑抗震不利地段。

2) 地基持力层选择

场地原有鱼塘分布及纵横交错沟渠灌溉和排水系统，连续分布表面较好的土层(硬壳层)，经人为挖掘，呈零星分布，场内兴建的建筑物一般不能采用天然地基浅基础，而采用人工地基浅基础或桩基。

人工地基浅基础：场内附属建筑物，学生(教工)饭堂、商业楼、门诊楼可采用水泥搅拌桩，以③稍密—中密粉砂层作桩端持力层，桩长 8～12m，并据拟建建筑物荷载和变形值要求，决定复合地基置换率，定出桩径、桩距及桩的平面排列形式。

桩基础：对于 5～7 层教学和宿舍大楼，建议采用预应力混凝土管桩，桩径 400mm，以中密中砂或砂质黏性土作桩端持力层，桩长约 25～30m，单桩竖向承载力特征值按《地基规范》有关经验公式 $R_a = u \sum q_{sia} l_i + q_{pa} A_p$ 估算，单桩竖向承载力特征值 $R_a = 1000kN$，有关桩基基础计算参数 q_{sia}、q_{pa} 参阅表 7-2。该值已考虑土层受冲填细砂层大面积荷载影响，下部土层对基桩所产生的负摩阻力，对桩承载力作了折减。

表 7-2　场地岩土层主要物理力学性质指标及承载力特征值的经验值表

土层编号	土层名称	天然含水量 $w(\%)$	天然孔隙比 e	液性指数 I_L	压缩模量 E_a (MPa)	直剪试验		十字板剪切试验 c_u (kPa)	标准贯入试验 N'(实测值)	地基土承载力特征值 f_{ak} (kPa)	岩石单轴抗压强度标准值 f_r (MPa)	桩侧土摩阻力特征值 q_{sa} (kPa)	桩端土承载力特征值 q_{pa} (kPa)
						c_q (kPa)	φ_q (°)						
①	细砂(冲填)								3.8	100			
②	淤泥	62	1.831	1.91	2.87	8.3	2.3	16.4	1.2	55		8	
③	粉砂						31		12.1	150		25	
④	粉质黏土	32	0.817	0.52	5.85	26.1	17.3		12.6	200		30	
⑤	淤泥质土	45	1.383	1.35	3.87	13.5	3.1	38.2	1.8	80		12	
⑥	中砂层						40.5		20.9	240		35	4000
⑦	砂质黏性土	24.1	0.678	0.21	4.62	31.2	30.2		26.2	300		40	3000
⑧	花岗岩										15.2		

▌7.2 湿陷性黄土地基

7.2.1 黄土的特征和分布

遍布在我国甘、陕、晋大部分地区以及豫、冀、鲁、宁夏、辽宁、青海、新疆、内蒙古等部分地区的黄土是一种在第四纪时期形成的、颗粒组成以粉粒（粒径约 $d=0.075\sim0.005\text{mm}$）为主的黄色或褐黄色集合体，含有大量的碳酸盐类，往往具有肉眼可见的大孔隙。由风力搬运堆积而成，又未经次生扰动、不具层理的黄土，称为原生黄土；原生黄土被流水冲刷、搬运再堆积而成的黄土称为次生黄土，它与原生黄土的主要区别是具有层理，并含有较多的砂以及细砾，其地貌特征如图 7.1 所示。

(a)   (b)

图 7.1 黄土原地貌

具有天然含水量的黄土、如未受水浸湿，一般强度较高，压缩性较小。有的黄土，在覆盖土层的自重应力或自重应力和建筑物附加应力的综合作用下受水浸湿，使土的结构迅速破坏而发生显著的附加下沉（其强度也随着迅速降低），称为湿陷性黄土；有的黄土却并不发生显著附加下沉，则成为非湿陷性黄土。非湿陷性黄土地基的设计与施工与一般黏性土地基无异，无须另行讨论。湿陷性黄土分为非自重湿陷性和自重湿陷性两种。非自重湿陷性黄土在土自重应力作用下受水浸湿后不发生显著附加下沉；自重湿陷性黄土，在土自重应力下浸湿后则发生显著附加下沉。

我国的湿陷性黄土，一般呈黄色或褐黄色，粉土粒含量常占土重的 60% 以上，含有大量的碳酸盐、硫酸盐和氯化物等可溶盐类，天然空隙比在 1 左右，一般具有肉眼可见的大孔隙，竖直节理发育，能保持直立的天然边坡。黄土的工程性质评价应综合考虑地层、地貌、水文地质条件等因素。

我国黄土的沉积经历了整个第四纪时期，按形成年代的早晚，有老黄土和新黄土之分。黄土形成年代愈久，大孔结构退化，土质愈趋密实，强度高而压缩小，湿陷性减弱甚至不具湿陷性，反之，形成年代愈短，其湿陷性愈显著，见表 7 - 3。

表 7-3 黄土的地层划分

时代		地层的划分	说明
全新世（Q_4）黄土	新黄土	黄土状土	一般具湿陷性
晚更新世（Q_3）黄土		马兰黄土	
中更新世（Q_2）黄土	老黄土	离石黄土	上部部分土层具湿陷性
早更新世（Q_1）黄土		午城黄土	不具湿陷性

注：全新世（Q_4）黄土包括湿陷性（Q_4^1）黄土和新近堆积（Q_4^2）黄土。

属于老黄土的地层有午城黄土（早更新世，Q_1）和离石黄土（中更新式，Q_2）。前者色微红至棕红，而后者为深黄及棕黄。老黄土的土质密实，颗粒均匀，无大孔或略具大孔结构。除离石黄土层上部要通过浸水试验确定有无湿陷性外，一般不具湿陷性，常出露于山西高原、豫西山前高地、渭北平原、陕西和陇西高原。午城黄土一般位于离石黄土层的下部。

新黄土是指覆盖于离石黄土层上部的马兰黄土（晚更新世，Q_3）以及全新世（Q_4）中各种成因的黄土状土，色灰黄至黄褐、棕褐。马兰黄土及全新世早期黄土，土质均匀或较为均匀，结构疏松，大孔隙发育，一般具有湿陷性，主要分布在黄土地区的河岸阶地。值得注意的是，全新世近期（Q_4^2）的新近堆积黄土，形成历史较短，只有几十到几百年的历史。其土质不均，结构松散，大孔排列杂乱，常混有岩性不一的土块、多虫孔和植物根孔。包含物常含有机质，斑状或条状氧化物；有的混有砂、砾或岩石碎屑；有的混有砖、瓦、陶瓷碎片或朽木片等人类活动的遗物，在大孔壁上常有白色钙质粉末。它的力学性质远逊于马兰黄土，由于土的固结成岩差，在小压力下变形较大（$0\sim100\text{kPa}$ 或 $50\sim150\text{kPa}$），呈现高压缩性。新近堆积黄土多分布于黄土塬、梁、峁的坡脚和斜坡后缘，冲沟两侧及沟口处的洪积扇和山前坡积地带，河道拐角处的内侧，河漫滩及低阶地，山间或黄土梁、峁之间的凹地的表部，平原上被淹埋的池沼洼地。

我国黄土地区面积约达 $60\times10^4\text{km}^2$，其中湿陷性黄土约占 3/4。《湿陷性黄土地区建筑规范》（GBJ 50025—2004）（以后简称《黄土规范》）在调查和搜集各地区湿陷性黄土的物理力学性质指标、水文地质条件、湿陷性资料的基础上，综合考虑各区域的气候、地貌、地层等因素，作为我国湿陷性黄土工程地质分区略图以供参考。

7.2.2 影响黄土地基湿陷性的主要因素

1. 黄土的湿陷机理

黄土的湿陷现象是一个复杂的地质、物理、化学过程，其湿陷机理国内外学者有各种不同假说，如毛细管假说、溶盐假说、胶体不足假说、欠压密理论和结构学假说等。但至今尚未获得能够充分解释所有湿陷现象和本质的统一理论。以下仅简要介绍几种被公认为比较合理的假说。

（1）黄土的欠压密理论认为，在干旱、少雨气候下，黄土沉积过程中水分不断蒸发，土粒间盐类析出，胶体凝固，形成固化黏聚力，在土湿度不大时，上覆土层不足以克服土中形成的固化粘黏力，因而形成欠压密状态，一旦受水浸湿，固化黏聚力消失，则产生沉陷。

（2）溶盐假说认为，黄土湿陷是由于黄土中存在大量的易溶盐。黄土中含水量较低时，易溶盐处于微晶状态，附于颗粒表面，起胶结作用。而受水浸湿后，易溶盐溶解，胶结作用丧失，从而产生湿陷。但溶盐假说并不能解释所有湿陷现象，如我国湿陷性黄土中易溶盐含量就较少。

（3）结构学说认为，黄土湿陷的根本原因是其特殊的粒状架空结构体系所造成。该结构体系由集粒和碎屑组成的骨架颗粒相互联结形成（图 7.2），含有大量架空孔隙。颗粒间的连接强度是在干旱、半干旱条件下形成，来源于上覆土重的压密，少量的水在粒间接触处形成毛管压力，粒间电分子引力，粒间摩擦及少量胶凝物质的固化黏聚等。该结构体系在水和外荷载作用下，必然导致连接强度降低、连接点破坏，致使整个结构体系失去稳定。

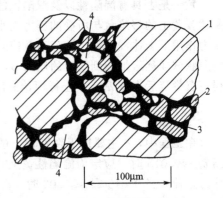

图 7.2　黄土结构示意图
1—砂粒；2—粗粉粒；
3—胶结物；4—大孔隙

尽管解释黄土湿陷原因的观点各异，但归纳起来可分为外因和内因两个方面。黄土受水浸湿和荷载作用是湿陷发生的外因，黄土的结构特征及物质成分是产生湿陷性的内因。

2.影响黄土湿陷性的因素

1）黄土的物质成分

黄土中胶结物的多寡和成分，以及颗粒的组成和分布，对于黄土的结构特点和湿陷性的强弱有着重要的影响。胶结物含量大，可把骨架颗粒包围起来，则结构致密。黏粒含量特别是胶结能力较强的小于 0.001mm 的颗粒的含量多，其均匀分布在骨架之间也起了胶结物的作用，均使湿陷性降低并使力学性质得到改善。反之，粒径大于 0.05mm 的颗粒增多，胶结物多呈薄膜状分布，骨架颗粒多数彼此直接接触，其结构疏松，强度降低，从而使湿陷性增强。我国黄土湿陷性存在着由西北向东南递减的趋势，这与自西北向东南方向砂粒含量减少而黏粒含量增多是一致的。此外黄土中的盐类以及其存在状态对湿陷性也有着直接的影响，如以较难溶解的碳酸钙为主而具有胶结作用时，湿陷性减弱，但石膏及其他碳酸盐、硫酸盐和氯化物等易溶盐的含量愈大时，湿陷性增强。

2）黄土的物理性质

黄土的湿陷性与其孔隙比和含水量等土的物理性质有关。天然孔隙比越大，或天然含水量越小，则湿陷性越强。饱和度 $S_r \geqslant 80\%$ 的黄土，称为饱和黄土，饱和黄土的湿陷性已退化。在天然含水量相同时，黄土的湿陷变形随湿度的增加而增大。

3）外加压力

黄土的湿陷性还与外加压力有关。外加压力越大，湿陷量也显著增加，但当压力超过某一数值后，再增加压力，湿陷量反而减少。

7.2.3　湿陷性黄土地基的评价

正确评价黄土地基的湿陷性具有很重要的工程意义，其主要包括三方面内容：①查明一定压力下黄土浸水后是否具有湿陷性；②判别场地的湿陷类型，是自重湿陷性还是非自重湿陷性；③判定湿陷黄土地基的湿陷等级，即其强弱程度。

1. 湿陷系数

黄土是否具有湿陷性以及湿陷性的强弱程度如何，应该用一个数值指标来判定。如上所述，黄土的湿陷量与所受的压力大小有关。所以湿陷性的有无、强弱，应按某一给定的压力作用下土体浸水后的湿陷系数值来衡量。湿陷系数由室内压缩试验测定。在压缩仪中将原状试样逐级加压到规定的压力 p，当压缩稳定后测得试样高度 h_p，然后加水浸湿，测得下沉稳定后高度 h_p'。设土样原始高度为 h_0，则土的湿陷系数 δ_s 为：

$$\delta_s = \frac{h_p - h_p'}{h_0} \qquad (7-1)$$

在工程中，δ_s 主要用于判别黄土的湿陷性，当 $\delta_s < 0.015$ 时，应定为非湿陷性黄土；当 $\delta_s \geqslant 0.015$ 时，应定为湿陷性黄土。湿陷性黄土的 δ_s 湿陷程度，可根据湿陷系数值大小分为三种：当 $0.015 \leqslant \delta_s \leqslant 0.03$ 时；湿陷性轻微；当 $0.03 < \delta_s \leqslant 0.07$ 时；湿陷性中等；当 $\delta_s > 0.07$ 时，湿陷性强烈。

试验时测定湿陷系数的压力 p 应采用黄土地基的实际压力，但初勘阶段，建筑物的平面位置、基础尺寸和埋深等尚未确定，即实际压力大小难以预估。因而《黄土规范》规定：自基础底面(初勘时，自地面下 1.5m)算起，10m 以内的土层应用 200kPa；10m 以下至非湿陷性土层顶面，应用其上覆土的饱和自重应力(当大于 300kPa 时，仍应用 300kPa)；如基底压力大于 300kPa 时，宜用实际压力判别黄土的湿陷性；对压缩性较高的新近堆积黄土，基底下 5m 以内的土层宜用 100~150kPa 压力，5~10m 和 10m 以下至非湿陷性黄土层顶面，应分别用 200kPa 和上覆土层的饱和自重压力。

2. 湿陷起始压力

如前所述，黄土的湿陷量是压力的函数。因此，事实上存在一个压力界限值，若压力低于这个数值，黄土即使浸了水也只产生压缩变形而无湿陷现象。这个界限称为湿陷起始压力 p_{sh}(kPa)，它是一个有一定实用价值的指标。例如，在设计非自重湿陷性黄土地基上荷载不大的基础和土垫层时，可以有意识地选择适当的基础底面尺寸及埋深或土垫层厚度，使基底或垫层底面的总压力(自重应力与附加应力之和)$\leqslant p_{sh}$，则可避免湿陷发生。

湿陷起始压力可根据室内压缩试验或原位载荷试验确定，其分析方法可采用双线法或单线法。

1) 双线法

在同一取土点的同一深度处，以环刀切取两个试样。一个在天然湿度下分级加荷，另一个在天然湿度下加第一级荷重，下沉稳定后浸水，待湿陷稳定后再分级加荷。分别测定这两个试样在各级压力下，下沉稳定后的试样高度 h_p 和浸水下沉稳定后的试样高度 h_p'，就可以绘出不浸水试样的 $p-h_p'$ 曲线和浸水试样的 $p-h_p'$ 曲线，如图 7.3 所示。然后按式(7-1)计算各级荷载下的湿陷系数 δ_s，从而绘制 $p-\delta_s$ 曲线。在 $p-\delta_s$ 曲线上取 $\delta_s = 0.015$ 所对应的压力作为湿陷起始压力 p_{sh}。

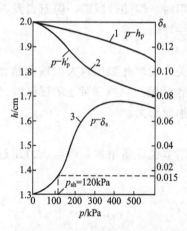

图 7.3　双线法压缩试验曲线
1—不浸水试样 $p-h_p$ 曲线；2—浸水试样 $p-h_p'$ 曲线；3—$p-\delta_s'$ 曲线

2) 单线法

在同一取土点的同一深度处,至少以环刀切取 5 个试样。各试样均分别在天然湿度下分级加荷至不同的规定压力。待下沉稳定后测定土样高度 h_p,再浸水至湿陷稳定为止,测试样高度 h_p',绘制 p-δ_s 曲线。p_{sh} 的确定方法与双线法相同。

上述方法是针对室内压缩试验而言,原位载荷试验方法与之相同,此处不详述。我国各地湿陷起始压力相差较大,如兰州地区一般为 $20\sim50$kPa,洛阳地区常在 120kPa 以上。此外,大量试验结果表明,黄土的湿陷起始压力随土的密度、湿度、胶结物含量以及土的埋藏深度等的增加而增加。

3. 建筑场地湿陷类型的划分

工程实践表明,自重湿陷性黄土在无外荷载作用时,浸水后也会迅速发生剧烈的湿陷,甚至一些很轻的建筑物也难免遭受其害。而在非自重湿陷性黄土地区,这种情况就很少见。对这两种湿陷性黄土地基,所采取的设计和施工措施应有所区别。在黄土地区地基勘察中,应按实测自重湿陷量或计算自重湿陷量判定建筑场地的湿陷类型。实测自重湿陷量应根据现场试坑浸水试验确定。其结果可靠,但费水费时,且有时受各种条件限制而不易做到。

计算自重湿陷量可按下式计算:

$$\Delta_{zs} = \beta_0 \sum_{i=1}^{n} \delta_{zsi} h_i \tag{7-2}$$

式中 δ_{zsi}——第 i 层土在上覆土的饱和 ($S_r > 0.85$) 自重应力作用下的湿陷系数,其测定和计算方法同 δ_s,即 $\delta_{zs} = \dfrac{h_z - h_z'}{h_0}$(其中,$h_z$ 是指加压至土的饱和自重压力时,下沉稳定后的高度;h_z' 是上述加压稳定后,在浸水作用下,下沉稳定后的高度);

h_i——第 i 层土的厚度(cm);

n——总计算厚度内湿陷土层的数目,总计算厚度应从天然地面算起(当挖、填方厚度及面积较大时,自设计地面算起)至其下全部湿陷性黄土层的底面为止,但其中 $\delta_{zs} < 0.015$ 的土层不计;

β_0——因地区土质而异的修正系数,它从各地区湿陷性黄土地基试坑浸水试验试测值与室内试验值比较得出;在缺乏实测资料时,可按下列规定取值:陇西地区取 1.5,陇东—陕北—晋西地区取 1.2,对关中地区取 0.9,其他地区可取 0.5。

当 $\Delta_{zs} \leqslant 7$cm 时,应定为非自重湿陷性黄土场地;当 $\Delta_{zs} > 7$cm 时,应定为自重湿陷性黄土场地。

4. 黄土地基的湿陷等级

湿陷性黄土地基的湿陷等级,应根据基底下各土层累计的总湿陷量 Δ_s 和计算自重湿陷量的大小等因素按表 7-4 判定。总湿陷量可按下式计算:

$$\Delta_s = \sum_{i=1}^{n} \beta \delta_{si} h_i \tag{7-3}$$

式中 δ_{si}——第 i 层土的湿陷系数;

h_i——第 i 层土的厚度（cm）；

β——考虑基底下地基土的受水浸湿可能性和侧向挤出等因素的修正系数。在缺乏实测资料时，可按下列规定取值：①基底下 $0\sim5m$ 深度内，取 $\beta=1.5$；②基底下 $5\sim10m$ 深度内，取 $\beta=1.0$；③基底下 10m 以下至非湿陷性黄土层顶面，在自重湿陷性黄土场地，可取工程所在地区的 β_0 值。

表 7-4　湿陷性黄土地基的湿陷等级

湿陷类型 计算自重湿陷量 (cm) 总湿陷量	非自重湿陷性场地 $\Delta_{zs}\leqslant 7$	自重湿陷性场地 $7<\Delta_{zs}\leqslant 35$	$\Delta_{zs}>35$
$\Delta_s\leqslant 30cm$	Ⅰ（轻微）	Ⅱ（中等）	—
$30cm<\Delta_s\leqslant 70cm$	Ⅱ（中等）	Ⅱ 或 Ⅲ	Ⅲ（严重）
$\Delta_s>70cm$	Ⅱ（中等）	Ⅲ（严重）	Ⅳ（很严重）

注：当 $\Delta_s>60cm$ 时，$\Delta_{zs}>30cm$ 时，可判为Ⅲ级，其他情况可判为Ⅱ级。

湿陷量的计算值 Δ_s 的计算深度，应自基础底面（如基底标高不确定时，可取地面下 1.5m）算起；在非自重湿陷性黄土场地，累计至基底下 10m（或地基压缩层）深度止；在自重湿陷性黄土场地，累计至非湿陷性黄土层的顶面止，其中湿陷系数 δ_s（10m 以下为 δ_{zs}）小于 0.015 的土层不参与累计。

Δ_s 是湿陷性黄土地基在规定压力下充分浸水后可能发生的湿陷变形值。设计时应根据黄土地基的湿陷等级考虑相应的设计措施。在相同情况下湿陷程度愈高，设计措施要求也愈高。

【例 7.2】　关中地区某建筑场地初勘时 3 号探井的土工试验资料见表 7-5，试确定该场区的湿陷类型和地基的湿陷等级。

表 7-5　3 号探井的土工试验资料

土样野外编号	取土深度 (m)	土粒相对密度 d_s	空隙比 e	重度 (kN/m³)	δ_s	δ_{zs}	备注
3-1	1.5	2.70	0.975	17.8	0.085	0.002♯	
3-2	2.5	2.70	1.100	17.4	0.059	0.013♯	
3-3	3.5	2.70	1.215	16.8	0.076	0.022	
3-4	4.5	2.70	1.117	17.2	0.028	0.012♯	♯表示 δ_s 或 $\delta_{zs}<$ 0.015，属非湿陷性土层，不参与累计
3-5	5.5	2.70	1.126	17.2	0.094	0.031	
3-6	6.5	2.70	1.300	16.5	0.091	0.075	
3-7	7.5	2.70	1.179	17.0	0.071	0.060	
3-8	8.5	2.70	1.072	17.4	0.039	0012♯	
3-9	9.5	2.70	1.787	18.9	0.002♯	0.001♯	
3-10	10.5	2.70	1.778	18.9	0.0012♯	0.008♯	

【解】　（1）自重湿陷量计算。

因场地挖方的厚度和面积都较大，自重湿陷量应自设计地面起累计至其下全部湿陷性黄土层的底面为止。对关中地区，按《黄土规范》，β_0 值取 0.9，由式（7-2）计算其自重湿陷量：

$$\Delta_{zs} = \beta_0 \sum_{i=1}^{n} \delta_{zsi} h_i$$

$$= 0.9 \times (0.022 \times 1000 + 0.031 \times 1000 + 0.075 \times 1000 + 0.06 \times 1000)$$

$$= 0.9 \times 188 = 169.2\text{mm} = 16.92\text{cm} > 7\text{cm（故应定为自重湿陷性黄土场地）}$$

（2）黄土地基的总湿陷量计算。

对自重湿陷性黄土地基，按地区建筑经验，对关中地区应自基础底面起累计至非湿陷性黄土层的顶面为止，基础底面埋深初勘时取 1.5m。

$$\Delta_s = \sum_{i=1}^{n} \beta \delta_{si} h_i$$

$$= 1.5 \times (0.059 \times 1000 + 0.076 \times 1000 + 0.028 \times 1000 + 0.094 \times 1000 + 0.091 \times 1000) +$$

$$1.0 \times (0.071 \times 1000 + 0.039 \times 1000)$$

$$= 522 + 110 = 632\text{mm} = 63.2\text{cm} > 60\text{cm} \quad [\text{湿陷等级为II级（中等）}]$$

以上算式中的两对括号内的计算内容分别是 1.5m 以下 5m 范围内和其下深达非湿陷性黄土层的顶面湿陷量（非湿陷土层不参与累计）。

7.2.4 湿陷性黄土地基的工程措施

湿陷性黄土地基的设计和施工，除了必须遵循一般地基的设计和施工原则外，还应针对黄土湿陷性这个特点和建筑类别（详见《黄土规范》），因地制宜采用以地基处理为主的综合措施。这些措施有如下 3 种。

（1）地基处理。其目的在于破坏湿陷性黄土的大孔结构，以便全部或部分消除地基的湿陷性，从根本上避免或削弱湿陷现象的发生。常用的地基处理方法有土（或灰土）垫层、重锤夯实、预浸水、化学加固（主要是硅化和碱液加固）、土（灰土）桩挤密等，也可采用将桩端进入非湿陷性土层的桩基。

（2）防水措施。不仅要放眼于整个建筑场地的排水、防水问题，而且要考虑到单体建筑物的防水措施，在建筑物长期使用的过程中要防止地基被浸湿，同时也要做好施工阶段的排水、防水工作。

（3）结构措施。在建筑物设计中，应从地基、基础和上部结构相互作用的概念出发，采用适当的措施，增强建筑物适应或抵抗因湿陷引起的不均匀沉降的能力。这样，即使地基处理或防水措施不周密而发生湿陷时，也不致造成建筑物的严重破坏或减轻其破坏程度。

在三种工程措施中，消除地基的全部湿陷量或采用桩基础穿透全部湿陷性黄土层，主要用于甲类建筑；消除地基的部分湿陷量，主要用于乙、丙类建筑；丁类属次要建筑，地基可不处理。防水措施和结构措施，一般用于地基不处理或消除地基部分湿陷量的建筑，以弥补地基处理的不足。

7.3 膨胀土地基

7.3.1 膨胀土的特点

膨胀土一般是指黏粒成分主要由亲水性矿物组成，同时具有显著的吸水膨胀和失水收缩两种变形特性的黏性土，其一般强度较高，压缩性低，易被误认为是建筑性能较好的地基土。但由于具有膨胀和收缩的特性，当利用这种土作为建筑物地基时，如果对这种特性缺乏认识，或在设计和施工中没有采取必要的措施，就会给建筑物带来危害，尤其对低层、轻型的房屋或构筑物带来的危害更大。膨胀土在我国分布广泛，且常常呈岛状分布，以黄河以南地区较多，广西、云南、湖北、河南、安徽、四川、河北、山东、陕西、江苏、贵州和广东等地均有不同范围的分布。如图 7.4 所示为野外膨胀土分布的剖面。国外也一样，美国 50 个州中有膨胀土的有 40 个州。此外在印度、澳大利亚、南美洲、非洲和中东广大地区，也常有不同程度的分布。目前，膨胀土的工程问题已成为世界性的研究课题。我国在总结大量勘察、设计、施工和维护等方面的成套经验基础上，已制订出《膨胀土地区建筑技术规范》（GBJ 112—1987）（以下简称《膨胀土规范》）。

图 7.4 野外膨胀土分布的剖面

1. 膨胀土的特征及分布

根据我国二十几个省区的资料，膨胀土多出露于二级及二级以上的河谷阶地、山前和盆地边缘及丘陵地带，地形坡度平缓，一般坡度小于 12 度，无明显的天然陡坎。

我国膨胀土除少数形成于全新世（Q_4）外，其地质年代多属第四纪晚更新世（Q_3）或更早一些，在自然条件下，膨胀土液性指数常小于零，压缩性较低，具黄、红、灰白等色，并含有铁锰质或钙质结核，断面常呈斑状，具有如下一些工程特征。

（1）膨胀土在结构上多呈坚硬—硬塑状态，结构致密，呈棱形土块者常具有胀缩性，且棱形土块越小，胀缩性越强。

（2）裂隙发育是膨胀土的一个重要特征，常见光滑面或擦痕。裂隙有竖向、斜交和水平三种。裂隙间常充填灰绿、灰白色黏土。竖向裂隙常出露地表，裂隙宽度随深度的增加而逐渐尖灭；斜交剪切裂隙越发育，胀缩性越严重。此外，膨胀土地区旱季常出现地裂，上宽下窄，一般长 $10\sim80m$，深数多在 $3.5\sim8.5m$ 之间，壁面陡立而粗糙，雨季则闭合。

（3）我国膨胀土的黏粒含量一般很高，粒径小于 $0.002mm$ 的胶体颗粒含量一般超过20%。其液限 w_L 大于40%，塑性指数 I_p 大于17，且多在 $22\sim35$ 之间。自由膨胀率一般超过40%（红黏土除外）。其天然含水量接近或略小于塑限，液性指数常小于零，土的压缩性小，多属低压缩性土。

（4）膨胀土的含水量变化易产生胀缩变形。初始含水量与胀后含水量愈接近，土的膨胀就愈小，收缩的可能性和收缩值就愈大。膨胀土地区的地下水多为上层滞水或裂隙水，水位随季节变化，常引起地基的不均匀胀缩变形。

2. 膨胀土的危害性

膨胀土具有显著的吸水膨胀和失水收缩的变形特性。建造在膨胀土地基上的建筑物，随季节性气候的变化会反复不断地产生不均匀的升降，致使房屋开裂、倾斜，公路路基发生破坏，堤岸、路堑产生滑坡，涵洞、桥梁等刚性结构物产生不均匀沉降等，造成巨大损失。其破坏具有如下特征。

（1）建筑物的开裂破坏具有地区性成群出现的特点。遇干旱年份裂缝发展更为严重，建筑物裂缝随气候变化而张开和闭合。发生变形破坏的建筑物，多数为低层、轻型的砖混结构，其重量轻、整体性较差，且基础埋置浅，地基土易受外界环境变化的影响而产生胀缩变形，故损坏最为严重。

（2）因建筑物在垂直和水平方向受弯扭，故转角处首先开裂，墙上常出现对称或不对称的八字形、X形交叉裂缝。外纵墙基础因受到地基膨胀过程中产生的竖向切力和侧向水平推力作用而产生水平裂缝和位移，室内地坪和楼板则发生纵向隆起开裂。

（3）膨胀土边坡不稳定，易产生浅层滑坡，引起房屋和构筑物开裂，且构筑物的损坏比平地上更为严重。

世界上已有40多个国家出现膨胀土造成的危害，据报导，目前因膨胀土每年给工程建设带来的经济损失已超过百亿美元，比洪水、飓风和地震所造成的损失总和的两倍还多。膨胀土的工程问题已引起包括我国在内的各国学术界和工程界的高度重视。

3. 影响膨胀土胀缩变形的主要因素

膨胀土的胀缩变形特性由土的内在因素所决定，同时受到外部因素的制约。涨缩变形的产生是膨胀土的内在因素在外部适当的环境条件下综合作用的结果。影响膨胀土胀缩变形的主要内在因素有以下几方面。

1）矿物成分

试验证明，膨胀土含大量的活性黏土矿物，如蒙脱石和伊利石，尤其是蒙脱石，比表面积大，在低含水量时对水有巨大的吸力，土中蒙脱石含量的多寡直接决定着土的胀缩性质的大小。

2）微观结构特征

膨胀土中普遍存在着片状黏土矿物，颗粒彼此叠聚成微叠聚体基本结构单元，其微观结构为叠聚体与叠聚体彼此面-面接触形成分散结构，这种结构比团粒结构具有更大的吸水膨胀和失水吸缩的能力。

3）黏粒含量

黏粒 $d < 0.005$mm 比表面积大，电分子吸引力大，因此土中黏粒含量越多时，则土的胀缩变形越大。

4）土的干密度 ρ_d

土的胀缩表现于土的体积变化。土的干密度越大，则孔隙比越小，浸水膨胀越强烈，失水收缩越小；反之，孔隙比越大，浸水膨胀越小，失水收缩越大。

5）初始含水率 ω

若初始 ω 与膨胀后 ω 接近，则膨胀小，收缩大。反之则膨胀大，收缩小。

6）土的结构

土的结构强度大，则限制胀缩变形的作用大，当土的结构被破坏后，胀缩性随之增强。

影响膨胀土胀缩变形的外界因素是水对膨胀土的作用，或者更确切地说，水分的迁移是控制土胀缩特性的关键外在因素。因为只有土中存在着可能产生水分迁移的梯度和进行水分迁移的途径，才有可能引起土的膨胀或收缩，具体表现在以下几方面。

1）气候条件

一般膨胀土分布地区降雨量集中，旱季较长。如建筑场地潜水位较低，则表层膨胀土受大气影响，土中水分处于剧烈变动之中，在雨期，土中水分增加，在干旱季节则减少。房屋建造后，室外土层受季节性气候影响较大，故建筑室内外地基土的胀缩变形就会存在明显差异，有时甚至外缩内胀，使建筑物受到往复不均匀变形的影响。这样，经过一段时间以后，就会导致建筑物的开裂。

2）地形地貌

同类膨胀地基，地势低处比高处胀缩变形小，例如云南某小学 3 排教室条件相同，建在 3 个台阶形膨胀土上，结构高处教室严重破坏，低处教室完好无损。这是由于高地的临空面大，地基土中水分蒸发条件好，故含水量变化幅度大，地基土的胀缩变形也较剧烈。

3）周围树木

尤其阔叶乔木，旱季树根吸水，会使土中含水量减少，更加剧地基土的干缩变形，使邻近树木房屋开裂。

4）日照程度

日照的时间与强度也不可忽视。通常房屋向阳面开裂较多，背阳面（即北面）开裂较少。此外，建筑物内、外有局部水源补给时，也会增加胀缩变形的差异。

7.3.2 膨胀土地基的评价

1. 膨胀土的工程特性指标

评价膨胀土胀缩性的常用指标及其测定方法如下。

1）自由膨胀率 δ_{ef}

指研磨成粉末的干燥土样（结构内部无约束力），浸泡于水中，经充分吸水膨胀后所增加的体积与原干体积的百分比。试验时将烘干土样经无颈漏斗注入量土杯(容积 10mL),盛满刮平后,将试样倒入盛有蒸馏水的量筒(容积 50mL)内,然后加入凝聚剂并用搅拌器上下均匀搅拌 10 次,使土样充分吸水膨胀,至稳定后测其体积,自由膨胀率测定仪如图 7.5 所示。自由膨胀率可按下式计算:

$$\delta_{ef} = \frac{V_w - V_0}{V_0} \times 100\% \qquad (7-4)$$

式中　V_w——土样在水中膨胀稳定后的体积,(mL);

　　　　V_0——干土样原有体积(即量土杯的容积)(mL)。

图 7.5　自由膨胀率测定仪

自由膨胀率表示膨胀土在无结构力影响下和无压力作用下的膨胀特性,可反映土的矿物成分及含量,用于初步判定是否为膨胀土。

2)膨胀率 δ_{ep}

指原状土样在一定压力下,经侧限压缩后浸水膨胀稳定,并逐级卸荷至某级压力时土样单位体积的稳定膨胀量(以百分数表示)。试验时,将原状土置于侧限压缩仪中,根据工程需要确定最大压力,并逐级加荷至最大压力。待下沉稳定后,浸水使其膨胀并测读膨胀稳定值。然后逐级卸荷至零,测定各级压力下膨胀稳定时的土样高度变化值。膨胀率 δ_{ep} 按下式计算:

$$\delta_{ep} = \frac{h_w - h_0}{h_0} \times 100\% \qquad (7-5)$$

式中　h_w——侧限条件下土样在浸水后卸压膨胀过程中的第 i 级压力 p_i 作用下膨胀稳定后的高度(mm);

　　　　h_0——土样的原始高度(mm)。

膨胀率 δ_{ep} 可用于评价地基的胀缩等级,计算膨胀土地基的变形量以及测定其膨胀力。

3)膨胀力 p_e

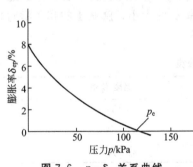

图 7.6　$p - \delta_{ep}$ 关系曲线

原状土样在体积不变时,由于浸水产生的最大内应力称为膨胀力 p_e,若以试验结果中各级压力下的膨胀率 δ_{ep} 为纵坐标,压力 p 为横坐标,可得 $p - \delta_{ep}$ 关系曲线如图 7.6 所示,该曲线与横坐标的交点即为膨胀力 p_e。

在选择基础形式及基底压力时,膨胀力是个有用的指标,若需减小膨胀变形,则应使基底压力接近 p_e。

4)线缩率 δ_s 和收缩系数 λ_s

膨胀土失水收缩,其收缩性可用线缩率和收缩系数表示。它们是地基变形计算中的两项主要指标。线缩率指土的竖向收缩变形与原状土样高度之百分比。试验时将土样从环刀中推出后,置于 20℃恒温或 15~40℃自然条件下干缩,按规定时间测读试样高度,并同时测定其含水量(w)。按下式计算土的线收缩率 δ_s:

$$\delta_s = \frac{h_0 - h_i}{h_0} \times 100\% \qquad (7-6)$$

式中　h_i——某含水量 w_i 时的土样高度(mm);

　　　　h_0——土样的原始高度(mm)。

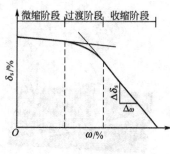

图 7.7　收缩曲线

根据不同时刻的线缩率及相应的含水量可绘制出收缩曲线,如图 7.7 所示。可以看出,随着含水量的蒸发,土样高度逐渐减小,δ_s 增大。原状土样在直线收缩阶段中含水量每降低 1% 时,所对应的竖向线缩率的改变即为收缩系数 λ_s,可按下式计算:

$$\lambda_s = \Delta\delta_s / \Delta w \qquad (7-7)$$

式中　Δw——收缩过程中,直线变化阶段内两点含水量之差(%);

　　　$\Delta\delta_s$——两点含水量之差对应的竖向线缩率之差(%)。

5)原状土的缩限 w_s

在《土工试验方法标准》(GB/T 50123—1999)中已经介绍了缩限的定义和测定非原状黏性土缩限含水量的收缩皿法。至于原状土的缩限则可在图 7.7 的收缩曲线中分别延长微缩阶段和收缩阶段的直线段至相交,其交点的横坐标即为原状土的缩限 w_s。

2. 膨胀土地基的评价

1)膨胀土的判别

《膨胀土地区建筑技术规范》中规定,凡具有下列工程地质特征的场地,且自由膨胀率 $\delta_{ef} \geqslant 40\%$ 的土应判定为膨胀土。

①裂隙发育,常有光滑面和擦痕,有的裂隙中充填着灰白、灰绿色黏土。在自然条件下呈坚硬或硬塑状态;②多出露于二级或二级以上阶地、山前和盆地边缘丘陵地带,地形平缓,无明显自然陡坎;③常见浅层塑性滑坡、地裂新开挖坑(槽)壁易发生坍塌等;④建筑物裂缝随气候变化而张开和闭合。

2)膨胀土的膨胀潜势

不同胀缩性能的膨胀土对建筑物的危害程度明显不同。故判定为膨胀土后,还要进一步确定膨胀土的胀缩性能,即胀缩强弱。根据自由膨胀率 δ_{ef} 的大小,膨胀土的膨胀潜势可分为弱、中、强三类,见表 7-6。

表 7-6　膨胀土的膨胀潜势分类

自由膨胀率(%)	膨胀潜势
$40 \leqslant \delta_{ef} < 65$	弱
$65 \leqslant \delta_{ef} < 90$	中
$\delta_{ef} \geqslant 90$	强

研究表明:δ_{ef} 较小的膨胀土,膨胀潜势较弱,建筑物损坏轻微;δ_{ef} 较大的膨胀土,膨胀潜势较强,建筑物损坏严重。

3)膨胀土地基的胀缩等级

根据建筑物地基的胀缩变形对低层砖混结构房屋的影响程度,膨胀土地基的胀缩等级可按表 7-7 分为Ⅰ、Ⅱ、Ⅲ级。等级越高其膨胀性越强,以此作为膨胀土地基的评价。《膨胀土规范》规定以 50kPa 压力下(相当于一层砖石结构的基底压力)测定的土的膨胀率,计算地基的涨缩变形量 s_e,计算方法见式(7-8):

表 7-7 膨胀土地基的膨胀等级

地基分级变形量 s_e(mm)	级别
$15 \leqslant s_e < 35$	I
$35 \leqslant s_e < 70$	II
$s_e \geqslant 70$	III

$$s_e = \psi_e \sum_{i=1}^{n} (\delta_{epi} + \lambda_{si} \Delta w_i) h_i \qquad (7-8)$$

式中　ψ_e——计算涨缩变形量的经验系数，可取 0.7;

δ_{epi}——基础底面下第 i 层土在压力为 p_i(该层土的平均自重应力与平均附加应力之和)作用下的膨胀率，由室内试验确定;

λ_{si}——第 i 层土的垂直线收缩系数;

h_i——第 i 层土计算厚度(mm)，一般为基础宽度的 0.4 倍;

Δw_i——第 i 层土在收缩过程中可能发生的含水量变化的平均值(以小数表示)，按《膨胀土规范》公式计算;

n——自基底至计算深度内所划分的土层数，计算深度可取大气影响深度，有浸水可能时，可按浸水影响深度确定。

膨胀土地基设计，根据地形地貌条件可分为下列两类。

(1)平坦场地。地形坡度小于 5°或地形坡度大于 5°而小于 14°的坡脚地带和距坡肩水平距离大于 10m 的坡顶地带。

(2)坡地场地。地形坡度大于或等于 5°，或地形坡度虽然小于 5°，但同一座建筑物范围内局部地形高差大于 1m。

位于平坦场地的建筑物地基，承载力可由现场浸水载荷试验、饱和三轴不排水试验或《膨胀土规范》承载力表确定，变形则按胀缩变形量控制;而位于斜坡场地上的建筑物地基，除按涨缩变形量设计外，尚应进行地基稳定性计算。

3. 膨胀土地基的勘察

膨胀土地基勘察除满足一般勘察要求外，还应着重进行如下工作:

(1)收集当地多年的气象资料(降水量、气温、蒸发量、地温等)，了解其变化特点;

(2)查明膨胀土的成因，划分地貌单元，了解地形形态及有无不良地质现象;

(3)调查地表水排泄积累情况以及地下水的类型、埋藏条件、水位和变化幅度;

(4)测定土的物理力学性质指标，进行收缩试验、膨胀力试验和膨胀率试验，确定膨胀土地基的胀缩等级;

(5)调查植被等周围环境对建筑物的影响，分析当地建筑物损坏原因。

7.3.3　膨胀土地基的工程措施

膨胀土地基的工程建设，应根据当地气候条件、地基胀缩等级、场地工程地质和水文地质条件，结合当地建筑施工经验，因地制宜采取综合措施，一般可从以下几方面考虑。

1. 设计措施

(1)场地的选择:建筑物应避开地质条件不良地段，如浅层滑坡、地裂发育、地下水位剧烈等地段。尽量布置在地形条件比较简单、地质较均匀、胀缩性较弱的场地。山区建筑应根据山区地基的特点,妥善地进行总平面布置,并进行竖向设计,避免大开挖,应依山就势布置,同时应利用和保护天然排水系统,并设置必要的排洪、借流和导流等排水措施,加强隔水、排水,防止局部浸水和渗漏现象。

(2)建筑措施:建筑上力求体型简单,建筑物不宜过长,在地基土不均匀、建筑平面转折、高差较大及建筑结构类型不同处,应设置沉降缝。膨胀土地区的建筑层数宜多于2层,以加大基底压力,防止膨胀变形。外廊式房屋的外廊部分宜采用悬挑结构。一般地坪可采用预制块铺砌,块体间嵌柔性材料,大面积地面做分格变形缝;对有特殊要求的地坪可采用地面配筋或地面架空等措施,尽量与墙体脱开。并应合理确定建筑物与周围树木间的距离,避免选用吸水量大、蒸发量大的树种绿化。

(3)结构处理:应加强建筑物的整体刚度,承重墙体宜采用拉结较好的实心砖墙,不得采用空斗墙、砌块墙或无砂混凝土砌体,避免采用对变形敏感的砖拱结构、无砂大孔混凝土和无筋中型砌块等。基础顶部和房屋顶层宜设置圈梁,多层房屋其他各层可隔层设置或层层设置圈梁。建筑物的角段和内外墙的连接处,必要时可增设水平钢筋。

(4)加大基础埋深,且不应小于1m。当以基础埋深为主要防治措施时,基底埋深宜超过大气影响深度或通过变形验算确定。较均匀的膨胀土地基,可采用条基;基础埋深较大或条基基底压力较小时,宜采用墩基。

(5)地基处理:可采用地基处理方法减小或消除地基胀缩对建筑物的危害,常用的方法有换土垫层、土性改良、深基础等。换土应采用非膨胀性黏土、砂石或灰土等材料,厚度应通过变形计算确定,垫层宽度应大于基底宽度。土性改良可通过在膨胀土中掺入一定量的石灰来提高土的强度,也可采用压力灌浆将石灰浆液灌注入膨胀土的裂缝中起加固作用。当大气影响深度较深,膨胀土层较厚,选用地基加固或墩式基础施工困难时,可选用桩基础穿越。

2. 施工措施

在施工中应尽量减少地基中含水量的变化,以便减少膨胀土的涨缩变形。基槽开挖施工宜分段快速作业,避免基坑岩土体受到曝晒或浸泡。雨季施工应采取防水措施。当基槽开挖接近基底设计标高时,宜预留150~300mm厚土层,待下一工序开始前挖除;基槽验槽后应及时封闭坑底和坑壁;基坑施工完毕后,应及时分层回填夯实。

由于膨胀土坡地具有多向失水性和不稳定性,坡地建筑比平坦场地的破坏严重,故应尽量避免在坡坎上建筑。若无法避开,首先应采取排水措施,设置支挡和护坡进行治坡,整治环境,再开始兴建建筑。

$\big|$ 7.4 红黏土地基

7.4.1 红黏土的形成与分布

炎热湿润气候条件下的石灰岩、白云岩等碳酸盐系出露区的岩石在长期的成土化学风化作用(红土化作用)下,形成的高塑性黏土物质,其液限一般大于50%,一般呈褐红、棕红、紫红和黄褐色等色，称为红黏土。具有表面收缩、上硬下软、裂隙发育等特征。通常堆积在山坡、山麓、盆地或洼地中，主要为残积、坡积类型。常为岩溶地区的覆盖层，因受基岩起伏影响，厚度变化较大。

若红黏土层受间歇性水流冲蚀，被搬运至低洼处，沉积形成新土层，且液限大于45％者称为次生红黏土，它仍保留红黏土得基本特征。

红黏土的形成，一般应具备气候和岩性两个条件。

（1）气候条件。气候变化大，年降水量大于蒸发量，因而气候潮湿，容易产生风化，风化的结果便形成红黏土。

（2）岩性条件。主要为碳酸盐类岩石。当岩层褶皱发育、岩石破碎，风化后形成红黏土。

红黏土主要分布在我国长江以南（即北纬33°以南）的地区。西起云贵高原，经四川盆地南缘，鄂西、湘西、广西向东延伸到粤北、湘南、皖南、浙西等丘陵山地。

7.4.2　红黏土的工程特性

1. 矿物化学成分

红黏土的矿物成分主要为石英和高岭石（或伊利石），化学成分以 SiO_2、Fe_2O_3、Al_2O_3 为主。土中基本结构单元除静电引力和吸附水膜连结外，还有铁质胶结，使土体具有较高的连接强度，抑制土粒扩散层厚度和晶格扩展，在自然条件下具有较好的水稳性。由于红黏土分布区气候潮湿多雨，含水量远高于缩限，在自然条件下失水，土粒结合水膜减薄，颗粒距离缩小，使红黏土具有明显的收缩性和裂隙发育等特征。

2. 物理力学性质

红黏土中较高的黏土颗粒含量（55％～70％），使其具有高分散性和较大的孔隙比（$e=1.1\sim1.7$）。红黏土常处于饱和状态（$S_r>85\%$），它的天然含水量（$w=30\%\sim60\%$）几乎与塑限相等，但液性指数较小（$-0.1\sim0.4$），这说明红黏土以含结合水为主。因此，红黏土的含水量虽高，但土体一般仍处于硬塑或坚硬状态。压缩系数 $a=0.1\sim0.4\mathrm{MPa}^{-1}$，变形模量 $E_0=10\sim30\mathrm{MPa}$，固结快剪内摩擦角 $\varphi=8°\sim18°$，黏聚力 $c=40\sim90\mathrm{kPa}$，红黏土具有较高的强度和较低的压缩性。原状红黏土浸水后膨胀量很小，失水后收缩剧烈。

3. 不良工程特征

从土的性质来说，红黏土是较好的建筑物地基，但也存在一些不良工程特征：①有些地区的红黏土具有胀缩性；②厚度分布不均，常因石灰岩表面石芽、溶沟等的存在，其厚度在短距离内相差悬殊（有的1m之间相差竟达8m）；③上硬下软，从地表向下由硬至软明显变化，接近下卧基岩面处，土常呈软塑或流塑状态，土的强度逐渐降低，压缩性逐渐增大；④因地表水和地下水的运动引起的冲蚀和潜蚀作用，岩溶现象一般较为发育，在隐伏岩溶上的红黏土层常有土洞存在，影响场地稳定性。

7.4.3　红黏土地区的岩溶和土洞

由于红黏土的成土母岩为碳酸盐系岩石，这类基岩在水的作用下，岩溶发育，上覆红黏土层在地表水和地下水作用下常形成土洞。实际上，红黏土与岩溶、土洞之间有不可分割的联系，它们的存在可能严重影响建筑场地的稳定，并且造成地基的不均匀性。其不良影响如下。

(1) 溶洞顶板塌落造成地基失稳，尤其是一些浅埋、扁平状、跨度大的洞体，其顶板岩体受数组结构面切割，在自然或人为的作用下，有可能塌落造成地基的局部破坏。

(2) 土洞塌落形成场地坍陷，实践表明，土洞对建筑物的影响远大于岩溶，其主要原因是土洞埋藏浅、分布密、发育快、顶板强度低，因而危害也大。有时在建筑施工阶段还未出现土洞，只是由于新建建筑物后改变了地表水和地下水的条件才产生土洞和地表塌陷。

(3) 溶沟、溶槽等低洼岩面处易于积水，使土呈软塑至流塑状态，在红黏土分布区，随着深度增加，土的状态可以由坚硬、硬塑变为可塑以至流塑。

(4) 基岩岩面起伏大，常有峰高不等的石芽埋藏于浅层土中，有时外露地表，导致红黏土地基的不均匀性。常见石芽分布区的水平距离只有 1m、土层厚度相差可达 5m 或更多的情况。

(5) 岩溶水的动态变化给施工和建筑物造成不良影响，雨期深部岩溶水通过漏斗、落水洞等竖向通道向地面涌泄，以致场地可能暂时被水淹没。

7.4.4 红黏土地基的评价

1. 地基稳定性评价

红黏土在天然状态下，膨胀量很小，但具有强烈的失水收缩性，土中裂隙发育是红黏土的一大特征。坚硬、硬塑红黏土，在靠近地表部位或边坡地带，红黏土裂隙发育，且呈竖向开口状，这种土单独的土块强度很高，但由于裂隙破坏了土体的连续性和整体性，使土体整体强度降低。当基础浅埋且有较大水平荷载，外侧地面倾斜或有临空面时，要首先考虑地基稳定性问题，土的抗剪强度指标及地基承载力都应作相应的折减。另外，红黏土与岩溶、土洞有不可分割的联系，由于基岩岩溶发育，红黏土常有土洞存在，在土洞强烈发育地段，地表坍陷，严重影响地基稳定性。

2. 地基承载力评价

由于红黏土具有较高的强度和较低的压缩性，在孔隙比相同时，它的承载力是软黏土的 2～3 倍，是建筑物良好的地基。它的承载力的确定方法有：现场原位试验，浅层土进行静载荷试验，深层土进行旁压试验；按承载力公式计算，其抗剪强度指标应由三轴试验求得，当使用直剪仪快剪指标时，计算参数应予修正，对 c 值一般乘 0.6～0.8 的系数，对 ϕ 值乘 0.8～1.0 的系数；在现场鉴别土的湿度状态，由经验确定，按相关分析结果，由土的物理指标按有关表格求得。红黏土承载力的评价应在土质单元划分的基础上，根据工程性质及已有研究资料选用上述承载力方法综合确定。由于红黏土湿度状态受季节变化影响，还有地表水体和人为因素影响，在承载力评价时应予充分注意。

3. 地基均匀性评价

《岩土工程勘察规范》（GB 50021—2001)按基底下某一临界深度值 z 范围内的岩土构成情况，将红黏土地基划分为两类：I类(全部由红黏土组成)和II类(由红黏土和下覆基岩组成)。

对于Ⅰ类红黏土地基，可不考虑地基均匀性问题。对于Ⅱ类红黏土地基，根据其不同情况，设检验段验算其沉降差是否满足要求。临界深度值 z 可按下列公式计算，单独基础 $z=0.003 p_1+1.5$，$p_1=500\sim3000\text{kN}$；条形基础 $z=0.05p_2-4.5$，$p_2=100\sim250\text{kN/m}$。

7.4.5 红黏土地基的工程措施

在工程建设中，应根据具体情况，充分利用红黏土上硬下软的分布特征，基础尽量浅埋。当红黏土层下部存在局部的软弱下卧层和岩层起伏过大时，应考虑地基不均匀沉降的影响，采取相应的措施。

红黏土地还常存在岩溶和土洞，为了清除红黏土中地基存在的石芽、土洞和土层不均匀等不利因素的影响，应采取换土、填洞、加强基础和上部结构整体刚度，或采用桩基和其他深基础等措施。

红黏土裂隙发育，在建筑物施工或使用期间均应做好防水、排水措施，避免水分渗入地基。对于天然土坡和人工开挖的边坡及基槽，应防止破坏坡面植被和自然排水系统，坡面上的裂隙应加填塞，做好地表水、地下水及生产和生活用水的排泄、防渗等措施，保证土体的稳定性。对基岩面起伏大、岩质坚硬的地基，也可采用大直径嵌岩桩和墩基进行处理。

7.5 山区地基

山区地基覆盖层厚薄不均，下卧基岩面起伏较大，土岩组合地基在山区较为普遍。当地基下卧岩层为可溶性岩层时，易出现岩溶发育。土洞是岩溶作用的产物，凡具备土洞发育条件的岩溶地区，一般均有土洞发育。

7.5.1 土岩组合地基

当建筑地基的主要受力层范围内存在有以下地基之一时，则属于土岩组合地基：①下卧基岩表面坡度较大；②石牙密布并有出露的地基；③大块孤石或个别石芽出露地基。

1. 土岩组合地基的工程特性

土岩组合地基在山区建设中较为常见，其主要特征是地基在水平和垂直方向具有不均匀性，主要工程特性如下。

1）下卧基岩表面坡度较大

若下卧基岩表面坡度较大，其上覆土层厚薄不均，将使地基承载力和压缩性相差悬殊而引起建筑物不均匀沉降，致使建筑物倾斜或土层沿岩面滑动而丧失稳定。

如建筑物位于沟谷部位，基岩呈 V 形，岩石坡度较平缓，上覆土层强度较高时，对中小型建筑物，只须适当加强上部结构刚度，不必做地基处理。若基岩呈八字形倾斜，建筑物极易在两个倾斜面交界处出现裂缝，此时可在倾斜交界处用沉降缝将建筑物分开。

2）石芽密布并有出露的地基

该类地基多系岩溶的结果，我国贵州、广西和云南等省广泛分布。其特点是基岩表

图 7.8　石芽密布地基

面凹凸不平，起伏较大，石芽间多被红黏土充填（图 7.8），即使采用很密集的勘探点，也不易查清岩石起伏变化全貌。其地基变形目前理论上尚无法计算。若充填于石芽间的土强度较高，则地基变形较小；反之变形较大，有可能使建筑物产生过大的不均匀沉降。

3）大块孤石或个别石芽出露地基

地基中夹杂着大块孤石，多出现在山前洪积层中或冰碛层中。该类地基类似于岩层面相背倾斜及个别石芽出露地基，其变形条件最为不利，在软硬交界处极易产生不均匀沉降，造成建筑物开裂。

2. 土岩组合地基的处理

土岩组合地基的处理，可分为结构措施和地基处理两方面，两者相互协调与补偿。

1）结构措施

建造在软硬相差比较悬殊的土岩组合地基上，若建筑物长度较大或造型复杂，为减小不均匀沉降所造成的危害，宜用沉降缝将建筑物分开，缝宽 30～50mm。必要时应加强上部结构的刚度，如加密隔墙，增设圈梁等。

2）地基处理

地基处理措施可分为两大类。一类是处理压缩性较高部分的地基，使之适应压缩性较低的地基。如采用桩基础、局部深挖、换填或用梁、板、拱跨越，当石芽稳定可靠时，可采用以石芽作支墩基础等方法。此类处理方法效果较好，但费用较高。另一类是处理压缩性较低部分的地基，使之适应压缩性较高的地基。如在石芽出露部位做褥垫（图 7.9），也能取得良好效果。褥垫可采用炉渣、中砂、土夹石（其中碎石含量占 20%～30%）或黏性土等，厚度宜取 300～500mm，采用分层夯实。

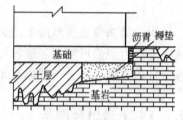

图 7.9　褥垫构造图

7.5.2　岩溶

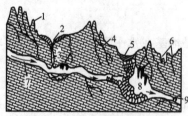

图 7.10　岩溶岩层剖面示意图

1—石芽、石林；2—漏斗；3—落水洞；
4—溶蚀裂隙；5—塌陷洼地；6—溶沟、
溶槽；7—暗河；8—溶洞；9—钟乳石

岩溶或称喀斯特（Karst）是指可溶性岩石，如石灰岩、白云岩、石膏、岩盐等受水的长期溶蚀作用而形成溶洞、溶沟、裂隙、暗河、石芽、漏斗、钟乳石等奇特的地区及地下形态的总称（图 7.10）。我国岩溶分布较广，尤其是碳酸盐类岩溶，西南、东南地区均有分布，贵州、云南、广西等省最为发育。

1. 岩溶发育条件和规律

岩溶的发育与可溶性岩层、地下水活动、气候、地质构造及地形等因素有关，其中前两项是形成岩溶的必要条件。若可溶性岩层具有裂隙，能透水，而又具有足够溶解能力和足够流量的水，就可能出现岩溶现象。岩溶的形成必须有地下水的活动，因富含 CO_2 的大气降水和地表水渗入地下后，不断更新水质，维持地下水对可溶性岩层的化学溶解能力，从而加速岩溶的发展。若大气降水丰富，地下水源充沛，岩溶发展就快。此外，地质构造上具有裂隙的背斜顶部和向斜轴部、断层破碎带、岩层接触面和构造断裂带等，地下水流动快，有利于岩溶的发育。地形的起伏直接影响地下水的流速和流向，如地势高差大，地表水和地下水流速大，也将加速岩溶的发育。

可溶性岩层不同，岩石的性质和形成条件不同，岩溶的发育速度也就不同。一般情况下，石灰岩、泥灰岩、白云岩及大理岩发育较慢。岩盐、石膏及石膏质岩层发育很快，经常存在有漏斗、洞穴并发生塌陷现象。岩溶的发育和分布规律主要受岩性、裂隙、断层以及不同可溶性岩层接触面的控制。其分布常具有带状和成层性。当不同岩性的倾斜岩层相互成层时，岩溶在平面上呈带状分布。

2. 岩溶地基稳定性评价和处理措施

对岩溶地基的评价与处理，是山区工程建设经常遇到的问题，通常，应先查明其发育、分布等情况，作出准确评价，其次是预防与处理。

首先要了解岩溶的发育规律、分布情况和稳定程度。岩溶对地基稳定性的影响主要表现在：①地基主要受力层范围内若有溶洞、暗河等，在附加荷载或振动作用下，溶洞顶板塌陷，地基出现突然下沉；②溶洞、溶槽、石芽、漏斗等岩溶形态使基岩面起伏较大，或分布有软土，导致地基沉降不均匀；③基岩上基础附近有溶沟、竖向岩溶裂痕、落水洞等，可能使基底沿倾向临空面的软弱结构面产生滑动；④基岩和上覆土层内，因岩溶地区较复杂的水文地质条件，易产生新的工程地质问题，造成地基恶化。

一般情况下，应尽量避免在上述不稳定的岩溶地区进行工程建设，若一定要利用这些地段作为建筑场地，应结合岩溶的发育情况、工程要求、施工条件、经济与安全的原则，采取必要的防护和处理措施。

1) 清爆换填

适用于处理顶板不稳定的浅埋溶洞地基。即清除覆土，爆开顶板，挖去松软填充物，回填块石、碎石、黏土或毛石混凝土等，并分层密实。对地基岩体内的裂隙，可灌注水泥浆、沥青或黏土浆等。

2) 梁、板跨越

对于洞壁完整、强度较高而顶板破碎的岩溶地基，宜采用钢筋混凝土梁、板跨越，但支承点必须落在较完整的岩面上。

3) 洞底支撑

适用于处理跨度较大，顶板具有一定厚度，但稳定条件差，若能进入洞内，可用石砌柱、拱或钢筋混凝土柱支撑洞顶，但应查明洞底的稳定性。

4) 水流排导

地下水宜疏不宜堵，一般宜采用排水隧洞、排水管道等进行疏导，以防止水流通道堵塞，造成动水压力对基坑底板、地坪及道路等的不良影响。

7.5.3 土洞地基

1. 概述

土洞是岩溶地区上覆土层在地表水冲蚀或地下水潜蚀作用下形成的洞穴(图 7.11)。土

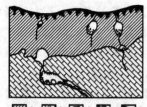

图 7.11 土洞剖面示意图
1—土；2—灰岩；3—洞；
4—溶洞；5—裂隙

洞继续发展，逐渐扩大，则引起地表塌陷。

土洞多位于黏性土层中，砂土和碎石土中少见。其形成和发育与土层的性质、地质构造、水的活动、岩溶的发育等因素有关，且以土层、岩溶的存在和水的活动等三因素最为重要。根据地表或地下水的作用可将土洞分为：①地表水形成的土洞，因地表水下渗，内部冲蚀淘空而逐渐形成的土洞；②地下水形成的土洞，若地下水升降频繁或人工降低地下水位，水对松软土产生潜蚀作用，使岩土交界面处形成土洞。

2. 土洞地基的工程措施

在土洞发育地区进行工程建设，应查明土洞的发育程度和分布规律，土洞和塌陷的形状、大小、深度和密度，以提供建筑场地选择、建筑总平面布置所需的资料。

建筑场地最好选择于地势较高或最高水位低于基岩面的地段，并避开岩溶强烈发育及基岩面软黏土厚而集中的地段。若地下水位高于基岩面，在建筑施工或使用期间，应注意因人工降水或取水时形成土洞或发生地表塌陷的可能性。

在建筑物地基范围内有土洞和地表塌陷时，必须认真进行处理。采取如下措施。

1）地表、地下水处理

在建筑场地范围内，做好地表水的截流、防渗、堵漏，杜绝地表水渗入，使之停止发育。尤其对地表水引起的土洞和地表塌陷，可起到根治作用。对形成土洞的地下水，若地质条件许可，可采取截流、改道的办法，防止土洞和塌陷的进一步发展。

2）挖填夯实

对于浅层土洞，可先挖除软土，然后用块石或毛石混凝土回填。对地下水形成的土洞和塌陷，可挖除软土和抛填块石后做反滤层，面层用黏土夯实；也可用强夯破坏土洞，加固地基，效果良好。

3）灌填处理

适用于埋藏深、洞径大的土洞。施工时在洞体范围的顶板上钻两个或多个钻孔，用水冲法将砂、砾石从孔中（直径 100mm）灌入洞内，直至排气孔（小孔，直径 50mm）冒砂为止。若洞内有水，灌砂困难时，也可用压力灌注 C15 的细石混凝土等。

4）垫层处理

在基底夯填黏土夹碎石作垫层，以扩散土洞顶板的附加压力，碎石骨架还可降低垫层沉降量，增加垫层强度，碎石之间以黏性土充填，可避免地表水下渗。

5）梁板跨越

若土洞发育剧烈，可用梁、板跨越土洞，以支承上部建筑物，但需考虑洞旁土体的承载力和稳定性；若土洞直径较小，土层稳定性较好时，也可只在洞顶上部用钢筋混凝土连续板跨越。

6）桩基和沉井

对重要建筑物，当土洞较深时，可用桩、沉井或其他深基础穿过覆盖土层，将建筑物荷载传至稳定的岩层上。

7.6 冻土地基

在寒冷季节温度低于零摄氏度，土中水冻结成冰，此时土称为冻土。冻土根据其冻融情况分为季节性冻土、隔年冻土和多年冻土。季节性冻土是指冬季冻结夏季全部融化的冻土；若冬季冻结，一两年内不融化的土称为隔年冻土；凡冻结状态持续三年或三年以上的土称为多年冻土。多年冻土的表土层，有时夏季融化，冬季再结冰，也属于季节性冻土。随着土中水的冻结，土体产生体积膨胀，即冻胀现象。土发生冻胀的原因是因为冻结时土中水分向冻结区迁移和积聚的结果。冻胀会使地基土隆起，使建造在其上的建（构）筑物被抬起，引起开裂、倾斜甚至倒塌，使得路面鼓包、开裂、错缝或折断等。对工程危害最大的是季节性冻土地区，当土层解冻融化后，土层软化，强度大大降低。这种冻融现象又使得房屋、桥梁和涵管等发生大量沉降和不均匀沉降，道路出现翻浆冒泥等危害。因此冻土的冻融必须引起注意，并采取必要防治措施。

我国多年冻土主要分布在青藏高原（图 7.12）、天山、阿尔泰山地区和东北大小兴安岭等纬度或海拔较高的严寒地区。东部和西部的一些高山顶部也有分布。多年冻土占我国领土的 20% 以上，占世界多年冻土面积的 10%。

图 7.12 青藏高原上的冻土

7.6.1 冻土的物理和力学性质

1. 冻土的物理性质

（1）冻土的总含水量。是指冻土中所有冰和未冻水的总质量与冻土骨架质量之比。即天然温度的冻土试样，在 $100°\sim105°$ 下烘至恒重时，失去水的质量与干土的质量之比。

$$w_n = w_i + w'_w \tag{7-9}$$

式中 w_i——土中冰的质量与土骨架质量之比（%）；

w_w'——土中未冻水的质量与土骨架质量之比（%）。

冻土在负温条件下，仍有一部分水不冻结，称为未冻水，未冻水的含量与土的性质和负温度有关。可按下式计算：

$$w_w' = K_w' w_p \qquad (7-10)$$

式中 w_p——塑限（%）；

K_w'——与塑性指数和温度有关的系数。

（2）冻土的重度在冻结状态下，保持天然含水量及结构的土单位体积的重量，称为冻土的重度。

（3）含冰量。冻土中含冰量多少的指标，有质量含冰量、体积含冰量和相对含冰量。

相对含冰量（i_0）是指冻土中冰的质量 g_i 与全部水的质量 g_w（包括冰和未冰冻水）之比。

$$i_0 = \frac{g_i}{g_w} \times 100\% = \frac{g_i}{g_i + g_w} \times 100\% \qquad (7-11)$$

质量含冰量（i_g）：冻土中冰的质量与冻土中骨架质量 g_s 之比。

$$i_g = w_i, \quad 即 \ i_g = \frac{g_i}{g_s} \times 100\% \qquad (7-12)$$

体积含冰量（i_v）：冻土中冰的体积 V_i 与冻土总体积 V 之比。

$$i_v = \frac{V_i}{V} \times 100\% \qquad (7-13)$$

（4）未冻水含量。是指冻土中未冻水的质量与干土的质量之比。对于一定的土，其未冻水含量仅取决于温度条件，而与土的含水量无关。

2. 冻土的力学性质

土的冻胀作用常以冻胀量、冻胀强度、冻胀力和冻结力等指标来衡量。

1）冻土的融化压缩

冻土融化过程中在无外荷作用的情况下，所产生的沉降称为融化下沉（简称融陷）。用相对融陷量——融沉系数（亦称融化系数）δ_0 表示。

$$\delta_0 = \frac{e_1 - e_2}{1 + e_1} \times 100\% \qquad (7-14)$$

式中 e_1, e_2——冻土试样融化前后的孔隙比。

2）冻胀量

天然地基的冻胀量有两种情况，无地下水源补给和有地下水源补给。对于无地下水源补给的，冻胀量等于在冻结深度 H 范围内的自由水（$w - w_p$）在冻结时的体积，冻胀量 h_n 可按下式计算：

$$h_n = 1.09 \frac{\rho_s}{\rho_w} (w - w_p) H \qquad (7-15)$$

式中 w, w_p——土的含水量和土的塑限（%）；

ρ_s, ρ_w——土粒和水的密度（g/cm³）。

对于有地下水源补给的情况，冻胀量与冻胀时间有关，应该根据现场测试确定。

冻胀强度（冻胀率）：单位冻胀深度的冻胀量称为冻胀强度或冻胀率 η。

$$\eta = \frac{h_n}{H} \times 100\% \qquad (7-16)$$

3）法向和切向冻胀力

地基土冻结时，随着土体的冻胀，作用于基础底面向上的抬起力，称为基础底面的法向冻胀力，简称法向冻胀力。平行向上作用于基础侧表面的抬起力，称为基础侧面的切向冻胀力，简称切向冻胀力。

基础侧面总的长期冻结力 Q_d 按下式计算：

$$Q_d = \sum_{i=1}^{n} S_{di} F_{di} \qquad (7-17)$$

式中　Q_d——基础侧面总的长期冻结力（kN）；

F_{di}——第 i 层冻土与基础侧面的接触面积（m^2）；

n——冻土与基础侧面接触的土层数；

S_{di}——第 i 层冻土的冻结力。

4）冻结力

冻土与基础表面通过冰晶胶结在一起，这种胶结力称为基础与冻土间的冻结强度，简称冻结力。在实际使用和量测中通常以这种胶结的抗剪强度来衡量。

5）冻土的抗剪强度

是指冻土在外力作用下，抵抗剪切滑动的极限强度。而冻土的抗剪强度不仅与外压力有关，而且与土温及荷载作用历时有密切关系。

7.6.2　冻土的融陷性分级

我国多年冻土地区，建筑物基底融化深度为 3m 左右，所以将多年冻土融陷性分级评价也按 3m 考虑。根据计算融陷量及融陷系数 δ_0 对冻土的融陷性可分成 5 级，见表 7-8，表中 Ⅰ～Ⅴ 级地基土的工程特性如下。

表 7-8　多年冻土按融陷量的划分

融陷性分级	Ⅰ	Ⅱ	Ⅲ	Ⅳ	Ⅴ
融陷系数 δ_0（%）	<1	1～5	5～10	10～25	>25
按 3m 计算的融陷量（mm）	<5	30～150	150～300	300～750	>750

Ⅰ级——少冰冻土（不融陷土）：为基岩以外最好的地基土，一般建筑物可不考虑冻融问题。

Ⅱ级——多冰冻土（弱融陷土）：为多年冻土中较良好的地基土，一般可直接作为建筑物的地基，当最大融化深度控制在 3m 以内时，建筑物均未遭受明显破坏。

Ⅲ级——富冰冻土（中融陷土）：这类土不但有较大的融陷量和压缩量，而且在冬天回冻时有较大的冻胀性。作为地基，一般应采取专门措施，如深基、保温、防止基底融化等。

Ⅳ级——饱冰冻土（强融陷土）：作为天然地基，由于融陷量大，常造成建筑物的严重破坏。这类土作为建筑地基，原则上不允许发生融化，宜采用保持冻结原则设计，或采用桩基、架空基础等。

Ⅴ级——含土冰层（极融陷土）：这类土含有大量的冰，当直接作为地基时，发生融化,将产生严重融陷,造成建筑物极大破坏。这类土如受长期荷载将产生流变作用,所以作为地基应专门处理。

对于Ⅰ~Ⅴ级的具体划分标准见表7-9。

表7-9　多年冻土融陷性分级

多年冻土名称	土的类别	总含水量 w_n（％）	融化后的潮湿程度	融陷性分级
少冰冻土	粉黏粒含量≤15％（或粒径小于0.1mm的颗粒≤25％,以下同）的粗颗粒土（其中包括碎石类土、砾砂、中砂,以下同）	$w_n \leq 10$	潮湿	Ⅰ 不融陷
	粉黏粒含量＞15％（或粒径小于0.1mm的颗粒＞25％,以下同）的粗颗粒土、细砂、粉砂	$w_n \leq 12$	稍湿	
	黏性土、粉土	$w_n \leq w_p$	半干硬	
多冰冻土	粉黏粒含量≤15％的粗颗粒土	$10 < w_n \leq 16$	饱和	Ⅱ 弱融陷
	粉黏粒含量＞15％的粗颗粒土、细砂、粉砂	$12 < w_n \leq 18$	潮湿	
	黏性土、粉土	$w_p < w_n \leq w_p + 7$	硬塑	
富冰冻土	粉黏粒含量≤15％的粗颗粒土	$16 < w_n \leq 25$	饱和出水（出水量小于10％）	Ⅲ 中融陷
	粉黏粒含量＞15％的粗颗粒土、细砂、粉砂	$18 < w_n \leq 25$	饱和	
	黏性土、粉土	$w_p + 7 < w_n \leq w_p + 15$	软塑	
饱冰冻土	粉黏粒含量≤15％的粗颗粒土	$25 < w_n \leq 44$	饱和大量出水（出水量为10％～20％）	Ⅳ 强融陷
	粉黏粒含量＞15％的粗颗粒土、细砂、粉砂		饱和出水（出水量小于10％）	
	黏性土、粉土	$w_p + 15 < w_n \leq w_p + 35$	流塑	
含土冰层	碎石类土、砂类土	$w_n \geq 44$	饱和大量出水（出水量为10％～20％）	Ⅴ 极融陷
	黏性土、粉土	$w_n > w_p + 35$	流塑	

注：① w_p 为塑限。
　　② 碎石土及砂土的总含水量界限为该两类土的中间值,含粉类、黏粒少的粗颗粒土比表列数字小；细砂、粉砂比表列数字大。
　　③ 黏性土、粉土总含水量界限中的＋7、＋15、＋35为不同类型黏性土的中间值,黏土比该值大。

7.6.3 冻土岩土工程地质评价与地基处理

季节性冻土地基对不冻胀土的基础可不考虑冻深的影响；对冻胀土基础面可放在有效冻深之内的任一位置，但其埋深必须按规范规定进行冻胀力作用下基础的稳定性计算。若不满足应重新调整基础尺寸和埋置深度，或采取减小或消除冻胀力的措施。

多年冻土的岩土工程评价应符合下列要求。

(1) 多年冻土的地基承载力，应区别保持冻结地基和容许融化地基，结合当地经验用荷载试验或其他原位测试方法综合确定，可根据邻近工程经验确定。

(2) 多年冻土场地的选择，对于重要的(一、二级)建筑物的场地，应尽量避开饱冰冻土、含土冰层地段和冰锥、冰丘、热融湖、厚层地下冰、融区与多年冻土区之间的过渡带。宜选择坚硬岩层、少冰冻土及多冰冻土地段；地下水位(多年冻土层上)低的干燥地段；地形平缓的高地。

采用强夯法处理可消除土的部分冻胀性。多年冻土地基基础最小埋置深度应比季节设计融深大1~2m，视建筑物等级而定。季节性冻土地基常采用浅基础、桩基础。多年冻土地基常采用通风基础、热泵基础，也采用桩基础，视具体情况而定。

7.7 盐渍土地基

7.7.1 盐渍土的形成和分布

岩石在风化过程中分离出少量的易溶盐类(氯盐、硫酸盐、碳酸盐)，易溶盐被水流带至江河、湖泊洼地或随水渗入地下溶入地下水中，当地下水沿土层的毛细管升高至地表或接近地表，经蒸发作用水中盐分分离出来聚集于地表或地表下土层中，当土层中易溶盐的含量大于0.5%时，这种土称为盐渍土(图7.13)，且具有融陷、盐胀、腐蚀等工程特性。

图7.13 盐渍土分布地貌特征

　　盐渍土分布很广，一般分布在地势较低且地下水位较高的地段，如内陆洼地、盐湖和河流两岸的漫滩、低阶地、牛轭湖以及三角洲洼地、山间洼地等。我国西北地区如青海、新疆有大面积的内陆盐渍土，沿海各省则有滨海盐渍土。此外，在俄罗斯、美国、伊拉克、埃及、沙特阿拉伯、阿尔及利亚、印度以及非洲、欧洲等许多国家和地区均有分布。

　　盐渍土厚度一般不大，自地表向下约 $1.5\sim4.0$ m，其厚度与地下水埋深、土的毛细作用上升高度以及蒸发作用影响深度（蒸发强度）等有关。其形成受如下因素影响：①干旱、半干旱地区，因蒸发量大，降雨量小，毛细作用强，极利于盐分在表面聚集；②内陆盆地因地势低洼，周围封闭，排水不畅，地下水位高，利于水分蒸发盐类聚集；③农田洗盐、压盐、灌溉退水、渠道渗漏等进入某土层也会促使盐渍化。

7.7.2　盐渍土的工程特征

　　影响盐渍土基本性质的主要因素是土中易溶盐的含量。土中易溶盐主要有氯化物盐类、硫酸盐类和碳酸盐类三种。

1. 氯盐渍土

　　氯盐渍土分布最广，地表常有盐霜与盐壳特征。因氯盐类具有吸湿性，结晶时体积不膨胀，具脱水作用，故土的最佳含水量低，且长期维持在最佳含水量附近，使土易于压实。氯盐含量越大，则土的液限、塑限、塑性指数及可塑性越低，强度越高。此外，含有氯盐的土，一般天然孔隙比较低，密度较高，并具有一定的腐蚀性。当氯盐含量大于 4% 时，将对混凝土、钢铁、木材、砖等建筑材料具有不同程度的腐蚀性。

2. 硫酸盐渍土

　　硫酸盐渍土分布较广，地表常覆盖一层松软的粉状、雪状盐晶。随硫酸盐（Na_2SO_4）含量增大，体积变大，且随温度升降变化而涨缩，如此不断循环，使土体松胀。松胀现象一般出现在地表以下大约 0.3 m 处。由于硫酸盐渍土具有松胀和膨胀性，与氯盐渍土相比，其总含盐量对土的强度影响恰好相反，随总含盐量的增加而降低。当总含盐量约为 12% 时，可使强度降低到不含盐时的一半左右。此外，硫酸盐渍土具有较强的腐蚀性，当硫酸盐含量超过 1% 时，对混凝土产生有害影响，对其他建筑材料，也具有不同程度的腐蚀作用。

3. 碳酸盐渍土

　　碳酸盐渍土中存在大量的吸附性钠离子，其与土中胶体颗粒互相作用，形成结合水膜，使土颗粒间的联结力减弱，土体体积增大，遇水时产生强烈膨胀，使土的透水性减弱，密度减小，导致地基稳定性及强度降低、边坡塌滑等。当碳酸盐渍土中 Na_2CO_3 含量超过 0.5% 时，即产生明显膨胀，密度随之降低，其液限塑限也随含盐量增高而增高。此外，碳酸盐渍土中的 Na_2CO_3、$NaHCO_3$ 能加强土的亲水性，使沥青乳化，对各种建筑材料存在不同程度的腐蚀性。

7.7.3　盐渍土地基的溶陷性、盐胀性和腐蚀性

　　对盐渍土地基的评价，主要考虑以下三个方面。

1. 溶陷性

天然状态的盐渍土在自重应力或附加应力下，受水浸湿时所产生的附加变形称为盐渍土的溶陷变形。根据大量研究表明，只有干燥和稍湿的盐渍土才具有溶陷性，且大多为自重溶陷。盐渍土的溶陷性可以用单一的有荷载作用时的溶陷系数 δ 来衡量，δ 的测定与黄土的湿陷系数相似，由室内压缩试验确定：

$$\delta = \frac{h_p - h_p'}{h_0} \tag{7-18}$$

式中　h_p——原状土样在压力 p 作用下，沉降稳定后的高度(mm)；

　　　h_p'——上述加压稳定后的土样，经浸水溶滤下沉稳定后的高度(mm)；

　　　h_0——土样的原始高度(mm)。

溶陷系数也可以通过现场试验确定：

$$\delta = \frac{\Delta_s}{h} \tag{7-19}$$

式中　Δ_s——荷载板压力为 p 时，盐渍土浸水后的溶陷量(mm)；

　　　h——荷载板下盐渍土的湿润深度(mm)。

当 $\delta \geqslant 0.01$ 时可判定为溶陷性盐渍土；$\delta < 0.01$ 时则判为非溶陷性盐渍土。

实践表明：干燥和稍湿的盐渍土才具有溶陷性，且盐渍土大都为自重溶陷。

2. 盐胀性

盐渍土地基的盐胀性一般可分为两类，即结晶膨胀和非结晶膨胀。结晶膨胀是盐渍土因温度降低或失去水分后，溶于孔隙水中的盐浓缩并析出结晶所产生的体积膨胀。当土中的硫酸钠含量超过某一定值(约 2%)，在低温或含水量下降时，硫酸钠发生结晶膨胀，对于无上覆压力的地面或路基，膨胀高度可达数十毫米至几百毫米，这成了盐渍土地区的一个严重的工程问题。

非结晶膨胀是指盐渍土中存在大量吸附性阳离子，特别是低价的水化阳离子与黏土胶粒相互作用，使扩散层水膜厚度增大而引起土体膨胀。最具代表性的是硫酸盐渍土，含水量增加时，土质泥泞不堪。

3. 腐蚀性

盐渍土的腐蚀性是一个十分复杂的问题。盐渍土中含有大量的无机盐，它使土具有明显的腐蚀性，从而对建筑物基础和地下设施构成一种严重的腐蚀环境，影响其耐久性和安全使用。盐渍土中的氯盐是易溶盐，在水溶液中全部离解为阴、阳离子，属于电解质，具有很强的腐蚀作用，对于金属类的管线、设备以及混凝土中的钢筋等都会造成严重损坏。盐渍土中的硫酸盐，主要是指钠盐、镁盐和钙盐，这些都属于易溶盐和中溶盐；硫酸盐对水泥、黏土制品等腐蚀非常严重。

7.7.4　盐渍土的工程评价及防护措施

盐渍土的岩土工程评价应包括下列内容。

(1) 根据地区的气象、水文、地形、地貌、场地积水、地下水位、管道渗漏、地下洞室等环境条件变化，对场地建筑适宜性作出评价。

（2）评价岩土中含盐类型、含盐量及主要含盐矿物对岩土工程性能的影响。

（3）盐渍土地基的承载力宜采用载荷试验确定，当采用其他原位测试方法，如标准贯入静（动）力触探及旁压试验等时，应与荷载试验结果进行对比。盐渍岩地基承载力可按《地基规范》软质岩石的小值确定，并应考虑盐渍岩的水溶性影响。

（4）盐渍岩边坡的坡度宜比非盐渍岩的软质岩石边坡适当放缓，对软弱夹层、破碎带及中、强风化带应部分或全部加以防护。

（5）盐渍土的含盐类型、含盐量及主要含盐矿物对金属及非金属建筑材料的腐蚀性评价。此外，对具有松胀性及湿陷性盐渍土评价时，尚应按照有关膨胀土及湿陷性土等专业规范的规定，作出相应评价。

本 章 小 结

特殊土地基包括软土、湿陷性黄土、膨胀土、红黏土、山区地基、冻土以及盐渍土等，本章从每种土的工程特征入手，正确评价每一种土的特殊性质，并进行分类、评价，最后介绍了每种特殊土地基应采取的工程措施。

本章的重点是每种特殊土的地基评价和工程措施。

习 题

1. 简答题

（1）什么是软土地基？其有何特征？在工程中应注意采取哪些措施？

（2）什么是自重和非自重湿陷性黄土？其主要特征有哪些？工程中应注意哪些问题？

（3）影响黄土湿陷性的因素有哪些？工程中如何判定黄土地基的湿陷等级，并应采取哪些工程措施？

（4）膨胀土具有哪些工程特征？影响膨胀土胀缩变形的主要因素有哪些？

（5）什么是自由膨胀率？如何评价膨胀土地基的胀缩等级？

（6）什么是土岩组合地基？其有何工程特点及相应的工程处理措施？

（7）岩溶和土洞各有什么特点？在这些地区进行工程建设时，应采取哪些工程措施？

（8）什么是红黏土？红黏土地基有何工程特点？

（9）什么是季节性冻土和多年冻土地基？工程上如何划分和处理？

（10）什么是盐渍土地基？其具有何工程特征？

2. 项选择

（1）我国红黏土主要分布在（　　）。

A. 云南、四川、贵州、广西、鄂西、湘西

B. 西北内陆地区，如青海、甘肃、宁夏、陕西、山西、河北等

C. 东南沿海，如天津、连云港、上海、宁波、温州、福州等

（2）黄土的湿陷系数是指（　　）。

A. 由浸水引起的试样湿陷性变形量与试样湿陷前的高度之比

B. 由浸水引起的试样湿陷性变形量与试样开始高度之比

C. 由浸水引起的试样的湿陷性变形量加上压缩变形量与试样开始高度之比

D. 由浸水引起的试样的湿陷性变形量减去压缩变形量与试样开始高度之比

（3）黄土地基湿陷等级是根据（　　）指标进行评价。

A. 湿陷系数和总湿陷量　　　　　　　B. 湿陷系数和计算自重湿陷量

C. 总湿陷量和计算自重湿陷量　　　　D. 湿陷系数和土层厚度

（4）红黏土的工程特性主要表现在以下几个方面（　　）。

A. 高塑性和低孔隙比、土层的不均匀性、土体结构的裂隙性

B. 高塑性和高压缩性、结构裂隙性和湿陷性、土层不均匀性

C. 高塑性和高孔隙比、土层的不均匀性、土体结构的裂隙性

D. 高塑性和低孔隙比、土层均匀，膨胀量很大

（5）膨胀土的膨胀量和膨胀力与土中矿物成分的含量有密切关系，下列哪类矿物成分对含水率影响大（　　）？

A. 蒙脱石　　　　　B. 伊利石　　　　　C. 高岭石　　　　　D. 石英

（6）膨胀地基土易于遭受损坏的大都为埋置深度较浅的低层建筑物，因此，建筑物的基础最好采用下述哪种基础较好（　　）？

A. 片筏基础　　　　B. 条形基础　　　　C. 墩式基础　　　　D. 独立基础

（7）对盐渍土地基的评价，主要是根据以下几方面特性作出的（　　）。

A. 含盐成分、含盐量和抗压强度　　　B. 溶陷性、盐胀性和腐蚀性

C. 含盐成分、抗剪强度和塑性指数　　D. 溶陷性、盐胀性和抗剪强度

（8）膨胀土的膨胀，冻土的冻胀和盐渍土的盐胀，这三种现象中，（　　）现象与土体中粘黏土矿物成分和含水率关系最密切。

A. 膨胀土的膨胀　　　B. 冻土的冻胀　　　C. 盐渍土的盐胀

3. 计算题

（1）某黄土试样原始高度 20mm，加压至 200kPa，下沉稳定后的土样高度为 19.40mm；然后浸水，下沉稳定后的高度为 19.25mm。试判断该土是否为湿陷性黄土。

（2）某膨胀土地基试样原始体积 $V_0 = 10mL$，膨胀稳定后的体积 $V_w = 15mL$，该土样原始高度 $h_0 = 20mm$，在压力 100kPa 作用下膨胀稳定后的高度 $h_w = 21mm$，试计算该土样的自由膨胀率 δ_{ef} 和膨胀率 δ_{ep}，并确定其膨胀潜势。

（3）多年冻土总含水量 $w_0 = 30\%$ 的粉土，冻土试样融化前后的孔隙比分别为 0.94 和 0.78，其融陷类别为多少？

第8章
地基基础抗震

主要讲述地基基础的震害现象、地基基础的抗震设计以及地基液化判别与抗震措施。通过本章的学习，应达到以下目标：

（1）掌握地基基础抗震设计和概念性设计的原则、主要内容和基本方法；

（2）掌握地基基础的抗震承载力验算方法；

（3）掌握地基液化的判别方法，了解常用的地震抗液化措施。

教学要求

知识要点	能力要求	相关知识
地震基本概念	（1）掌握地震的基本概念 （2）掌握震级与烈度的基本概念	（1）地震 （2）震级 （3）基本烈度 （4）多遇与罕遇烈度 （5）设防烈度
地基基础的震害现象	（1）熟悉地基的震害现象 （2）熟悉建筑基础的震害现象	（1）震陷 （2）地基土液化 （3）地震滑坡 （4）地裂 （5）沉降、不均匀沉降和倾斜 （6）水平位移 （7）受拉破坏
地基基础抗震设计	（1）掌握地基基础抗震设计的任务 （2）掌握地基基础抗震设计的目标和方法 （3）熟悉地基基础的概念设计 （4）熟悉场地选择和地基基础方案选择 （5）掌握天然地基承载力验算 （6）掌握桩基础验算	（1）抗震设防类别 （2）三水准设防，两阶段设计 （3）概念性设计 （4）场地类别 （5）拟静力法
地基液化判别与抗震措施	（1）掌握地基液化判别和危险性估计方法 （2）熟悉地基的抗液化措施及其选择	（1）初判 （2）细判 （3）标准贯入击数 （4）抗液化措施

基本概念

地震、震级、烈度、基本烈度、众值烈度、罕遇烈度、液化、初判、细判。

引例

　　地震是一种常见的地质现象，其影响范围大，破坏性强，对人类生存和生命财产安全构成极大威胁。我国是一个地震多发国家，自古以来有记载的地震达 8000 多次，7 级以上的地震就有 100 多次，所以学习地基基础抗震很有必要。工程中以震级来衡量地震中释放能量的大小，以烈度来衡量地面受影响和受破坏的剧烈程度。抗震设防的目标可简要地概括为"小震不坏，中震可修，大震不倒"三个水准。具体的设计工作中采用两阶段设计步骤。第一阶段设计是承载力验算；第二阶段设计是弹塑性变形验算。上述设计原则和设计方法可简短地表述为"三水准设防，两阶段设计"。地基基础一般只进行第一阶段设计，其抗震设计应更重视概念性设计。

8.1 概 述

8.1.1 地震的概念

　　地震是地壳在内部或外部因素作用下产生强烈振动的地质现象。产生地震的原因很多，火山爆发可引起火山地震，地下溶洞或地下采空区的塌陷会引起陷落地震，强烈的爆破、山崩、陨石坠落等也可引起地震。但这些地震一般规模小，影响范围也小，次数也不多。地球上地震的绝大多数是由地壳自身运动造成的，此类地震称为构造地震。

　　产生构造地震的原因是由于地球在长期运动过程中，地壳内的岩层产生和积累着巨大的地应力。当某处积累的地应力逐渐增加到超过该处岩层的强度时，就会使岩层产生破裂或错断。此时，积累的能量随岩层的断裂急剧地释放出来，并以地震波的形式向四周传播。地震波到达地面时将引起地面的振动，即表现为地震。一般认为，构造地震容易发生在活动性强的断裂带两端和拐弯部位、两条断裂的交汇处，以及运动变化强烈的大型隆起和凹陷的转换地带。原因在于这些地方的地应力比较集中、岩层构造也相对比较脆弱。

　　地震的发源处称为震源。震源在地表面的垂直投影点称为震中。震中附近的地区称为震中区域。震中与某观测点间的水平距离称为震中距。震源到震中的距离称为震源深度。震源深度一般为几公里至 300km 不等，最大深度可达 720km。地震震源深度小于 70km 时称为浅源地震，70～300km 之间称为中源地震，大于 300km 时称为深源地震。全世界有记录的地震中约有 75% 是浅源地震。

　　千余年的地震历史资料及近代地震学研究表明，地球上的地震分布极不均匀，主要分布于新构造运动较为活跃的两条地震带上：一条是环太平洋地震带；另一条是地中海至南亚的欧亚地震带。我国正处在这两大地震带的中间，属于多地震活动的国家，其中台湾地区大地震最多，新疆、四川、西藏地区次之。近几十年来，我国宁夏、辽宁、河北和云南等省先后发生过大地震。

8.1.2 震级与烈度

1. 震级

　　震级是对地震中释放能量大小的度量。震源释放的能量越大，震级也就越高。震级是根据记录的地震波的最大振幅来确定的。震级的原始定义由 1935 年里希特(Richter)所给出,用该法确定的地震震级称为里氏震级(简称震级,以 M 表示)。震级每增加一级,能量增大约 30 倍。一般来说,小于 2.5 级的地震,人们感觉不到;5 级以上的地震开始引起不同程度的破坏,称为破坏性地震或强震;7 级以上的地震称为大震。地球上记录到的最大地震震级为里氏 8.9 级。

2. 烈度

烈度是指发生地震时地面及建筑物受影响的程度。在一次地震中,地震的震级是确定的,但地面各处的烈度各异,距震中越近,烈度越高;距震中越远,烈度越低。震中附近的烈度称为震中烈度。根据地面建筑物受破坏和受影响的程度,地震烈度划分为 12 度。烈度越高,表明受影响的程度越强烈。地震烈度不仅与震级有关,同时还与震源深度、震中距以及地震波通过的介质条件等多种因素有关。

震级和烈度虽然都是衡量地震强烈程度的指标,但烈度直接反映了地面建筑物受破坏的程度,因而与工程设计有着更密切的关系。工程中涉及的烈度概念除震中烈度外有以下几种。

1) 基本烈度

基本烈度是指在今后一定时期内,某一地区在一般场地条件下可能遭受的最大地震烈度。基本烈度所指的地区,是一个较大的区域范围。因此,又称为区域烈度。1990 年中国地震烈度区划图规定在一般场地条件下 50 年内可能遭遇超越概率为 10% 的地震烈度称为地震基本烈度。

通常在烈度高的区域内可能包含烈度较低的场地,而在烈度低的区域内也可能包含烈度较高的场地。这主要是因为局部场地的地质构造、地基条件、地形变化等因素与整个区域有所不同,这些局部性控制因素称为小区域因素或场地条件。一般在场地选址时,应进行专门的工程地质和水文地质调查工作,查明场地条件,确定场地烈度,据此比重就轻,选择对抗震有利的地段布置工程。所谓场地是指建筑物所在的局部区域,大体相当于厂区、居民点和自然村的范围。场地烈度即指区域内一个具体场地的烈度。

2) 多遇与罕遇地震烈度

多遇地震烈度是指设计基准期 50 年内超越概率为 63.2% 的地震烈度,亦称众值烈度。罕遇地震烈度是指设计基准期 50 年内超越概率为 2%~3% 的地震烈度。

3) 设防烈度

设防烈度是指按国家规定的权限批准的作为一个地区抗震设防依据的地震烈度。地震设防烈度是针对一个地区而不是针对某一建筑物确定,也不随建筑物的重要程度提高或降低。

8.2 地基基础的震害现象

构造地震活动频繁,影响范围大,破坏性强,对人类生存造成巨大的危害。全球每年约发生 500 万次地震,其中绝大多数属于微震,有感地震约 5 万次,造成严重破坏的地震约十几次。1960 年 5 月 22 日智利发生了全球最大的一次地震(里氏 8.9 级),灾情极为严重，由地震引起的特大海啸的浪高达 20m，海啸在越过太平洋到达日本东海岸时，浪高仍达 4～7m，造成伤亡数百人，沉船 l09 艘的严重自然灾害。

我国自古以来有记载的地震达 8000 多次，7 级以上地震就有 100 多次。表 8-1 列举了我国内地 20 世纪 60～70 年代发生的几次强震的资料和震害情况。80 年代和 90 年代又多次发生 7 级以上地震。2008 年 5 月 12 日，四川省汶川县发生了新中国成立以来破坏性和救援难度最大的一次大地震，其主要震级达里氏 8.0 级，震中烈度为 11 度，在地震发生的短短一分钟时间内，地壳深部的岩石中形成了一条长约 300km、深达 30km 的大断裂，其最大垂直错距和水平错距分别达到 5m 和 4.8m。汶川大地震引发了大量的滑坡、崩塌和泥石流等次生地质灾害，造成交通、通信、供水、供电中断，大量房屋倒塌和约 8 万人死亡，位于发震断裂带上的北川县城、汶川映秀等一些城镇几乎夷为平地，直接经济损失达 8000 多亿元人民币（据中国地震信息网）。因此，地震及其他自然灾害严重是中国的基本国情之一。

表 8-1 中国大陆的部分大地震(M>7)及其震害情况

地震地点	发生时间	震级	震中烈度	震源深度(km)	受灾面积(km²)	死亡人数与震害情况
河北邢台	1966-3-22	7.2	10	10	23000	0.79 万人，县内房屋几乎倒塌
云南通海	1970-1-5	7.7	10	13	1777	1.56 万人，房屋倒塌 90%
云南昭通	1974-5-11	7.1	9	14	2300	0.16 万人
云南龙陵	1976-5-29	7.6	9			73 人，房屋倒塌约半数
四川炉霍	1973-2-6	7.9	10		6000	0.22 万人，除木房外全倒
四川松潘	1976-8-16	7.2	8	—	5000	38 人
辽宁海城	1975-2-4	7.3	9	12～15	920	0.13 万人，乡村房屋倒塌 50%
河北唐山	1976-7-28	7.8	11	12～16	32 000	24.2 万人，85% 的房屋倒塌或严重破坏

8.2.1 地震的震害

由于地区特点和地形地质条件的复杂性，强烈地震造成的地面和建筑物的破坏类型多种多样。典型的地基震害有地面塌陷、断裂、地基土液化和滑坡几种。

1. 震陷

震陷是指地基土由于地震作用而产生的明显的竖向永久变形。在发生强烈地震时，如果地基由软弱黏性土和松散砂土构成，其结构受到扰动和破坏，强度严重降低，在重力和基础荷载的作用下会产生附加的沉陷。在我国沿海地区及较大河流的下游软土地区，震陷往往也是主要的地基震害。当地基土的级配较差、含水量较高、孔隙比较大时震陷也大。砂土的液化也往往引起地表较大范围的震陷。此外，在溶洞发育和地下存在大面积采空区的地区，在强烈地震的作用下也容易诱发震陷。

2. 地基土液化

在地震的作用下，饱和砂土的颗粒之间发生相互错动而重新排列，其结构趋于密实，如果砂土为颗粒细小的粉细砂，则因透水性较弱而导致孔隙水压力加大，同时颗粒间的有效应力减小，当地震作用大到使有效应力减小到零时，将使砂土颗粒处于悬浮状态，即出现砂土的液化现象。如图8.1所示是地震时液化地区出现喷水冒砂口，如图8.2所示是饱和砂土在地震作用下丧失强度导致建筑物倒塌。

图 8.1　喷水冒砂口

图 8.2　砂土液化

砂土液化时其性质类似于液体，抗剪强度完全丧失，使作用于其上的建筑物产生大量的沉降、倾斜和水平位移，可引起建筑物开裂、破坏甚至倒塌。在国内外的大地震中，砂土液化现象相当普遍，是造成地震灾害的重要原因。

影响砂土液化的主要因素为：地震烈度，振动的持续时间，土的粒径组成，密实程度，饱和度，土中黏粒含量以及土层埋深等。

3. 地震滑坡

在山区和陡峭的河谷区域，强烈地震可能引起诸如山崩（图8.3）、滑坡、泥石流（图8.4）等大规模的岩土体运动，从而直接导致地基、基础和建筑物的破坏。此外，岩土体的堆积也会给建筑物和人类的安全造成危害。

图 8.3　山体崩塌

图 8.4　泥石流

4. 地裂（图 8.5）

地震导致岩面和地面的突然破裂和位移会引起位于附近或跨断层的建筑物的变形和破坏。如唐山地震时，地面出现一条长 10km、水平错动 1.25m、垂直错动 0.6m 的大地裂，错动带宽约 2.5m，致使在该断裂带附近的房屋、道路、地下管道等遭到极其严重的破坏，民用建筑几乎全部倒塌。

图 8.5 地裂

8.2.2 建筑基础的震害

建筑基础的常见震害有以下几种。

1. 沉降、不均匀沉降和倾斜

观测资料表明，一般黏性土地基上的建筑物由地震产生的沉降量通常不大；而软土地基则可产生 10～20cm 的沉降，也有达 30cm 以上者；如地基的主要受力层为液化土或含有厚度较大的液化土层，强震时则可能产生数十厘米甚至 1m 以上的沉降，造成建筑物的倾斜和倒塌。

2. 水平位移

常见于边坡或河岸边的建筑物，其常见原因是土坡失稳和岸边地下液化土层的侧向扩展等。

3. 受拉破坏

地震时，受力矩作用较大的桩基础的外排桩受到过大的拉力时，桩与承台的连接处会产生破坏。杆、塔等高耸结构物的拉锚装置也可能因地震产生的拉力过大而破坏。如唐山地震时开滦煤矿井架的斜架或斜撑普遍遭到破坏，地脚螺栓上拔 10～130mm，斜架基础底板位移 10～160mm。

地震作用是通过地基和基础传递给上部结构的，因此，地震时首先是场地和地基受到考验，继而产生建筑物和构筑物振动并由此引发地震灾害。

8.3 地基基础抗震设计

8.3.1 抗震设计的任务

任何建筑物都建造在作为地基的岩土层上。地震时，土层中传播的地震波引起地基土体振动，导致土体产生附加变形，强度也相应发生变化。若地基土强度不能承受地基振动所产生的内力，建筑物就会失去支承能力，导致地基失效，严重时可产生地裂、滑坡、液化、震陷等震害。地基基础抗震设计的任务就是研究地震中地基和基础的稳定性和变形，包括地基的地震承载力验算，地基液化可能性判别和液化等级的划分，震陷分析，合理的基础结构形式以及为保证地基基础能有效工作所必须采取的抗震措施等内容。

《建筑工程抗震设防分类标准》(GB 50223—2008)将建筑物按使用功能的重要性和破坏后果的严重性分为如下四个抗震设防类别。

(1) 特殊设防类。指使用上有特殊设施，涉及国家公共安全的重大建筑工程和地震时可能发生严重次生灾害等特别重大灾害后果，需要进行特殊设防的建筑。简称甲类。

(2) 重点设防类。指地震时使用功能不能中断或需尽快恢复的生命线相关建筑，以及地震时可能导致大量人员伤亡等重大灾害后果，需要提高设防标准的建筑。简称乙类。

(3) 标准设防类。指大量的除1、2、4款以外按标准要求进行设防的建筑。简称丙类。

(4) 适度设防类。指使用上人员稀少且震损不致产生次生灾害，允许在一定条件下适度降低要求的建筑。简称丁类。

各抗震设防类别建筑的抗震设防标准，应符合下列要求。

(1) 特殊设防类。应按高于本地区抗震设防烈度提高一度的要求加强其抗震措施；但抗震设防烈度为9度时应按比9度更高的要求采取抗震措施。同时，应按批准的地震安全性评价的结果且高于本地区抗震设防烈度的要求确定其地震作用。

(2) 重点设防类。应按高于本地区抗震设防烈度一度的要求加强其抗震措施；但抗震设防烈度为9度时应按比9度更高的要求采取抗震措施；地基基础的抗震措施，应符合有关规定。同时，应按本地区抗震设防烈度确定其地震作用。

(3) 标准设防类。应按本地区抗震设防烈度确定其抗震措施和地震作用，达到在遭遇高于当地抗震设防烈度的预估罕遇地震影响时不致倒塌或发生危及生命安全的严重破坏的抗震设防目标。

(4) 适度设防类。允许比本地区抗震设防烈度的要求适当降低其抗震措施，但抗震设防烈度为6度时不应降低。一般情况下，仍应按本地区抗震设防烈度确定其地震作用。

对于划为重点设防类而规模很小的工业建筑，当改用抗震性能较好的材料且符合抗震设计规范对结构体系的要求时，允许按标准设防类设防。

8.3.2　抗震设计的目标和方法

1. 抗震设计的目标

《建筑抗震设计规范》（GB 50011—2010）（以下简称《抗震规范》）将建筑物的抗震设防目标确定为"三个水准"，其具体表述为：一般情况下，遭遇第一水准烈度（众值烈度）的地震时，建筑物处于正常使用状态，从结构抗震分析的角度看，可将结构视为弹性体系，采用弹性反应谱进行弹性分析，规范所采取第一水准烈度比基本烈度约低一度半；遭遇第二水准烈度（基本烈度）的地震时，结构进入非弹性工作阶段，但非弹性变形或结构体系的损坏控制在可修复的范围；遭遇第三水准烈度地震（预估的罕遇地震）时，结构有较大的非弹性变形，但应控制在规定的范围内，以免倒塌。相应于第三水准的烈度在基本烈度为6度时为7度强，7度时为8度强，8度时为9度弱，9度时为9度强。工程中通常将上述抗震设计的"三个水准"简要地概括为"小震不坏，中震可修，大震不倒"的抗震设防目标，这是根据目前我国经济条件所考虑的抗震设防水平，也是我国几十年抗震工作的宝贵经验总结。

为保证实现上述抗震设防目标，《抗震规范》规定在具体的设计工作中采用两阶段设计步骤。

第一阶段的设计是承载力验算，取第一水准的地震动参数计算结构的弹性地震作用标准值和相应的地震作用效应，采用《建筑结构可靠度设计统一标准》（GB 50068—2001）规定的分项系数设计表达式进行结构构件的承载力验算，即可实现第一、第二水准的设计目标。大多数结构可仅进行第一阶段设计，而通过概念设计和抗震构造措施来满足第三水准的设计要求。

第二阶段设计是弹塑性变形验算，对特殊要求的建筑，地震时易倒塌的结构以及有明显薄弱层的不规则结构，除进行第一阶段设计外，还要进行结构薄弱部位的弹塑性层间变形验算并采取相应的抗震构造措施，以实现第三水准的设防要求。

上述设防原则和设计方法可简短地表述为"三水准设防，两阶段设计"。

地基基础一般只进行第一阶段设计。对于地基承载力和基础结构，只要满足了第一水准对于强度的要求，同时也就满足了第二水准的设防目标。对于地基液化验算则直接采用第二水准烈度，对判明存在液化土层的地基，应采取相应的抗液化措施。地基基础相应于第三水准的设防要通过概念设计和构造措施来满足。

2. 地基基础的概念性设计

结构的抗震设计包括计算设计和概念设计两个方面。计算设计是指确定合理的计算简图和分析方法，对地震作用效应做定量计算及对结构抗震进行验算。概念设计是指从宏观上对建筑结构做合理的选型、规划和布置，选用合格的材料，采取有效的构造措施等。20世纪70年代以来，人们在总结大地震灾害的经验中发现：对结构抗震设计来说"概念设计"比"计算设计"更为重要。由于地震动的不确定性和结构在地震作用下的响应和破坏机理的复杂性，"计算设计"很难全面有效地保证结构的抗震性能，因而必须强调良好的"概念设计"。地震作用对地基基础影响的研究，目前还很不足，因此地基基础的抗震设计更应重视概念设计。如前所述，场地条件对结构物的震害和结构的地震反应都有很大影响，因此，场地的选择、处理、地基与上部结构动力相互作用的考虑以及地基基础类型的选择等都是概念设计的重要方面。

8.3.3　场地选择

任何一个建筑物都坐落和嵌固在建设场地特定的岩土地基上，地震对建筑物的破坏作用是通过场地、地基和基础传递给上部结构的；同时，场地与地基在地震时又支承着上部结构。因此，选择适宜的建筑场地对于建筑物的抗震设计至关重要。

1. 场地类别划分

场地分类的目的是为了便于采取合理的设计参数和适宜的抗震构造措施。从各国规范中场地分类的总趋势看，分类的标准应当反映影响场地地面运动特征的主要因素，但现有的强震资料还难以用更细的尺度与之对应，所以场地分类一般至多分为三类或四类，划分指标尤以土层软硬描述为最多，它虽然只是一种定性描述，但由于其精度能与场地分类要求相适应，似乎已为各国规范所认同。作为定量指标的覆盖层厚度也已被工程界所广泛接受，采用剪切波速作为土层软硬描述的指标近年来逐渐增多。

《抗震规范》中采用以等效剪切波速和覆盖层厚度双指标分类方法来确定场地类别。为了在保障安全的条件下尽可能减少设防投资，在保持技术上合理的前提下适当扩大了 II 类场地的范围，具体划分见表 8-2。

表 8-2　建筑场地的覆盖层厚度(m)与场地类别

等效剪切波速 v_{se}(m/s)	场地类别			
	I	II	III	IV
$v_{se}>500$	0			
$500{\geqslant}v_{se}>250$	<5	≥5		
$250{\geqslant}v_{se}>140$	<3	3~50	>50	
$v_{se}{\leqslant}140$	<3	3~15	15~80	>80

场地覆盖层厚度的确定方法为：

（1）一般情况下按地面至剪切波速大于 500m/s 的坚硬土层或岩层顶面的距离确定。

（2）当地面 5m 以下存在剪切波速大于相邻上层土剪切波速 2.5 倍的下卧土层，且其下卧岩土层的剪切波速均不小于 400m/s 时，可按地面至该下卧层顶面的距离确定。

（3）剪切波速大于 500m/s 的孤石和硬土透镜体视同周围土层一样。

（4）土层中的火山岩硬夹层当做绝对刚体看待，其厚度从覆盖土层中扣除。

对土层剪切波速的测量，在大面积的初勘阶段，测量的钻孔应为控制性钻孔的 1/3～1/5，且不少于 3 个。在详勘阶段，单幢建筑不少于 2 个，密集的高层建筑群每幢建筑不少于 1 个。对于丁类建筑及层数不超过 10 层且高度不超过 30m 的丙类建筑，当无实测剪切波速时，可根据岩土名称和性状，按表 8-3 划分土的类型，再利用当地经验在表 8-3 的剪切波速范围内估计各土层剪切波速。

表 8-3 土的类型划分和剪切波速范围

土的类型	岩土名称和形状	土层剪切波速范围(m/s)
坚硬土或岩石	稳定岩石,密实的碎石土	$v_s > 500$
中硬土	中密、稍密的碎石土,密实、中密的砾、粗、中砂,$f_{ak} > 200$ 的黏性土和粉土、坚硬黄土	$500 \geqslant v_s > 250$
中软土	稍密的砾、粗、中砂,除松散外的细、粉砂,$f_{ak} \leqslant 200$ 的黏性土和粉土,$f_{ak} > 130$ 的填土,可塑黄土	$250 \geqslant v_s > 140$
软弱土	淤泥和淤泥质土,松散的砂,新近沉积的黏性土和粉土,$f_{ak} < 130$ 的填土,流塑黄土	$v_s \leqslant 140$

注:f_{ak} 为由载荷试验方法得到的地基承载力特征值(kPa),v_s 为岩土剪切波速。

场地土层的等效剪切波速按下列公式计算:

$$v_{se} = d_0 / t \tag{8-1}$$

$$t = \sum_{i=1}^{n} (d_i / v_{si}) \tag{8-2}$$

式中　v_{se}——土层等效剪切波速(m/s);

　　　v_{si}——计算深度范围内第 i 土层的剪切波速(m/s);

　　　t——剪切波在地面至计算深度间的传播时间;

　　　d_0——计算深度,取覆盖层厚度和 20m 二者的较小值(m);

　　　d_i——计算深度范围内第 i 土层的厚度(m);

　　　n——计算深度范围内土层的分层数。

2. 场地选择

通常,场地的工程地质条件不同,建筑物在地震中的破坏程度也明显不同。因此,在工程建设中适当选取建筑场地,将大大减轻地震灾害。此外,由于建设用地受到地震以外众多因素的限制,除了极不利和有严重危险性的场地以外往往是不能排除其作为建筑场地的。故很有必要按照场地、地基对建筑物所受地震破坏作用的强弱和特征采取抗震措施,也即地震区场地分类与选择的目的。

研究表明,影响建筑震害和地震动参数的场地因素很多,其中包括有局部地形、地质构造、地基土质等,影响的方式也各不相同。一般认为,对抗震有利的地段系指地震时地面无残余变形的坚硬土或开阔平坦密实均匀的中硬土范围或地区;而不利地段为可能产生明显的地基变形或失效的某一范围或地区;危险地段指可能发生严重的地面残余变形的某一范围或地区。因此,《抗震规范》中将场地划分为有利、不利和危险地段的具体标准,见表 8-4。

表 8-4 有利、不利和危险地段的划分

地段类别	地质、地形、地貌
有利地段	稳定基岩,坚硬土,开阔、平坦、密实、均匀的中硬土等
不利地段	软弱土,液化土,条状突出的山嘴,高耸孤立的山丘,非岩质的陡坡,河岸和边坡的边缘,平面分布上明显不均匀的土层(如故河道、疏松的断层破碎带、暗埋的塘浜沟谷和半填半挖地基)等

（续）

地段类别	地质、地形、地貌
危险地段	地震时可能发生滑坡、崩塌、地陷、地裂、泥石流等及发震断裂带上可能发生地表位错的部位

在选择建筑场地时，应根据工程需要，掌握地震活动情况和有关工程地质资料，做出综合评价，避开不利的地段，当无法避开时应采取有效的抗震措施；对于危险地段，严禁建造甲、乙类的建筑，不应建造丙类的建筑。对于山区建筑的地基基础，应注意设置符合抗震要求的边坡工程，并避开土质边坡和强风化岩石边坡的边缘。

建筑场地为Ⅰ类时，对甲、乙类建筑允许按本地区抗震设防烈度的要求采取抗震构造措施；丙类建筑允许按本地区抗震设防烈度降低一度的要求采取抗震构造措施，但抗震设防烈度为6度时应按本地区抗震设防烈度采取抗震构造措施。建筑场地为Ⅲ、Ⅳ类时，对设计基本地震加速度为0.15g和0.30g的地区，除另有规定外，宜分别按抗震设防烈度8度(0.20g)和9度(0.40g)时各类建筑的要求采取抗震构造措施。此外，抗震设防烈度为10度地区或行业有特殊要求的建筑抗震设计，应按有关专门规定执行。

关于局部地形条件的影响，从国内几次大地震的宏观调查资料来看，岩质地形与非岩质地形有所不同。对云南通海地震的大量宏观调查表明，非岩质地形对烈度的影响比岩质地形的影响更为明显。如通海和东川的许多岩石地基上很陡的山坡，震害也未见有明显的加重。因此对于岩石地基的陡坡、陡坎等，规范未将其列为不利地段。但对于岩石地基中高度达数十米的条状突出的山脊和高耸孤立的山丘，由于鞭鞘效应明显，振动有所加大，烈度仍有增高的趋势。所谓局部突出地形主要是指山包、山梁、悬崖、陡坎等，情况比较复杂。从宏观震害经验和地震反应分析结果所反映的总趋势，大致可以归纳为以下几点：

(1) 高突地形距基准面的高度越大，高处的反应越强烈。

(2) 离陡坎和边坡顶部边缘的距离加大，反应逐步减小。

(3) 从岩土构成方面看，在同样的地形条件下，土质结构的反应比岩质结构大。

(4) 高突地形顶面越开阔，远离边缘的中心部位的反应明显减小。

(5) 边坡越陡，其顶部的放大效应越明显。

当场地中存在发震断裂时，尚应对断裂的工程影响做出评价。在进行《抗震规范》的修订时曾在离心机上做过断层错动时不同土性和覆盖层厚度情况的位错量试验，按试验结果分析，当最大断层错距为1.0～3.0m和4.0～4.5m时，断裂上覆盖层破裂的最大厚度为20m和30m。考虑3倍左右的安全富余，可将8度和9度时上覆盖层的安全厚度界限分别取为60m和90m。基于上述认识和工程经验，《抗震规范》在对发震断裂的评价和处理上提出以下要求。

(1) 对符合下列规定之一者，可忽略发震断裂错动对地面建筑的影响：

① 抗震设防烈度小于8度。

② 非全新世活动断裂。

③ 抗震设防烈度为8度和9度时，前第四纪基岩隐伏断裂的土层覆盖厚度分别大于60m和90m。

(2) 对不符合上列规定者，应避开主断裂带，其避让距离应满足表8-5的规定。

表8-5 发震断裂的最小避让距离(m)

烈度	建筑抗震设防类别			
	甲	乙	丙	丁
8	专门研究	300	200	—
9	专门研究	500	300	—

进行场地选择时还应考虑建筑物自振周期与场地卓越周期的相互关系,原则上应尽量避免两种周期过于相近,以防共振,尤其要避免将自振周期较长的柔性建筑置于松软深厚的地基土层上。若无法避免,例如我国上海、天津等沿海城市地基软弱土层深厚,又需兴建大量高层和超高层建筑,此时宜提高上部结构整体刚度和选用抗震性能较好的基础类型,如箱基或桩箱基础等。

8.3.4 地基基础方案选择

地基在地震作用下的稳定性对基础和上部结构内力分布的影响十分明显,因此确保地震时地基基础不发生过大变形和不均匀沉降是地基基础抗震设计的基本要求。

地基基础的抗震设计是通过选择合理的基础体系和抗震验算来保证其抗震能力。对地基基础抗震设计的基本要求如下。

(1)同一结构单元不宜设置在性质截然不同的地基土层上,尤其不要放在半挖半填的地基上。

(2)同一结构单元不宜部分采用天然地基而另外部分采用桩基。

(3)地基有软弱黏性土、液化土、新近填土或严重不均匀土时,应估计地震时地基的不均匀沉降或其他不利影响,并采取相应措施。

一般地,在进行地基基础的抗震设计时,应根据具体情况,选择对抗震有利的基础类型,并在抗震验算时尽量考虑结构、基础和地基的相互作用影响,使之能反映地基基础在不同阶段的工作状态。在决定基础的类型和埋深时,还应考虑下列工程经验。

(1)同一结构单元的基础不宜采用不同的基础埋深。

(2)深基础通常比浅基础有利,因其可减少来自基底的振动能量输入。土中水平地震加速度一般在地表下5m以内减少很多,四周土对基础振动能起阻抗作用,有利于将更多的振动能量耗散到周围土层中。

(3)纵横内墙较密的地下室、箱形基础和筏板基础的抗震性能较好。对软弱地基,宜优先考虑设置全地下室,采用箱形基础或筏板基础。

(4)地基较好、建筑物层数不多时,可采用单独基础,但最好用地基梁联成整体,或采用交叉条形基础。

(5)实践证明桩基础和沉井基础的抗震性能较好,并可穿透液化土层或软弱土层,将建筑物荷载直接传到下部稳定土层中,是防止因地基液化或严重震陷而造成震害的有效方法。但要求桩尖和沉井底面埋入稳定土层不应小于1～2m,并进行必要的抗震验算。

(6)桩基宜采用低承台,可发挥承台周围土体的阻抗作用。桥梁墩台基础中普遍采用低承台桩基和沉井基础。

8.3.5 天然地基承载力验算

地基和基础的抗震验算，一般采用"拟静力法"。其假定地震作用如同静力，然后在该条件下验算地基和基础的承载力和稳定性。承载力的验算方法与静力状态下的验算方法相似，即计算的基底压力应不超过调整后的地基抗震承载力。因此，当需要验算天然地基承载力时，应采用地震作用效应标准组合。《抗震规范》规定，基础底面平均压力和边缘最大压力应符合下列各式要求：

$$p \leqslant f_{aE} \tag{8-3}$$
$$p_{max} \leqslant 1.2 f_{aE} \tag{8-4}$$

式中　p——地震作用效应标准组合的基础底面平均压力(kPa)；

　　　　p_{max}——地震作用效应标准组合的基础底面边缘最大压力(kPa)；

　　　　f_{aE}——调整后的地基抗震承载力，按式(8-5)计算(kPa)。

高宽比大于 4 的高层建筑，在地震作用下基础底面不宜出现拉应力；其他建筑的基础底面与地基之间的零应力区面积不应超过基础底面面积的 15%。

目前大多数国家的抗震规范在验算地基土的抗震强度时，抗震承载力都采用在静承载力的基础上乘以一个系数的方法加以调整。考虑调整的出发点如下。

(1)地震是偶发事件，是特殊荷载，因而地基的可靠度容许有一定程度的降低。

(2)地震是有限次数不等幅的随机荷载，其等效循环荷载不超过十几到几十次，而多数土在有限次数的动载下强度较静载下稍高。

基于上述两方面原因，《抗震规范》采用抗震极限承载力与静力极限承载力的比值作为地基土的承载力调整系数，其值也可近似通过动静强度之比求得。因此，在进行天然地基的抗震验算时，地基的抗震承载力应按下式计算：

$$f_{aE} = \zeta_a f_a \tag{8-5}$$

式中　ζ_a——地基抗震承载力调整系数，按表8-6采用；

　　　　f_a——深宽修正后的地基承载力特征值，可按《地基规范》采用。

表 8-6　地基土抗震承载力调整系数表

岩土名称和性状	ζ_a
岩石，密实的碎石土，密实的砾、粗、中砂，$f_{ak} \geqslant 300$ 的黏性土和粉土	1.5
中密、稍密的碎石土，中密和稍密的砾、粗、中砂，密实和中密的细、粉砂，$150 \leqslant f_{ak} < 300$ 的黏性土和粉土，坚硬黄土	1.3
稍密的细、粉砂，$100 \leqslant f_{ak} < 150$ 的黏性土和粉土，可塑黄土	1.1
淤泥，淤泥质土，松散的砂，杂填土，新近堆积黄土及流塑黄土	1.0

注：表中 f_{ak} 指未经深宽修正的地基承载力特征值，按现行国家标准《地基规范》确定。

对我国多次强地震中遭受破坏建筑的调查表明，只有少数房屋是因地基的原因而导致上部结构破坏的。而这类地基大多数是液化地基、易产生震陷的软土地基和严重不均匀的地基。一般地基均具有较好的抗震性能，极少发现因地基承载力不够而产生震害。因此，通常对于量大面广的一般地基和基础可不做抗震验算，而对于容易产生地基基础震害的液化地基、软土地基和严重不均匀地基，则应采用相应的抗震措施，以避免或减轻震害。《抗震规范》规定下列建筑可不进行天然地基及基础的抗震承载力验算：

(1) 砌体房屋；

(2) 地基主要受力层范围内不存在软弱黏性土层的一般单层厂房、单层空旷房屋和不超过 8 层且高度在 25m 以下的一般民用框架房屋及与其基础荷载相当的多层框架厂房；

(3) 该规范规定可不进行上部结构抗震验算的建筑。

【例 8.1】 某厂房采用现浇柱下独立基础，基础埋深 3m，基础底面为正方形，边长 4m。由平板载荷试验得基底主要受力层的地基承载力特征值为 $f_{ak}=190kPa$，地基土的其余参数如图 8.6 所示。考虑地震作用效应标准组合时，计算得基底形心荷载为：$N=4850kN$，$M=920kN \cdot m$（单向偏心）。试按《抗震规范》验算地基的抗震承载力。

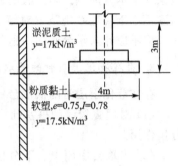

图 8.6 例 8.1 图

【解】 (1) 基底压力。

基底平均压力为：
$$p=N/A=4850/(4 \times 4)=303.1kPa$$

基底边缘压力为：

$$p_{\substack{max \\ min}}=\frac{N}{A} \pm \frac{M}{W}=303.1 \pm \frac{920 \times 6}{4 \times 4^2}=\frac{389.4}{216.9}kPa$$

(2) 地基抗震承载力。

由表 2-8 查得：$\eta_b=0.3$，$\eta_d=1.6$，故有：

$$f_a=f_{ak}+\eta_b \gamma (b-3)+\eta_d r_m (d-0.5)$$
$$=190+0.3 \times 17.5 \times (4-3)+1.6 \times 17 \times (3-0.5)=263.3kPa$$

又由表 8-6 查得地基抗震承载力调整系数 $\zeta_a=1.3$，故地基抗震承载力 f_{aE} 为：

$$f_{aE}=\zeta_a f_a=1.3 \times 263.3=342.3kPa$$

(3) 验算。

由于
$$p=303.1kPa < f_{aE}=342.3kPa$$
$$p_{max}=389.4kPa < 1.2f_{aE}=410.6kPa$$
$$p_{min}=216.9kPa > 0$$

故地基承载力满足抗震要求。

8.3.6 桩基承载力验算

唐山地震的宏观经验表明，桩基础的抗震性能普遍优于其他类型基础，但桩端直接支承于液化土层和桩侧有较大地面堆载者除外。此外，当桩承受有较大水平荷载时仍会遭受较大的地震破坏作用。因此，《抗震规范》增加了桩基础的抗震验算和构造要求，以减轻桩基的震害。下面简要介绍《抗震规范》关于桩基础的抗震验算和构造的有关规定。

1. 桩基可不进行承载力验算的范围

对于承受竖向荷载为主的低承台桩基，当地面下无液化土层，且桩承台周围无淤泥、淤泥质土和地基土承载力特征值不大于 100kPa 的填土时，某些建筑可不进行桩基的抗震承载力验算。其具体规定与天然地基及基础的不验算范围基本相同，区别是对于 7 度和 8 度时一般的单层厂房和单层空旷房屋、不超过 8 层且高度在 25m 以下的一般民用框架房屋及其与基础荷载相当的多层框架厂房也可不验算。

2. 非液化土中低承台桩基的抗震验算

对单桩的竖向和水平向抗震承载力特征值，均可比非抗震设计时提高 25%。考虑到一定条件下承台周围回填土有明显分担地震荷载的作用，故规定当承台周围回填土夯实至干密度不小于《地基规范》对填土的要求时，可由承台正面填土与桩共同承担水平地震作用；但不应计入承台底面与地基土间的摩擦力。

3. 存在液化土层时的低承台桩基

存在液化土层时的低承台桩基，其抗震验算应符合下列规定。

(1) 对埋置较浅的桩基础，不宜计入承台周围土的抗力或刚性地坪对水平地震作用的分担作用。

(2) 当承台底面上、下分别有厚度不小于 1.5m、1.0m 的非液化土层或非软弱土层时，可按下列两种情况进行桩的抗震验算，并按不利情况设计。

① 桩承受全部地震作用，桩的承载力比非抗震设计时提高 25%，液化土的桩周摩阻力及桩的水平抗力均乘以表 8-7 所列的折减系数。

② 地震作用按水平地震影响系数最大值的 10% 采用，桩承载力仍按非液化土中的桩基确定，但应扣除液化土层的全部摩阻力及桩承台下 2m 深度范围内非液化土的桩周摩擦力。

表 8-7　土层液化影响折减系数

实际标贯击数/临界标贯击数	深度 d_s/m	折减系数
≤0.6	$d_s \leqslant 10$	0
	$10 < d_s \leqslant 210$	1/3
>0.6~0.8	$d_s \leqslant 10$	1/3
	$10 < d_s \leqslant 210$	2/3
>0.8~1.0	$d_s \leqslant 10$	2/3
	$10 < d_s \leqslant 210$	1

(3) 对于打入式预制桩和其他挤土桩，当平均桩距为 2.5~4 倍桩径且桩数不少于 5×5 时，可计入打桩对土的加密作用及桩身对液化土变形限制的有利影响。当打桩后桩间土的标准贯入锤击数值达到不液化的要求时，单桩承载力可不折减，但对桩尖持力层作强度校核时，桩群外侧的应力扩散角应取为零。打桩后桩间土的标准贯入击数宜由试验确定，也可按下式计算：

$$N_1 = N_p + 100\rho(1 - e^{-0.3N_p}) \tag{8-6}$$

式中　N_1——打桩后的标准贯入锤击数；

　　　ρ——打入式预制桩的面积置换率；

　　　N_p——打桩前的标准贯入锤击数。

上述液化土中桩的抗震验算原则和方法主要考虑了以下情况。

① 不计承台旁土抗力或地坪的分担作用偏于安全，也就是将其作为安全储备，因目前对液化土中桩的地震作用与土中液化进程的关系尚未弄清。

② 根据地震反应分析与振动台试验，地面加速度最大的时刻出现在液化土的孔压比小于1(常为 0.5～0.6)时，此时土尚未充分液化，只是刚度比未液化时下降很多，故可仅对液化土的刚度作折减。

③ 液化土中孔隙水压力的消散往往需要较长的时间。地震后土中孔压不会很快消散完毕，往往于震后才出现喷砂冒水，这一过程通常持续几小时甚至一两天，其间常有沿桩与基础四周排水的现象，这说明此时桩身摩阻力已大减，从而出现竖向承载力不足和缓慢的沉降，因此应按静力荷载组合校核桩身的强度与承载力。

除应按上述原则验算外，还应对桩基的构造予以加强。桩基理论分析表明，地震作用下桩基在软、硬土层交界面处最易受到剪、弯损害。阪神地震后许多桩基的实际考查也证实了这一点，但在采用 m 法的桩身内力计算方法中却无法反映，目前除考虑桩土相互作用的地震反应分析可以较好地反映桩身受力情况外，还没有简便实用的计算方法保证桩在地震作用下的安全，因此必须采取有效的构造措施。对液化土中的桩，应自桩顶至液化深度以下符合全部消除液化沉陷所要求的距离范围内配置钢筋，且纵向钢筋应与桩顶部位相同，箍筋应加密。

处于液化土中的桩基承台周围宜用非液化土填筑夯实，若用砂土或粉土则应使土层的标准贯入锤击数不小于规定的液化判别标准贯入锤击数的临界值。

在有液化侧向扩展的地段，距常时水线 100m 范围内的桩基尚应考虑土流动时的侧向作用力，且承受侧向推力的面积应按边桩外缘间的宽度计算。常时水线宜按设计基准期内(河流或海水)的年平均最高水位采用，也可按近期的年最高水位采用。

▌8.4 液化判别与抗震措施

历次地震灾害调查表明，在地基失效破坏中由砂土液化造成的结构破坏在数量上占有很大的比例，因此有关砂土液化的规定在各国抗震规范中均有所体现。处理与液化有关的地基失效问题一般是从判别液化可能性和危害程度以及采取抗震对策两个方面来加以解决。

液化判别和处理的一般原则如下。

(1) 对饱和砂土和饱和粉土(不含黄土)地基，除 6 度外，应进行液化判别。对 6 度区一般情况下可不进行判别和处理，但对液化沉陷敏感的乙类建筑可按 7 度的要求进行判别和处理。

(2) 存在液化土层的地基，应根据建筑的抗震设防类别、地基的液化等级，结合具体情况采取相应的措施。

8.4.1　液化判别和危险性估计方法

对于一般工程项目，砂土或粉土液化判别及危害程度估计可按以下步骤进行。

1. 初判

以地质年代、黏粒含量、地下水位及上覆非液化土层厚度等作为判断条件，其具体规定为：

(1) 地质年代为第四纪晚更新世及以前时，7 度、8 度时可判为不液化；

(2) 当粉土的黏粒（粒径小于 0.005m 的颗粒）含量百分率在 7 度、8 度和 9 度时分别大于 10、13 和 16 时可判为不液化；

(3) 采用天然地基的建筑，当上覆非液化土层厚度和地下水位深度符合下列条件之一时，可不考虑液化影响。

$$d_u > d_0 + d_b - 2 \qquad (8-7)$$

$$d_w > d_0 + d_b - 3 \qquad (8-8)$$

$$d_u + d_w > 1.5d_0 + 2d_b - 4.5 \qquad (8-9)$$

式中 d_w——地下水位埋深，宜按建筑使用期内年平均最高水位采用，也可按近期内年最高水位采用（m）；

d_u——上覆非液化土层厚度，计算时宜将淤泥和淤泥质土层扣除（m）；

d_b——基础埋置深度（m），不超过 2m 时采用 2m；

d_0——液化土特征深度（指地震时一般能达到的液化深度），可按表 8-8 采用（m）。

表 8-8　液化土特征深度 d_0 (m)

饱和土类别	7 度	8 度	9 度
粉土	6	7	8
砂土	7	8	9

2. 细判

当初步判别认为需进一步进行液化判别时，应采用标准贯入试验判别地面下 15m 深度范围内土层的液化可能性；当采用桩基或埋深大于 5m 的深基础时，尚应判别 15～20m 范围内土层的液化可能性。当饱和土的标贯击数（未经杆长修正）小于液化判别标贯击数临界值时，应判为液化土。当有成熟经验时，也可采用其他方法。

在地面以下 15m 深度范围内，液化判别标贯击数临界值可按下式计算：

$$N_{cr} = N_0 [0.9 + 0.1(d_s - d_w)] \sqrt{3/\rho_c} \quad (d_s \leq 15) \qquad (8-10)$$

在地面以下 15～20m 深度范围内，液化判别标贯击数临界值可按下式计算：

$$N_{cr} = N_0 (2.4 - 0.1 d_s) \sqrt{3/\rho_c} \quad (15 \leq d_s \leq 20) \qquad (8-11)$$

式中 N_{cr}——液化判别标准贯入锤击数临界值；

N_0——液化判别标准贯入锤击数基准值，按表 8-9 采用；

d_s——饱和土标准贯入试验点深度（m）；

d_w——地下水位深度（m）；

ρ_c——粘粒含量百分率，当小于 3 或是砂土时，均应取 3。

使用表 8-9 时，抗震设防区的设计地震分组组别应由《抗震规范》查取。

表 8-9 标准贯入锤击鼓基准值 N_0

设计地震分组	7度	8度	9度
第一组	6(8)	10(13)	16
第二、三组	8(10)	12(15)	18

注：括号内数值用于设计基本地震加速度为 0.15g 和 0.30g 的地区。

上面所述初判、细判都是针对土层柱状内一点而言，在一个土层柱状内可能存在多个液化点，如何确定一个土层柱状（相应于地面上的一个点）总的液化水平是场地液化危害程度评价的关键，《抗震规范》提供采用液化指数 I_{lE} 来表述液化程度的简化方法。即先探明各液化土层的深度和厚度，按式(8-12)计算每个钻孔的液化指数：

$$I_{lE} = \sum_{i=1}^{n} \left(1 - \frac{N_i}{N_{cri}}\right) d_i W_i \tag{8-12}$$

式中　I_{lE}——地基的液化指数；

　　　　n——判别深度内每一个钻孔的标准贯入试验总数；

N_i、N_{cri}——i 点标准贯入锤击数的实测值和临界值，当实测值大于临界值时取临界值的数值；

　　　　d_i——第 i 点所代表的土层厚度，可采用与该标贯试验点相邻的上、下两标贯试验点深度差的一半，但上界不高于地下水位深度，下界不深于液化深度(m)；

　　　　W_i——第 i 层土考虑单位土层厚度的层位影响权函数值(m^{-1})。若判别深度为 15m，当该层中点深度不大于 5m 时应采用 10，等于 15m 时应采用零值，5~15m 时应按线性内插法取值；若判别深度为 20m，当该层中点深度不大于 5m 时应采用 10，等于 20m 时应取零值，5~20m 时应按线性内插法取值。

计算出液化指数后，便可按表 8-10 综合划分地基的液化等级。

表 8-10 液化指数与液化等级的对应关系

液化等级	轻微	中等	严重
判别深度为 15m 时的液化指数	$0 < I_{lE} \leqslant 5$	$5 < I_{lE} \leqslant 15$	$I_{lE} 15$
判别深度为 20m 时的液化指数	$0 < I_{lE} \leqslant 6$	$6 < I_{lE} \leqslant 18$	$I_{lE} > 18$

【例 8.2】 某场地的土层分布及各土层中点处标准贯入击数如图 8.7 所示。该地区抗震设防烈度为 8 度，由《抗震规范》查得的设计地震分组组别为第一组。基础埋深按 2.0m 考虑。试按《抗震规范》判别该场地土层的液化可能性以及场地的液化等级。

【解】 (1) 初判。根据地质年代，土层④可判为不液化土层，其他土层根据式(8-7)~式(8-9)进行判别如下：

由图 8.7 可知 $d_w = 1.0$m，$d_b = 2.0$m。

对土层①，$d_u = 0$，由表 8-8 查得 $d_0 = 8.0$m，

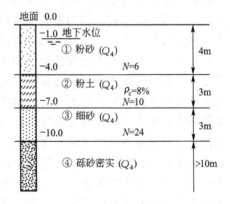

图 8.7 例 8.2 图

计算结果表明不能满足上述三个公式的要求，故不能排除液化的可能性。

对土层②，$d_u = 0$，由表 8-8 查得 $d_0 = 7.0m$，计算结果不能排除液化的可能性。

对土层③，$d_u = 0$，由表 8-8 查得 $d_0 = 8.0m$，与土层①相同，不能排除液化的可能性。

(2) 细判。对土层①，$d_w = 1.0m$，$d_s = 2.0m$，因土层为砂土，取 $\rho_c = 3$，另由表 8-9 查得 $N_0 = 10$，故由式(8-10)算得标贯击数临界值 N_{cr}，即

$$N_{cr} = N_0 [0.9 + 0.1(d_s - d_w)] \sqrt{3/\rho_c}$$
$$= 10 \times [0.9 + 0.1 \times (2-1)] \sqrt{3/3} = 10$$

因 $N = 6 < N_{cr}$，故土层①判为液化土。

对土层②，$d_w = 1.0m$，$d_s = 5.5m$，$\rho_c = 8$，$N_0 = 10$，由式(8-10)算得 N_{cr} 为

$$N_{cr} = N_0 [0.9 + 0.1(d_s - d_w)] \sqrt{3/\rho_c}$$
$$= 10 \times [0.9 + 0.1 \times (5.5-1)] \sqrt{3/8} = 8.27$$

因 $N = 10 > N_{cr}$，故土层②判为不液化土。

对土层③，$d_w = 1.0m$，$d_s = 8.5m$，$N_0 = 10$，因土层为砂土，取 $\rho_c = 3$，算得 N_{cr} 为

$$N_{cr} = N_0 [0.9 + 0.1(d_s - d_w)] \sqrt{3/\rho_c}$$
$$= 10 \times [0.9 + 0.1 \times (8.5-1)] \sqrt{3/3} = 16.5$$

因 $N = 24 > N_{cr}$，故土层③判为不液化土。

(3) 场地的液化等级。由上面已经得出只有土层①为液化土，该土层中标贯点的代表厚度应取为该土层的水下部分厚度，即 $d = 3.0m$，按式(8-12)的说明，取 $W = 10$。代入式(8-12)，即

$$I_{IE} = \sum_{i=1}^{n} \left(1 - \frac{N_i}{N_{cri}}\right) d_i W_i = (1 - 6/10) \times 3 \times 10 = 12$$

由表 8-10 查得，该场地的地基液化等级为中等。

8.4.2 地基的抗液化措施及选择

液化是地震中造成地基失效的主要原因，要减轻这种危害，应根据地基的液化等级和结构特点选择相应措施。目前常用的抗液化工程措施都是在总结大量震害经验的基础上提出的，即综合考虑建筑物的重要性和地基液化等级，再根据具体情况确定。

理论分析与振动台试验均已证明液化的主要危害来自基础外侧，液化土层范围内位于基础正下方的部位其实最难液化。由于最先液化区域对基础正下方未液化部分产生影响，使之失去侧边土压力支持并逐步被液化，此种现象称为液化侧向扩展。因此，在外侧易液化区的影响得到控制的情况下，轻微液化的土层是可以作为基础的持力层的。在海城及日本阪神地震中有数栋以液化土层作为持力层的建筑，在地震中未产生严重破坏。因此，将轻微和中等液化等级的土层作为持力层在一定条件下是可行的。但工程中应经过严密的论证，必要时应采取有效的工程措施予以控制。此外，在采用振冲加固或挤密碎石桩加固后桩间土的实测标贯值仍低于相应临界值时，不宜简单地判为液化。许多文献或工程实践均已指出振冲桩和挤密碎石桩有挤密、排水和增大地基刚度等多重作用，而实测的桩间土标贯值不能反映排水作用和地基土的整体刚度。因此，规范要求加固后的桩间土的标贯值不

宜小于临界标贯值。

《抗震规范》对于地基抗液化措施及其选择具体规定如下。

(1) 当液化土层较平坦且均匀时，宜按表8-11选用地基抗液化措施；尚可计入上部结构重力荷载对液化危害的影响，根据对液化震陷量的估计适当调整抗液化措施。不宜将未处理的液化土层作为天然地基持力层。

表8-11 液化土层的抗液化措施

建筑抗震设防类别	地基的液化等级		
	轻微	中等	严重
乙类	部分消除液化沉陷，或对基础和上部结构处理	全部消除液化沉陷，或部分消除液化沉陷且对基础和上部结构处理	全部消除液化沉陷
丙类	基础和上部结构处理，也可不采取措施	基础和上部结构处理，或更高要求的措施	消除液化沉陷，或部分消除液化沉陷且对基础和上部结构处理
丁类	可不采取措施	可不采取措施	基础和上部结构处理，或其他经济的措施

(2) 全部消除地基液化沉陷的措施应符合下列要求。

① 采用桩基时，桩端伸入液化深度以下稳定土层中的长度(不包括桩尖部分)应按计算确定，且对碎石土，砾、粗、中砂，坚硬黏土和密实粉土尚不应小于0.5m，对其他非岩石土尚不宜小于1.5m。

② 采用深基础时，基础底面应埋入液化深度以下的稳定土层中，其深度不应小于0.5m。

③ 采用加密法(如振冲、振动加密、挤密碎石桩、强夯等)加固时，应处理至液化深度下界；振冲或挤密碎石桩加固后，桩间土标贯击数不宜小于前述液化判别标贯击数的临界值。

④ 用非液化土替换全部液化土层。

⑤ 采用加密法或换土法处理时，在基础边缘以外的处理宽度应超过基础底面以下处理深度的1/2且不小于基础宽度的1/5。

(3) 部分消除地基液化沉陷的措施应符合下列要求。

① 处理深度应使处理后的地基液化指数减小，当判别深度为15m时，其值不宜大于4，判别深度为20m时，其值不宜大于5；对独立基础和条形基础尚不应小于基础底面下液化土的特征深度和基础宽度的较大值。

② 采用振冲或挤密碎石桩加固后，桩间土的标贯击数不宜小于前述液化判别标贯击数的临界值。

③ 基础边缘以外的处理宽度应超过基础底面以下处理深度的1/2，且不小于基础宽度的1/5。

(4) 减轻液化影响的基础和上部结构处理，可综合采用下列各项措施。

① 选择合适的基础埋置深度。

② 调整基础底面积，减少基础偏心。

③ 加强基础的整体性和刚度，如采用箱基、筏基或钢筋混凝土交叉条形基础，加设基础圈梁等。

④ 减轻荷载，增强上部结构的整体刚度和均匀对称性，合理设置沉降缝，避免采用对不均匀沉降敏感的结构形式等。

⑤ 管道穿过建筑物处应预留足够尺寸或采用柔性接头等。

8.4.3 对于液化侧向扩展产生危害的考虑

为有效地避免和减轻液化侧向扩展引起的震害，《抗震规范》根据国内外的地震调查资料，提出对于液化等级为中等液化和严重液化的古河道、现代河滨和海滨地段，当存在液化侧向扩展和流滑可能时，在距常时水线(宜按设计基准期内平均最高水位采用，也可按近期最高水位采用)约100m以内不宜修建永久性建筑，否则应进行抗滑验算(对桩基亦同)、采取防土体滑动措施或结构抗裂措施。

(1) 抗滑验算可按下列原则考虑。

① 非液化上覆土层施加于结构的侧压相当于被动土压力，破坏土楔的运动方向与被动土压发生时的运动方向一致。

② 液化层中的侧压相当于竖向总压的1/3。

③ 桩基承受侧压的面积相当于垂直于流动方向桩排的宽度。

(2) 减小地裂对结构影响的措施包括以下几种。

① 将建筑的主轴沿平行于河流的方向设置。

② 使建筑的长高比小于3。

③ 采用筏基或箱基，基础板内应根据需要加配抗拉裂钢筋，筏基内的抗弯钢筋可兼作抗拉裂钢筋，抗拉裂钢筋可由中部向基础边缘逐段减少。当土体产生引张裂缝并流向河心或海岸线时，基础底面的极限摩阻力形成对基础的撕拉力，理论上，其最大值等于建筑物重力荷载之半乘以土与基础间的摩擦系数，实际上常因基础底面与土有部分脱离接触而减少。

地基主要受力层范围内存在软弱黏性土层与湿陷性黄土时，应结合具体情况综合考虑，采用桩基、地基加固处理等措施，也可根据对软土震陷量的估计采取相应措施。

本 章 小 结

地震是一种常见的地质现象。工程中以震级来衡量地震中释放能量的大小，以烈度来衡量地面受影响和受破坏的剧烈程度。抗震工程中常用的烈度指标包括基本烈度、多遇与罕遇烈度和设防烈度。抗震设防的目标可简要地概况为"小震不坏，中震可修，大震不倒"三个水准。具体的设计工作中采用两阶段设计步骤：第一阶段设计是承载力验算；第二阶段设计是弹塑性变形验算。上述设计原则和设计方法可简短地表述为"三水准设防，两阶段设计"。地基基础一般只进行第一阶段设计，其抗震设计应更重视概念性设计。地基和基础的抗震验算，一般采用"拟静力法"。桩基的抗震性能一般优于其他类型基础。

对于一般工程项目，砂土或粉土的液化类别及危害程度估计可分为初判和细判两个步骤。初判以地质年代、黏粒含量、地下水位及上覆非液化土层厚度等作为判断条件，当初判结果不能排除液化可能性时，应采用标准贯入试验对土层的液化可能性进行细判。理论分析和试验结果均已证明液化的主要危害来自基础外侧。

习　题

1. 简答题

(1) 什么是地震？地震有哪些类型？

(2) 什么是地震的烈度？为什么工程中要以烈度作为抗震设计的控制指标？

(3) 地基的震害有哪些常见类型？影响地基抗震能力的主要因素有哪些？

(4) 地基液化的原因是什么？怎样进行地基的抗液化处理？

(5) 地基基础的抗震设计包含哪些内容？

(6) 什么是概念性设计？地基基础的抗震概念性设计包含哪些内容？

(7) 什么样的场地对抗震有利？选择建筑场地时应该避开哪些不利的地质环境？

(8) 在常用的基础结构形式中，哪些类型的基础结构抗震能力较强？

2. 选择题

(1) 下列说法错误的是（　　）。

A. 震源释放的能量越大，震级也就越高

B. 4 级地震人们感觉不到

C. 距震中越近，烈度越高；距震中越远，烈度越低

D. 地震烈度一共划分为 12 度

(2) 下列不属于地基灾害现象的是（　　）。

A. 水平位移　　　　　　B. 震陷　　　　　　C. 地裂　　　　　　D. 地震滑坡

(3) 下列不属于建筑基础震害现象的是（　　）。

A. 不均匀沉积和倾斜　　　　　　　　B. 震陷

C. 水平位移　　　　　　　　　　　　D. 受拉破坏

(4) 下列地段属于有利地段的是（　　）

A. 软弱土　　　　　　B. 液化土　　　　　　C. 均匀的中硬土　　D. 高耸孤立的山丘

(5) 下列说法正确的是（　　）。

A. 地基液化等级为严重和建筑抗震设防类别为乙类的应该全部消除液化沉陷

B. 地基液化等级为中等和建筑抗震设防类别为丙类的应全部或部分消除液化沉陷

C. 地基液化等级为轻微和建筑抗震设防类别为乙类的可以不采取措施

D. 地基液化等级为中等和建筑抗震设防类别为丁类的不可以不采取措施

3. 计算题

(1) 某厂房的柱下独立基础埋深 3m，基础底面为边长 3.5m 的正方形。现已测得基底主要受力层的地基承载力特征值为 $f_{ak}=180kPa$，场地土层情况同例题 8.1。但考虑地震作用效应标准组合时计算到基础底面形心的荷载为：$N=3250kN$，$M=750kN \cdot m$（单向偏

心）。试按《抗震规范》验算地基的抗震承载力。

（2）场地土层如图 8.8 所示，所需的土性指标已示于图中，已知该地区的抗震设防烈度为 8 度，设计地震分组组别为第一组。基础埋深按 2.0m 考虑，各土层中点处的标贯击数由上到下分别为 4、7、40。请按《抗震规范》判别该场地土层的液化可能性以及场地的液化等级。

（3）地基土层如图 8.9 所示，场地设防烈度为 7 度，设计地震分组组别为第一组。基础埋深按 2.0m 考虑，细砂层中 A 点和 B 点的标贯击数分别为 7 和 12，试按《抗震规范》分析 A. B 处的液化可能性。

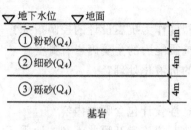

图 8.8 计算题(2)图

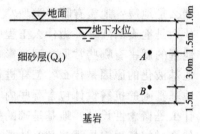

图 8.9 计算题(3)图

参 考 文 献

[1]   华南理工大学，东南大学，浙江大学，湖南大学. 基础工程 [M]. 2 版. 北京：中国建筑工业出版社，2008.

[2]   赵明华. 基础工程 [M]. 2 版. 北京：高等教育出版社，2010.

[3]   王协群，章宝华. 基础工程 [M]. 北京：北京大学出版社，2006.

[4]   吴湘兴. 建筑地基基础 [M]. 广州：华南理工大学出版社，2002.

[5]   高大钊. 土力学与基础工程 [M]. 北京：中国建筑工业出版社，1999.

[6]   赵明华. 土力学与基础工程 [M]. 3 版. 武汉：武汉理工大学出版社，2009.

[7]   陈希哲. 土力学与基础工程 [M]. 3 版. 北京：清华大学出版社，2004.

[8]   顾晓鲁，钱鸿缙. 地基与基础 [M]. 2 版. 北京：中国建筑工业出版社，2003.

[9]   张素梅，唐岱新. 土木结构工程实用手册 [M]. 哈尔滨：黑龙江科学技术出版社，2000.

[10]   中华人民共和国国家标准. 岩土工程勘察规范（GB 50021—2001）[S]. 北京：中国建筑工业出版社，2009.

[11]   中华人民共和国国家标准. 建筑地基基础设计规范（GB 50007—2011）[S]. 北京：中国建筑工业出版社，2011.

[12]   中华人民共和国国家标准. 混凝土结构设计规范（GB 50010—2010）[S]. 北京：中国建筑工业出版社，2010.

[13]   中华人民共和国国家标准. 建筑抗震设计规范（GB 50011—2010）[S]. 北京：中国建筑工业出版社，2010.

[14]   中华人民共和国行业标准. 建筑桩基技术规范（JGJ 94—2008）[S]. 北京：中国建筑工业出版社，2008.

[15]   中华人民共和国行业标准. 建筑基坑支护技术规程（JGJ 120—2012）[S]. 北京：中国建筑工业出版社，2012.

[16]   中华人民共和国行业标准. 建筑地基处理技术规范（JGJ 79—2002）[S]. 北京：中国建筑工业出版社，2002.

[17]   中华人民共和国行业标准. 高层建筑筏形与箱形基础技术规范（JGJ 6—2011）[S]. 北京：中国建筑工业出版社，2011.

[18]   宰金珉，宰金璋. 高层建筑基础分析与设计 [M]. 北京：中国建筑工业出版社，1994.

[19]   桩基工程手册编委会. 桩基工程手册 [M]. 北京：中国建筑工业出版社，1997.

[20]   地基处理手册编委会. 地基处理手册 [M]. 2 版. 北京：中国建筑工业出版社，2001.

[21]   刘国彬，王卫东. 基坑工程手册 [M]. 2 版. 北京：中国建筑工业出版社，2009.

[22]   龚晓南. 深基坑工程设计手册 [M]. 北京：中国建筑工业出版社，2000.